校企双元合作开发"互联网+教育"
新形态一体化系列教材

酒水知识
与调制

主　编　郭建飞　苏伦高娃　马丽敏
副主编　任　静　赵亚琼　韩振宇　魏　泓　魏　伟
参　编　陈玉梅　李文艳　陈　程　秦艳梅

复旦大學 出版社

内容提要

　　调酒师通过对各种材料的艺术组合，能调制出一杯杯色、香、味、形俱全的鸡尾酒。鸡尾酒不仅具有五彩斑斓、变幻莫测的外表，还能够制造热烈、浪漫的气氛，拉近人和人之间的距离。这门课程从鸡尾酒的组成材料、调制方法、调制用具以及调制技巧等方面，对如何调制出一杯鸡尾酒进行详细的介绍，使同学们能够掌握调制鸡尾酒的基本知识与技巧，具备调酒师的基本技能。

扫描二维码
开始学习课程

前　言

在当今这个日新月异的时代,餐饮服务行业正经历着前所未有的深刻变革与全面升级,而酒水文化与服务领域更是这股创新浪潮中的璀璨明珠,闪耀着蓬勃的生机与活力。随着消费者对高品质生活追求的日益增强,他们对酒水知识的渴求愈发深邃,对鸡尾酒艺术的鉴赏愈发细腻,对专业侍酒服务的期待愈发高远,这一切均标志着市场需求的全新高度。

为精准把握并满足这一市场需求,我们汇聚了行业内顶尖的领军人物、资深的高校学者,以及一线实战经验丰富的专家,共同倾注心血,精心编纂了这本《酒水知识与调制》校企双元育人教材。本书不仅是一部教材,更是连接理论与实践、传统与创新的桥梁,旨在培养出一批既拥有深厚理论基础,又掌握高超实践技能的酒水服务与管理领域的未来之星。

本书紧密围绕"岗课证赛"四位一体的教育理念,构建了一个既符合岗位实际需求,又紧跟行业前沿趋势的系统化课程体系。我们希望通过这本书,为学生们提供一个全方位、多层次、立体化的学习平台,助力他们在酒水知识与服务技能的征途中不断攀登新的高峰。

全书内容丰富多彩,结构严谨,共分为十个精心设计的项目。从酒水文化的起源与演变讲起,引领学生穿越时空隧道,领略酒水的历史韵味与分类体系;随后,深入发酵酒的醇香世界,揭秘啤酒、葡萄酒、黄酒等经典酒类的制作工艺与特点;再跨越至蒸馏酒的烈性殿堂,剖析白兰地、威士忌、伏特加、朗姆酒、金酒和龙舌兰酒的独特风味与服务艺术;同时,也不忘配制酒的独特魅力,展现利口酒、味美思等酒品的调配奥秘与风味层次。尤为值得一提的是,本书在鸡尾酒的调制艺术上倾注了大量心血,不仅详细介绍了鸡尾酒的基础知识、调制规则与经典配方,更鼓励学生发挥创新思维与个性表达,勇于尝试新的调制方法与组合搭配,创造出属于自己的鸡尾酒作品。此外,本书还拓展了酒水服务的边界,将咖啡制作与服务的艺术巧妙融入其中,让学生全面掌握酒水与咖啡文化的精髓与魅力。在葡萄酒与白酒的品鉴与侍酒服务章节中,我们特别注重培养学生的专业服务能力。通过模拟真实的品鉴场景与侍酒流程,让学生在实践中掌握品鉴技巧与侍酒规范,提升他们的专业素养与综合能力。同时,还介绍了酒吧运营管理、酒单设计与定价策略等实用知识,为学生揭开酒吧行业运作的神秘面纱,助力他们未来在酒水服务领域的创新创业职业生涯中脱颖而出。

本书不仅是一部教材,更是一盏指引学生探索酒水世界的明灯。我们期待通过这本书的引导与启迪,能够激发更多学生对酒水文化的热爱与追求,培养出更多既精通酒水知识又擅长服务艺术的复合型人才。他们将成为推动我国酒水服务行业繁荣发展的中坚力量,共同书写酒水文化与服务领域的新篇章。

在此，我们满怀感激之情，向所有为《酒水知识与调制》这本教材编写与审校工作倾注心血、付出辛勤努力的专家、学者及同仁们致以最诚挚的谢意。是你们的深邃智慧与不懈汗水，如同涓涓细流汇聚成河，共同铸就了这部内容丰富、体系完备的酒水知识与服务领域的教材。我们深知，每一页文字的斟酌、每一个知识点的确认，都凝聚着你们对酒水文化的深刻理解与独到见解。正是有了你们的严谨态度与无私奉献，本书才得以成为连接理论与实践、传统与创新的桥梁，为学生们提供了一个全面、系统、实用的学习平台。

同时，我们也热切期待广大师生在使用过程中能够不吝赐教，提出宝贵的意见与建议。我们深知，任何一部作品都不可能尽善尽美，书中观点或许存在偏颇之处，内容也可能有待进一步完善。因此，我们诚挚地邀请各位读者、师生共同参与到本书的修订与完善中来，让我们的作品能够不断精进，更好地服务于酒水教育与服务领域的发展。

展望未来，我们坚信，在酒水教育与服务领域的广阔天地中，只要我们携手并进、共同努力，就一定能够创造出更加灿烂辉煌的明天。让我们以本书为起点，继续探索酒水文化的奥秘与魅力，培养更多优秀的酒水服务与管理人才，为推动行业的繁荣发展贡献自己的力量！

编者
2024 年 12 月

目　录

项目一 酒水概述

 学习重点

1. 了解酒水、酒和酒度的基本知识。
2. 掌握酒的分类。

学习难点

1. 理解酒的酿造工艺。
2. 了解各类常见酒水的饮用方法和注意事项。

项目导入

酒,是一种文化。中国上下五千年的历史也可以说是一部酒的历史。曹操有"对酒当歌,人生几何"的苍凉;李白有"举杯邀明月"的雅兴;杜甫有"白日放歌须纵酒,青春作伴好还乡"的潇洒;苏轼有"把酒问青天"的胸怀;欧阳修有"酒逢知己千杯少"的豪迈。酒是好东西,高兴的时候,它能助兴,而悲伤的时候,它能解忧;酒是坏东西,如果你认为它能为你带来勇气,那么这种勇气不堪一击。美酒虽好,但我们要珍惜身体,热爱健康,适度饮酒。

任务一 酒水知识

酒是一种特殊的食品,与人们的精神追求融于一体。中国是酒的发源地之一,在几千年的历史中,酒几乎渗透到社会生活中的各个领域,将人们的物质生活和精神生活结合起来,形成了丰富多彩的酒文化。食用酒是一种保健饮料,能促进血液循环,通经活络,祛风湿;医用酒精用于伤口消毒;食用酒精用于配制内服药物;无水乙醇用作化学试剂,用于化学分析和科学实验;工业酒精用作燃料,也用于生产各种化工产品。

在我国古代,酒被视为神圣的物质,酒的使用更是庄严之事。

随着酿酒业的兴起,酒逐渐成为日常生活用物,酒事活动也随之广泛,并随人们思想文化意识的变化而使之程式化,形成了较为系统的酒风俗。这些风俗习惯涉及人们生产、生活的许多方面,其形式生动活泼、姿态万千。我国悠久的历史和灿烂的文化,及分布各地的众多民族,酝酿了丰富多彩的民间酒俗,有些酒俗流传至今。

一、酒水、酒与酒度

(一) 酒水

酒水就是日常生活中常说的饮料,是用餐、休闲及交流活动中不可缺少的饮品。酒水按照是否含有酒精成分可分为两类:一是酒,即酒精饮料;一是水,即无酒精饮料。

(1) 酒精饮料 人们日常生活中常说的酒,就是酒精饮料,是指酒精浓度在 $0.5\%\sim75.5\%$ 的饮料。它是一种比较特殊的饮料,是以含淀粉或糖质的谷物或水果为原料,经过发酵、蒸馏等工艺酿制而成的。

(2) 无酒精饮料 水是餐饮业的专业术语,指所有不含酒精的饮料或饮品,即无酒精饮料,又称为软饮料,是指酒精浓度不超过 0.5% 的提神解渴饮料。绝大多数无酒精饮料不含任何酒精成分,但也有极少数含有微量酒精成分,不过其作用也仅仅是调剂饮品的口味或改善饮品的风味而已。无酒精饮料是日常生活中补充人体水分的来源之一,包括碳酸饮料或其他的非碳酸饮料,如茶、咖啡、果汁和矿泉水等。不仅能解渴,在饮用时还能产生令人愉快的感觉。

(二) 酒

1. 酒的含义

酒是一种有机化合物,是一种食品,一种饮料。最早的酒来自自然界的微生物作用,是自然形成的。果实成熟后从树上掉下来,果皮表面的霉菌在适当的温度下会活跃起来,使果实中的葡萄糖转化为乙醇和二氧化碳,而酒的主要成分就是乙醇。

葡萄酒是人类较早发现的酒,它的历史远远超过一万年。在远古时代,狩猎出发之前,常常将采摘来的野葡萄压榨出甜汁,装入皮囊中用以解渴。当狩猎完毕,那些葡萄汁已经变成另外一种不同的饮料了。当时人们并不知道这是怎么回事,只知道这种新的饮料味道非常甘美,于是就有意识地促使它发生这种变化,以便获取和享用这种饮料。直到后来人们才逐渐明白,葡萄汁经过一种微小生物的作用而发酵变成了酒,这种微小的生物就是酵母菌。

确切地说,酒是一种用水果、谷物、花瓣、淀粉或其他含有足够糖分或淀粉的植物,经过蒸馏、陈酿等方法生产出来的含食用酒精(乙醇)的饮料。乙醇含量在 $0.5\%\sim75.5\%$ 的就称为酒。

确实,作为一种特殊的饮品,酒在人类社会中扮演着复杂而多样的角色。它不仅仅是一种物质上的享受,更是一种文化和情感的载体。全世界各个民族几乎都有自己独特的饮酒习俗和文化,这些习俗和文化往往与当地的历史、宗教、社会结构以及生活方式紧密相关。

酒中的酒精成分能够刺激中枢神经系统,产生兴奋和放松的感觉。这种生理反应在一定程度上解释了为什么人们会在各种场合选择饮酒。无论是庆祝喜事时的开怀畅饮,还是面对忧愁时的借酒消愁,抑或是需要勇气时的壮胆之举,酒都以其独特的方式融入了人们的生活。

然而，值得注意的是，虽然酒有着丰富的文化内涵和社交功能，但过量饮酒却可能带来严重的健康问题和社会问题。酒精中毒、肝脏疾病、交通事故、家庭暴力等都与过量饮酒密切相关。因此，在享受酒带来的乐趣的同时，我们也需要保持理性和节制，避免酒精造成负面影响。

此外，随着社会的进步和人们健康意识的提高，越来越多的人开始关注饮酒的负面影响，并倡导健康、理性的饮酒方式。例如，一些国家和地区通过立法限制酒精销售、提高酒精税、加强酒驾执法等措施来减少与酒精相关的危害。也有越来越多的人选择低度酒或无酒精饮品来替代传统的酒类饮品，以满足自己的口味需求同时保持健康。

2. 酒的由来

在四大文明古国，酒的发明均早于文字。人类是从什么时候开始酿酒的？这个问题至今众说纷纭。中国早在殷商时期就有甲骨文记载，埃及史前古墓中也发现了酒瓶塞……因此，说"文化是从酒里酿出来的"，一点儿也不过分。

中国是世界上最早酿酒的国家之一。传说中"猿猴造酒"说的是，生活在山林中的猿猴将吃剩下的果子搜集起来，成熟的果子由于酵母菌等微生物的作用自然发酵，就酿成了原始的酒。人类受此启发发明了酒，并学会了酿酒。当然，这只是传说，比较有依据的说法有多种：一是酿酒始于周代"杜康作酒"；二是始于夏朝"仪狄造酒"；三是说黄帝时代就有了酒。但不管怎样，中国造酒的历史有三四千年或更长。

用粮食酿酒大概源于新石器时代，粮食的过剩、制陶业的发展，为大规模酿酒奠定了基础。人类经过长期的摸索和实践，酿酒技术越来越成熟。于是，就有了我们日常生活中的琼浆玉液——酒。

世界产酒国首推法国，高品质的葡萄酒和优质的白兰地以及苦艾酒等多种类型的酒，使法国获得了"世界酒库"的美誉。除此之外，意大利、西班牙、德国、英国、荷兰、葡萄牙、丹麦、捷克、匈牙利、美国、加拿大、古巴等国家均出产世界闻名的酒类。我国以生产多种优质烈性白酒而享誉世界，中国的啤酒和葡萄酒也正逐渐为世界各国人士所接受。

（三）酒精与酒度

不管是什么酒，都有一种特殊的香气和辣味，这就是酒精的气味。酒精的学名叫乙醇，是酒的最主要成分。酒精可以使人精神振奋，但也能麻醉神经，抑制消化。酒中还含有甲醇，是酿酒过程中伴随而生（除纯蔗糖发酵外）的有毒成分。因此，不宜大量饮酒。

酒中乙醇的含量用酒度（即酒精度）来表示。目前，国际上酒精度的表示法有 3 种：

（1）标准酒度　在 20℃时，每 100 mL 酒液中含有酒精的毫升数，通常用％vol 或 GL 表示。

（2）英制酒度　18 世纪由英国人克拉克（Clark）发明的一种酒度表示法，现在在一些英联邦国家中使用，用 Sikes 表示。

（3）美制酒度　在 60℉（约 15.6℃）的条件下，200 mL 的酒液中所含有的纯酒精的毫升数，用 Proof 表示。

英制酒度和美制酒度的出现都早于标准酒度，三者的换算关系是：1 GL = 1.75 Sikes = 2 Proof。

不论是酿造酒还是蒸馏酒，中国都采用标准酒度。例如 52°五粮液，表示在 100 mL 酒液中含 52 mL 纯酒精。500 mL 的酒中共含有 260 mL 纯酒精。

啤酒酒度计算方法比较特殊,不是按容量计算,而是按重量计算。如 7.5% 的啤酒表示 1 000 mL 酒液中含纯酒精 75 g,而啤酒酒标上注明的 "7°" 不是纯酒精的含量,而是酒液中含原麦汁的浓度。

(四) 酒品的风格

1. 酒的颜色

酒品给人的第一印象就是酒色。酒的颜色丰富多彩,有金黄色、琥珀色、碧绿色、咖啡色等。在中国大陆,习惯上把粮食发酵后蒸馏出来的无色透明的酒叫做白酒;将所有酒度较低且带有颜色的酒叫做色酒。但很多进口的蒸馏酒(如白兰地、威士忌等)虽带有一定的颜色,也不能算是色酒。

酒品颜色形成的原因有:酿酒原料、生产工艺、人工或非人工增色。酒的颜色在某种程度上影响着消费,有时也引导着消费。有的人喜欢白酒,有的人喜欢色酒,这使得饮酒更有情趣。

对酒品颜色的要求:白酒无色透明,无悬浮物,无浑浊和沉淀;啤酒酒色透明,富有光泽,泡沫洁白、细腻、持久;黄酒呈浅黄色或金黄色,清澈透亮,无悬浮物,无浑浊;果酒酒液透明,无悬浮物,无沉淀。

在评判酒品的色泽和风格时,应注意环境的光线和酒品包装材料的透明度。

2. 酒的香气

酒品的香气与生产原料的香气、生产过程中外来的香气、发酵和陈酿过程中容器的香气等有关。通常根据酒品的香气确定酒品的主体香型。同一香型而不同产地的酒品,会有不同的香气和风格。中国白酒主要有 5 种香型:

(1) 酱香型 又称为茅香型。其特点是香气香而不绝、久而不散、低而不淡、回味久远、酒后留香。这种香型的白酒由酱香酒、窖底酒、醇甜酒勾兑而成,具备类似酱食品的香气。

(2) 浓香型 又称为泸香型。其特点是芳香浓郁、绵柔甘洌、入口甜、落口绵、回味悠长。典型的酒品有五粮液、剑南春、泸州老窖、洋河大曲、古井贡酒等。

(3) 清香型 又称为汾香型。其特点是清香醇正、口味甘爽、味厚绵软。

(4) 米香型 米香型小曲米酒的特点是蜜香清柔、幽雅纯净、入口柔绵、回味怡畅、朴实醇正。

(5) 兼香型 又称为复香型,其特点是一酒多香。

3. 酒的口味

习惯上用酸、甜、苦、辣、咸等来评判酒的口味,延伸的口味还有涩味、怪味等。

(1) 酸 相对甜而言,说明酒中含酸量高于含糖量。酸型又称为干型,具有甘洌和清爽的感觉,并有开胃的作用。目前有干型葡萄酒、干型啤酒等系列酒。

(2) 甜 带甜味的酒比较受欢迎,口感浓郁、绵柔、圆润、醇美。

(3) 苦 独特的酒品风格,有净口、止渴、生津、开胃等作用。大多数啤酒保留了其独特的苦味。

(4) 辣 辛味。这是烈性酒特有的味道,也是饮酒的乐趣所在。辣味来自酒液中的醛类物质。

（5）咸　比较少见，目的是使酒味更加浓厚。

4. 酒的风格

酒的风格是色、香、味的综合体现。酒中的物质决定了酒的风格，如水、醇、醛、酯、酸等。水是酒之血脉，"好酒所在，必有佳泉"（啤酒对水的要求尤其高）。酒品中含酸量不当，会直接影响酒的风格和质量，或酸味、涩味、汗味……口感较差。酯、醛类物质能增加酒的芳香，但含量过高会引起头晕、不适等。醇类物质常伴随发酵产生，质量不高的酒中杂油醇往往超标。杂油醇有毒性和麻醉性，酒后会引起头痛等不良反应。另外，甲醇含量过高的酒绝对不能饮用，因为它对人的大脑和视力均会产生不良影响。

二、酿酒工艺的基本原理与酒的分类

经过人类千百年的生产实践，酿酒工艺已不再是单纯的机械模仿自然界生物的自酿过程。在科技现代化的今天，人们总结前人的经验，利用现代科学不断改进酿造技术。酿造酒品已经形成了一套专门的学问，称为酿酒工艺。每一种酒品与香型都有别具特色的酿造方法。这些方法之间存在一些普遍的规律，称为酿酒工艺的基本原理。

（一）酿酒工艺的基本原理

1. 淀粉糖化

酒精的生产离不开糖，但是酿酒的原料不一定都含有糖，不含糖的原料需要工艺处理，从而得到所需糖分。这个处理的过程称为淀粉糖化，即采用淀粉酶水解淀粉。当水温超过50℃时，淀粉溶解于水，先经液化酶液化生成糊精和麦芽糖等中间产物，再经酶糖化使麦芽糖最后逐渐变为葡萄糖。

从理论上说，100 kg淀粉可掺11.12 L水，生产111.12 kg糖，再生产56.82 L酒精。但在实际工作中却达不到这个数字，原因是多种多样的。淀粉糖化过程一般需用4～6 h，糖化好的原料可以用来进行酒精发酵。

2. 酒精发酵

酒精的形成需要一定的物质条件和催化条件。糖分是酒精发酵最重要的物质，酶则是酒精发酵必不可少的催化剂。在酶的作用下，单糖分解成酒精、二氧化碳和其他物质。法国化学家路易斯·帕斯特发现，酒精可在没有氧气的条件下发酵，于是得到了"发酵是没有空气的生命活动"的著名论断。

酒精发酵是最重要的酿酒工艺之一。酒精发酵的方法很多，如白酒的入窖发酵、葡萄酒的槽发酵室发酵、黄酒的落缸发酵、啤酒的上发酵下发酵等。但随着科学技术的迅速发展，通过人工化学合成的方法也可制成酒精，而不仅仅局限在发酵这一方法上。

3. 曲的种类及制曲方法

曲是一种糖化发酵剂，是酿酒发酵的原动力。要酿酒先得制曲，要酿好酒必须用好曲。制曲本质上就是扩大培养酿酒微生物的过程。用曲促使更多的谷物经糖化、发酵酿成酒，曲的好坏直接影响着酒的质量和产品。根据制曲方法和曲形的不同，中国白酒的糖化剂可以分成大曲、小曲、散曲、酒糟曲等种类。

（1）大曲　又称为块曲或陈曲，以大麦、小麦、豌豆等为原料，经过粉碎，加水混捏，压成曲块，形似砖块，大小不等，让自然界各种微生物在上面生长而制成，统称大曲。

（2）小曲　又称为药曲、南曲、酒药，曲坯较小，主要用大米、小麦、米糠、药材等原料制成。

（3）麸曲　又称为皮曲、块曲，是采用纯种霉菌菌种，以麸皮为原料经人工控制温度和湿度培养而成的，主要起糖化作用。酿酒时，需要与酵母菌（纯培养酒母）混合进行酒精发酵。

（4）酒糟曲　用酒糟加麸皮制成。纤曲用纤维素酶菌制成；液体曲由霉菌接入液体培养基中制成。

制曲是中国白酒重要的酿酒工艺之一。曲的质量对酒的风格影响很大，以至于人们常以曲种来确定酒的名称，如大曲酒、小曲酒等。

4. 原料处理

任何酒品的质地优劣首先取决于原料处理的工艺好坏，酒品酿造务必在原料处理上下功夫。酒业圈中有一句俗话，"三分技术，七分原料"，说的是要酿出好酒，原料是根本，技术是关键。我国地域辽阔，酿酒原料种类甚多，如黑糯米、薏苡米、荞麦、小米等五谷杂粮，都是酿酒的绝好原料。不同的酿酒原料的处理方法也有所不同，常见的有选料、洗料、浸料、碎料、配料、拌料、蒸料、煮料等。酒类新产品开发空间很大，可以利用本地特产开发出具有地方特色的新型酒类产品。

5. 蒸馏取酒

蒸馏是提取酒液的主要手段。酿酒原料经过发酵后，不仅获得了酒精和水分，还含有一部分香型物质。酒精气化温度为 78.3℃，发酵过的原料只要加热至 78.3℃ 以上，就能获得气体酒精，冷却后即为液体酒精。不同质量酒液的形成是因为：由于温度的作用，在加热过程中，水分和其他物质会掺杂在酒精之中，随着温度的变化，掺杂的情况也不同，蒸馏温度在 78.3℃ 以下取得的酒液称作酒头；78.3～100℃ 取得的酒液称作酒心；100℃ 以上取得的酒液被称作酒尾。酒心的杂质含量低，质量较好。为了保证酒的质量，酿酒者常常有选择地取酒。我国名酒多采用"掐头去尾"工艺蒸馏取酒，世界名酒酿造大多采用此方法。

目前，常见的蒸馏方法有壶式蒸馏法和连续蒸馏法两种。壶式蒸馏法是较古老的一种蒸馏方法，用的是壶式蒸馏器（目前常见的是夏朗德壶式蒸馏器），采用直火加热的方式。经过直火加热，酒精蒸气散发出来，聚集在上方的蒸馏塔中，再进入蛇形管，触及冷凝器后冷凝流出，这样就完成了一次蒸馏过程。壶式蒸馏法得到的酒精浓度较低，但能保留原料的香气；要得到浓度较高的酒液，就得需二次甚至多次的蒸馏。蒸馏过程中，蒸馏器需要一项精细的操作，叫做切取，以保留质量最好的酒液。连续蒸馏法是在 19 世纪 30 年代法国人伊尼亚·柯菲（Aeneas Coffey）发明连续蒸馏器之后出现的一种蒸馏方法，使用的是连续蒸馏器。连续蒸馏法的出现使得酒类的蒸馏进入了一个新纪元，能得到较高的酒精浓度，但原料的香气保存较少。

6. 老熟陈酿

刚生产出来的新酒，有辛辣味且不醇和，只能算半成品，一般都需要贮存一定时间，让其自然老熟，可以减少新酒的刺激性、辛辣味，使酒体绵软适口，醇厚香浓，口味比较协调，这种工艺称为老熟或陈酿，如法国勃艮第红葡萄酒和中国黄酒。许多新酒显得淡寡、单薄，如中国白酒和苏格兰威士忌酒，这些酒都需要贮存一段时间后才能由玉液变成琼浆。

陈酿的做法是将酒放在陶、瓷或酒海等具有轻微透气、渗漏性的容器内。如法国勃艮第红葡萄酒用木桶装,室内贮存,中国黄酒用坛装泥封口入土贮存,有的中国白酒用瓷瓶贮存,有的苏格兰威士忌用橡木桶贮存,随自然界温度变化而不做人工调整。在陈酿期间,使酒质发生变化的奥妙在于随着贮存日期的不断延长,酒体会发生自发的反应。当然陈酿也有一定的限度,并不是越陈越好,要根据酒型、气温等条件决定。

世界上众多的名酒之所以味美优雅,与其陈酿的方法有着密切的关系。陈酿中各种变化对酒体影响较大,或许挥发增醇,或许浸木夺色,酒品的风格在老熟陈酿过程中逐渐完美明朗起来。

7. 勾兑工艺

勾兑是酿酒过程中一项非常重要而且必不可少的工艺。白酒刚酿造出来时,不同车间生产的酒味道是不一样的。由于原料质量不稳定、生产季节更换、操作工人变更等原因,不可能总是获得质量完全相同的酒液,这时就需要勾兑统一口味,去除杂质,协调香味。勾兑不是简简单单地向酒里掺水,而是包括了不同基础酒的组合和调味,以平衡酒体。一种年龄的酒兑上另一种年龄的酒,一个地区的酒兑上另一地区的酒,一个品种的酒兑上另一品种的酒,都能得到色、香、味、体更加协调的新酒品。这是一种保持独有风格的专门技术。

不同的酒有不同的风格,勾兑时务必将各种相配或相关的因素全面考虑进去。这个工作难度颇大,个人经验起着决定性的作用。选择和确定配兑比例是最关键的工作,好的勾兑者在不少名酒产地被誉为艺术大师。

(二) 酒的分类

酒的种类很多,有甜的、酸的、复合味的,有色的、无色的,高度的、低度的……按生产工艺不同,可分为酿造酒、蒸馏酒等;按生产原料不同,可分为果酒、谷物酒等;按市场消费习惯不同,可分为白酒、黄酒、啤酒、葡萄酒等;按餐饮服务性能可分为餐前酒、佐餐酒、餐后酒等。另外,还可以按酒的产地、颜色、品种等分类。依据酒的生产工艺,目前世界上公认的酒的分类方法是酿造酒、蒸馏酒和混配酒。

(1) 酿造酒 又称为原汁酒,是指通过酵母的发酵作用生成的酒,特点是酒度低。主要品种有黄酒、啤酒、葡萄酒等。

(2) 蒸馏酒 蒸馏酒是指以糖和淀粉为原料,经糖化、发酵、蒸馏而成的酒。主要品种有白兰地、威士忌、金酒、朗姆酒、伏特加和特基拉酒等。中国白酒也属于蒸馏酒。

(3) 混配酒 混配酒即混合配制酒,包括配制酒和混合酒。配制酒有开胃酒、甜食酒和利口酒三大类;混合酒只有鸡尾酒一种。

三、无酒精饮料

无酒精饮料(软饮料)是指不含酒精或酒精含量小于 0.5%,以补充人体水分为主要目的的流质食品,如碳酸饮料、果蔬汁饮料、茶饮料、咖啡等。当今社会,人们越来越重视保持健康和营养的饮食习惯,与众不同的无酒精饮料能够获得消费者的青睐。消费者的组成和口味发生变化,导致了对无酒精饮料的需求增加。因此,大部分生产企业的重点是新品种的开发。正是健康营养、天然以及单独包装的产品潮流推动了无酒精饮料市场的发展。饮料从普通的果汁逐步发展形成各色品种,包括含有少量草药或维生素的饮料、乳质保健饮料、蔬菜汁等,这已经成为提供营养成分的一种重要方式。

(一)碳酸饮料

碳酸饮料是经过纯化的饮用水中压入二氧化碳气体的饮料的总称,又称为汽水。泡沫多而细腻,清凉爽口。碳酸饮料的原料大体上可分为水、二氧化碳和食品添加剂等,这些原料品质的优劣直接影响产品的质量。

1. 碳酸饮料的种类

按照我国的分类标准,碳酸饮料分为普通型、果味型、果汁型、可乐型。

(1)普通型 在饮用水中压入二氧化碳的饮料。饮料中既不含有人工合成香料,又不使用任何天然香料。常见的有苏打水(Soda)以及矿泉水碳酸饮料。

(2)果味型 主要是依靠食用香精和着色剂产生一定水果香味和色泽的碳酸饮料,原果汁的含量低于2.5%,色泽鲜艳,价格低廉,一般只起清凉解渴的作用。几乎可以用不同的食用香精和着色剂来模仿任何水果的香型和色泽,制造出各种果味汽水,如柠檬味汽水、苹果味汽水和干姜水等。

(3)果汁型 添加了一定量的新鲜果汁而制成,一般果汁含量大于2.5%,小于10%。除了具有相应水果所特有的色、香、味之外,还含有一定的营养物质。当前,在饮料向营养型发展的趋势中,果汁型碳酸饮料的生产量也大大增加,越来越受到人们的欢迎。常见的如鲜橙汽水、蜜瓜饮料等。

(4)可乐型 将多种香料与天然果汁、焦糖色素混合后压入二氧化碳气体而制成的饮料。例如,可口可乐中添加了咖啡因和可乐豆提取物及其他具有独特风味的物质。

2. 碳酸饮料对人体的不良影响

碳酸饮料虽然深受人们尤其是年轻一族和孩子们的喜爱,但碳酸饮料在一定程度上是影响人们健康的。

(1)对骨骼的影响 大部分碳酸饮料都含有磷酸,会影响骨骼,甚至导致骨质疏松。常喝碳酸饮料会导致骨骼受损。

(2)对人体免疫力的影响 营养学家认为,健康的人体血液呈碱性。饮料中添加碳酸、乳酸、柠檬酸等酸性物质较多,又由于近年来人们摄入的鱼、肉、禽等动物性食物比重越来越大,许多人的血液呈酸性,如再摄入较多酸性物质,使血液长期处于酸性状态,不利于血液循环,容易引起疲劳、免疫力下降。

(3)对消化功能的影响 碳酸饮料喝得太多对肠胃没有好处,还会影响消化系统。另外,饮用过量还会对牙齿以及神经系统有不良影响。

3. 碳酸饮料的服务

(1)碳酸饮料机操作 一般酒吧都安装碳酸饮料机,也称为可乐机,一是可以直接用于碳酸饮料的服务;二是用于制作混合饮料的某些成分。

(2)碳酸饮料服务操作 瓶装和罐装碳酸饮料是酒吧常用的饮品,不仅便于运输、储存,而且冰镇后的口感较好,保存碳酸气体的时间较长。但是,饮用前应注意保质期,避免食用过期饮品。直接饮用的碳酸饮料应事先冰镇,或者在杯中加入冰块。开瓶时不能摇动,避免饮料喷出。可以加入柠檬片一起饮用,碳酸饮料是混合饮料不可缺少的辅料,同样,鸡尾酒的制作也少不了碳酸饮料。用餐过程中不宜用碳酸饮料代替酒水,否则会影响人体对食物的消化吸收。

（二）果蔬汁饮料

果蔬汁是以天然的新鲜水果和蔬菜为原料制成的饮品，富含易被人体吸收的营养成分，有的还有医疗保健作用。果蔬汁饮料具有水果和蔬菜原有的风味，酸甜可口，色泽鲜艳，芳芳诱人。

1. 果蔬汁饮料的种类

果蔬汁饮料可分为天然果汁、果汁饮料、果肉果汁、浓缩果汁以及蔬菜汁等。天然果汁是将水果加工制成未经发酵的汁液，具有原水果果肉的色泽、风味和可溶性固形物成分，果汁含量为100％。果汁饮料是指在果汁中加入水、糖、酸味剂、色素等调制而成的单一果汁或混合果汁制品，果汁含量不低于10％，如橙汁饮料、菠萝饮料、苹果饮料等。果肉果汁是指含有少量的细碎果粒的饮料，如果粒橙等。浓缩果汁是指需要加水稀释的果汁，原果汁占50％以上，如浓缩柠檬汁等。蔬菜汁是指加入水果汁和香料的各种蔬菜汁，如番茄汁等。

果蔬汁饮料因为具有悦目的色泽、迷人的芳香、怡人的味道、丰富的营养而赢得越来越多人的喜爱。

2. 果蔬汁饮料的制作

（1）选料新鲜　果汁的原料是新鲜水果，原料质量的优劣将直接影响果汁的品质。因此，必须保证水果原料充分成熟、无腐烂、无病虫害、无机械损伤等基本要求。

（2）充分清洗　有些水果被喷洒过农药，残留在果皮上的农药会在加工过程中进入果汁，给人体带来危害。因此，必须认真清洗。一般用0.5％～1.5％的盐酸溶液或0.1％的高锰酸钾溶液浸泡数分钟，再用清水洗净。

（3）榨汁前的处理　首先，选择高效的榨汁机，可以提高果汁的出汁率；然后，经合理的破碎，使大小块均匀，选用不带心籽的果实，并且经适当的热处理。有些果实如苹果、樱桃含果胶量多，汁液黏稠，榨汁较困难，为了使汁液易于流出，在破碎后需要经适当的热处理，即在60～70℃的温水中浸泡20 min左右。热处理可使细胞中的蛋白质凝固，改变细胞的半透性，使果肉软化、果胶物质水解，有利于色素和风味物质的溶出，并能提高出汁率。

（4）注意品种的搭配　用天然水果来调整果蔬汁中的酸甜味，是调味的过程，也是品种搭配的过程，既能保持饮料的天然风味，营养成分又不会受到破坏。比如增加甜味，除了蜂蜜和糖外，还可以选用甜度比较高的苹果汁、梨汁等。天然柠檬汁含有丰富的维生素C，它的强烈酸味可以抑制菜汁中的青涩味，使之变得美味可口。另外，果蔬汁中加鸡蛋黄也能调节口味，还可增加营养、消除疲劳和增强体力。

（5）合理使用辅料　果蔬汁多以水果或蔬菜为基料，加水、甜味剂、酸味剂等配制而成；也可用浓果蔬汁加水稀释，再调配而成。必须使用优质的水，一般为矿泉水。甜味剂最好用含糖量高的水果，也可用少量砂糖或蜂蜜等。酸味物则用天然的柠檬、酸橙等柑橘类含酸量高的水果。

（6）防止果蔬的褐变　为了防止果蔬汁在储存过程中色泽变暗甚至变为深褐色，要尽可能加入一些防止变色的抗氧化剂，如维生素C等。

3. 果蔬汁饮料的服务操作

（1）鲜榨果汁　鲜榨果汁要密封低温保存，待客人需要时及时供应；一般鲜榨果汁可以冰镇但不加冰，为达到美观效果一般都会在杯上加装饰。

（2）单一果汁和混合果汁　单一果汁是指一种水果汁供给客人饮用。混合果汁在酒吧又称为自选果汁，根据客人需要用两种或几种果汁兑在一起饮用。

（3）果汁用于鸡尾酒调制　许多鸡尾酒的调制离不开果汁，果汁适合调制各种鸡尾酒。

饮用果蔬汁饮料不仅仅是在倡导营养的平衡，更重要的是在引领一种观念，一种生活的时尚。低糖、无糖型的健康、营养果汁饮料越来越受到人们的欢迎，成为趋势。

（三）茶

1. 茶的分类

我国所生产的基本茶类分为绿茶、红茶、乌龙茶、黄茶、白茶和黑茶6类。

（1）绿茶　不发酵茶，具有自然清香、味美、形美、耐冲泡等特点。

（2）红茶　全发酵茶，红叶红汤，香气浓郁带甜，滋味甘醇鲜爽。

（3）乌龙茶　半发酵茶，适当发酵，使叶缘呈红色，叶片中间为绿色，三分红七分绿，美其名曰"绿叶红镶边"。乌龙茶既有绿茶之清鲜，花茶之芳香，又有红茶之甘醇。乌龙茶在6类茶中工艺最复杂费时，泡法也最讲究，所以喝乌龙茶也称为喝功夫茶。

（4）黄茶　微发酵茶，芽叶细嫩，色泽金黄、油嫩有光。黄叶黄汤，汤色橙黄明亮，香气清纯，滋味甜美，十分可人。

（5）白茶　轻发酵茶，白茶是我国的特产，因成品茶多为芽头，满披白毫，色白隐绿，素有"银装素裹"之美感，有清热降火之功效。

（6）黑茶　后发酵茶，品种丰富，是大叶种茶树的粗老硬叶或鲜叶经后发酵或者渥堆发酵制成的。茶叶呈暗褐色，叶粗，梗多，茶汤呈黄褐色，香气浓郁，滋味醇厚。茶性温和，耐泡，耐煮，耐存放。

2. 茶叶的基本成分

研究证实，茶叶含有大量的营养成分和药效成分。其中，与人体健康关系密切的主要成分有茶多酚、生物碱、矿物质、维生素、碳水化合物等。此外，茶叶还含有芳香物质、蛋白质、酯类化合物、有机酸、卵磷脂、酶类、天然色素等成分。

3. 冲泡茶的5大要素

冲泡一杯好茶，不仅要考虑茶本身的品质，而且要考虑冲泡茶所用水的水质、茶具的选用、茶叶的用量、冲泡水温及冲泡的时间5个要素。要沏出好茶，茶叶的选择是至关重要的：春天，新茶，显示雅致；夏天，绿茶，碧绿清澈，清凉透心；秋天，花茶，花香茶色，惹人喜爱；冬季，红茶，色调温存，暖人胸怀。一般红茶、绿的选择，应注重"新、干、匀、香、净"5个字。

（1）泡茶用水　泡茶用水要求水甘而洁、活而清鲜，一般用自来水。自来水是经过净化后的天然水，凡达到饮用水的卫生标准的自来水都适于泡茶。

（2）茶具的使用　茶具主要指茶杯、茶碗、茶壶、茶盏、茶碟、托盘等饮茶用具。茶具种类繁多，各具特色，要根据茶的种类和饮茶习惯来选用。

① 玻璃茶具：玻璃质地透明，光泽晶莹。

② 瓷器茶具：如白瓷茶具、青瓷茶具和黑瓷茶具等。瓷器茶具传热不快、保温适中，用

来沏茶不会产生化学反应,能获得较好的色香味,而且造型美观、装饰精巧,具有一定的艺术欣赏价值。

③ 陶器茶具:最好的当属紫砂茶具,造型雅致,色泽古朴,用来沏茶则香味醇和,汤色澄清,保温性能好,即使在夏天,茶汤也不易变质。

④ 茶壶:以不上釉的陶制品为上,瓷和玻璃次之。陶器上有许多肉眼看不见的细小气孔,不但能透气,还能吸收茶香。每次泡茶时,将平日吸收的精华散发出来,更添香气。

⑤ 茶杯:要求内部以素瓷为宜,浅色的杯底可以让饮用者清楚地判断茶汤的色泽。茶杯宜浅不宜深。如此则饮茶者不需仰头就可将茶饮尽,还有利于茶香的飘逸。

乌龙茶多用紫砂茶具泡制;功夫红茶和红碎茶一般用瓷壶或紫砂壶冲泡,然后倒入杯中饮用;茗品绿茶用晶莹剔透的玻璃杯冲泡最理想,杯中轻雾缥缈,澄清碧绿,芽叶朵朵,亭亭玉立,观之赏心悦目,别有风趣。

(3)茶叶用量　泡茶的关键技术之一就是要掌握好茶叶放入量与水的比例关系。茶叶用量是指每杯或每壶放适当分量的茶叶。冲泡绿茶或红茶时,一般要求茶与水的比例为 1∶50~1∶60。乌龙茶的茶叶用量为壶容积的 1/2 以上。

(4)泡茶水温　水温高低是影响茶叶水溶性物质溶出比例和香气成分挥发的重要因素,一般水温越高,溶解度越高,茶汤就越浓。水温低,茶叶的滋味成分不能充分溶出,香味成分也不能充分散发出来。但水温过高,尤其在加盖长时间焖泡嫩芽茶时,易造成汤色和嫩芽变黄,汤也变得浑浊。高级绿茶特别是细嫩的茗茶,茶叶越嫩、越绿,冲泡水温越要低,一般以 80℃ 左右为宜。泡饮各种花茶、红茶和中低档绿茶则要 95℃ 的沸水。乌龙茶每次用茶量较多,而且茶叶粗老,必须用 100℃ 的沸水冲泡,有时为了保持和提高水温,还要在冲泡前用开水烫热茶具,冲泡后在壶外淋热水。

(5)冲泡时间和次数　将红茶和绿茶茶叶放入杯中后,先倒入少量开水,以浸没茶叶为度,加盖 3 min 左右,再加开水到七八成满,便可趁热饮用。喝到杯中剩 30% 左右茶汤时再加开水,这样可使前后茶汤浓度比较均匀。

一般茶叶泡第一次时可溶性物质能浸出 50%~55%,泡第二次能浸出 30% 左右;泡第三次能浸出 10% 左右,泡第四次则所剩无几了,所以通常以冲泡 3 次为宜。乌龙茶宜用小型紫砂壶冲泡,在用茶量较多的情况下,第一泡 1 min 就要倒出,第二泡 1 分 15 秒倒出,第三泡 1 分 40 秒倒出,第四泡 2 分 15 秒倒出,这样前后茶汤浓度比较均匀。

4. 茶的冲泡操作要领

(1)绿茶泡饮法　绿茶泡饮法一般采用玻璃杯泡饮法、瓷杯泡饮法或茶壶泡饮法。

① 玻璃杯泡饮法:高级绿茶嫩度高,最好用透明玻璃杯泡饮,方能显出茶叶的品质特色,便于观赏。其操作方法有两种。一是上投法,用来冲泡外形紧结重实的茗茶,如龙井、碧螺春、庐山云雾、都匀毛尖等。先将茶杯洗净后冲入 85~90℃ 的开水,然后取出茶叶投入,无须加盖。二是中投法,泡饮茶条松展的茗茶,如黄山毛峰、六安瓜片、太平猴魁等,即在干茶欣赏之后,取茶入杯,冲入 90℃ 开水至杯容量的 30% 时,稍停 2 min,待干茶吸水伸展后再冲水至满。

② 瓷杯泡饮法:中高档绿茶用瓷质茶杯冲泡,能使茶叶中的有效成分浸出,可得到较浓的茶汤。一般先观察茶叶的色、香、形后入杯冲泡,可取中投法或下投法。下投法是用 95~

100℃开水泡饮,盖上杯盖以防香气散逸,保持水温以利茶身开展、加速沉至杯底,待 $3\sim 5$ min 后开盖,嗅茶香、尝茶味、视茶汤浓度,饮至第三泡即可。

(2)红茶泡饮法　可用杯饮法或壶饮法。一般功夫红茶、小种红茶和袋泡红茶大多采用杯饮法。现在流行一种调饮法,即在茶汤中加入调料以佐汤味。比较常见的是在红茶茶汤中加入糖、牛奶、柠檬片、咖啡、蜂蜜或香槟酒等调料。

(3)乌龙茶泡饮法　要选用中高档乌龙茶,配备一套专门的茶具。

① 预热茶具:泡茶前先用沸水把茶壶、茶盘、茶杯等淋洗一遍,在泡饮过程中还要不断淋洗,使茶具保持清洁和相当的热度。

② 放入茶叶:把茶叶按粗细分开,先取碎末填壶底,再盖上粗条,把中小叶排在最上面,这样既耐泡又可使茶汤清澈。

③ 茶洗:用开水泡茶,循边缘缓缓冲入,形成圈子。冲水时要使用开水由高处注下,并使壶内茶叶打滚,全面而均匀地吸水。当水刚漫过茶叶时,立即倒掉,把茶叶表面尘污洗去,使茶之真味得到充分体现。

④ 冲泡:茶洗过后立即冲泡第二次,水量约 90%;盖上壶盖后,再用沸水淋壶身,这时茶盘中的积水涨到壶的中部,使其里外受热。只有这样,茶叶的真味才能浸泡出来。

⑤ 斟茶:传统的方法是先用开水烫杯,用拇、食、中 3 指操作。食指轻压壶顶盖珠,中、拇二指紧夹壶后把手。开始斟茶时,用关公巡城法使茶汤轮流注入几只杯中,每杯先倒一半,周而复始,逐渐加至 80%,使每杯茶汤气味均匀。

⑥ 品饮:首先,拿着茶杯从鼻端慢慢移至嘴边,趁热闻香,再尝其味;然后,把残留杯底的茶汤顺手倒入茶盘,再把茶杯轻轻放下;接着,由主人烫杯,第二次斟茶。

根据民间经验,因乌龙茶的单宁酸和咖啡因含量较高,有 3 种情况不能饮:一是空腹不能饮,否则会有饥肠辘辘、头晕眼花的感觉;二是睡前不能饮,饮后容易兴奋,影响休息;三是冷茶不能饮,乌龙茶冷后性寒,饮之伤胃。

(4)花茶泡饮法　首先欣赏花茶的外观形态,取泡一杯的茶量,放在洁净无味的白纸上,干嗅花茶香气,察看茶胚的质量,取得花茶质量的初步印象。胚特别细嫩的花茶如茉莉毛峰,宜用透明玻璃杯,冲泡时置杯于茶盘内,取 $2\sim 3$ g 花茶入杯,用 90℃开水冲泡,随即加上杯盖,以防香气散失。泡 3 min 后,解开杯盖一侧,以口吸气、鼻呼气相配合,品茶味和汤中香气后咽下,称为口品。三泡后茶味已淡,不再续饮。

5. 茶的服务注意事项

尽管不同茶类的饮用方法有所不同,但也可以通用,只是人们在品饮时,对各种茶的要求不一样,如绿茶讲究清香、红茶讲求浓鲜。总体来说,各种茶都要讲究一个"醇"字,这就是茶的固有本色。在茶的饮用服务过程中应注意以下几项:

① 茶具在使用前,一定要洗净、擦干。

② 添加茶叶时切勿用手抓,应用茶匙、羊角匙、不锈钢匙来取,忌用铁匙。

③ 撮茶时,逐步添加为宜,不要一次放入过多。如果茶叶过量,取回的茶叶千万不要再倒入茶罐,应弃去或单独存放。

任务二 调酒与调酒师

一、调酒的起源与流派

1. 调酒的起源

调酒是以各种酒类为基础,添加果汁等辅料,通过一定的比例和方法调制在一起。调酒的起源可能与酿酒中的勾兑工艺有一定的关系。在酿酒过程中,由于酿酒原料质量不稳定、气候、温度、工艺等生产条件不同,以及酿酒师技术的差异等,都会使所酿酒品的质量不一致。为了使所酿造的酒品口味一致,颜色、香味、浓度都符合标准,在酿酒的最后阶段,将不同质量的酒液加以混合。调酒的概念就慢慢形成了,演变成现在的调酒,勾兑师演变成现在的调酒师。

2. 调酒的流派

（1）美式调酒　又称为花式调酒,起源于美国。花式调酒的过程强调动作花样、较少的失误以及音乐与动作的熟练配合,如翻瓶,横向、纵向旋转酒瓶,抛掷酒瓶,滚瓶等炫目的专业级操作,搭配节奏强烈的音乐,给人带来强烈的视觉冲击。

（2）英式调酒　又称为传统调酒,起源于英国。英式调酒强调规范、熟练、从容和优雅。传瓶、示瓶、开瓶、量酒等工序,在古典音乐的氛围里,每一个动作都一丝不苟,每一个环节都精准到位。

二、调酒师

调酒师是在酒吧或餐厅专门从事配制、销售酒水,并让客人领略酒的文化和风情的人员,调酒师英语称为 bartender。bar 是枝丫,而 tender 是温柔,合起来就是温柔的枝丫的意思。如果没有调酒师,bar 是一块放酒的木板,木板旁边有调酒师,给 bar 加上了 tender,温情便诞生。

调酒师的最大成就在于精准地捕捉并满足客人的需求,无论是客人心中所想的特定饮品,还是对混合方式的独特要求。这需要调酒师深入研究并严格遵守客人的口味偏好,以此为基础个性化地混合调制。优秀的调酒师应当快速、准确地熟悉原料和技术,掌握经典系列的配方。快速、精准地混合、调制鸡尾酒,是调酒师的基本功,而如何理解客人,深入其内心,了解其所想、所需,才是成为调酒大师成功的关键。

知识链接

中国传统酒文化——中国酒起源的传说

我国的黄河和长江流域是世界公认的较早进入文明社会的地区之一,是古代文明的发祥地之一。但有文字记载和准确纪年的历史并不长,比较成熟的文字出现在商代。而造酒和饮酒,可能早在原始社会末期就开始萌芽了。

1. 猿猴造酒

猿猴造酒一说,在古籍中多有记载。如明朝文人李日华在其著作中说:"黄山多猿猴,春夏采杂果于石缝中,酝酿成酒,香气益发,闻数百步。野樵深入者或得偷饮之。"清代文人李调允在其著作中也曾述及:"尝于石岩深处得猿酒,盖猿以稻米杂百花所造,一石穴辄有五六升许,味极辣,然极难得。"通过古人的记述,我们不难发现,猿猴造酒是储藏大量水果于石洼中,利用水果在自然界中的天然发酵而析出酒液。猿猴造酒的这种方法,后人曾应用过,他们将发酵的野果作为引子,可制出果酒。当然,从发酵的水果到今日的酿酒,其间经历了长久的技术发展。

2. 杜康造酒

关于杜康造酒的传说很多,曹操在《短歌行》中写道:"何以解忧,唯有杜康。"今人多怀疑杜康是否真有其人,认为杜康是杜撰出来的人物。但《吕氏春秋》《世本》《战国策》《伊阳县志》和《汝州全志》等古籍中都有杜康的记述。清朝乾隆十九年重修的《白水县志》的记叙更为详尽。根据相关文献,杜康的来历主要有二:一是白水县康家卫人,姓杜,名康,字仲宁。至今在康家卫村还留有杜康沟和杜康泉。二是《说文解字》中的记叙:"古者少康初作箕帚、秫酒。少康者,杜康也。"有人据此认为杜康是夏代君主少康。这里的"秫"指高粱,杜康因此被认为是用高粱酿酒的第一人,被造酒业奉为鼻祖。

3. 仪狄造酒

仪狄也同样被认为是造酒的鼻祖,记载于《吕氏春秋》《战国策》等多本古籍中。《战国策》记载:"昔者,帝女令仪狄作酒而美,进之禹,禹饮而甘之,曰:'后世必有以酒而亡国者。'虽疏仪狄而绝旨酒。"其他的史籍有"始作酒醪"的记载,据此,可以认为仪狄所造之酒为今天的醪糟,是由糯米发酵、加工制成的。有人因此认为仪狄是黄酒的创始人。

4. 酒星造酒

酒星造酒也称上天造酒,是神话传说。在我国古代,许多爱喝酒的文人墨客的诗词都提到了"酒星",更有酒是"酒星之作"的言辞。虽然"酒星"确实存在,早在殷代就发现有"酒旗星"。但其命名只能证明古人的想象力丰富,以及酒在当时社会中的重要地位。但如考虑到中国古代封神的传统,酒星可能是某个现实中的人物,因其在造酒业中的特殊贡献和地位被封为"酒星"。

思考题

1. 酒的含义是什么?
2. 简述调酒师人才培养的有效策略。

项目二　发酵酒

学习重点

1. 了解啤酒的原料知识。
2. 了解白葡萄品种。
3. 掌握中国黄酒的原料和辅料知识。
4. 掌握日本清酒的分类。

学习难点

1. 掌握啤酒的酿造过程。
2. 掌握酿酒葡萄的结构。
3. 掌握中国黄酒的酿造方法。
4. 掌握日本清酒的特点。

项目导入

　　酿造酒又称为发酵酒、原汁酒,是借着酵母的作用,将含淀粉和糖质等原料的物质发酵,产生酒精成分而形成的酒。其生产过程包括糖化、发酵、过滤、杀菌等。酿造酒按原料性质分为两大类:一类是以水果为原料酿造而成的,常见的有各种葡萄酒;另一类是以粮食为原料酿造而成的,最为常见的当属啤酒,还有黄酒、清酒等。

任务一　啤酒

　　16 世纪 80 年代,在美洲大陆上出现了第一家欧洲人建造的啤酒厂,17 世纪初,荷兰、英国的新教徒将啤酒技术带入北美。17 世纪 30 年代,马萨诸塞建立了北美最早的啤酒工厂。最初北美流行的是英式艾尔啤酒风格,19 世纪后半叶德国移民将拉格啤酒风格引入美国。

拉格风格的啤酒使啤酒的大规模制造和运输变得有利可图。但不久后,使用捷克淡啤酒花、淡色轻焙六棱大麦以及大米和玉米辅料酿造的皮尔森型啤酒占据了主导地位。与此同时,伴随着欧洲殖民者的对外征服和全球一体化,啤酒和啤酒生产技术进入了全球各个角落,啤酒成为全球性饮料。到20世纪末,啤酒成为生产量第一的酒类。

一、啤酒的特点

啤酒是以谷物、酒花、香料和药草、水为主要原料,经酵母发酵酿制的酒精饮料(图2-1)。啤酒的酒精含量在5%左右。

图2-1　啤酒

啤酒具有很高的营养价值,含有17种人体必需的氨基酸和12种维生素,是一种原汁酒,因此又有"液体面包"的美名,其中以大麦为原料所生产的啤酒口味最佳。啤酒酒精含量越高,酒质越好,国际上公认12°麦芽度以上称为高级啤酒。

二、啤酒的原料

(一)大麦

先将大麦制成麦芽,再糖化和发酵来酿造啤酒。大麦是生产啤酒的主要原料,其原因有:大麦在世界范围种植面积广,而且发芽能力强;非人类食用主粮,价格较便宜;大麦经发芽、干燥后制成的干大麦芽内含各种水解酶源和丰富的可浸出物,较容易制备符合啤酒发酵用的麦芽汁;大麦谷皮是很好的麦芽汁过滤介质。

全世界有3大啤酒麦产地,澳洲、北美和欧洲。澳洲啤酒麦因其讲求天然、光照充足、不受污染和品种纯洁而最受啤酒酿酒专家的青睐,所以又有金质麦芽之称。

1. 大麦的分类

根据大麦籽粒生长的形态(穗的断面形状),可将大麦分为六棱大麦、四棱大麦(实际是稀六棱大麦,两对籽互为交错)和二棱大麦。酿造啤酒通常用二棱大麦,淀粉含量相对较高,蛋白质含量相对较低,制麦芽质量好,是酿造啤酒的优良原种;美国则较流行用六棱大麦,蛋白质含量相对较高,淀粉含量相对较低,应用辅料可制成含酶丰富的麦芽。

2. 麦粒结构

(1)胚 大麦的最主要部分,约占麦粒质量的2%～5%;大麦的生命力部分,发芽时产生各种酶类。胚一旦死亡,大麦就失去发芽能力。

(2)胚乳 胚的营养仓库,约占麦粒质量的80%～85%,主要成分为淀粉和脂肪,适当分解存于大麦粒内成为酿造啤酒最主要的成分;是一切生化反应的场所;由胚乳细胞组成,细胞中含有淀粉颗粒,淀粉颗粒包埋在胚乳蛋白质的网络中。

(3)皮层 占谷粒总质量的7%～13%,其主要作用是保护麦胚;其绝大部分为非水溶性物质,制麦过程基本无变化;具有一定机械强度,麦汁过滤时作为过滤层。

3. 大麦的化学成分

碳水化合物主要是淀粉,占大麦干物质的58%～65%,大部分作为贮藏物质,存在胚乳细胞内。其中,直链淀粉含量一般为17%～24%。麦芽淀粉酶作用于直链淀粉,几乎全部转化为麦芽糖和葡萄糖;但作用于支链淀粉时,还生成相当数量的糊精和异麦芽糖。半纤维素和麦胶物质是胚乳细胞壁的组成部分。胚乳细胞内主要含淀粉,发芽过程中只有当半纤维素酶将细胞壁分解之后,其他水解酶方能进入细胞内分解淀粉等大分子物质。

蛋白质含量高低及其类型直接影响啤酒质量、类脂物质、无机盐。

(二)啤酒花

啤酒花简称酒花,又称为蛇麻花、忽布花,雌雄异株,成熟雌花用于啤酒酿造。酒花是不可少的辅助原料,作为啤酒的香料开始使用于德国,15世纪后才确定为啤酒的通用香料。酒花在啤酒生产中主要作用是:赋予啤酒香气和爽口的苦味;提高啤酒泡沫的持久性;使蛋白质沉淀,有利于啤酒的澄清;酒花本身有抑菌作用,增强麦芽汁和啤酒的防腐能力。酒花的化学组成中对啤酒酿造有特殊意义的3大成分为酒花油、酒花树脂和多酚。

(1)酒花树脂(10%～20%) 赋予啤酒特有的愉快苦味和防腐能力;作为啤酒酿造中的重要成分,对啤酒的风味和口感有着至关重要的影响。酒花树脂主要包含了α-酸和β-酸两大类物质,它们各自在啤酒的酿造过程中扮演着不同的角色。

① α-酸(葎草酮):啤酒苦味的主要来源之一,但其本身在啤酒中并不直接呈现强烈的苦味。在啤酒酿造的煮沸环节,α-酸会经历一系列化学反应,转化为异α-酸。正是这些异α-酸,赋予了啤酒独特的、令人愉悦的苦味。因此,α-酸的含量和质量成为了衡量啤酒花质量优劣的重要指标之一。

② β-酸(蛇麻酮):虽然其苦味值仅为α-酸的1/9,但在啤酒的风味构成中同样不可或缺。它赋予啤酒一种柔和、细腻的苦味,使得啤酒的整体口感更加平衡、和谐。此外,β-酸还具有一定的防腐作用,有助于延长啤酒的保质期。

总的来说,酒花树脂中的α-酸和β-酸相互配合,共同决定了啤酒的苦味和风味特性。在啤酒酿造过程中,对这两种酸的控制和调节至关重要,它们不仅影响着啤酒的口感和品质,也直接关系到消费者的饮用体验。

(2)酒花(精)油　经蒸馏后成黄绿色油状物,易挥发,是啤酒开瓶闻香的主要成分。其组成成分很复杂,主要有萜烯类碳氢化合物、含氧化合物和微量的含硫化合物等;溶解度极小,不易溶于水和麦汁,大部分酒花油在麦汁煮沸或热、冷凝固物分离过程中被分离出去;尽管酒花油在啤酒中保存下来的很少,但却是啤酒中酒花香味的主要来源。

(3)多酚(0.5%～2%)　具有澄清麦汁和赋予啤酒醇厚酒体的作用。

三、啤酒种类

1. 按生产方法分类

(1)艾尔啤酒(Ale)　传统的精酿啤酒,采用顶部发酵法,即酵母在麦芽汁的顶部发酵。这种发酵方式使得艾尔啤酒的发酵时间较长,能够最大限度地保留啤酒花的香味。艾尔啤酒通常具有泡沫丰富、口感细腻、酒体醇厚、风味多样化的特点。常见类型有小麦啤酒、IPA(印度淡色艾尔)等。

(2)拉格啤酒(Lager)　采用底部发酵法,即酵母在麦芽汁的底部发酵,且通常在较低的温度下。这种发酵方式使得拉格啤酒的发酵时间相对较短,口感清爽,带有明显的苦味。拉格啤酒是世界上最受欢迎的啤酒类型之一,其销售量占全球啤酒市场的很大比例。常见类型有淡色拉格、皮尔森(Pilsner)等。

2. 按酵母种类分类

根据酵母的种类和使用方式,啤酒还可以进一步细分为顶发酵啤酒和底发酵啤酒两大类。

(1)顶发酵啤酒(top-fermented beers)　酵母在液面上发酵,发酵时间相对较短,且酒精含量一般不超过5%。顶发酵啤酒通常具有较为浓郁的水果香气和较高的碳酸饱和度,口感清爽活泼。常见类型有艾尔啤酒(包括小麦啤酒、IPA等)以及部分使用顶发酵法的特殊啤酒。

(2)底发酵啤酒(Bottom-fermented Beers)　酵母在液面下发酵。其发酵时间较长,酒精含量通常在5%以上。这类啤酒的口感更加醇厚,风味层次丰富。常见类型有拉格啤酒(包括淡色拉格、皮尔森等)以及部分使用底发酵法的特殊啤酒。

啤酒的生产方法和酵母种类是决定其风味和特性的重要因素。不同的生产方法和酵母种类赋予了啤酒独特的风味和口感特点。

3. 按啤酒的色泽分类

分为淡色啤酒(黄啤酒,产量占90%)、浓色啤酒、黑啤酒。

4. 按啤酒是否杀菌分类

(1)生啤酒　具有独特的啤酒风味,保质期一般在3～7天。酒中活酵母菌在灌装后甚至在人体内仍可以继续生化反应。

(2)纯生啤酒　避免了热损伤,保持了原有的新鲜口味。最后一道工序进行严格的无菌灌装,避免了二次污染,保质期可达180天。

(3)熟啤酒　因为酒中的酵母已被高温杀死,不会继续发酵,稳定性较好。

5. 按啤酒的原麦汁浓度分类

分为低浓度啤酒(麦汁浓度 2.5%~8%)、中浓度啤酒(麦汁浓度 8%~12%)、高浓度啤酒(麦汁浓度 12%~22%)。

6. 按包装容器分类

分为瓶装啤酒、桶装啤酒、罐装啤酒 330 mL。

7. 新品种

(1) 干啤酒　20 世纪 80 年代由日本朝日公司发明。使用特殊的酵母使剩余的糖继续发酵,把糖降到一定的浓度之下,就叫干啤酒。由于含糖量低,属于低热量啤酒。

(2) 低醇和无醇啤酒　利用特制的工艺令酵母不发酵糖,只产生香气物质。啤酒的各种特性都具备,滋味、口感都很好。普通的啤酒酒含量为 3.5% 左右,无醇啤酒一般控制在 1% 以下。

(3) 运动啤酒　普通人喝水补充水分。运动员除了失水,还会失去身体里很多微量元素,根据运动员自身情况,在啤酒里面加入运动员需要的微量元素和营养物质,比赛结束喝运动啤酒来恢复体力。

四、啤酒的酿造过程

啤酒生产包括两个工序:麦芽制造和啤酒酿造。

(1) 麦芽制造　先将谷物,通常为大麦,用水浸泡 2 天左右,使其发芽。将麦芽焙燥,既能终止麦芽继续生长,又能为酿制的啤酒增添滋味。

(2) 啤酒酿造　将焙燥后的麦芽磨成粗粉,然后用热水调成粮糊,形成糖化液,名为麦芽汁。麦芽汁过滤后,加入酒花,可以赋予啤酒苦鲜味。有时加入香料和水果,制成风格各异的啤酒。将混合液体煮沸,防止滋生细菌,同时提取酒花的芳香味,然后才可以发酵。

传统的艾尔啤酒经过持续 6 天 16℃ 发酵酿制而成,所用酵母漂浮在酒液上面。酿制窖藏啤酒的酵母会沉降至酒液下面,在 10℃ 的环境中发酵,发酵速度更慢一些,需要 3 周左右。发酵后,用管子把啤酒输送到木桶或金属桶中熟化,酒液中残存的酵母发酵剩余糖分。二次发酵释放的二氧化碳气体赋予啤酒泡沫,并强化滋味。窖藏啤酒比艾尔啤酒熟化时间更长一些,有的几个月,而且温度更低。低温可以帮助去除酒液中的蛋白质(蛋白质会使酒液浑浊)。

五、世界著名啤酒品牌

1. 比利时著名啤酒品牌

(1) 罗斯福(Rochefort Brewery)　源自 1595 年的圣雷米修道院,配方源自布鲁尔地区的古老传统,经过修道士们的精心改良。深色、略甜、烈性、口感丰富,酒性强烈,是修道士啤酒的代表。

(2) 智美(Chimay)　源自 1862 年的修士啤酒传统。比利时经典啤酒,完全按照古代修士的传统方式酿造,口感醇厚,品质稳定。

(3) 福佳白啤酒(Hoegaarden)　创始于 1445 年,是比利时经典小麦啤酒。带有柑橘和香料的清爽风味,口感清新,泡沫丰富细腻。

（4）粉象（Delirium）　由一家拥有百年历史的家族酿酒厂酿制出品,酿造工艺有 350 年的历史。口感独特,瓶身设计极具特色,是比利时啤酒的梦幻之作。

2. 德国著名啤酒品牌

（1）保拉纳（Paulaner）成立于 1634 年的慕尼黑啤酒品牌,有近 400 年的历史。特点是口感醇厚,品质上乘,是慕尼黑啤酒的璀璨明珠。

（2）奥丁格（Oettinger）　创始于 1731 年,德国高性价比的啤酒,清新淡爽,适合日常饮用。

（3）百帝王（Benediktiner）　创始于 1609 年,德国修道院风格的啤酒,口感丰富,略带甜味。

（4）范佳乐（Franziskaner）　创始于 1363 年。德国著名的修道院啤酒,带有香蕉和丁香的独特香气。

3. 荷兰著名啤酒品牌

喜力（HeineKen）　创立于 1864 年,拥有超过 150 年的历史。口感醇厚,瓶身设计极具特色,是荷兰啤酒的璀璨之星。

4. 丹麦著名啤酒品牌

嘉士伯（Carlsberg）　创立于 1847 年,拥有超过 170 年的历史。口感醇厚,种类繁多,无论是特醇系列还是其他口味,都能感受到丹麦啤酒的魅力。

5. 爱尔兰著名啤酒品牌

健力士（Guinness）　成立于 1759 年的都柏林,有近 250 年的悠久历史。爱尔兰最畅销的啤酒品牌,口感醇厚,品质稳定,有独特的干世涛风味。

6. 美国著名啤酒品牌

百威（Budweiser）　诞生于 1876 年的美国,1995 年进入中国市场。口感纯正、清爽、泡沫细腻,苦味适中,适合日常畅饮。

7. 墨西哥著名啤酒品牌

科罗娜（Corona）　创于 1925 年,隶属于百威英博集团旗下。以其独特的透明瓶包装以及饮用时添加白柠檬片的特别风味而闻名,口感更加清新。

8. 其他国家著名啤酒品牌

（1）林德曼（Lindemans）　是世界上水果啤酒产量最大的酿酒厂之一。水果啤酒的领军者,口感独特,种类繁多,每一瓶都蕴含着对水果与啤酒的完美结合。

（2）瓦伦丁（Wurenbacher）　创始于 2013 年,位于中国上海市。新兴的中国精酿啤酒品牌,以其独特的口感和品质而受到消费者的喜爱。

（3）乌苏啤酒（WuSu）创始于 1991 年,位于中国乌鲁木齐市。以其高酒精度和独特风味著称,是新疆地区著名的啤酒品牌。

（4）佩罗尼（Peroni）　意大利著名的啤酒品牌,以其优雅的口感和独特的瓶身设计而著称。

（5）虎啤（Tiger Beer）　新加坡著名的啤酒品牌,以其浓郁的口感和独特的麦芽香气而受到消费者的喜爱。

这些啤酒品牌各具特色,不仅代表了各自国家的啤酒文化,也丰富了全球啤酒市场的多样性。无论是口感、品质还是历史背景,这些品牌都堪称世界啤酒界的佼佼者。

六、啤酒贮藏

啤酒应存放在阴凉、无阳光直射的地方,以防止酒液因光照而浑浊,储存环境应保持清洁、卫生、干燥且无杂物堆积;生啤需贮藏在10℃以下的环境,而熟啤则适宜在16℃左右的环境中保存;务必注意啤酒的贮藏期限,确保所有啤酒均在保质期内被饮用;为保持啤酒的新鲜度,贮藏时应严格遵循先进先出的原则;在堆放啤酒时,应合理安排空间,一般堆放五六层为宜,这样既能有效利用贮藏空间,又能确保啤酒的品质。

七、啤酒的饮用方法与服务要求

可以在任何季节任何时间,佐任何食物(以浓奶油为佐料的菜和甜食除外)。最宜佐各种肉类及菜肴,有时也可用来调酒。一般啤酒的最佳饮用温度在8～11℃,高级啤酒在12℃左右。如果需加热,可浸入40℃热水中。

饮用啤酒应该用符合规格的啤酒杯。一般可采用各种形状的水杯,但杯具容量大小要适宜,不宜过小。国外常用Beer Glass、Pilsner、Handled Mug、Scandinavia、Stein等各种古典式的或现代流行的啤酒杯,均具有一定的特色且美观实用,是酒吧必备的专用啤酒杯。

倒啤酒时以桌斟方法,酒杯倾斜45°角,瓶口不要贴近杯沿,可顺杯壁注入。泡沫过多时,应分两次斟倒。酒液占3/4杯,泡沫占1/4杯。

啤酒一旦开瓶,要一次喝完,不宜细品慢酌,否则酒在口中升温会加重苦味。开瓶后的啤酒不仅会散失二氧化碳,泡沫容易化净,而且会增加啤酒的苦味。

不要在喝剩的啤酒的杯内倒入新开瓶的啤酒,这样会破坏新啤酒的味道。最好的办法是喝干之后再倒。但是,在实际服务过程中,很难做到这一点。因此,可以先问一下客人:"您需要添点儿酒吗?"于是懂得这一诀窍的客人就会说:"等一下。"然后拿起酒杯把剩酒喝完,让服务员倒上新的啤酒。

知识链接

啤酒文化

提到啤酒,就会让人想到德国。德国人酷爱喝啤酒,形成了一种特殊的啤酒文化。这种啤酒文化包括悠久的历史、古老的传说和各式酿制方法,乃至专属的节庆和舞蹈。

德国巴伐利亚是著名的啤酒之乡,这里生产啤酒已有3 000年的历史。巴伐利亚啤酒与天主教有密切联系。在阿尔卑斯山北麓,有条山径直通最原始的巴伐利亚"啤酒天堂"——修士自行酿造黑啤酒的安迭斯修道院,这里每年吸引着大批游客。在慕尼黑有座奥古斯丁啤酒厂,酒厂的名字也让人们联想到宗教改革领袖马丁·路德(Martin Luther)所属的奥古斯丁修士团。巴伐利亚人的啤酒消费量是最高的,每年人均消耗啤酒230L,因此,许多人说,喝啤酒是德国人最爱的休闲活动,而巴伐利亚人是个中翘楚。慕尼黑是公认的啤酒之都,每年秋季都会举行世界上规模最大的啤酒节——十月庆典,还在每年的二三月份会举行四旬斋节。

德国人都以自己啤酒文化的精纯而自豪,早在16世纪初就由官方编纂了严苛的法典《精纯戒律》,明确规定只能用大麦(以及后来的大麦芽汁)、水及啤酒花生产啤酒。随着信息技术的发展,复杂的电子设备直接应用于配制、酿造过程,啤酒的品质更加稳定,品种更加多样。

啤酒被德国人称为液体面包,年消费量仅次于矿泉水和咖啡,没有什么产品能够像啤酒一样充满了感情色彩:啤酒是平民的饮品,是大众情绪的标尺,是人与人之间的黏合剂。啤酒是德国当之无愧的国酒。

任务二　葡萄酒

一、葡萄酒

一般认为,葡萄酒和啤酒首先在古代埃及和两河流域出现。中亚地区是葡萄的原产地。在濒临黑海的外高加索地区,包括现在的安纳托利亚(小亚细亚)、格鲁吉亚和亚美尼亚,都发现了新石器时代积存的大量葡萄种子。远古时期,葡萄自然掉落和发酵,成为葡萄酒的最早起源。后来,人类无意间品尝了天然的葡萄酒,觉得口感十足,开始想办法自行制作。史料表明,葡萄的栽培和葡萄酒的酿造技术,是随着旅行者和疆土征服者,从小亚细亚和埃及,先流传到希腊的克里特岛,再经西西里岛、北非的利比亚和欧洲意大利,从海路到达法国和西班牙沿岸地区的;同时通过陆路由欧洲的多瑙河谷进入中欧地区。据推测,公元前8000~公元前6000年,中亚地区开始酿造葡萄酒。

20世纪90年代,西方考古学家在伊朗发现人类在几千年前就在饮用葡萄酒。美国考古学家证实,在伊朗北部扎格罗斯山脉一个石器时代晚期的村庄遗址中,发掘出一个罐子。这个罐子生产于公元前5415年,里面有残余的葡萄酒。

古埃及前王朝时期,埃及从西亚进口葡萄酒。如阿拜多斯的蝎王一世的坟墓中出土有巴勒斯坦的陶罐,陶罐残渣中含有酒石酸。早王朝时期,埃及开始种植葡萄和酿造葡萄酒,阿拜多斯和萨卡拉出土了众多葡萄酒罐的陶片。这些陶罐上盖有印章。古王国时期,埃及的酿酒业兴盛,这一时期发掘的29座坟墓和1座神庙描绘了葡萄酒酿造的过程,其中涉及葡萄酒酿造的12个环节。普塔霍特普坟墓首次描述了酿造葡萄酒,新王国的哈姆威舍坟墓壁画对酿造葡萄酒进行了详细的描述。在尼罗河河谷地带,考古学家发现一种距今约5000年的土罐,这种土罐底部小圆,肚子粗圆,上部颈口大,可用于盛液体。经考证,这种土罐是古埃及人用来装葡萄酒或油的。此外,埃及古王国时期的酒壶上,刻有伊尔普(埃及语,意思为葡萄酒)一词。西方认为,这是人类葡萄种植和葡萄酒业的开始。

古代希腊人从埃及引进了葡萄种植和葡萄酒酿造技术,饮用葡萄酒成为希腊人日常生活中不可缺少的一部分,几乎每个希腊人都有饮用葡萄酒的习惯。随后,罗马人从希腊人那里学会了葡萄栽培和葡萄酒酿造技术,并将其传遍了整个欧洲。

二、葡萄品种介绍

1. 白葡萄品种

(1)霞多丽(Chardonnay)　寒冷气候下具有较高酸度和柑橘类果香甚至花香;温和气

候条件下具有梨、苹果、桃、无花果等香气;炎热气候条件下具有热带水果香气。

(2) 长相思(Sauvignon Blanc) 在全世界都有广泛种植,近年来以新西兰出产的最为著名。用该葡萄酿的干白一般以药草或青草香以及热带水果等的香气为主旋律,酸度活跃,清新爽口。

(3) 白谢宁(Chenin Blanc) 最早在法国的卢瓦尔谷地广泛栽种,目前在美国加利福尼亚、澳大利亚、南非和南美普遍栽培。适合温和的海洋性气候及石灰和矽石土质,所产葡萄常有蜂蜜和花香,口味浓,酸度强。其干白酒和起泡酒品质不错,大多适合年轻人饮用,较优者如罗亚尔河的 Savennieres。

(4) 雷司令(Riesling) 雷司令的主要产区是德国和法国阿尔萨斯。在法国顶级白酒区雷司令被称为白葡萄品种之王,年轻的雷司令香气精巧,带有柠檬、柚子和小白花的香气,口感酸度较高;老熟的雷司令则会带有特殊的汽油味道,这种味道是某些品酒师判断老雷司令的依据。

(5) 赛美蓉(Semillon) 主要种植于法国波尔多苏玳区,为早熟型葡萄品种,喜欢温暖地区。赛美蓉有比较好的造糖能力,却含酸量少,酿造出的葡萄酒肥厚腻口,缺乏香气,酒体无活力,却有着很高的窖藏潜质。因此,法国的一些白葡萄酒都会调配入长相思来提高葡萄酒的酸度和鲜嫩度。

(6) 莫斯卡托(Moscato) 应该算皮尔蒙特最著名的白葡萄品种了,是阿斯蒂莫斯卡托和阿斯蒂起泡酒的主要原料,可以酿造出口感甘甜、香气芬芳的起泡酒和微泡酒,酒中带有明显的花香和葡萄皮的香气,酒精度通常较低,可以大口饮用。

(7) 米勒-图高(Muller-Thurgau) 是德国酿酒界最广泛种植的葡萄品种之一。该葡萄品种成熟期较早并且产量很大,对种植地点的要求不是很高。适合酿造简单的白葡萄酒。该酒酸度低,口感柔顺平和,适合在酒质年轻时饮用,属于不会随着时间提升酒质的葡萄酒品种。

(8) 阿里高特(Aligote) 记载产地是在 18 世纪的法国勃艮第(Burgundy)地区。DNA鉴定的结果表明,阿里高特的嫡亲本是黑皮诺,与霞多丽是"亲姐妹"。

(9) 琼瑶浆(Gewurztraminer) 原产于意大利北部,果皮呈粉红色,酿成金黄色的酒液,带着浓郁的荔枝、玫瑰、丁香花蕾和香料的味道,口感厚重滑腻,酸度较低,最适合与亚洲料理搭配。

(10) 塔比安诺(Trebbiano) 意大利重要的白葡萄品种,用它酿造的白葡萄酒大约占意大利白葡萄酒产量的1/3。在大约 1/3 的意大利法定产区,塔比安诺都被规定为法定葡萄品种。塔比安诺在法国被叫做 Ugni Blanc(白玉霓)。

2. 红葡萄品种

(1) 赤霞珠(Cabernet Sauvignon) 成熟较晚,并且需要时间在橡木桶中或酒瓶中陈年,如与梅洛葡萄混合则口味最佳。口味特征:青辣椒味、薄荷味、黑巧克力味、烟草味、橄榄味。

(2) 品丽珠(Cabernet Franc) 品丽珠葡萄酒颜色较浅,单宁含量较低,成熟时间更早。白马酒庄所出产的以品丽珠为主要酿酒原料的葡萄酒,是世界上最奢华的葡萄酒,用出色的表现证明了品丽珠也有巨大的陈年潜力。通常来说,品丽珠葡萄酒酒体在轻盈和适中之间,香气明显,果味比赤霞珠更直接,有时带有一些草本植物香。这种香气在用未成熟的赤霞珠酿制的葡萄酒中也很明显。

(3)美乐/梅洛(Merlot) 此种葡萄品种酿制的葡萄酒更为柔和,果汁味浓,较为早熟。口味特征:李子和玫瑰的味道浓,更加麻辣,具有丰富的水果蛋糕味,薄荷味较淡。

(4)西拉(Syrah/Shiraz) 欧亚种,原产法国。果粒为圆形,紫黑色,着色好;通常带梗发酵,葡萄酒质量极佳,深宝石红色,香气浓郁。

(5)黑皮诺(Pinot Noir) 公认的难以栽植的葡萄品种,其果粒虽成熟较早,但脆弱、皮薄、易腐烂。口味特征:木莓味、草莓味、樱桃味、紫罗兰味、玫瑰味和野味。

(6)佳美(Gamay) 原产于法国博若莱地区,高产早熟,常用来制作新酒。口味特点:佳美酿制的葡萄酒酸度较高,花香和果香明显,但是单宁不足,带有独特的泡泡糖和香蕉的口味,还富有凤梨和苹果的香气。

(7)桑娇维斯(Sangiovese) 意大利最古老的红葡萄品种之一,在意大利语中是"丘比特之血"的意思,主要种植在意大利中部的托斯卡纳地区。桑娇维斯是个晚熟品种,需要温暖的气候以及充足的阳光,在排水性较好的朝南或朝西南的坡地上种植表现最佳。由于该品种的果皮较薄,抗病性差,易在潮湿的天气里腐烂,所以成熟期最好是干燥的天气,碰上雨季就容易染上病害或出现烂果现象。

(8)内比奥罗(Nebbiolo) 在意大利称作雾葡萄,是意大利最出色的葡萄品种,原产地与主要种植区都在意大利西北部的皮尔蒙特大区。内比奥罗是个发芽早且成熟晚的葡萄品种,为了达到满意的成熟度,需要种植在向阳的坡地上,有时候需要到十月中旬才可以采收。

(9)坦普拉尼罗(Tempranillo) 名字来源于西班牙语中的坦普拉尼罗,意思是"早",中文译名有当帕尼罗、天帕尼罗、唐普兰尼洛、丹魄等。因为这个品种的特点是早熟,最适合种植在白垩土壤上,在凉爽的气候下生长。在酒中表现出草莓等红色水果的香气,酸度较低,和其他品种调配时亦会有出色的表现。

(10)巴贝拉(Barbera) 起源于意大利皮尔蒙特大区,晚熟。即使充分成熟,其酸度依旧能维持较高的水平,所以该品种在炎热地区十分受欢迎。该品种所酿葡萄酒颜色深,常作为调色品种;酒体带有诱人的红色和黑色水果香气;它的酸度较高,所以在炎热地区的葡萄品种中显得十分珍贵,该品种所酿葡萄酒含有中或低单宁,柔软可口。

(11)歌海娜(Grenache) 起源于西班牙北部阿拉贡省的里奥哈,主要种植在法国南隆河地区、地中海沿岸以及西班牙全境。歌海娜在西班牙称为Garnacha,是西班牙种植最广泛的红葡萄品种,尤其在纳瓦拉和里奥哈地区扮演着重要的角色。

3. 酿酒葡萄的结构

葡萄的果实长在花梗末端,而花梗则附着在果柄上。与花梗位置相对的另一末端,是花柱和柱头的残存部分。在一些葡萄品种(如雷司令)的葡萄皮表面还分布着一些木栓化的皮孔。将葡萄切开后,可以看见两个心皮并列分布,这两个心皮各自包着一个小室,而葡萄籽就分布在这小室之中。伴随着葡萄果实的渐渐长大,果肉会向小室慢慢扩张,这使得小室的空间越来越小,而一颗葡萄果实最为重要的部分则是果肉、果皮和果籽。

三、葡萄酒的酿造过程

（一）葡萄酒的酿造

葡萄酒的酿造，是一场从自然选取到艺术创作的奇妙旅程。这一过程始于精心挑选的葡萄种类，直至最后的封瓶贮藏，每一步都蕴含着无尽的智慧与匠心。

（1）葡萄的采摘　挑选那些成熟度恰到好处、果粒紧实、果肉饱满却不过于厚重、汁水丰盈、果皮色泽深邃且质感坚韧的葡萄。这些葡萄不仅新鲜欲滴，更是携带着一层薄薄的白霜，那是大自然赋予的天然发酵师。

（2）预处理阶段　去梗、去核、破皮，每一步都细致入微，旨在释放葡萄皮中深藏的色彩与风味，让未来的葡萄酒色泽更加深邃，香气更加馥郁。

（3）浸渍与发酵　发酵的过程，就是将葡萄汁中的糖分转化为酒精和二氧化碳。红葡萄酒的发酵温度一般在 20～32℃ 之间。较高的温度有利于单宁和颜色的提取。酒精在此刻诞生，葡萄皮中的色素、味道物质和单宁等精华也缓缓融入酒中，赋予其独特的口感与风味。

（4）榨汁　轻柔而有力地将葡萄汁与果皮分离，留下纯净的液体。

（5）离沉除渣　让酒液中的杂质自然沉降；再将其轻轻分离，确保酒液的纯净与清澈。

（6）陈酿　葡萄酒成长的关键。在岁月的洗礼下，酒液逐渐变得醇厚，口感更加圆润，风味也愈发丰富，如图 2－2 所示。

（7）过滤　再次确保酒液的纯净，去除任何可能存在的杂质。

（8）装瓶　装入深色玻璃瓶中保存。深色玻璃瓶能够阻碍 90% 左右的光线，更好地保护酒体。还要注意温度、湿度、振动等其他因素。

图 2－2　橡木桶陈酿

（二）红、白葡萄酒酿造方式的异同

酿造红葡萄酒，经过葡萄的精心挑选、去梗和压榨之后，便进入了关键的浸皮和淋皮阶段。这两个步骤不仅赋予了红葡萄酒深邃的色泽，还为其增添了丰富的风味层次。白葡萄酒的酿造则不同，省略了浸皮和淋皮这两个步骤，保持了其清新淡雅的特点。

在酒精发酵的时机上，两者也有明显的区别。白葡萄酒选择在压榨和澄清之后进行酒精发酵，确保了其纯净的口感和明亮的色泽；而红葡萄酒则是在酒精发酵完成后才压榨，让葡萄皮中的色素和风味物质得以充分释放，为红葡萄酒带来了独特的口感和香气。

在后续的酿造过程中，红葡萄酒经过橡木桶熟成、澄清过滤、调配和装瓶等步骤，最后进入瓶中熟成阶段。这一过程不仅提升了其口感和风味，也赋予了红葡萄酒更丰富的层次和复杂度；而白葡萄酒在酒精发酵结束后，大多直接进行澄清过滤、调配和装瓶，保持了其清新爽口的特点。当然，也有少数特殊的白葡萄酒会用橡木桶熟成，以增添其独特的风味。

总的来说，红葡萄酒与白葡萄酒在酿造过程中的这些差异，不仅体现了酿酒师们的匠心独运，也为我们带来了各具特色的美酒佳酿。

四、葡萄酒的种类

(1) 干型葡萄酒　含糖量在 4 g/L 以下,一般尝不出甜味。

(2) 半干型葡萄酒　含糖量为 4～12 g/L,有微弱的甜味。

(3) 半甜型葡萄酒　含糖量为 12～50 g/L,有明显的甜味。

(4) 甜型葡萄酒　含糖量 50 g/L 以上,有浓厚的甜味。

(5) 发泡型葡萄酒　是指在 20℃时,酒中二氧化碳的压力等于或大于 0.05 千帕的葡萄酒,通俗地说就是会冒泡的酒。最有名的是在瓶内二次发酵的法国香槟酒。

(6) 酒精强化葡萄酒　发酵时加入酒精终止发酵,从而保留糖分的葡萄酒,如波特酒、西班牙雪莉。

(7) 混成葡萄酒　有特殊风味的葡萄酒,如苦艾酒,以葡萄酒为基础加入药草。

五、法国葡萄酒

法国葡萄酒品质和种类居世界之冠,有"葡萄酒王国"之誉。

(一) 主要葡萄品种

法国葡萄酒的主要葡萄品种有赤霞珠、西拉、品丽珠、佳美、美乐、黑皮诺、霞多丽、长相思、琼瑶浆等。

(二) 法国葡萄酒等级分类

在法国,为了保证产地葡萄酒的优良品质,产品必须经过严格的审查后方能冠以原产地的名称。这就是《原产地名称监制法》,简称 AOC 法。根据 AOC 法,法国葡萄酒等级分类如下。

1. 日常餐酒

日常餐酒(Wine of The Table)是最低档的葡萄酒,日常饮用。可以由不同地区的葡萄汁勾兑而成,如果葡萄汁限于法国各产区,可称为法国日常餐酒;不得用欧洲共同体以外国家的葡萄汁;产量约占法国葡萄酒总产量的 38%;酒瓶标签标示为"Vin de Table"。

2. 地区餐酒

地区餐酒由最好的日常餐酒升级而成,产地必须与标签上所标示的特定产区一致,而且要使用认可的葡萄品种。还要通过专门的法国品酒委员会核准。酒瓶标签标示为"Vin de Pays + 产区名"。

3. 优良地区餐酒

优良地区餐酒,级别简称为 VDQS,是普通地区餐酒向 AOC 级别过渡所必须经历的级别。如果在 VDQS 时期酒质表现良好,则会升级为 AOC;产量只占法国葡萄酒总产量的 2%;酒瓶标签标示为"Vins Deimites de Qualite Supenieure"。

4. 法定地区葡萄酒(AOC)

AOC 在法文中的意思为"原产地控制命名"。原产地区的葡萄品种、种植数量、酿造过程、酒精含量等都要得到专家认证;只能用原产地种植的葡萄酿制,绝对不可和别地葡萄汁勾兑;AOC 产量大约占法国葡萄酒总产量的 35%;酒瓶标签标示为"Appellation d'orgin Controlee"。

（三）法国葡萄酒产区及名品

1. 波尔多产区

（1）地理位置　法国西南部,是世界公认的最负盛名的葡萄酒产区。

（2）气候土壤条件　西临大西洋,有吉伦特河流过。夏季炎热,冬日温和。土壤形态多,沙砾、石灰石黏土的土质非常适合葡萄树的生长。

（3）葡萄酒生产　波尔多产区葡萄种植面积为10万公顷,年产8亿瓶葡萄酒,AOC级葡萄酒占总量的90%;生产以赤霞珠、美乐及品丽珠为主的混合品种酿制葡萄酒。

（4）酒标术语　波尔多地区习惯称葡萄园为Chateau,简称Ch.,即城堡。

2. 波尔多小产区及名品

（1）梅多克　梅多克产区分为南北两部分,即北部的下梅多克和南部的上梅多克。上梅多克的酒质量更胜一筹,而下梅多克则一般被人称为梅多克。上梅多克下面还有几个十分著名的酒村,从北向南依次为圣埃斯戴夫、波亚克、圣于连、玛歌。梅多克产区以赤霞珠为主力并添加适当的美乐以平衡酒的劲度,增加果味。但是,在波尔多地区,梅多克产区的酒仍然是最有劲度的酒,名品包括拉菲酒庄、拉图酒庄、玛歌酒庄、木桐酒庄。

（2）格拉芙　位于吉伦特河的南岸,与北岸的梅多克区隔河相望。格拉芙(Grave)的原意是砾石。砾石土壤有优良的排水性能,而且有保持温度的特性。格拉芙因为同时产红酒和白酒,因此在一些人的心中并不是一个好的红酒产区。但是实际上,这里的酒质量普遍较好,受恶劣天气的影响小,总体水平很高。这里出产的红酒,因美乐葡萄的比例较大,较之梅多克地区的酒更为柔顺。对于不习惯梅多克地区的酒强劲的单宁味道的人,格拉芙地区的酒应该是很好的选择。格拉芙有一个酒村,叫做Pessac Leognan(佩萨克·雪奥良)。著名的五大酒庄之一Chateau Haut Brion(奥比昂庄园)就在这里。名品主要有奥·伯里翁堡。

（3）苏玳　是波尔多贵腐甜酒的“黄金产区”,位于波尔多市南方20多千米外的加伦(Garonne)河左岸。在秋天的采收季,这一带常常弥漫着浓厚的晨雾。来自兰德低地的西隆溪水温较低,在苏玳北边的巴萨克(Barsac)村注入水温较高的加伦河,冷热河水混合形成潮湿的雾气,让附近的葡萄园很容易滋长贵腐霉。除了多雾,跟随而来的常是阳光普照的天气,可以适时地抑制真菌太快发展而转变为有害的灰真菌。苏玳虽离河稍远,但是却位于排水好的砾石圆丘区,比近河边低平的巴萨克更能生产出浓甜的贵腐甜酒来。名品主要有迪琴庄。

（4）圣埃米伦　以盛产波尔多红葡萄酒而闻名。圣埃米伦的酒丰满、醇厚,呈美丽的红紫色。陈年后有白胡椒味、红果酱味、香料味及咖啡味。口感非常柔顺,有“波尔多的勃艮第”之说。名品有白马庄、欧颂庄。

（5）宝物隆区　位于梅多克的东南部,是波尔多最小的一个产区。这里的葡萄酒主要用美乐葡萄酿造,宝物隆区下面没有更小的产区,产区内也没有分级制度,但是这里只生产AOC级的高档红酒,世界上3种最贵的红酒中,就有两种产于这里。这里的土壤深层为黏土,铁含量较高,酒普遍有一种矿物质的味道。美乐葡萄不含粗单宁,出产的酒以丰浓收敛的香气为主。名品有柏翠酒庄、里鹏。

3. 勃艮第产区

勃艮第产区位于法国东北部,是法国古老的葡萄酒产区。与波尔多产区的调配葡萄酒不同,勃艮第产区的葡萄酒以单一品种葡萄酒为主。勃艮第的法定葡萄品种有黑皮诺、佳美两种红葡萄品种,白葡萄品种则有霞多丽和阿里高特。勃艮第5大分区分别是博若莱、金丘、夏布利、夏隆内丘以及马贡,是勃艮第葡萄酒产区最精华的核心地带。

(1)博若莱　博若莱位于勃艮第的南部,属于较为典型的大陆性气候,夏天温度高,秋天干燥时间长,有利于佳美的成熟。博若莱地区北部多为山坡地貌,在坚硬的花岗岩层上覆盖着风化的碎石,硅土、矿物质含量较丰富,是10个特级葡萄园所在地,能酿造出口感浓郁、具有深度的佳美葡萄酒。南部则是一大片平原,多为浅薄黏土,主要用于酿造口味清爽的博若莱新酒。名品为博若莱新酒。

(2)金丘　在第戎南部,是勃艮第最精华的产区,33个特级葡萄园有32个都在金丘。金丘区分为南北两部分,北部是环绕纽伊圣乔治的夜丘,以黑皮诺红酒为主,其黑皮诺以强劲细腻、复杂耐久名扬天下。南部是环绕博恩市的博恩丘,是全球最顶尖的霞多丽产区。名品有拉·罗马乃·孔蒂、路易圣乔治。

(3)夏布利　是勃艮第著名的白葡萄酒产区,这里只出产霞多丽干白葡萄酒。夏布利的土壤由土层较厚的启莫里阶(Kimmeridgien)石灰岩构成(一种侏罗纪晚期岩层),这个名字来自英国北部的一个村庄名,村里的土壤构成和这里非常相似。霞多丽种植在这种土壤上,常体现出特有的火石和矿物风味。除此之外,年份较短的夏布利干白还常带有青苹果、青柠檬的香气,酸度很高,适合搭配海鲜食品。为了保持清爽的果香,很少在橡木桶里面发酵或者培养,有些会将不锈钢桶中的酒和一小部分旧橡木桶培养的酒混合,给酒增加一些复杂感和轻微的烘烤气息。名品有武当尼葡萄园、禾玛葡萄园。

(4)夏隆内丘　平均海拔为250～370 m,土壤主要以石灰质为主。夏隆内丘有5个AOC法定产地。布哲隆使用的葡萄品种是阿里高特,酿出的酒带有水果香和清淡的花香,口感简单,酸度高。吕利主要生产霞多丽干白葡萄酒,价格却比金丘便宜得多。吕利也是勃艮第起泡酒的重要产区。梅谷黑是夏隆内丘最主要的红葡萄酒产地,主要生产高品质的黑皮诺葡萄酒。梅谷黑红酒年轻时显得严肃、封闭、涩口,需要5～10年熟成。基辅邑是夏隆内丘最小的法定产区,主要以生产红酒为主,带有年轻的红色水果香气,简单易饮。蒙达涅生产霞多丽白葡萄酒,清淡可口,好的年份也有杰出表现。名品有布哲隆、吕利、梅谷黑、基辅依、蒙达涅。

(5)马贡　马贡大区出产的酒90%为白葡萄酒,最常见的就是马贡白葡萄酒。马贡白葡萄酒经常带着一些香瓜和苹果的香气,爽口清淡,价格便宜,适合日常饮用。更好一些的白酒来自马贡村庄酒,比普通的干白要浓郁一些。该地区没有特级葡萄园和一级葡萄园,最受关注的则是布衣富赛这个产地。布衣富赛最精华的葡萄园都分布在一座突出的石灰岩高地的斜坡上,在这个高地上的霞多丽比平原上的葡萄树成熟度更好,通常会使用部分或者完整的橡木桶熟成,酿出香气饱满、富有层次、口感富饶的葡萄酒。名品有布衣富赛、超级马贡。

六、德国葡萄酒

德国葡萄酒有两大特色:一是由于气候寒冷,为了让葡萄充分成熟,一般采收时间较晚,以此酿成的葡萄酒具有一种新鲜活泼的酸味,有时还进行补糖工作;另一特色是所采收的葡萄通常保留 1/10 不予发酵,直接做成葡萄汁存放在高压槽内,待装瓶时再掺入这些汁液,如此做出来的葡萄酒带有一股优雅的果香味,而且酒精浓度通常不高,极适合初尝葡萄酒的人饮用。德国是雷司令的故乡,这种葡萄酿出的酒,酒香馥郁,口感清爽,已经成为有着丰富特性的高雅葡萄酒的代名词。

（一）主要葡萄品种

德国 4/5 以上的葡萄种植面积种植白葡萄品种,其他种植红葡萄品种,主要的品种有雷司令、黑皮诺。

（二）葡萄酒分级

德国葡萄酒的等级分类如下。

1. 日常餐酒

相当于法国的 Vin de Table(日常餐酒),是德国葡萄酒分级里最低的一等。允许在酿制葡萄酒时加糖以保证成品酒有足够的酒精度。如果没有标注"Deutscher"(德国产)字样,则该类酒可能是用欧盟内其他产酒国出产的葡萄酒混合调制成的。

2. 地区餐酒

相当于法国的 Vin de Pays(地区餐酒)级葡萄酒。20 世纪 80 年代,该级别才建立,为德国葡萄酒分级中倒数第二级。用于酿酒的葡萄必须出自法定的地区餐酒产区,允许在酿制葡萄酒时加糖,酿制的酒为干型或半干型。

3. 高级葡萄酒

相当于法国 VDQS(优良地区餐酒)级葡萄酒,最早 11 个法定产区可出产这类葡萄酒。20 世纪 90 年代,联邦德国与民主德国合并后,民主德国的两个小产区萨尔-乌斯图特和萨克森也归入其内。这 13 个种植区一共有 10 万多公顷的面积,葡萄酒的产量很大。所酿制的成品酒必须标有原产地名称,酒精含量须达到 7%。不过这类酒可以在酿制时加入一定量的糖分补充葡萄汁先天糖分的不足,保证成品酒有足够的酒精度。

4. 优质高级葡萄酒

相当于法国的 AOC(法定地区葡萄酒)级葡萄酒,有着严格的产区划分,不允许在酿酒过程中添加糖分。按葡萄采收时间和成熟度又分为 6 类。

（三）知名产区及名品

德国葡萄酒产地共分为 13 个特定葡萄种植区,如摩泽-萨尔-卢文、莱茵高、莱茵黑森、乌尔藤堡、巴登、法尔兹等。每一个产区都有特色。北部地区生产的葡萄酒一般清淡可口,果香四溢,芳香馥郁,优雅脱俗,并有新鲜果酸。南部生产的葡萄酒则圆满充实,果味诱人,有时带有更刚烈的味道而不失温和适中的酸性。最常见的德国葡萄酒来自摩塞尔河流域和莱茵河流域的 4 个主要产区:摩塞尔河产区、莱茵高产区、莱茵黑森产区、法尔兹产区。

1. 摩塞尔河产区

摩塞尔河产区是被世界公认的德国最好的白葡萄酒产区之一。这里的土壤大部分以板岩为主,所有的葡萄园几乎都位于陡峭的河岸上,坡度一般在 60°以上。手工操作是这里唯一可行的办法,葡萄树必须独立引枝以适应如此陡峭的坡度。整个地区一共有 12 809 公顷葡萄园,其中 54%的面积种植贵族品种雷司令,22%种植米勒-图高,9%种植艾伯灵(Elbling)。产区内有 6 个子产区,分别是策尔摩塞尔(Zell/Mosel)、贝恩卡斯特尔(Bernkastel)、上摩塞尔

(Obermosel)、萨尔州(Saar)、鲁沃河产区(Ruwertal)、摩塞尔入口(Moseltor)。在摩塞尔河产区,塞尔(Saar)河两岸的气候条件最为恶劣,但是这里却有最为精美也是最为昂贵的德国葡萄酒厂家 EgonMuller。摩塞尔地区著名的葡萄酒厂还有露森酒庄(Dr. Loosen)、普朗酒庄(Johann Josef Prum)和正在崛起的泽巴赫酒庄(Selbach Oster)。名品有伊慕沙兹堡、约翰·约瑟夫·普朗。

2. 莱茵高产区

莱茵高是德国顶尖的雷司令葡萄酒产区,雷司令在此占据了总种植面积的 80% 以上。莱茵高的坡度不算陡峭,相对较为平缓,上部的土壤主要由风化的深色板岩、泥灰岩构成,板岩土壤内含丰富的矿物质。深色的土壤白天可以吸收太阳的热量,夜间释放给葡萄树,非常适合雷司令的成熟,可酿出酸度细致、典雅平衡的精彩白酒。底部较多沉积土与黏土,出产的雷司令酒体更加丰满。整个莱茵高产区都归属于一个子产区,称作约翰山堡,因当地最著名的一个酒厂而得名,区内还分为 10 个较大葡萄园区以及 100 多个单一葡萄园。著名的酒庄比比皆是,包括施洛斯酒庄(Schloss)、约翰尼斯堡酒庄(Johannisberg)、沃拉德城堡酒庄(Schloss Vollrade)、莱因哈特绍森城堡酒庄(Schloss Reinhartshausen)、彼得雅各布库恩酒庄(Peter Jakob Kuhn)等。名品有约翰内斯堡、哈德森堡。

3. 莱茵黑森产区

莱茵黑森是德国最大的葡萄酒产区,葡萄园的面积有 26 372 公顷。内有 3 个子产区:比内恩产区(Binern)、尼尔施泰因产区(Nierstein)和旺高产区(Wonnegau),24 个酒村,434 个单一葡萄园,超过 6 000 家酒庄。莱茵黑森(Rheinhessen)地区多数是富饶而平坦的土地,比较容易种植舍尔贝(Scheurebe)、克纳(Kerner)、巴克斯(Bacchus)和米勒·图高且高产,这些品种总和超过了葡萄种植面积的 1/4。也有一些高质量的葡萄酒集中出产在 Niersteim、Nackenheim 村庄和 Oppenheim 村庄,这些地方称作前莱茵。名品为圣母之乳。

4. 法尔兹产区(Pfalz)

Pfalz 是"宫殿"的意思,因古罗马皇帝奥古斯都在此建行宫而得名。以前此地区也被称作 Rheinpfalz(莱茵法尔兹),葡萄园面积达到 23 804 公顷,是德国第二大葡萄产区,有 6 800 家酒厂,所产 77% 为白酒。这里葡萄种植的品种比较丰富,其中雷司令和米勒·图高的种植面积各占 21%。最好的法尔兹酒来自该地区的北部那些种植雷司令和米勒·图高的葡萄园,而南部则大量种植西万尼(Silvaner)等品种,且高产,生产大量质量平平的葡萄酒。名品有杜尔科海姆、弗洛斯特。

(四) 葡萄酒酒标

作为其身份与品质的直观展现,葡萄酒的酒标详尽地标注了从生产到销售的各个环节信息。一般而言,酒标上首先会醒目地标示出酒庄或酒厂的名字,这是品牌与品质的初步保证。若标注了具体年份,则意味着该酒至少使用了当年采收的 85% 以上的葡萄酿制而成,年份的标注往往与葡萄酒的品质和风格紧密相关。

葡萄品种也是酒标上的重要信息之一,若明确标注了品种,则表明该酒至少由 85% 的同一品种葡萄酿成,这直接关系到葡萄酒的风味特征。此外,部分高端葡萄酒还会特别注明葡萄的成熟度,这一信息在 QMP(德国优质高级葡萄酒)等特定级别中尤为重要,它反映了葡萄在采摘时的状态,对最终酒体的复杂度与风味层次有着决定性影响。

产品类型,如干型、半干型等,直接告知消费者该葡萄酒的甜度与风格偏好。葡萄园的具体位置(包括所在城市及葡萄园名称)和葡萄酒的产地(即葡萄种植的产区)也是酒标上不可或缺的信息,它们共同构成了葡萄酒独特风土条件的重要组成部分。

灌装与灌装地则揭示了葡萄酒在何处完成最后的装瓶工序,这对于追踪葡萄酒的生产流程及确保品质控制具有重要意义。质量等级则是根据采摘时葡萄的成熟度与糖度来划分的,它直接关联到葡萄酒的自然酒精含量,是评价葡萄酒品质的一个重要指标。

作为质量控制号,政府许可认证号确保了每一瓶葡萄酒都经过了严格的质量检测,符合相关法规与标准。容积与酒精含量则是消费者在选择葡萄酒时需要考虑的实用信息,帮助其根据个人喜好与场合需求做出合适的选择。

最后,特别葡萄酒组织认证,如某些国际知名的葡萄酒评级或认证机构的标识,更是为葡萄酒的品质与地位增添了权威性,让消费者在众多选择中能够轻松识别出那些卓越非凡的佳酿。

七、意大利葡萄酒

意大利是欧洲最早获得葡萄酒种植技术的国家之一,葡萄酒的产量约占世界的1/4。意大利酿酒的历史已经超过了3 000年。古代希腊人把意大利叫做葡萄酒之国(埃娜特利亚)。实际上,埃娜特利亚是古希腊词,意指意大利东南部。据说古代的罗马士兵们去战场时带着葡萄苗,领土扩大了就在那里种下葡萄。这也就是从意大利向欧洲各国传播葡萄苗和葡萄酒酿造技术的开端。

(一) 主要葡萄品种

意大利种植的葡萄品种超过1 000种之多,可以说是葡萄品种最纷繁复杂的区域了。意大利最知名的当地红葡萄品种是内比奥罗和桑娇维斯,可酿造强劲耐久藏的红酒。还有柔软可口的巴贝拉、甜美芬芳的莫斯卡托(麝香葡萄的意大利名称)。值得一提的是,许多意大利的传统品种在世界上的其他国家是完全没有种植的。

(二) 葡萄酒等级

意大利和法国一样有一套原产地命名监控制度,叫做DOC。在20世纪60年代意大利开始确立DOC制度的时候,只有DOC与VDT两个级别。当时受到法国AOC制度的启发,建立了一套以原产地命名的葡萄酒体系,具有悠久历史的意大利各地方风格葡萄酒。意大利葡萄酒可分为四级。

1. 一般餐酒

该酒在意大利制造,标签通常标明一个基本的葡萄酒,无须标示产地、来源、年份等信息,只需标示酒精含量与酒厂。

2. 地方餐酒

地方餐酒级相当于法国的Vin de Pays级,表示更多的特定区域内的意大利葡萄酒。这个称谓创建于20世纪90年代,被认为具有高于简单的佐餐酒的质量。

3. 法定产区葡萄酒

法定产区葡萄酒必须是特定产区核准耕种的品种,亦代表这种葡萄酒已取得品质认证,生产与制造过程符合DOC法的严格规定。意大利有200种以上的DOC葡萄酒,把经过严格划分的生产地域作为其故乡。从葡萄的种类,到最低酒精含量、制造方法、贮藏方法,以及味觉上的特征等都有相关的法定标准。相当于法国葡萄酒分级中的AOC,品质也相当卓越。

4. 保证法定地区级

意大利的DOC制度方便消费者识别出优质的意大利葡萄酒,及保持该葡萄酒在国际上的声誉。20世纪80年代,意大利政府为了进一步提升业内人士的水平,又在DOC的基础上,加入了DOCG级别。今天,意大利全国只有50款葡萄酒能称得上DOCG级葡萄酒。DOCG级的意大利葡萄酒不仅会印在酒标上(通常在酒名之下),也会以粉红色长形封条的形式出现在瓶口的锡箔收缩膜上。

(三) 葡萄酒主要产区

1. 皮尔蒙特

皮尔蒙特主要种植了两个黑色品种——内比奥罗和巴贝拉,以及一个白色品种莫斯卡托。皮尔蒙特是意大利最大的DOC和DOCG葡萄酒产区,其产品已超过40个不同的原产地命名。尽管也生产著名的白葡萄酒,但是该区的声誉主要取决于红葡萄酒,其中有4个属于DOCG等级,最重要的两个为巴罗洛和巴巴列斯科,它们在20世纪80年代被批准为皮尔蒙特的第一批DOCG产区。因为该省不使用IGT等级,所以许多葡萄酒就直接使用代表一切的"皮尔蒙特DOC"称号。"朗格DOC"也越来越重要,很多重要的生产商甚至用它命名自己最好的酒。

2. 坎帕尼亚

在所有坎帕尼亚的葡萄品种里,艾格尼科(Aglianico)是无可争议的王者,其高酸高单宁的特点为图拉斯(Taurasi)DOCG赢得了"南方的巴罗洛"的称号。像巴罗洛一样,在上市前必须陈年3年。它是少有的意大利红葡萄品种中花香四溢的,使人想起幕维德尔(Mourvedre)的品种。但是它也同样显示出与新橡木桶结合后令人感觉愉快的黑樱桃、黑莓的味道,这是内比奥罗所不具备的。图拉斯的邻居是孪生的DOCG Fiano d'Avellino和Greco di Tufo。普遍认为Fiano d'Avellino更优秀一些,因为其具有一些精妙的榅桲的特性和陈年的能力。而Greco di Tufo更适宜在年份较短时饮用,具有辛辣的、草本的味道和一些柑橘的味道。

3. 威尼托

威尼托的气候受到北部山脉与东部海洋的调节,这里出产的DOC比意大利其他地区的更多,其中最重要的两个出口DOC的产区都位于西部,在维罗纳(Verona)城周围,分别是瓦尔波利切拉和索阿维。

4. 托斯卡纳

托斯卡纳葡萄的种植与葡萄酒酿造工艺在意大利较早。在托斯卡纳内有6个DOCG,以及属于IGT级别的超级托斯卡纳。这里的葡萄酒主要使用桑娇维斯葡萄酿造,赋予红葡萄酒中等酒体,高酸,高单宁,带酸樱桃和土壤味,有时还会调配一些葡萄品种如卡尼罗和卡乐罗。此外,赤霞珠、美乐和西拉的种植面积也在逐年增加。当地最主要的白葡萄品种是塔比安诺,就是法国的白玉霓。

5. 基安蒂

基安蒂位于佛罗伦萨和锡耶纳之间,出产托斯卡纳最经典的葡萄酒。主要采用桑娇维斯葡萄酿造,有足够的酸度,具有酸樱桃和茶树叶的香气。传统上,为了增加酒体,会使用木桶进行部分发酵,同时加入一些较浓的葡萄汁,这种工艺叫做 Governo。古老工艺中用的大橡木桶叫做 Botti,现在更多人会选用法国小橡木桶。一般来说,基安蒂葡萄酒有两种风格:普通的基安蒂适合在年份较短时饮用,珍藏基安蒂会在出厂前在木桶中熟成两年,并通常需要继续在瓶中熟成。古典基安蒂酒来自基安蒂中心条件最好的古老产区,产量的限制更加严格,平均水准更高,并且在瓶口会贴上黑公鸡认证标志。

6. 布鲁耐罗·蒙塔尔奇诺

布鲁耐罗·蒙塔尔奇诺是托斯卡纳的一颗明珠,其酒的品质可以和巴罗洛相媲美,风格坚硬雄壮,是意大利最好、寿命最长的葡萄酒之一。100%使用桑娇维斯酿造,更多的是高品质的大桑娇维斯。该酒年份较短时极其苦涩强劲,需要经过长时间的窖藏。法律规定布鲁耐罗·蒙塔尔奇诺需要在酒厂熟成 4 年后才可上市,其中两年必须在木桶中储藏。为了给酿酒商更多的灵活性,能尽早出售葡萄酒,蒙塔尔奇诺红酒出现了。依旧使用桑娇维斯酿造,但是只需要一年熟成。一些酒商会把这个级别的 DOC 视为波尔多顶级酒庄的副牌出售。

7. 西西里岛

整个西西里岛遍布葡萄园,是意大利种植面积最大的省,葡萄酒主要产自西西里岛的西部。许多优质的葡萄酒会以西西里 IGT 的形式出现。与普格利亚形成鲜明对比的是,大型的联合公司和小型庄园能够生产出值得信赖的、可以消费得起的葡萄酒。这里主要的葡萄品种是当地的黑达沃拉(Nero d'Avola),可以酿造成相当浓厚的红酒,有时也会和其他国际品种一起调配。这里还会生产酒精加强型葡萄酒马沙拉,风格和雪莉酒接近。

八、西班牙葡萄酒

西班牙的葡萄种植历史大约可以追溯到公元前 4000 年。在公元前 1100 年,腓尼基人开始用葡萄酿酒。西班牙葡萄酒的历史并没有任何值得炫耀的光辉,直到 19 世纪 60 年代,法国葡萄园遭受根瘤蚜虫病的灾难,很多来自法国波尔多的酿酒师,来到了西班牙的里奥哈(Rioja),带来了他们的技术与经验,这才让西班牙的葡萄酒进入腾飞期。这段时间,法国的葡萄园大面积被铲除,由于葡萄酒紧缺,法国也从西班牙进口了相当数量的葡萄酒。这也是法国为西班牙提高酿酒水平做出贡献的佐证。20 世纪 70 年代,西班牙农业部借鉴法国和意大利的成功经验,成立了 Instito de Denominaciones de Origen(INDO),这个部门相当于法国的 INAO,同时建立了西班牙的原产地名号监控制度 Denominaciones de Origen(DO)。截至目前,西班牙有 55 个 DO 品种,其中 1994 年后批准的有 20 个。1986 年,DO 制度内加入了 Denominaciones de Origen Calificada(DOC)这个略高于 DO 的等级。虽然目前 DOC 等级内只有里奥哈一个原产地名号,但是以后 Jerez、Rias Baixas、Penedes、Ribera delDuero 有可能被授予 DOC 等级。

(一)主要葡萄品种

西班牙主要葡萄品种有坦普拉尼罗、歌海娜。

(二)葡萄酒等级

西班牙葡萄酒的分级如下。

1. 日常餐酒

日常餐酒是分级制度中最低的一级,常由不同产区的葡萄酒混合而成。相当于法国的 VDT(原 Vin de Table),也有一部分相当于意大利的 IGT。这是使用非法定品种或者方法酿成的酒。比如在奥哈种植的赤霞珠、美乐酿成的酒就有可能被标成 Vino de Mesa de Navarra。这里使用了产地名称,所以说也有点像 IGT。

2. 地区餐酒

地区餐酒可标示葡萄产区,但对酿制无限制。相当于法国的 IGP(原 Vin de Pays)。全西班牙共有 21 个大产区被官方定为 VC。酒标用 Vino Comarcal de[产地]来标注。

3. 优良地区餐酒

这一级别比日常餐酒稍微高一些,要标出葡萄的产区,但没有生产方面的规定,这一级别的酒通常有着明显的地域特点。酒标用 Vino de laTierra[产地]来标注。

4. 法定产区酒

法定产区和法国的 ACP(原 AOC)相当,较严格管制产区和葡萄酒品质。全国有 62%的葡萄园有 DO 资格。

5. 高级法定产区酒

高级法定产区酒是西班牙葡萄酒的最高等级,严格规定产区和葡萄品种酿制,例如里奥哈产区。

(三) 葡萄酒产区

西班牙各地几乎都生产葡萄酒,其中以里奥哈、安达卢西亚、加泰罗尼亚 3 地最为有名。靠近首都马德里的拉曼查地方街道出产的葡萄酒,几乎占西班牙所有产量的一半。

1. 加利西亚

西南部的加利西亚是西班牙干白葡萄酒最出众的地方,一般干白的品质都具备相当的水平。气候凉爽潮湿,酿造的干白也有果香丰富、酸度足等优势。

2. 卡斯提尔·莱昂

卡斯提尔·莱昂位于斗罗(Duero)河畔,红、白、玫瑰红酒都出产。最出色还是区内 Ribera del Duero 这个靠着斗罗河的红葡萄酒,据说是全西班牙顶端的红葡萄酒。又贵又有名的 Vega Sicilia 酒厂就在这个小产区。

3. 安达卢西亚

安达卢西亚是著名的雪莉酒产区,生产西班牙独特风味的不甜和甜的雪莉酒和白兰地。安达卢西亚无论是在土壤、气候方面,还是在葡萄园的构成和葡萄酒的种类方面,每一个地区都有其独特之处。在所有地区中,最有名的是 4 个法定等级葡萄酒产区:以生产雪莉酒闻名的赫雷斯和生产曼萨尼亚酒的圣卢卡尔·德·巴拉梅达,这两个地区的大葡萄园位于大西洋边上,并一直延伸到内陆,包括卡的斯省、韦尔瓦省和塞维利亚省的一部分地区;随后是位于内陆的科尔多瓦省的蒙的亚·莫利莱斯葡萄酒产区,以及同样地处沿海的位于马拉加省的马拉加山脉和位于韦尔瓦省的孔塔多·德·韦尔瓦。

4. 加泰罗尼亚

加泰罗尼亚是西班牙葡萄酒的主要产区之一,其中以香尼德斯、克斯特斯德尔萨葛雷、阿雷亚和贝雷拉塔出产的酒最出类拔萃,这些酿酒区有"酒窖"的美称。其他如阿拉贡等地区也都出产品质甘醇、口感细腻的上等好酒。

5. 里奥哈

里奥哈以生产红酒为主,是西班牙最著名的葡萄酒产区。里奥哈的酒深沉而有柔顺之味,多半有厚重的橡木味。

6. 纳瓦拉

纳瓦拉是出产优质红葡萄的产区。

7. 卡斯提尔·拉曼查

卡斯提尔·拉曼查是出产普通葡萄酒的产区,产量占西班牙葡萄酒总产量的50%,是西班牙最大的葡萄酒产区。

8. 卡特鲁西亚

卡特鲁西亚是西班牙品质酒产区,巴塞罗那城市和桃乐丝酒厂就在境内。这里各种形态的葡萄酒都有,国际品种赤霞珠葡萄广泛种植。这里的红葡萄酒和起泡酒 CAVA 都非常的出名。

9. 瓦伦西亚

瓦伦西亚产区近年来发展非常快,出现了越来越多优质的红葡萄酒。

九、美食与美酒的搭配

1. 不同类型葡萄酒与国内流行食物的配食建议

(1) 清淡型白葡萄酒　例如,汽酒、白苏维翁、清淡型雪当莉、白皮诺、雷司令等,可搭配沙律、蔬菜、瓜果、淡味海鲜、刺身、生蚝、寿司、清蒸海鲜、鱼子酱、淡味芝士、清蒸贝类、清蒸豆腐、白灼虾等。

(2) 非常清淡的红葡萄酒、中淡型白葡萄酒　例如,雪当莉、圣美伦、雷司令、宝祖利村红、宝祖利新酒、黑皮诺等可搭配中味做法的海产、鱼翅、炒鱼球、蒸虾球、酿豆腐、卤水鹅肝、白切鸡、油泡响螺、炒蔬菜、龙井虾仁、淡至中味芝士等。

(3) 淡至中味型红葡萄酒、浓郁型白葡萄酒　例如,陈年雪当莉、陈年圣美伦、黑皮诺、布根地红,可搭配鲍鱼、辽参、鲍汁菜式、烧鸡、猪扒、乳猪、香煎海鲜、炸虾球,以及烩或焖鱼类、铁板烧海鲜、中味芝士、比萨、带汁鱼扒等。

(4) 中浓型红葡萄酒　例如,偏浓的布根地红、波尔多红、意大利红、西班牙红、部分新世界的美乐、仙粉黛,可搭配烧鸭、烧鹅、羊扒、烤乳鸽、椒盐虾蟹类、风干和烟熏肉类、香肠、腊味、红烧鱼、广东扣肉、东坡肉、南京酱鸭、红酒炆鸡、牛扒、炒腰花、肥叉烧、铁板烧鸡、中味芝士等。

(5) 浓味型红葡萄酒　例如,新世界赤霞珠苏维、西拉、浓郁型波尔多红、浓郁型意大利红,可搭配牛扒、烤羊肉、北京卤肉、酱爆肉、黑椒牛仔腿、东北炖肉、三黄鸡等。

(6) 辛辣型葡萄酒　例如,澳大利亚的西拉、美国的仙粉黛、智利和阿根廷的赤霞珠苏维翁、美乐,可搭配泰式牛肉、星洲炒蟹、咖喱类、回锅肉、麻婆豆腐、辣子鸡丁、四川火锅、剁椒鱼头等。

(7) 甜味型葡萄酒　例如,冰酒、贵族霉甜酒、晚收甜酒,可搭配香煎鹅肝、餐后甜点、水果、干果、重味芝士、雪糕、巧克力等。这类甜酒配干辣和麻辣型的川菜、湘菜也十分合适。

2. 葡萄酒与食物的搭配原则

红葡萄酒配红肉类食物,包括中餐中加酱油的食物;白葡萄酒配海鲜及白肉类食物。

3. 饮用葡萄酒的顺序

先喝清淡的,再喝浓郁的;先喝不甜的,再喝甜的;先喝白的,再喝红的;先喝年轻的,再喝成熟的。

任务三　中国黄酒

一、中国黄酒定义

中国黄酒属于酿造酒,是世界 3 大酿造酒(黄酒、葡萄酒和啤酒)之一,历史悠久,采用我国传统的酿造技术,是东方酿造酒的典型代表。黄酒是用谷物做原料,用麦曲或小曲做糖化发酵剂制成的酿造酒,酒度一般为 15°左右。

二、中国黄酒的原料和辅料

(一) 大米原料

黄酒的主要原料是大米,包括糯米、粳米和籼米。

1. 大米的结构和理化性质

(1) 米粒的构造　稻谷加工脱壳后成为糙米,糙米由 4 部分组成。

① 谷皮:由果皮、种皮复合而成,主要成分是纤维素、无机盐,不含淀粉。

② 糊粉层:与胚乳紧密相连。糊粉层含有丰富的蛋白质、脂肪、无机盐和维生素,占整个谷粒的质量分数为 4%～6%。常把谷皮和糊粉层统称为米糠层,米糠中含有 20% 左右的脂肪。

③ 胚乳:位于糊粉层内侧,是米粒的最主要的部分,其质量约为整个谷粒的 70%。

④ 胚:是米的生理活性最强的部分,含有丰富的蛋白质、脂肪、碳水化合物和维生素等。

(2) 大米的物理性质　物理性质包括:

① 外观、色泽、气味:正常的大米有光泽,无不良气味;特殊的品种,如黑糯、血糯、香粳等,有浓郁的香气和鲜艳的色泽。

② 粒形、千粒重、相对密度和体积质量:一般大米粒径为 5 mm,宽为 3 mm,厚为 2 mm。籼米长宽比大于 2,粳米小于 2。短圆的粒形精白时出米率高,破碎率低。大米的千粒重一般为 20～30 g 之间,谷粒的千粒重大,则出米率高,加工后的成品大米质量也好。大米的相对密度在 1.40～1.42,一般粳米的密度为 800 kg/m³,籼米约为 780 kg/m³。

③ 心白和腹白:米粒中心部位的乳白不透明部分称为心白;乳白不透明部分位于腹部边缘的称为腹白。心白米是在发育条件好时粒子充实而形成的,故内容物丰富。酿酒要选用心白多的米。腹白多的米强度低,易碎,出米率也低。

④ 米粒强度:含蛋白质多、透明度大的米粒强度高。通常粳米比籼米强度大,水分低的比水分高的强度大,晚稻比早稻强度大。

（3）大米的化学性质　化学性质包括：

① 水分：一般含水率在 13.5%～14.5%，不得超过 15%。

② 淀粉及糖分：糙米含淀粉约 70%，精白米含淀粉约 80%，大米的淀粉含量随精白度提高而增加。大米中还含有 0.37%～0.53% 的糖分。

③ 蛋白质：糙米含蛋白质为 7%～9%，精米含蛋白质为 5%～7%，主要是谷蛋白。在发酵时，一部分氨基酸转化为高级醇，构成黄酒的香气成分，其余部分留在酒液中形成黄酒的营养成分。蛋白质含量过高，会使酒的酸度升高和贮酒期发生浑浊现象，有害于黄酒的风味。

④ 脂肪：脂肪主要分布在糠层中，其含量为糙米质量的 2% 左右，含量随米的精白而减少。大米中脂肪多为不饱和脂肪酸，容易氧化变质，影响风味。

⑤ 纤维素、无机盐、维生素：精白大米纤维素质量分数仅为 0.4%，无机盐为 0.5%～0.9%，主要是磷酸盐。维生素主要分布在糊粉层和胚中，以水溶性 B 族维生素 B_1、B_2 为最多，也含有少量的维生素 A。

2. 糯米、粳米、籼米的酿造特点

大米都可以酿造黄酒，其中以糯米最好。用粳米、籼米作原料，一般难以达到糯米酒的质量水平。

（1）糯米　分粳糯、籼糯两大类。粳糯的淀粉几乎全部是支链淀粉，籼糯则含有 0.2%～4.6% 的直链淀粉。支链淀粉结构疏松，经蒸煮能完全糊化成黏稠的糊状；直链淀粉结构紧密，蒸煮时消耗的能量大，但吸水多，出饭率高。生产黄酒时，应尽量选用新鲜糯米。陈糯米精白易碎，发酵较急，米饭溶解性差；发酵时所含的脂类物质因氧化或水解转化为含异臭味的醛酮化合物，浸米浆水常会带苦而不宜使用。尤其要注意，糯米中不得含有杂米，否则会导致浸米吸水、蒸煮糊化不均匀，饭粒返生老化，沉淀生酸，影响酒质，降低酒的出酒率。

（2）粳米　粳米的直链淀粉平均含量为 15%～23%。直链淀粉含量高的米粒，蒸饭时显得蓬松干燥、色暗，冷却后变硬，熟饭伸长度大。粳米在蒸煮时要喷淋热水，让米粒充分吸水，彻底糊化，以保证糖化发酵的正常进行。

（3）籼米　籼米所含的直链淀粉高达 23%～35%。杂交晚籼米蒸煮后能保持米饭的黏湿、蓬松和冷却后的柔软，且酿制的黄酒口味品质良好，适合用来酿制黄酒。早、中籼米在蒸饭时吸水多，饭粒蓬松干燥、色暗，淀粉易老化，发酵时难以糖化，发酵时酒醪易升酸，出酒率低，不适宜酿制黄酒。

（二）其他原料

1. 黍米

黍米俗称大黄米，色泽光亮，颗粒饱满，米粒呈金黄色。黍米的淀粉质量分数为 70%～73%，粗蛋白质质量分数为 8.7%～9.8%，还含有少量的无机盐和脂肪等。黍米以颜色来区分大致分黑色、白色和黄色 3 种，以大粒黑脐的黄色黍米品质最好。这种黍米蒸煮时容易糊化，是黍米中的糯性品种，适合酿酒。白色黍米和黑色黍米是粳性品种，米质较硬，蒸煮困难，糖化和发酵效率低，并悬浮在醅液中而影响出酒率和酸度，影响酒的品质。

2. 粟米

粟米俗称小米,去壳前称为谷子。糙小米需要经过碾米机将糠层碾除出白,成为可供食用或酿酒的粟米。由于供应不足,现在酒厂已很少采用了。

3. 玉米

近年来出现了以玉米为原料酿制黄酒的工艺。玉米中淀粉质量分数为 65%～69%,脂肪质量分数为 4%～6%,粗蛋白质质量分数为 12% 左右。直链淀粉占 10%～15%,支链淀粉为 85%～90%,黄色玉米的淀粉含量比白色的高。玉米与其他谷物相比含有较多的脂肪,脂肪多集中在胚芽中,含量达胚芽干物质的 30%～40%,酿酒时会影响糖化发酵及成品酒的风味。故酿酒前必须先除去胚芽。

(三)小麦

小麦是黄酒生产的重要辅料,主要用来制备麦曲。小麦含有丰富的碳水化合物、蛋白质、适量的无机盐和生长素。淀粉质量分数为 61% 左右,蛋白质质量分数为 18% 左右。制曲前先将小麦轧成片。小麦片疏松适度,很适合微生物的生长繁殖,皮层中还含有丰富的 β-淀粉酶。

小麦的糖类中含有 2%～3% 糊精,以及 2%～4% 蔗糖、葡萄糖和果糖。小麦的蛋白质含量比大米高,大多为麸胶蛋白和谷蛋白。麸胶蛋白的氨基酸中以谷氨酸为最多,它是黄酒鲜味的主要来源。

制作黄酒麦曲应尽量选用当年收获的红色软质小麦。由于大麦皮厚而硬,粉碎后非常疏松,制曲时,在小麦中混入 10%～20% 的大麦,可改善曲块的透气性,促进好氧微生物的生长繁殖,有利于提高曲的酶活力。

三、中国黄酒的酿造方法

(1)淋饭法 将蒸熟的米用凉水喷淋降温,再发酵酿造,例如鲜酿酒、香雪酒等。

(2)摊饭法 在常温下,将蒸熟的米摊开冷却或鼓风冷却,例如加饭酒、善酿酒。

(3)喂饭法 采用分批投料的办法,先以淋饭法制酒备用,然后分批加入新料(饭),促使其顺利发酵,例如宁波黄酒、嘉兴黄酒、江阴黑酒、丹阳甜黄酒、吉林清酒等。

四、中国黄酒的分类

(1)大米黄酒 又名南方黄酒,以糯米、粳米酿造,例如元红酒、加饭酒。

(2)红曲黄酒 又名福建黄酒,利用耐高温的红曲酿制,例如沉缸酒、乌衣红曲黄酒。

(3)小米黄酒 又名北方黄酒,用黍米酿制,例如山东即墨老酒、山西黄酒。

(4)干型黄酒 含糖量小于 0.5 g/100 mL,例如绍兴酒。

(5)半干型黄酒 含糖量在 0.5～3 g/100 mL 之间,例如加饭酒。

(6)半甜型黄酒 含糖量在 3～10 g/100 mL 之间,例如善酿酒。

(7)甜型黄酒 含糖量大于 10 g/100 mL,例如蜜清醇。

(8)江南黄酒 主要以绍兴黄酒为代表,如我国传统名酒元红酒、加饭酒、花雕酒和善酿酒。

五、中国黄酒名品

（1）元红酒　又称为状元红，因过去在坛壁外涂刷朱红色而得名，是绍兴酒的代表品种和大宗产品。此酒发酵完全、含残糖少、酒液橙黄、透明发亮，具有芬芳，味爽微苦，含酒精 16%～19%，受大众喜欢。

（2）加饭酒　是绍兴黄酒的一种（图 2-3），因在生产时改变了配料的比例，增加了糯米或糯米饭的投入量而得名。加饭酒是一种半干酒。酒精含量为 15%左右，糖分占 0.5%～3%。酒质醇厚，气郁芳香。

（3）香雪酒　绍兴传统名酒。民国元年，由浙江省绍兴市（现镜湖新区）东浦周云集信记酒坊吴阿惠师傅首酿成功。由于加用糟烧而味特香浓，采用白色酒药而酒糟洁白如雪，故称为香雪酒。为绍兴酒高档品种之一。

图 2-3　加饭酒

（4）沉缸酒　甜型黄酒（图 2-4），因其在酿造过程中酒醅必须沉浮 3 次最后沉于缸底，故得此名。

（5）山东即墨老酒　产自即墨，是食品工业中的一颗明珠。它以悠久的历史、独特的酿造工艺和典型的地方风味，受到人们的喜爱。酒液清亮透明，深棕红色，酒香浓郁，口味醇厚，微苦而余香不绝。

（6）山东兰陵酒　兰陵美酒的酿造史同中国的青铜器一样古老，始酿于商代。古卜辞中"鬯其酒"的记载，便是兰陵美酒的最早见证，迄今已有 3 000 多年的历史。兰陵酒产于山东省临沂市兰陵县兰陵镇。

图 2-4　沉缸酒

（7）绍兴酒　绍兴酿酒历史悠久，驰名中外。越王勾践出师伐吴前，以酒赏士，留下"一壶能遣三军醉"的千古美谈。在南北朝时期，黄酒已被列为贡品。有"汲取门前鉴湖水，酿得绍酒万里香"的诗句。

（8）善酿酒　由沈永和酿坊于 19 世纪 90 年代始创，该酿坊的母子酱油非常有名。工人师傅受到启发，试以酱油代水的母子酱油原理来酿制绍兴酒，以提高酒的品质并取得成功。"善"即是良好之意，"酿"即酒母，善酿酒即品质优良之母子酒。

（9）封缸酒　传统名酒，以大米、黍米为原料，一般酒精含量为 12%～20%，属于低度酿造酒。封缸酒含有 20 多种氨基酸，其中包括人体自身不能合成的 8 种必需氨基酸，故被誉为"液体蛋糕"及"营养酒王"。主要产地是江西省。

（10）花雕　花雕酒起源于 6 千年前的山东大汶口文化时期，代表了源远流长的中国酒文化。在各地的花雕酒当中，字号最老的当属浙江绍兴的花雕酒。绍兴酒种颇丰，有元红酒、加饭酒、善酿酒、香雪酒、花雕酒等，而花雕又是其中最富特色的。

（11）福建老酒　采用百年传统工艺，以糯米为主要原料，以红曲为糖化发酵剂，精酿而成，经 3 年以上贮存，香气浓郁，酒味醇厚。

六、中国黄酒的饮用

中国黄酒的饮用方式多样且富有传统韵味，自古以来便深受人们喜爱。黄酒常加温后饮用，不仅提升了酒体的温润口感，还促进了酒中风味物质的释放。在加热时，根据个人喜好加入少量的姜片以驱寒暖身,加入红糖增添甘甜,或是话梅以提味解腻,使得黄酒的风味层次更加丰富。加热温度一般控制在30～40℃之间,既能保持黄酒的醇厚口感,又能避免酒精过度挥发,确保酒香四溢。

黄酒还展现出其与现代饮品融合的独特魅力。可以与可乐、雪碧等碳酸饮料兑饮,创造出新颖的口感体验,既保留了黄酒的醇厚,又融入了碳酸饮料的清爽。黄酒还可与中国白酒混搭饮用,两者酒性的相互衬托,能够显著增强酒液的香气与口感,为品酒者带来别样的享受。

黄酒更是作为药酒的基酒被广泛使用,如经典的当归黄酒,便是利用黄酒的温补特性与当归的药用价值相结合,达到滋补养生的效果。这一传统做法不仅体现了黄酒的实用价值,也彰显了其在中医药文化中的重要地位。

值得一提的是,明朝以后,还发展出了一种独特的烫酒方式,即使用锡制小酒壶置于盛有热水的器皿中加热,既保持了黄酒的温度,又增添了品酒的仪式感,一直沿用至今,成为了黄酒文化中一道亮丽的风景线。

七、黄酒的贮存

黄酒的贮存是一门讲究的艺术,对于保持其独特风味和品质至关重要。黄酒最适宜贮存在地下酒窖中,能为黄酒提供相对恒定且适宜的温度和湿度条件;一般推荐温度控制在5～20℃,湿度保持在60％～70％之间,有助于黄酒的缓慢陈化,避免其过快老化或变质。应避免露天存放,以防风吹日晒和温湿度的大幅波动对酒体造成不良影响。

其次,黄酒在贮存过程中应确保环境的纯净,不宜与其他带有异味的物品或食品同库贮存,以免相互串味,影响黄酒的纯正风味。一旦发现贮存容器有破碎漏气的情况,应立即将受影响的黄酒出库处理,以防酒体受到污染或变质。

再者,贮存环境还需保持稳定,不宜经常受到振动,以免酒体中的沉淀物重新悬浮,影响黄酒的清澈度和口感。应避免强光照射,因为强烈的光线可能会加速黄酒中某些成分的氧化反应,导致酒质下降。

值得注意的是,黄酒的贮存容器选择也极为关键。由于黄酒中的成分可能与金属发生化学反应,影响其风味和品质,因此不能用金属器皿来贮存黄酒。通常,陶瓷坛、玻璃瓶等材质稳定性好、不易与黄酒发生反应,是理想的贮存容器。

任务四　日本清酒

一、日本清酒定义

清酒是日本的一种米酒,在日本是最受欢迎的酒类饮料之一。日本清酒是以大米和天然矿泉水为原料,经过制曲、制酒母、酿造等工序,通过并行复合发酵,酿造出的酒精度达18％左右的酒醪。

每年成人节(元月15日),日本年满20(后改为18)周岁的男男女女都穿上华丽庄重的服饰,与三五同龄好友共赴神社祭拜。然后,饮上一杯淡淡的清酒(日本法律规定不到成年不能饮酒),合照一张饮酒的照片。此节日的程序一直延至今日不改,由此可见清酒在日本人心目中的地位。

二、日本清酒的分类

(1) 纯米酿造酒　纯米酒,仅以米、米曲和水为原料,不外加食用酒精。此类产品多供外销。

(2) 普通酿造酒　属低档的大众清酒,是在原酒液中兑入较多的食用酒精。

(3) 增酿造酒　一种浓而甜的清酒。在勾兑时添加食用酒精、糖类、酸类、氨基酸、盐类等原料调制而成。

(4) 本酿造酒　属中档清酒,食用酒精加入量低于普通酿造酒。

(5) 吟酿造酒　对原料的精米率有严格要求,通常控制在60％以下,以追求更高的酒质。吟酿造酒被誉为"清酒之王"。

(6) 新酒　压滤后未过夏的清酒。

(7) 老酒　贮存过一个夏季的清酒。

(8) 老陈酒　贮存过两个夏季的清酒。

(9) 秘藏酒　酒龄为5年以上的清酒。

(10) 特级清酒　品质优良,酒精含量在16％以上,原浸出物浓度在30％以上。

(11) 一级清酒　品质较优,酒精含量在16％以上,原浸出物浓度在29％以上。

(12) 二级清酒　品质一般,酒精含量15％以上,原浸出物浓度在26.5％以上。

日本法律规定,特级清酒与一级清酒必须送交政府有关部门鉴定通过,方可列入等级。

三、日本清酒的原料制备

(一) 原料处理

1. 水

清酒中80％的成分是水,水是很重要的酿造原料。不仅如此,在酿造过程中对原料和各种设备的清洗以及蒸煮等都离不开水。一般说来,每吨大米耗水约25 L。酿造用水须无色无味无菌,且含铁低于0.02 ppm,氨和有机物含量亦较低。

铁离子对清酒是有害的,因为它使酒的颜色加深而影响质量。可采用适当的方法如通气、吸附以及絮凝剂等除去水中的铁离子。

2. 稻米

稻米是酿酒的基本原料,它的质量直接影响清酒的酿造。日本出产的一种短粒稻米变种比较适合酿造清酒。有些变种最为理想,当然价格也较高。大部分稻米中含有72％～73％碳水化合物,7％～9％粗蛋白,1.3％～2.0％粗脂肪,1.0％～1.5％灰分和12％～15％含水量。通常认为大粒米优于小粒米,因为大粒米蛋白质含量较低,浸泡时吸水速度快而且糖化时产糖较多。

3. 碾米

稻谷要深度碾磨去壳。这主要是为了除去胚芽和稻壳中多余的蛋白质、脂类和矿物质。通常碾磨时除掉约30％的重量,粗脂肪和灰分成分含量降低较显著,而蛋白质含量降低则较少。

4. 清洗、浸泡和蒸米

大米在蒸煮前要先清洗和浸泡。清洗过程可以除去米粒表面一些物质（总量约 1%～2%）。这是清洗废水中固悬物和生化需氧量的主要来源。

清洗后的大米要立即浸泡。大米吸水约 30%，这主要有利于蒸煮时热穿透和淀粉胶糊化。经清洗和浸泡，某些矿物质如钾等被溶出，而钙和铁则被吸附到米粒上。

在蒸煮时，淀粉糊化，蛋白质变性，易于被米曲中的酶分解。通常需蒸煮 30～60 min。米粒吸水量约为 0%。某些自由脂肪酸特别是亚油酸和油酸蒸发和部分分解，因而蒸煮后总脂肪含量降低 50% 左右。

蒸过的大米冷却至 40℃ 左右可用于制备米曲，冷却至 10℃ 左右用于种醪和主醪制备。

（二）米曲制备

米曲指生长在蒸过的大米表面和内部的米曲霉，它可产生许多种酶。在蒸过的大米上接种后，米曲霉于 34～36℃ 培养 5～6 天，就会产生很多孢子。用于制备米曲的菌种大都属于米曲霉，有一个变种叫球形米曲霉或清酒米曲霉特别适于制造米曲。值得指出的是，在日本酒曲生产工业菌种中还未发现产黄曲霉毒素的菌株。

米曲中有 50 多种酶类，最重要的是糖化酶和淀粉酶。α-淀粉酶液化淀粉，进而由糖化酶产生的葡萄糖浓度直接控制发酵的进程。酸性蛋白酶降解蛋白质，可以释放与大米中蛋白质结合在一起的糖化酶，从而间接增强糖化酶的作用效果。羧肽酶降解蛋白质和肽而释放氨基酸。培养条件直接影响酶的形成。一般来说，培养温度越高（达 42℃），糖化酶活力越高，较低的温度有利于蛋白酶发挥作用。

蒸过的大米接种平曲（每 100 kg 大米接种 60～100 g 平曲）后，在培养室（26～28℃）地板上堆积培养。培养 24 h 后，肉眼可见米粒表面出现许多菌丝斑点。这时将其转移到木盒内，每盒装 15～45 kg。空气、热量、水分以及二氧化碳可以排出木盒外。培养 20 h（总培养时间为 40～48 h）时温度上升至 40～42℃。白色的菌丝覆盖米粒并伸入米粒内部生长，米粒中富含各种酶、维生素和各种供制备主醪和酵母生长的营养物质。将制备好的米曲转移出培养室，冷却。

为节省人力并稳定米曲质量，人们设计出各种制曲设备，已投入商业使用。

四、日本清酒的特点

日本清酒色泽呈淡黄色或无色，清亮透明，芳香宜人，口味纯正，绵柔爽口，其酸、甜、苦、涩、辣诸味谐调，酒精含量在 15% 以上，含多种氨基酸、维生素，是营养丰富的饮料酒。

日本清酒的制作工艺十分考究。精选的大米要经过磨皮，使大米精白，浸渍时吸收水分快，而且容易蒸熟；发酵时又分成前、后发酵两个阶段；杀菌处理在装瓶前、后各一次，以确保酒的保质期；勾兑酒液时注重规格和标准。

五、日本清酒的主要品牌

（1）大关 已有两百多年的历史，"大关"的名称源于日本传统的相扑运动。数百年前，日本各地力士每年都会聚集在一起进行摔跤比赛，优胜的选手则会被赋予"大关"的头衔。

大关的品名是在 20 世纪 30 年代被采用,作为特殊清酒等级名称。

（2）日本盛　口味介于月桂冠（甜）与大关（辛）之间。

（3）月桂冠　月桂冠诞生于宽永 14 年。其原料米也是山田锦,水质属软水的伏水,所酿出的酒香醇淡雅。明治 38 年,日本时兴竞酒,优胜者可以获得象征最高荣誉的桂冠,因期望赢得象征清酒的最高荣誉而采用"月桂冠"这个品牌名称。

（4）白雪　可追溯至 16 世纪 50 年代,小西家族的祖先新右卫门宗吾开始酿酒。小西家第二代宗宅运酒至江户途中,仰望富士山时,被富士山的气势所感动,因而命名为"白雪"。采用兵库县心白不透明的山田锦米种酿造,酿造用水是所谓的硬水宫水。所酿出来的酒属酸性辛口酒,即使经过稀释,酒性仍然刚烈,因此称为"男酒"。白雪清酒的整个酿制过程均由女性社员承担,冰镇之后饮用更加清爽畅快。

（5）白鹿　创立于 17 世纪 60 年代。由于当地的水质是所谓最适合酿酒的西宫名水,迄今仍拥有崇高的地位。白鹿清酒的特色是香气清新高雅,口感柔顺细致,非常适合冰镇饮用。另外一款白鹿生清酒,口感较一般的清酒多一分清爽、新鲜甘口的风味。一般清酒的酿制过程须经两次杀菌处理,而生清酒仅一次杀菌处理便装瓶,因此其口感更清新活泼。

（6）白鹤　创立于 18 世纪 40 年代,在日本也有不可动摇的地位,尤其是白鹤的生酒、生贮藏酒等。白鹤品牌的产品相当多元,除了众所熟知的清酒、生清酒外,还有烧酎、料理酒等其他种类的酒品;在清酒方面,产品线更是齐全多样,从纯米生酒、生贮藏酒、特别纯米酒到大吟酿、纯米吟酿、本酿造等;口味更是从淡栗到辛口、甘口,应有尽有。

（7）菊正宗　口感属于辛口。由于其在发酵的过程中,采用自行开发的菊正酵母作为酒母,此酵母菌的发酵力较强,因此酿造出的酒质味道更浓郁香醇,较符合都会区饮酒人士的品味。另外,菊正宗所使用的原料米也是日本最知名的米种山田锦,酿出的原酒再放入杉木桶中陈年,让酒液在木桶中吸收杉木的香气及色泽,只要含一口菊正宗,就有一股混着米香与杉木香气缓缓展开。浓厚的香味无论是加温至 50℃ 热饮或冰饮都适合,是大众化的酒品。

（8）富贵　由神谷传兵卫于 19 世纪 80 年代在日本浅草花川户开设。神谷传兵卫于 20 世纪初以神谷酒精制造为中心,合并了 4 家位于北海道的烧酎酎制造公司。由于结合了不同的酒类制造商,其产品线较多元,包括烧酎、清酒、梅酒、葡萄酒等;上撰富贵是采用知名六甲山涌出的滩水"宫水",以丹波杜氏的传统酿酒技艺酿制而成,其口味清新淡雅,不过也有较辛口的特级清酒。

（9）御代荣　成立于 19 世纪 70 年代的成龙酒造株式会社出产。"御代荣"商标的原意是期望世代子孙昌盛繁荣,并承续传统文化酿造出优美的酒质,让人饮用美酒后也能有幸福之感。坚持使用当地爱媛县所出产的原料米品种松山三井,而酿造用水则采用四国最高峰石槌山源流的水。酒质清爽微甘,口感平衡醇美。

六、清酒的保藏

清酒是一种谷物原汁酒,不宜久藏。很容易受日光的影响。白色瓶装清酒在日光下直射 3h,其颜色会加深 3～5 倍。即使库内散光,长时间的照射对其影响也很大。所以,应尽可能避光保存,酒库内保持洁净、干爽,同时,要求低温(10～12℃)贮存,贮存期通常为半年至一年。

七、日本清酒的饮用与服务

日本清酒的饮用与服务有其独特的讲究。

1. 酒杯

传统上,人们会采用浅平碗或小陶瓷杯来盛放清酒,这些杯具能够很好地展现清酒的色泽和香气。同时,褐色或青紫色的玻璃杯也是不错的选择,它们能够清晰地呈现清酒的酒体,同时增添一份雅致。无论选择何种杯具,都应确保酒杯清洗干净,以免影响清酒的口感和风味。

2. 饮用温度

清酒的饮用温度对其风味有着显著的影响。一般来说,清酒在常温(约16℃)下即可饮用,能够保留住清酒本身的清新和香气。在冬天,将清酒温烫后饮用则能带来更加舒适的体验。温烫的温度一般控制在40～50℃之间,过高的温度可能会破坏清酒的风味。此时,使用浅平碗或小陶瓷杯盛饮,能够更好地感受到温酒的醇厚和温暖。

3. 饮用时间

清酒不仅是一款适合佐餐的酒品,同样也非常适合作为餐后酒来享用。作为佐餐酒时,清酒能够很好地搭配各种日本料理,如寿司、刺身等,增添用餐的乐趣。而作为餐后酒时,一杯清酒则能够帮助消化,促进身体的放松和愉悦。

4. 饮用方式

(1)传统饮用方式 在日本,传统的饮用方式是将清酒装入 tokkuri(一种小长颈瓶)中,通过加热或冷藏后倒入 ochoko(一种没有把柄的小杯子)中饮用。这种饮用方式不仅保留了清酒的传统风味,还增添了一份仪式感。

(2)现代饮用方式 现代人也开始尝试将清酒与其他饮品混合制成鸡尾酒或其他创新饮用方式。这些方式不仅丰富了清酒的饮用体验,还使其更加符合现代人的口味和需求。

总之,日本清酒的饮用与服务涉及多个方面,从酒杯选择到饮用温度、饮用时间和饮用方式都需要仔细考虑和精心安排。只有这样,才能充分体验到清酒所带来的独特魅力和美妙风味。

思政链接

中国传统酒文化

我国酿酒的历史十分悠久,几次重大的考古发现和出土文物可以验证。

1. 安徽贾湖文化

贾湖文化是中国新石器时代早期文化的代表,主要分布在淮河上游的支流沙河和洪河流域,因最早发现于河南省舞阳县北舞渡镇贾湖村而得名。主要遗址有漯河翟庄、舞阳贾湖、长葛石固、郏县水泉、汝县山寨、巩义瓦窑嘴等。贾湖文化以石斧、石铲、石磨盘、鼎形器,以及素面箆点纹、压印点纹陶器为主要特征,其中的七声音阶骨笛、9 000 年酿酒技术、成组随葬内装石子的龟甲及其锲刻符号、动物驯化家养、具有原始形态的栽培粳稻尤为引人注目。中国科技大学和美国宾夕法尼亚大学学者联合研究发现,几千年前贾湖人已经掌握酿酒方法,原料包括大米、蜂蜜、葡萄和山楂等。贾湖文化发现的陶器包括陶鼎、陶罐、陶壶、陶碗、陶杯、陶豆、陶觚等,包括盛酒的陶器。

2. 河北磁山文化和浙江河姆渡文化

河北磁山文化是新石器时代早期文化的代表,分布在今河北省南部和河南省北部一带,因最早发现于河北省武安市磁山而得名。磁山文化的居民以原始农业为主,种植粟,饲养狗、猪等家畜,兼事渔猎。制陶业比较原始,处于手制阶段。磁山遗址中发现粮食堆积约 $100 \ m^3$,还有一些形状类似于后世酒器的陶器。考古学家因此认为,在磁山文化时期谷物酿酒的可能性很大。

河姆渡文化是长江中下游地区新石器文化的代表,因 20 世纪 70 年代最先发现于浙江省余姚市河姆渡村而得名。河姆渡文化主要分布在杭州湾南岸的宁绍平原及舟山岛。遗址中发现大量稻壳,总量达 150 多吨。在已经炭化的稻壳中可以看到稻米,还普遍发现了稻谷、谷壳、稻秆、稻叶等遗存;生活用器以陶器为主,兼有少量木器。河姆渡遗址反映了几千年前长江流域氏族的情况。陶器和农作物的遗存表明,此时已完全具备了酿酒的物质条件。

3. 仰韶文化

仰韶文化是黄河中游地区重要的新石器时代文化,因 20 世纪 20 年代在河南省三门峡市渑池县仰韶村发现而得名。仰韶文化分布在整个黄河中游,在今天的甘肃省与河南省之间,陕西省发现的遗址最多,超过 2 000 处,是仰韶文化的中心。20 世纪 80 年代,考古专家在陕西仰韶文化遗址中发现了一组陶器,计有 5 只小杯,4 只高脚杯和 1 只陶葫芦,经专家鉴定确认为酒具。这表明当时的人们已掌握了酿酒技艺。

4. 大汶口文化

大汶口文化是新石器时代后期父系氏族社会的典型文化形态。以泰山地区为中心,东起黄海之滨,西到鲁西平原东部,北至渤海南岸,南及今安徽的淮北一带。因首先发现于大汶口而得名。20 世纪 70 年代,考古工作者在山东莒县陵阴河大汶口文化墓葬中发掘到大量的酒器,如用于煮熟粮食等物料的大陶鼎、酿造发酵用的大陶尊、滤酒用的缸、储酒的陶瓮以及滤酒图案,另外还出土了造型完美的高脚酒器、三脚酒器、平脚酒器。这些器具不仅具有较高的艺术造诣、精巧的做工,而且和现代酒具一样,在表现酒品的色、香、味等风格特性诸方面,有异曲同工之妙。

5. 三星堆文化

三星堆文化遗址位于距广汉城东 7 km、南兴镇 4 km 的鸭子河畔,因其古域内 3 个起伏相连的黄土堆而得名。三星堆文化在四川地区分布最广,是中国西南地区青铜文化和长江流域最早文明的代表,也是迄今为止我国信史中已知的最早的文明。三星堆文化以 20 世纪 80 年代发现的两个大型祭祀坑最具代表性。这两个祭祀坑发现了上千件青铜器、金器和玉石器,包括大量的陶器和青铜酒器,如杯、斝、壶等。这表明当时的蜀人已经掌握了较高超的酿酒技艺。

6. 龙山文化

龙山文化泛指黄河中、下游地区新石器时代晚期的文化遗存,属于铜器和石器并用时代,因最早发现于山东省章丘区龙山镇而得名。龙山文化时期,快轮制陶技术得到普遍采用,磨光黑陶数量多、质量精,烧出了薄如蛋壳的器物,表面光亮如漆,称为蛋壳陶,龙山文化因此被称为黑陶文化。在河南龙山文化遗址中,考古工作者发现了较多的酒器、酒具。山东龙山文化、豫西龙山文化和陕西龙山文化中也有酒具和酒器的发现。

虽然缺乏直接的证据,但酒具和酒器的出现,说明我国人民很早就发明或使用了酿酒技术,并将酒用于日常生活或祭祀。在距今几千年前的新石器时代就出现了酿酒技术。传说中的仪狄、杜康或酒星,可能是在前人的基础上进一步改进了酿酒工艺,提高了酒的醇度,口味更加甘美。从原始社会末期到商周,乃至今天,酿酒技术不断发展,各种类型和口味的酒最终成为人们日常生活的伙伴。

思考题

1. 简述大麦的麦粒结构。
2. 简述葡萄酒的酿制过程。
3. 简述中国黄酒的分类。
4. 简述日本清酒的饮用温度。

项目三　蒸馏酒

项目导入

蒸馏酒是以谷物、薯类、糖蜜等为主要原料,经发酵、蒸馏、陈酿、调配而成,酒精含量在 40%～96%。因原料和具体生产工艺不同,蒸馏酒的种类数不胜数,风格迥异。世界 7 大蒸馏酒分别是白兰地、威士忌、伏特加、金酒、朗姆酒、龙舌兰酒、中国白酒。

任务一   白兰地

　　白兰地(Brandy)是由水果的汁液、果肉或残渣发酵、蒸馏及混合而成的一种酒。起源于近代初期的荷兰和法国。一说是荷兰商人为了利用变质的葡萄酒,将其作为原料加工为葡萄蒸馏酒,法国人在此基础上发展出二次蒸馏法,生产出无色的白兰地。另一种说法是法国人自行发明葡萄蒸馏酒。18世纪初,法国卷入西班牙王位继承战争,大量葡萄蒸馏酒不得不被存放在橡木桶中。人们发现储存于橡木桶中的白兰地酒香醇可口、芳香浓郁,色泽晶莹剔透,呈现琥珀般的金黄色。白兰地生产工艺的雏形——发酵、蒸馏、储藏产生,很快传向其他葡萄酒产地,并采用现代工艺生产。19世纪80年代以后,法国将出口白兰地的包装从单一的木桶装变成木桶装和瓶装,白兰地的身价和销售量大幅度上升。中国于20世纪初开始引进现代白兰地生产技术。法国、德国、意大利、西班牙、美国等都生产白兰地,但以法国生产的白兰地的品质最好。

一、白兰地的定义

图3-1 白兰地

　　白兰地是一种蒸馏酒,属于烈酒的一种,通常所称的白兰地专指以葡萄为原料,经发酵、蒸馏、陈酿等工艺所制成的烈酒。从广义上来讲,白兰地所采用的原料并不局限于葡萄,可以是以任何水果为原料,经发酵、蒸馏、陈酿后制成的烈酒。按国际惯例,白兰地就是指葡萄白兰地,而以其他水果为原料酿成的白兰地,在白兰地之前应冠以原料名称(图3-1)。

　　在大多数生产国中,白兰地并没有准确的定义。在不同的国家,白兰地有不同的含义。在美国,白兰地可以表示不同的烈性酒饮料;英联邦国家将其视为"葡萄酒的生命之水",至少需陈酿3年以上;有些国家,如希腊、西班牙等将其作为混合调配的烈性酒。

二、白兰地生产工艺

　　白兰地酿造工艺精湛,特别讲究陈酿时间与勾兑的技艺,其中陈酿时间的长短更是衡量白兰地酒质优劣的重要指标。白兰地的生产工艺主要包括以下几个关键步骤,这些步骤共同塑造了白兰地独特的风味和品质。

　　1. 原料选择与处理

　　(1)原料选择　白兰地通常以葡萄为主要原料,特别是那些糖度适中(120~180 g/L)、酸度较高(≥6 g/L)的白葡萄品种,如白玉霓、白福儿、鸽笼白等。在中国,适合酿造白兰地的品种还包括红玫瑰、白羽、白雅、龙眼、佳丽酿等。

　　(2)葡萄处理　采摘成熟度适中、品质优良的葡萄,然后榨汁、去皮、去核等,为后续的发酵过程做准备。

2. 发酵

（1）发酵过程　处理好的葡萄汁自然发酵，温度通常控制在30～32℃，持续时间为4～5天。在发酵过程中，葡萄汁中的糖分被酵母转化为酒精和二氧化碳，形成葡萄酒原液。

（2）发酵控制　发酵完全停止后，残糖应在3 g/L以下，挥发酸度≤0.05％。静止澄清，将上部清酒与脚酒分开，取出清酒蒸馏。

3. 蒸馏

（1）蒸馏方式　采用蒸馏工艺提高酒精浓度。高品质的白兰地一般采用夏朗德壶式二次蒸馏器蒸馏。第一次蒸馏得到的是粗糙的白兰地原酒，第二次蒸馏则通过掐酒头、截酒尾的方式，取中间部分（酒心），收集。

（2）蒸馏结果　蒸馏后的原白兰地含酒精量在60％～70％（V/V），保持了适当的挥发性物质，为白兰地的芳香奠定了基础。

4. 陈酿

（1）陈酿过程　将蒸馏得到的原白兰地放入橡木桶中陈酿。陈酿时间的长短决定了白兰地的品质和风味，通常至少需要陈酿两年以上。在陈酿过程中，橡木桶中的单宁、色素等物质会溶入酒中，使酒的颜色逐渐转变为金黄色，并赋予其独特的香气和口感。

（2）陈酿影响　陈酿过程中还会发生"天使的份额"现象，即由于橡木桶的透气性，部分酒精和水分会蒸发掉，这也是白兰地独特风味形成的重要因素之一。

5. 调配与灌装

（1）调配　陈酿完成后，用不同年份、不同橡木桶中的白兰地调配，以获得更加平衡和复杂的口感和香气。调配是白兰地生产工艺中的关键环节之一，也是各家酒厂保持独特风味的不传之秘。

（2）灌装　调配好的白兰地经过检测合格后，灌装到合适的容器中，如玻璃瓶或陶罐等，并密封以保持其品质。

白兰地的生产工艺是一个复杂而精细的过程，包括原料选择与处理、发酵、蒸馏、陈酿、调配与灌装等多个环节。每个环节都需要严格控制以确保最终产品的品质和风味。

三、白兰地的分类

作为一种以水果为原料，经过发酵、蒸馏、贮藏后酿造而成的蒸馏酒，白兰地常见分类可以从多个维度阐述。以下是主要的分类方式。

1. 按原料分类

（1）葡萄白兰地　最常见的白兰地类型，以葡萄为原料酿造而成。当提到白兰地时，通常指的都是葡萄白兰地。

（2）水果白兰地　除了葡萄外，其他水果如苹果、樱桃、桃子等也可以用来酿造白兰地，但知名度和市场普及度相对较低。例如，苹果白兰地，以法国的卡尔瓦多斯（Calvados）最为著名。

（3）果渣白兰地　由酿造红葡萄酒时剩余的果渣（包括果肉、果核、果皮等）经过蒸馏和陈酿而成。在法国，这类白兰地通常被称为Marc或Marc de Bourgogne（勃艮第玛克）。

2. 按等级分类

白兰地的等级通常根据其在橡木桶中的陈酿时间来划分。不同国家和地区可能有不同的分级标准。一般来说等级越高,陈酿时间越长,品质也越好。以下是我国和法国干邑地区的分级标准示例。

(1) 我国标准　我国标准分为:

① 特级(XO):酒龄不低于 10 年。

② 优级(VSOP):酒龄不低于 6 年。

③ 一级(VO):酒龄不低于 3 年。

④ 二级(VS):酒龄不低于 2 年。

(2) 法国干邑标准　标准分为:

① VS(Very Superior):至少 2 年的木桶贮藏期。

② VSOP(Very Superior Old Pale):至少 4 年的木桶贮藏期,但实际上时间更长。

③ XO(Extra Old):原标准为至少 6 年的木桶陈年期,但自 2018 年起改为至少 10 年。

④ XXO(Extra Extra Old):所有用于调配的基酒都不能低于 14 年。

3. 按地域分类

(1) 干邑(Cognac)　法国干邑地区以其独特的酿造工艺和优越的风土条件而闻名于世。干邑白兰地是法国最著名的白兰地之一,也是全球公认的高品质白兰地的代表。

(2) 雅文邑(Armagnac)　法国另一个著名的白兰地产区,以其悠久的历史和独特的酿造工艺而著称。雅文邑白兰地以年份酒而著名,即使用同一年的葡萄压榨酿造而成。

(3) 其他地区白兰地　除了干邑和雅文邑外,法国还有其他一些地区也生产白兰地,如波尔多、大香槟区等。

此外,西班牙、意大利、葡萄牙、美国、秘鲁、德国、南非、希腊等国家也都生产白兰地,但在中国市场的知名度和普及度相对较低。

4. 按生产工艺分类

在我国,根据生产工艺的不同,白兰地还可以分为以下几种类型:

(1) 白兰地　传统工艺酿造而成的白兰地,具有典型的白兰地风味和香气。

(2) 调配白兰地　用不同年份、不同产地、不同风味的白兰地基酒调配而成,以达到特定的口感和品质要求。

(3) 风味白兰地　在酿造过程中添加特定的风味物质或采用特殊工艺处理,使白兰地具有独特的风味和香气。

四、法国白兰地常见分类

白兰地种类非常多,较具代表性的两种白兰地为干邑和雅文邑。

(1) 干邑　通常带有非常显著的果香和花香,酒体由轻盈到适中不等,口感饱满、圆润,入口后有极浓的蜂蜜和甜橙味,橡木味显著,回味绵长,尽显顺滑与果香的完美契合。

(2) 雅文邑　通常带有果脯味,如李子、葡萄干、无花果的味道,酒体适中至偏高,经橡木桶熟化后,带有香草、椰子、烤面包、坚果、甜香料的风味。

（一）干邑白兰地

20 世纪初,法国政府颁布统一的酿酒法,明文规定,只有在夏朗德省境内干邑镇周围的县市所生产的白兰地方可命名为干邑,除此以外的任何地区不能用,而只能用其他指定的名称命名。这一规定以法律条文的形式确立了干邑白兰地的生产地位。

1. 干邑白兰地的酿酒葡萄品种

（1）白玉霓　又名白羽霓,欧亚种。原产法国,为法国 3 个著名的用于酿制白兰地的品种之一。白玉霓是酿制白兰地的良种,也是酿制干白葡萄酒的优良品种。

（2）鸽笼白　又名哥伦巴,原产法国,欧亚种。

（3）白福儿　原产法国,欧亚种。该品种产量虽然高,但易受霜霉病侵害。所酿之酒品质良。它与白玉霓、鸽笼白均为法国白兰地名种。

2. 干邑白兰地产区

20 世纪 30 年代,法国国家原产地命名与质量监控院（Institut National des Appellations d'Origine et de la Qualité, INAO,负责法国葡萄酒、烈酒等农产品原产地命名和质量监控的官方机构）和干邑同业管理局,根据 AOC 法和干邑地区内的土质及生产的白兰地的质量和特点,将干邑分为 6 个酒区:大香槟区、小香槟区、布特妮区、芳波亚区、邦波亚区、波亚·奥地那瑞斯区。其中,大香槟区仅占总面积的 3%,小香槟区约占 6%,两个地区的葡萄产量特别少。根据法国政府规定,只有用大、小香槟区的葡萄蒸馏而成的干邑,才可称为特优香槟干邑,而且大香槟区葡萄所占的比例必须在 50% 以上。干邑地区最精华的大香槟区生产的干邑白兰地,可冠以 Grande Champange Cognac 字样,这种白兰地属于干邑中的极品。

3. 干邑白兰地级别划分

（1）低档干邑　又叫三星白兰地,普通型白兰地。需要 18 个月的酒龄。厂商为保证酒的质量,规定在橡木桶中必须酿藏两年半以上。

（2）中档干邑　中档干邑白兰地,享有这种标志的干邑至少需要 4 年半的酒龄。

（3）精品干邑　法国干邑多数大作坊都生产质量卓越的白兰地,这些名品有其特别的名称,如 Napoleon（拿破仑）、Cordon Blue（蓝带）、XO（Extra Old 特陈）、Extra（极品）等。依据法国政府规定,此类干邑白兰地原酒在橡木桶中必须酿藏 6 年半以上,才能装瓶销售。

（二）雅文邑白兰地

雅文邑位于干邑南部,以产深色白兰地驰名,风格与干邑很接近。干邑与雅文邑最主要的区别是蒸馏的程序。干邑初次蒸馏和第二次蒸馏是连续的,而雅文邑则是分开的。雅文邑同样是受法国法律保护的白兰地品种,只有雅文邑产的白兰地才能在商标上冠以 Armagnac 字样。

五、白兰地的饮用与服务

（一）白兰地的饮用

1. 饮用前的准备

（1）酒杯的选择　选用白兰地杯或郁金香杯,这些酒杯的设计有助于集中香气,让品鉴者能更全面地感受白兰地的风味。

（2）冰镇处理　若追求冰爽口感,可将白兰地置于冰箱中冰镇至 7~10℃。但需注意,直接加冰块可能会稀释白兰地的味道,因此推荐使用冰桶、冰箱或冰水冷却等方法。

2. 饮用方式

(1)净饮 推荐高品质的白兰地如 XO 级净饮,以充分体验其独特香气和口感。倒入适量白兰地于杯中,轻轻旋转以释放香气,可用手温暖酒杯,使香气更加浓郁。

(2)加冰或水 喜欢柔和口感的人可在白兰地中加入冰块或纯净水。加冰时,注意冰块不宜过多,以免影响原味;加水时,应控制比例,避免稀释过度。

(3)调酒 虽然调酒更适合低等级白兰地,但根据个人口味,也可尝试将白兰地与其他饮料混合制成鸡尾酒,创造独特风味。

3. 饮用技巧

(1)观察色泽 品鉴前,先观察白兰地的色泽和清澈度,初步了解其品质。

(2)闻香 靠近杯口轻轻嗅闻,感受白兰地复杂的香气层次,包括果香、木香、香料香等。

(3)品尝 小口品尝,让酒液在口中停留片刻,体会其口感变化,包括甜度、酸度、酒精度等,并注意余味的悠长。

(二)白兰地的服务

1. 验酒与开酒

(1)验酒 在为客人服务前,需进行验酒操作,确认酒品的真实性和品质。

(2)开酒 采用正确的开酒方式,避免损坏酒瓶或影响酒质。开启后,可轻轻摇晃酒瓶,让酒液与空气中的氧气接触,促进香气的释放。

2. 斟酒与分酒

(1)斟酒 使用分酒器精确控制斟酒量,根据客人要求或标准量斟酒。斟酒时应保持手稳、动作流畅,避免酒液溅出。

(2)分酒 若需为多位客人服务,应确保每位客人都能得到等量的白兰地。

3. 服务礼仪

(1)仪态与态度 服务员应该保持良好的仪态和微笑服务态度,展现出专业和热情。

(2)及时服务 随时关注客人需求,及时为客人提供帮助和解答疑问。

(3)环境营造 保持服务环境的整洁和安静,为客人营造舒适的品鉴氛围。

4. 搭配建议

白兰地可与干果、巧克力等甜点搭配食用,增添风味;也可与肉类、奶酪等食物相配,提升整体口感。合理的食物搭配可以让品鉴体验更加丰富多彩。

(三)实训项目:白兰地亚历山大鸡尾酒

白兰地亚历山大鸡尾酒(Brandy Alexander Cocktail,图 3 - 2)是一款经典的奶油鸡尾酒,以其丝滑的口感和浓郁的香味而著称。

1. 基本信息

(1)烈度 适中,通常在 19% vol 左右(具体取决于使用的白兰地的酒精度)。

(2)颜色 奶黄色,因加入鲜奶油而呈现柔和的色泽。

图 3 - 2 白兰地亚历山大鸡尾酒

2. 历史起源

白兰地亚历山大的确切起源尚无定论,但在 19 世纪中叶开始流行,并普遍被认为是为了纪念英国国王爱德华七世与皇后亚历山大的婚礼而特别调制的。这款鸡尾酒最初可能是以金酒为基底,后来逐渐演变为白兰地作为基酒,并加入了棕色可可甜酒和鲜奶油,从而形成了现在的版本。

3. 配置原料

(1) 白兰地　2/3 盎司(约 20～30 mL),提供温暖而丰富的基调。

(2) 棕色可可甜酒　2/3 盎司(约 20～30 mL),带来一丝巧克力味,但并非主导风味。

(3) 鲜奶油　2/3 盎司(约 20～30 mL),赋予鸡尾酒浓郁的奶油质地。

(4) 豆蔻粉　少许,用于装饰并增添一丝香气。

(5) 冰块　适量,用于摇匀鸡尾酒并冷却。

(6) 载杯　鸡尾酒杯。

4. 制作方法

(1) 准备材料　确保所有材料新鲜,特别是鲜奶油应冷藏后使用。

(2) 混合成分　在摇酒壶中加入冰块、白兰地、棕色可可甜酒和鲜奶油。

(3) 摇匀　用力摇晃酒壶约 15 s,使鸡尾酒充分冷却并混合均匀。

(4) 倒入杯中　通过鸡尾酒过滤器将混合物倒入冰镇的鸡尾酒杯中。

(5) 装饰　在酒面上撒上少许豆蔻粉作为装饰,并可根据个人喜好在酒杯边缘镶嵌一枚樱桃或柠檬皮增加情调。

5. 酒品特色

(1) 口感　白兰地亚历山大以其丝滑的口感和浓郁的香味著称。白兰地提供了温暖而丰富的基调,棕色可可甜酒带来了微妙的巧克力味(但并非主导),而鲜奶油则赋予了这款鸡尾酒浓郁的奶油质地。豆蔻粉的轻微香气为整个饮品增添了一层复杂性,令人愉悦。

(2) 风味平衡　这款鸡尾酒在甜、酸、苦、辣之间找到了完美的平衡,既不过于甜腻,也不过于苦涩,非常适合女性饮用或作为餐后酒。

(3) 文化象征　白兰地亚历山大在流行文化中占有一席之地,曾在多部经典电影和电视剧中出现,象征着优雅与奢华。它也是许多高级酒吧和餐厅鸡尾酒菜单上的常客。

思政链接

张裕金奖白兰地的前世今生

张裕金奖白兰地是山东烟台张裕葡萄酿酒公司的传统名产之一,其前世今生充满了历史的沉淀与荣誉的加冕。

一、前世

1. 起源与更名

1915 年,在巴拿马万国博览会(世博会旧称)上,张裕白兰地凭借其出色的表现荣获了金质奖章和奖状。这一荣誉不仅彰显了其国际品质,也为其后续的发展奠定了坚实的基础。同年,孙中山先生曾参观张裕葡萄酿酒公司,并亲笔题词"品重醴泉",对这家公司的产品,包括张裕金奖白兰地等名酒予以了高度赞扬。

1928年,为了纪念这一历史性的荣誉,张裕白兰地正式更名为"金奖白兰地"。

2. 酿造工艺与品质

张裕金奖白兰地的酿造工艺十分讲究,它采用优质的葡萄为原料,经过发酵、蒸馏等复杂工序精心酿制而成。

在配制过程中,严格按照规定比例混合原料,然后过滤,并使用新、老、大、小橡木桶交替贮存,长期陈酿。出厂前还要低温处理,以确保酒品的稳定性和口感的醇厚性。

二、今生

1. 荣誉与成就

自更名以来,张裕金奖白兰地在国内外享有很高的声誉。它不仅是中国白兰地行业的佼佼者,也是世界白兰地市场上的一颗璀璨的明珠。曾多次在国内外酒类评比中获奖,其品质和口感得到了广泛的认可。例如,张裕五星金奖白兰地在1952～1979年蝉联三届国家名酒称号,并在布鲁塞尔国际烈酒大赛中获金牌。

2. 产品系列与市场表现

目前,张裕金奖白兰地已经形成了包括三星、四星、五星在内的多个产品系列,满足了不同消费者的需求。其中,张裕三星金奖白兰地以其高性价比和果香浓郁、柔顺爽口的口感赢得了众多消费者的喜爱;而张裕五星金奖白兰地则以其卓越的品质和丰富的口感层次成为了高端市场的代表。

在市场表现方面,张裕金奖白兰地一直表现出强劲的增长势头。近年来,随着消费者对高品质生活的追求和对健康饮酒理念的认同度不断提高,张裕金奖白兰地的市场需求量也在逐年攀升。

3. 文化传承与创新

张裕金奖白兰地不仅承载着张裕公司百年来的酿酒文化和历史传承,还不断在酿造工艺和产品创新方面探索和尝试。通过引进先进的酿酒设备和技术、优化酿造流程、加强质量控制等措施,张裕金奖白兰地的品质得到了进一步的提升。此外,公司还积极研发新产品、拓展新市场领域、加强品牌宣传和推广等工作,以不断提升张裕金奖白兰地的品牌影响力和市场占有率。

任务二　威士忌

威士忌(Whisky)一词来自苏格兰古语。世界上最早的蒸馏酒是由凯尔特人(今苏格兰人和爱尔兰人的祖先)在公元前发明的,当时用陶制蒸馏器生产。到10世纪,威士忌的酿造工艺已经基本成熟。最早关于威士忌的文字记录是1494年,当时的修道士约翰·柯尔用8筛麦芽生产出35箱威士忌酒。最初的威士忌酒主要作为抵御严寒的药水使用,后来被广泛饮用。18世纪后,居住在北美宾夕法尼亚和马里兰殖民地的苏格兰和爱尔兰移民,开始建立家庭式的酿酒作坊,生产威士忌酒。18世纪80年代,欧洲移民在肯塔基州的波本镇生产威士忌酒,这种威士忌酒后来成为美国威士忌酒的代名词。19世纪,英国发明连续式蒸馏器,苏格兰威士忌进入商业化生产。19世纪50年代,加拿大安大略省建立家庭作坊,生产威士忌酒。20世纪30年代,日本开始生产威士忌酒。

一、威士忌的定义

威士忌,英国人的"生命之水",是英文Whisky的音译,以大麦、黑麦、燕麦、小麦、玉米等谷物为原料,经发酵、蒸馏后,再使用橡木桶陈酿,最后经调配而成的蒸馏酒。

二、威士忌的酿制过程

威士忌的酿制是一个复杂而精细的工艺,主要可以分为以下几个关键步骤。

1. 原料准备

(1) 选材　威士忌的主要原料是谷物,最常见的是大麦,但也有玉米、小麦、黑麦等。不同地区的威士忌会根据其特色选择不同的谷物作为原料。

(2) 浸泡与发芽　将大麦等谷物浸泡在热水中,使其发芽。发芽过程中,谷物中的淀粉酶会被激活,为后续的糖化过程做准备。发芽后,大麦会被烘干以停止发芽过程,并保留所需的淀粉酶。

2. 糖化

(1) 研磨　将烘干后的大麦或其他谷物研磨成粉,以释放淀粉颗粒。

(2) 糖化　将研磨后的谷物粉加水搅拌成糊状,并在一定温度下(通常为60～65℃)糖化。糖化过程中,淀粉酶会将淀粉转化为可发酵的糖。

3. 发酵

(1) 冷却　将糖化后的麦芽汁冷却至适宜的温度(通常为20～30℃),以便酵母的生长和发酵。

(2) 发酵　向冷却后的麦芽汁中加入酵母,启动发酵过程。酵母会将麦芽汁中的糖转化为酒精和二氧化碳。发酵过程通常需要持续几天到一周不等,具体时间取决于酵母的种类和发酵条件。

4. 蒸馏

(1) 蒸馏原理　利用酒精和水的沸点差异,通过加热使酒精蒸发,再冷凝成液体,从而得到高浓度的酒精溶液。

(2) 蒸馏过程　将发酵后的液体蒸馏。威士忌的蒸馏通常采用多次蒸馏的方式,以提高酒精度和净化酒液。蒸馏过程中,会根据需要去除酒头和酒尾。只保留中间的酒心部分,这部分酒液含有最丰富的风味物质。

5. 陈年

(1) 入桶　将蒸馏得到的新酒放入橡木桶中陈年。橡木桶可以为威士忌提供独特的香气和风味,并使其颜色逐渐变为琥珀色。

(2) 陈年时间　陈年时间的长短会影响威士忌的口感和风味。一般来说,陈年时间越长,威士忌的口感越柔和,风味越复杂。

6. 调和与装瓶

(1) 调和　对于某些类型的威士忌(如调和型威士忌),需要将不同年份、不同橡木桶中陈年的威士忌调和，以达到特定的口感和风味要求。

（2）装瓶　将调和好的威士忌或单一麦芽威士忌装瓶，并在瓶身上标注相关信息（如年份、产地、酒精度等）。

威士忌的酿制需要精心控制多个环节和参数。每个环节都会对最终产品的口感和风味产生重要影响。因此，只有经验丰富的酿酒师才能酿造出高品质的威士忌。

三、威士忌的特点

作为一种世界知名的烈酒，威士忌具有多种特点，这些特点主要体现在原料、生产工艺、口感、风味以及文化价值等方面。

1. 原料特点

（1）多样化　原料主要包括大麦、小麦、黑麦、玉米等谷物。不同种类的威士忌会根据其特色选择不同的谷物作为原料，如苏格兰威士忌原料常以大麦为主，而美国波本威士忌则要求使用51%以上的玉米。

（2）高质量　用于酿造威士忌的谷物通常经过精心挑选和处理，以确保其品质优良，为后续的发酵和蒸馏过程提供良好的基础。

2. 生产工艺特点

（1）复杂精细　威士忌的生产工艺包括原料准备、糖化、发酵、蒸馏、陈年等多个环节，每个环节都需要精心控制，以确保最终产品的品质。

（2）橡木桶陈年　威士忌在蒸馏后会被放入橡木桶中陈年，这是威士忌形成独特风味的关键步骤。橡木桶中的单宁、木质素等成分会与威士忌中的酒精和风味物质发生反应，产生复杂的香气和口感。

3. 口感特点

（1）丰富多变　威士忌的口感因种类、产区、陈年时间等因素而异，但总体来说，威士忌具有醇厚、圆润、绵柔等特点。不同种类的威士忌在口感上也有所区别，如苏格兰威士忌通常带有烟熏、泥煤等复杂风味，而爱尔兰威士忌则以柔和、甜美著称。

（2）余味悠长　高品质的威士忌在饮用后往往能留下悠长的余味，让人回味无穷。

4. 风味特点

（1）独特香气　威士忌在陈年过程中会吸收橡木桶中的香气，同时其本身的酒精和风味物质也会发生反应，形成独特的香气。这些香气可能包括焦香、烟熏、木质、香草、水果等多种类型。

（2）复杂风味　威士忌的风味同样复杂多变，既有原料本身的香气和味道，也有陈年过程中产生的各种风味物质。这些风味物质相互交织、融合，形成了威士忌独特的风味体系。

5. 文化价值

（1）历史悠久　威士忌作为一种古老的酒类，其历史可以追溯到数百年前。在漫长的历史进程中，威士忌逐渐形成了自己独特的文化和传统。

（2）社交媒介　威士忌已经成为一种重要的社交媒介。人们常常在聚会、庆典等场合饮用威士忌，以增进彼此之间的了解和友谊。

威士忌以其多样化的原料、复杂精细的生产工艺、丰富多变的口感和风味以及深厚的文化价值而备受推崇。无论是作为个人品鉴还是社交媒介,威士忌都展现出了其独特的魅力和价值。

四、威士忌的分类

威士忌可以从多个角度分类,以下是一些主要的分类方式及其详细说明。

（一）按原料分类

1. 麦芽威士忌(malt Whisky)

（1）单一麦芽威士忌(single malt Whisky)　只使用同一个酒厂运用大麦芽酿造、储存于不同橡木桶中,并加水稀释调配的威士忌,酒精含量为40%～50%,风味独特,是许多威士忌爱好者的首选。

（2）调和麦芽威士忌(blended malt Whisky/pure Malt)　使用两个或两个以上酒厂生产的大麦芽威士忌调配装瓶,风味平衡稳定,性价比高。

2. 谷物威士忌(grain Whisky)

以谷物(如玉米、小麦、黑麦等)为原料,通过发酵、蒸馏后陈酿而成。味道较为辛辣,带有浓烈的谷物香气与口感。谷物威士忌通常作为调和威士忌的基底。

还可细分为单一谷物威士忌和调和谷物威士忌。

3. 调和威士忌(blended Whisky)

以大占比的谷物威士忌为基底,用少量单一麦芽威士忌勾兑而成的烈酒,追求甜美圆润、平滑顺口的口感,占据了全球威士忌市场的大部分份额。

（二）按产区分类

1. 苏格兰威士忌(Scotch Whisky)

被誉为"英国国酒",以复杂和高贵著称。苏格兰威士忌必须在苏格兰境内制造,使用水与大麦芽为原料,经过两次蒸馏后,在橡木桶中陈年超过3年以上,且装瓶酒精浓度不低于40%。根据产区不同,又分为高地区、低地区、艾雷岛、斯佩赛和坎培尔镇5大区,各具特色。

（1）苏格兰威士忌的种类　包括以下4个主要品种:

① 单一纯麦威士忌:完全由同一家蒸馏厂里只用发芽的大麦为原料制造,并且在苏格兰境内以橡木桶熟成超过3年的威士忌。

② 纯麦威士忌:完全采用泥煤熏干的大麦芽,不添加任何其他的谷物,并且必须使用壶式蒸馏锅蒸馏,蒸馏后酒液的酒精含量高达63%左右。

③ 调配威士忌:由1/3的纯麦威士忌和2/3的谷物威士忌调配而成,这些调配的基酒可能会来自多个不同的酒厂。

④ 谷物威士忌:采用大麦、小麦和玉米等谷物经糖化后发酵、蒸馏而成的威士忌。

（2）苏格兰威士忌的主要产区　主要产区包括:

① 斯佩赛:斯佩赛的繁荣归功于调和威士忌的发明。斯佩赛区拥有世界最畅销的3大苏格兰单一纯麦威士忌品牌:麦卡伦、格兰菲迪和格兰威特。

② 高地区:地形起伏剧烈、气候凛冽,塑造了个性强烈的威士忌产品形象。常见品牌有达尔维尼、达摩、格兰杰、本尼维斯和欧班。

③ 低地区:地势低缓,气候较高地区暖和。缺乏严峻地形与强风吹拂,缺乏泥煤。因此

该区所产的威士忌,口味平顺柔和,带有植物芳香。常见品牌有欧肯特轩和布拉德诺赫。

④ 坎培尔镇:所产威士忌的风味也主要以泥煤味和海盐味为主,口感馥郁,云顶和格兰帝是较知名的威士忌酒厂。

⑤ 艾雷岛:是传说中苏格兰威士忌的发源地,所产威士忌的风味也主要以泥煤味和海盐味为主,代表威士忌是拉弗格10年艾雷岛单一纯麦威士忌。

2. 爱尔兰威士忌(Irish Whisky)

可以说,爱尔兰是威士忌的发源地。爱尔兰威士忌是用发芽的大麦为原料,使用壶式蒸馏器3次蒸馏,并且依法在橡木桶中陈酿3年以上的麦芽威士忌,再由未发芽大麦、小麦与裸麦(黑麦),经连续蒸馏所制造出的谷物威士忌进一步调和而成。未发芽的大麦做原料带给爱尔兰威士忌较为青涩、辛辣的口感。标志性特征是3次蒸馏,原料中使用了较高比例的未发芽大麦、小麦与裸麦。整体口感比苏格兰威士忌更柔和。

3. 美国威士忌(American Whisky)

美国威士忌酒以优质的水、温和的酒质和带有焦黑橡木桶的香味而著名,尤其是美国的波本威士忌酒更是享誉世界。与苏格兰威士忌在制法上大致相似,但所用的谷物不同,蒸馏出的酒精纯度也较苏格兰威士忌低。美国威士忌种类如下。

(1)波本威士忌 主要原料为玉米和大麦,其中,玉米至少占原料用量的51%。蒸馏过程是采取塔式蒸馏锅和壶式蒸馏锅并行的方式,将酒液混合后放入全新的美国炭化橡木桶陈酿。酒液的麦类风味与来自橡木桶的甜椰子和香草风味融合在一起,发展出水果、蜂蜜和花朵等香气,装瓶后酒液呈琥珀色。

(2)田纳西威士忌 同波本威士忌的酿造工艺基本相同,唯一不同的是在装瓶前,使用枫木炭过滤。过滤后的田纳西威士忌口感更加顺滑,带有淡淡的甜味和烟熏味。

4. 加拿大威士忌(Canadian Whisky)

加拿大生产的威士忌酒用裸麦作为主要原料,占51%以上,再配以大麦芽及其他谷类组成,经发酵、蒸馏、勾兑等工艺,并在白橡木桶中陈酿至少3年(一般达到4～6年)才能出品。几乎所有的加拿大威士忌都属于调和式威士忌,以连续式蒸馏制造出来的谷物威士忌作为主体,再以壶式蒸馏器制造出来的裸麦威士忌增添其风味与颜色。因其味道比较清淡,被称为“全世界最清淡的威士忌”。

5. 日本威士忌(Japanese Whisky)

日本威士忌采用苏格兰的传统工艺和设备,从英国进口泥炭用于烟熏麦芽,从美国进口白橡木桶用于贮酒,甚至从英国进口一定数量的苏格兰麦芽威士忌原酒,专供勾兑自产的威士忌酒。但日本胜在懂得融会贯通,对传统的威士忌酿造技术做了一些改变,融入了一些本土特色,最终酿造出符合日本人生活方式和鉴赏力的威士忌,精致,柔和,醇正。相较于苏格兰威士忌,酒体较为干净,有较多水果的气味,甜美,没有苏格兰威士忌留下的那么多的麦子的气味,更多的是强调和谐与平衡。设备与技术源自苏格兰,但不同酒厂有千变万化的制作过程,风味多变,口感较为柔顺圆滑,适合加水加冰块佐餐饮用。

(三)特殊分类

除了上述按原料和产区分类外,还有一些特殊类型的威士忌,如黑麦威士忌(rye Whisky,也称为裸麦威士忌)、玉米威士忌(corn Whisky,用一定比例,通常在80%以上的玉米泥生产的一种蒸馏酒)等。

五、威士忌的饮用与服务

威士忌的饮用与服务涉及多个方面,包括饮用方式、品鉴技巧以及服务过程中的专业性和个性化考虑。

（一）威士忌的饮用方式

（1）纯饮　最传统的品鉴方式,即不加任何添加物,直接饮用威士忌。这种方式能让饮用者充分体验威士忌的原色原味和强劲个性。

（2）加冰　在威士忌中加入冰块,以降低酒精的刺激感,同时保持威士忌的风味。冰块的数量可以根据个人喜好调整,但通常建议以 2~4 块为宜。

（3）加汽水　也称为 Highball,是将威士忌与汽水混合饮用。其中,威士忌加可乐是最为常见的组合,尤其在美国。其他种类的威士忌则可能搭配姜汁汽水或其他苏打水。

（4）滴水　在威士忌中加入适量的水,可以使其酒精味变淡,同时引出潜藏的香气。这种做法在全球范围内都很普及,尤其是日本人发明的水割饮法,更是将这一方式推向了极致。

（5）热托蒂(hot Toddy)　热饮方式,以苏格兰威士忌为基酒,加入柠檬汁、蜂蜜等调料,再拌入热水制成。这种饮品在寒冷天气中尤为受欢迎,具有御寒和舒缓的效果。

（6）威士忌 + 绿茶　中国流行的创新饮法,将威士忌与绿茶混合饮用。虽然这种喝法并非传统,但因其独特的口感和风味而受到了年轻人的喜爱。

（二）威士忌的服务过程

（1）了解客户需求　在提供威士忌服务之前,首先要了解客户的口味偏好、饮酒风气和需求。这有助于为客户提供更加贴合其需求的服务。

（2）推荐饮品　根据客户的口味和需求,推荐适合的威士忌饮品。可以提供详细的介绍和品鉴知识,帮助客户了解和选择。

（3）提供专业知识　介绍威士忌的基本知识和常见饮用方式,帮助客户提升品鉴能力和享受过程。

（4）维护服务质量　确保饮品的温度、香气、口感和外观等方面都达到最佳状态。还要保持服务质量和一致性,以提升客户体验。

（5）个性化服务　考虑到客户的口味和需求差异,提供个性化的服务和推荐。例如,根据客户的喜好调整冰块的数量、汽水的种类或加入特定的调料等。

（6）关注客户反馈　在服务结束后,及时关注客户的反馈意见,以便不断改进服务质量和提升客户满意度。

威士忌的饮用与服务是一个涉及多个方面的过程,需要服务人员具备专业的知识和技能,以及良好的沟通能力和服务意识。通过提供优质的饮用体验和服务质量,吸引更多的客户并提升销售额。

（三）实训项目:威士忌酸鸡尾酒

威士忌酸鸡尾酒(Whisky Sour,图 3 - 3)是一款以威士忌为基酒的经典鸡尾酒,其独特的风味和简单的制作方法使其广受欢迎。

图3-3　威士忌酸鸡尾酒

1. 概述

（1）口味　略带酸味,口感圆润厚重,伴有微弱的凤梨香,尾韵则是淡淡的威士忌苦味。

（2）主要食材　波本威士忌、柠檬汁、砂糖（或糖浆）、苏打水（可选）。

（3）烈度适中,约为 2.5%vol。

（4）颜色　淡黄色。

（5）载杯　古典杯。

2. 历史起源

威士忌酸鸡尾酒的历史可以追溯到 19 世纪 70 年代,最初由威士忌、柠檬汁、糖和一点儿蛋黄调配成。在 1862 年,美国调酒教父杰瑞·托马斯（Jerry Thomas）的 *How to Mix Drinks* 一书中就收录了威士忌酸鸡尾酒的配方。不过,随着时间的推移,现代版的威士忌酸鸡尾酒通常不再加入蛋黄,而是采用更为简单的配方。

3. 制作方法

制作威士忌酸鸡尾酒的方法相对简单,材料也容易获取。以下是一个基本的制作步骤：

（1）准备材料　波本威士忌 45 mL、柠檬汁 20～30 mL、砂糖 1 茶勺（或糖浆 20～30 mL）、苏打水少量（可选）、柠檬片 1 片、红樱桃 1 个。

（2）调制过程　把冰块放入雪克壶中。量入威士忌和柠檬汁。加入砂糖或糖浆,摇晃均匀,使糖充分溶解,如果需要,可以加入少量苏打水以增加口感。把调制好的鸡尾酒滤入冰镇的古典杯中。最后,用柠檬片和红樱桃装饰。

4. 酒品特色

（1）口感　入口奶油感十足,整体口感圆润厚重,酸甜适中,既有威士忌的醇厚,又有柠檬的清新。

（2）外观　淡黄色的酒体在光线下显得晶莹剔透,柠檬片和红樱桃的装饰更是为其增添了几分色彩和活力。

（3）适合人群 老少咸宜，无论是喜欢烈酒还是酸甜口味的人都能找到自己的喜好。

5. 饮用建议

（1）搭配 可以与多种小吃或甜点搭配饮用，如坚果、奶酪或巧克力等。

（2）场合 适合在各种休闲场合饮用，如家庭聚会、朋友聚会或酒吧小憩等。

威士忌酸鸡尾酒以其独特的口感和简单的制作方法成了经典鸡尾酒之一。无论是作为开胃酒还是餐后酒，它都能为人们带来愉悦的品饮体验。

知识链接

威士忌文化

威士忌是英语文化的代表，盛行于英国及曾经的英属殖民地，如美国、加拿大、爱尔兰等。威士忌被视为英国的国宝，但最具代表性的威士忌却不产在英国的核心地区——英格兰，也不是美国，而是苏格兰地区。

苏格兰是威士忌酒的发源地，威士忌的名字来自现代苏格兰人的祖先古代凯尔特人，意为"生命之水"。没有人知道苏格兰人何时学会了制造威士忌的技术，据说最少已经1500年了。12世纪初，英格兰国王亨利二世远征爱尔兰，将爱尔兰的蒸馏酒制造技术带了回来，与苏格兰当地的技术结合，形成了具有特色的威士忌酒制作方式。由此，醇厚浓烈的威士忌与色彩缤纷的格子裙、高亢的风笛一起成为苏格兰人的代表。

威士忌本身的定义并不十分严谨，除了只能使用谷物作为原料这个较为明确的规则外，其他规定并不严格。但苏格兰威士忌的称谓极为严格，只有在苏格兰酿造或调制的威士忌才可以称为苏格兰威士忌。苏格兰威士忌用泥煤熏焙产生独特香味的大麦芽做酵造原料，使用当地特有的矿泉水，色泽棕黄带红，清澈透亮，气味焦香，有浓烈的烟熏味，具有浓厚的苏格兰乡土气息。苏格兰威士忌具有口感甘冽、醇厚、劲足、圆润、绵柔的特点，是世界上最好的威士忌酒之一。苏格兰与威士忌酒的联系超过了世界任何一个国家，它不仅拥有众多的威士忌酿酒厂，更拥有众多的享誉全球的威士忌酒品牌，在公认的世界12大威士忌中，苏格兰占了7席，分别是芝华士-皇家礼炮、尊尼获加、帝王、百龄坛、麦卡伦、威雀和珍宝。

随着英国的扩张，威士忌作为英语文化的代表先后进入了北美洲、亚洲、大洋洲和非洲，成为英属殖民地的代表性饮料。这些分布在全球的英属殖民地成为威士忌酒文化的一部分，其中美国、加拿大、爱尔兰的威士忌特色鲜明，不仅成为本国居民日常生活必不可少的一环，甚至走出国门，影响到世界各地乃至曾经的宗主国英国。

美国、加拿大、爱尔兰的威士忌，与自然环境结合，形成了各不相同的口味。威士忌和啤酒、葡萄酒一样，成为了这些国家和地区人民日常生活中必不可少的一环。

任务三 金酒

金酒（Gin）产生于实验室，是荷兰莱顿大学的西尔维斯教授于17世纪60年代利用大麦、黑麦等谷物为原料,经粉碎、糖化、发酵、蒸馏、调配而成的。最初的目的是帮助在东印度地域活动的荷兰商人、海员和移民预防热带疟疾,作为利尿、清热的药剂使用。后来成为人们的正式酒精饮料。金酒的生产除传统方法外,还有合成法。合成法选择优质酒精处理后,加入经处理的水稀释到要求的度数,再加入金酒香料配制而成。金酒的生产很快传到世界各地,目前比较有名的金酒有荷式金酒、英式金酒和美式金酒。

一、金酒的定义

图 3-4　金酒

金酒(图 3-4)诞生于荷兰,知名于英国,又叫杜松子酒、琴酒或毡酒,是以谷物为原料,加入杜松子等香料,经过发酵、蒸馏制成的烈酒。

二、金酒的酿制

杜松子指的是杜松子树的莓果,最重要的功用是在金酒的制作上。金酒的主要生产工序如下:

(1)糖化　将谷物捣碎,加热糖化。

(2)发酵　加入人工培养的酵母发酵,并在发酵成熟醪中加入破碎后的杜松子。

(3)蒸馏　蒸馏得到 90% vol 的高度烈性酒。

(4)精馏和加味　以高度烈性酒为基酒,再加入各种植物(果实、种子)、香料,例如豆蔻、杏仁、橘皮等,再次蒸馏以获得其成分和香味。

(5)过滤和装瓶　加水降低酒精度,然后过滤和装瓶。

三、金酒的分类

(一)荷式金酒

作为荷兰的国酒,荷式金酒具有深厚的历史和文化底蕴。最初是在 1660 年由荷兰莱顿大学的西尔维斯(Sylvius)教授制造成功的。与西尔维斯同时代的荷兰人路卡斯·博斯(Lucas Bols)在金酒配方中加入了一些糖,制造出口味更甜、更容易被接受的金酒,并在1575 年于荷兰斯奇丹(Schiedam)建立了博斯酒厂(Bols),该酒厂成为荷式金酒的主要生产大厂和商业化生产的先驱。

荷式金酒以大麦芽与稞麦等为主要原料,配以杜松子酶为调香材料。将原料搅碎、加热、发酵后,进行 3 次蒸馏以获得谷物原酒。加入杜松子香料再次蒸馏。将精馏而得的酒贮存于玻璃槽中待其成熟。包装时再稀释装瓶。荷式金酒色泽透明清亮。酒香味突出,香料味浓重,辣中带甜,风格独特。无论是纯饮或加冰都很爽口,酒度通常在 50°～52°。

在东印度群岛,流行在饮用前用苦精洗杯,然后注入荷兰金酒,大口快饮,具有开胃之功效。荷式金酒加冰块,再配以一片柠檬,也是世界名饮干马提尼(dry Martini)的很好代用品。

荷式金酒根据陈年时间可分为新酒(jonge)、陈酒(oulde)和老陈酒(zeetoulde)。比较著名的品牌有亨克斯(Henkes)、波尔斯(Bols)、波克马(Bokma)、邦斯马(Bomsma)和哈瑟坎坡(Hasekamp)等。

荷式金酒在装瓶前不可贮存过久,以免杜松子氧化而使味道变苦。装瓶后则可以长时间保存而不降低质量。荷式金酒以其独特的酿造工艺、口感和丰富的历史文化背景,在全球范围内享有盛誉。无论是作为纯饮还是调制鸡尾酒的基酒,都能展现出其独特的魅力。

(二)伦敦干金

伦敦干金(London Dry Gin)是一种具有特定酿造工艺和风格的金酒,其名称源于其起源地和酿造方法,并受到法律法规的规范。其法定名称由英国国会在 19 世纪 80 年代规定,旨在规范金酒的生产,提高品质,并防止粗制滥造的金酒。伦敦干金最初是在伦敦周围地区生产的,但如今这个名字已经没有了地理意义。它仅代表一种清淡型的金酒品种,美国等地也有生产。

伦敦干金酒的生产过程相对简单,通常用谷物酿制的中性酒精和杜松子及其他香料共同蒸馏而得到干金酒。酒精和香料会一起被蒸馏,以确保香料的味道和香气能够充分融入酒中。在蒸馏后不再添加任何香料或甜味剂,使其具有独特的干冽、醇美的口感。

伦敦干金酒通常是无色透明的,清澈明亮。口感干冽、醇美,不甜,同时带有杜松子和其他香料的奇异清香。其风味因品牌和生产商的不同而有所差异,但总体上都具有清爽、干净的特点。既可以单饮,也可以作为鸡尾酒的基酒,与各种饮料和配料混合使用。伦敦干金酒有许多知名品牌,其中一些在全球范围内享有盛誉。哥顿金(Gordon's)是英国最畅销的金酒品牌之一,以其独特的香菜籽和其他植物香料的气息而闻名。必富达(Beefeater)是另一款经典的伦敦干金酒,以其复杂的香料组合和平衡的口感而受到赞誉。健尼路(Greenall's)、钻石金、施格兰金、得其利、坦求来(Tanqueray)等品牌也都在伦敦干金酒领域有着举足轻重的地位。

伦敦干金酒的生产和销售受到严格的法律法规的规范。例如,不得添加着色剂,不得添加超过每升 0.1 g 含糖的甜味剂,这些规定确保了伦敦干金酒的品质和口感。

伦敦干金酒是一种具有独特酿造工艺和风格的金酒,其历史悠久、品质优良、口感独特,深受全球消费者的喜爱。无论是作为单饮还是鸡尾酒的基酒,伦敦干金酒都能展现出其独特的魅力。

(三)美式金酒

作为金酒的一种重要类型,美式金酒具有其独特的酿造工艺和风味特点。美式金酒在生产工艺上借鉴了英国和荷兰的经验,同时融入了美国本土的特色。主要以谷物(如大麦、玉米等)为原料,经过粉碎、糖化、发酵、蒸馏等步骤制成基酒。在蒸馏过程中,基酒会添加杜松子及其他多种香料(如香菜、当归、鸢尾根、柑橘皮等)二次蒸馏或浸渍,以获得独特的金酒风味。此外,部分美式金酒还可能经过橡木桶陈年,以增添其复杂性和深度。

美式金酒具有清新而丰富的香气,杜松子的香气尤为突出,同时伴随着其他香料的复杂香气,如柑橘皮、香菜籽等。口感柔和而清爽,既有蒸馏金酒的干冽感,又不失其独特的香料风味。部分经过橡木桶陈年的美式金酒还会带有一定的木质和焦糖香气,使其口感更加复杂和丰富。美式金酒的酒精度数通常在 40°左右,适合不同层次的消费者饮用。

美式金酒既可以作为单饮的烈酒,也可以作为调制鸡尾酒的基酒。其独特的香气和口感使得它在调制各种鸡尾酒时都能展现出其独特的魅力。美式金酒可以与果汁、汽水等混合调制出口感甜美的鸡尾酒,也可以与苦味酒、甜味美思等混合制成经典的内格罗尼(Negroni)鸡尾酒等。

(四)加味型金酒

加味型金酒也被称为甜型金酒或芳香型金酒,是金酒的一种重要类型。与其他类型的金酒相比,最大的特点是在蒸馏过程中或蒸馏后加入了额外的甜味剂或其他风味物质,赋予其更为丰富和复杂的口感。加味型金酒的酿造工艺与基础金酒相似,都包括原料的粉碎、糖化、发酵、蒸馏等步骤。然而,在蒸馏过程中或蒸馏后,会加入特定的甜味剂(如糖、糖浆等)和其他风味物质(如水果、香料、草药等),以调整金酒的口感和香气。这些风味物质可以是天然的,也可以是人工合成的,具体取决于生产商的选择和配方。

与干型金酒相比,加味型金酒最显著的特点是甜度增加。这主要得益于酿造过程中添加的甜味剂,使得金酒的口感更加柔和和甜美。除了甜度增加外,加味型金酒还因加入了各种风味物质而具有更为丰富的口感和香气。这些风味物质可以是水果的香甜、香料的辛辣、草药的清新等,使得金酒的风味层次更加复杂和多样。部分加味型金酒在酿造过程中还会加入着色剂,使其呈现出不同于基础金酒的颜色。这些颜色可以是淡黄色、琥珀色等,为金酒增添了更多的视觉吸引力。

因其独特的口感和香气,加味型金酒在多个应用场景中都能展现出其独特的魅力。既可以作为单饮的烈酒,也可以作为调制鸡尾酒的基酒。在调制鸡尾酒时,加味型金酒能够与其他饮料和配料完美融合,创造出各种口感丰富、风味独特的鸡尾酒。

在市场上,有许多知名的加味型金酒品牌。这些品牌以其独特的酿造工艺和风味特点赢得了消费者的喜爱。例如,某些品牌推出的果味金酒(如柑橘金酒、柠檬金酒等)在市场中具有较高的知名度和美誉度。

四、金酒的饮用与服务

(一)金酒的饮用方式

1. 纯饮

(1)净饮　金酒可以直接倒入酒杯中纯饮,这是最能体验金酒原始风味的饮用方式。一般使用利口杯或古典杯,每份金酒的标准用量通常为 25 mL 或 1 盎司(约 30 mL)。可以先轻轻旋转酒杯,让酒液充分接触空气,释放出更多的香气;然后,小口品尝,感受金酒在口中的醇厚与细腻,以及杜松子等香料带来的独特风味。

(2)冰镇　为了更好地体验金酒的风味,也可以将金酒冰镇后饮用。冰镇后的金酒口感更加清爽,香料的味道也会更加突出。冰镇的方法包括将酒瓶放入冰箱或冰桶中,或在倒出的酒中加冰块。

2. 加冰或水

在金酒中加入冰块或适量的冷水,可以降低酒精的刺激感,使口感更加清爽。冰块的加入还能让金酒的香气更加持久,延长品饮的愉悦感。加水则是一种更为温和的调和方式,可以凸显金酒的香料风味。

3. 调制鸡尾酒

作为鸡尾酒的基酒之一,金酒具有极高的可塑性。通过与果汁或其他饮料、糖浆等食材混合,可以调制出各种风味的鸡尾酒。例如,金汤力(Gin Tonic)、金菲士(Gin Fizz)、金马提尼(Gin Martini)和新加坡司令(Singapore Sling)等都是以金酒为基酒的经典鸡尾酒。这些鸡尾酒不仅口感丰富多样,还能满足不同场合和人群的需求。

（二）金酒的特殊饮用方法

（1）荷兰式喝法　在东印度群岛地区,有一种独特的金酒饮法。先用苦精清洗酒杯,然后倒入金酒大口饮用,喝完后再喝一杯冰水。这种喝法能带来一种先苦后甜的独特口感。

（2）热带风格喝法　在热带地区,人们喜欢将金酒与各种热带水果汁混合在一起饮用,如菠萝汁、橙汁或芒果汁等,创造出一种充满热带风情的饮品。

（3）英国式喝法　在英国,人们喜欢在下午茶时光享用一杯金酒加柠檬茶的饮品;既能品味到金酒的独特风味,又能感受到柠檬茶的清新口感。

（三）服务建议

（1）酒杯的选择　根据饮用方式的不同选择合适的酒杯,如利口杯、古典杯或鸡尾酒杯等。

（2）温度控制　对于需要冰镇的金酒,应提前将酒瓶放入冰箱或冰桶中降温,或在倒出的酒中加冰块以保持冰爽口感。

（3）调酒技巧　在调制鸡尾酒时,应掌握正确的调酒比例和搅拌技巧,以确保鸡尾酒的口感和品质。

（4）文化融合　在提供金酒服务时,可以融入地域文化特色,如介绍金酒的历史背景、酿造工艺和特殊饮用方法等,提升消费者的品饮体验和文化认知。

金酒的饮用与服务方式灵活多样,无论是纯饮、加冰加水还是调制鸡尾酒都能带来愉悦的品饮体验。在提供服务时,应注重细节和品质控制以满足消费者的需求和期望。

（四）实训项目:金汤力鸡尾酒

金汤力是一款广受欢迎的鸡尾酒,其独特的口感和简单的配方赢得了众多消费者的喜爱。金汤力鸡尾酒源于英国的孟买蓝宝石金酒。该品牌是英国伦敦的著名品牌,被全球公认为最优质、最高档的金酒之一。蓝宝石金酒是最古老的配方之一,最初诞生于1761年英国的西北部。随着时间的推移,金酒与汤力水的结合逐渐形成了金汤力这一经典鸡尾酒(图3-5)。

图3-5
金汤力鸡尾酒

1. 主要材料

（1）金酒　通常为1盎司(约30 mL)或根据口味调整至1.5～2盎司。金酒以其独特的杜松子风味为基础,带有一定的香料和草本气息。

（2）汤力水(Tonic water)　用于补足剩余部分,通常为一听或根据杯子大小适量添加。汤力水是一种含有奎宁的碳酸水,具有苦味和甜味的综合口感。

（3）柠檬片　通常作为装饰使用,也可以挤入少量柠檬汁增加风味。

2. 调制方法

（1）准备器具　直筒高杯、冰块、量杯(可选)、吧勺(可选)。

（2）调制步骤　在直筒高杯中加入一半左右的冰块。倒入约一盎司的金酒。用汤力水注至8成满或更高,根据个人口味调整。使用吧勺轻轻搅拌一下,使酒液和汤力水混合均匀。最后,在杯口放上一片柠檬作为装饰,也可以挤入少量柠檬汁增加酸味。

3. 特色与口感

金汤力鸡尾酒以其清爽干净的口感和简约的配方著称,既有金酒的独特风味,又有汤力水的清爽口感,两者相结合形成了独特的味道体验。入口后,首先感受到的是金酒的杜松子香味和草本气息,随后是汤力水的苦味和甜味综合而成的独特口感。整体来说,它是一款口感舒适、适合各类人群饮用的鸡尾酒。

4. 饮用建议

金汤力鸡尾酒适合在各种休闲场合饮用,如家庭聚会、朋友聚会、酒吧放松等。建议冰镇后饮用,以更好地体验其清爽口感。可以搭配一些清淡的小食或水果作为下酒菜,如坚果、薯片、水果拼盘等。

任务四　朗姆酒

一、朗姆酒的定义

朗姆酒（Rum）是以甘蔗汁或制糖工业的副产品糖蜜为原料,经发酵、蒸馏、陈酿、调配而成的一种蒸馏酒。朗姆酒素来就有"海盗之酒"的美誉,主要产区集中在盛产甘蔗及蔗糖的地区,如牙买加、古巴、海地、多米尼加、波多黎各、圭亚那等加勒比海沿岸国家,其中牙买加、古巴生产的朗姆酒较有名。

二、朗姆酒的酿制过程

朗姆酒的酿制是一门复杂而精细的艺术,原料采用甘蔗汁或糖蜜。这些富含糖分的原料,在经过去除杂质、澄清与稀释后,便成了发酵的基石。随后,引入酵母,将糖分转化为酒精与二氧化碳,发酵过程持续数日至数周,具体时间依原料、酵母种类及环境条件而定。发酵完成后,得到低浓度酒精液,通过蒸馏工艺进一步提升其纯度。

朗姆酒通常采用壶式蒸馏器,历经两次分段蒸馏,最终凝结成清澈透明的无色原酒,其酒精含量高达86%左右。然而,真正的转变才刚刚开始。为了赋予朗姆酒独特的风味与色泽,无色原酒需经历陈化。在橡木桶等容器中,酒液缓缓吸收木桶中的天然香气与色素,时间成为最神奇的调味师。浅色朗姆酒或许只需数月至一年的陈化;而深色朗姆酒则可能历经数年甚至更长时间的沉淀,方能展现出其深邃而丰富的风味。

在陈化完成后,来自不同批次、各具特色的朗姆酒可能会经精心勾调,以确保每一瓶酒都能保持一致的品质与风味。最后,经过勾调的朗姆酒注入精美的酒瓶中,并密封保存。有时为了调整色泽,还会添加适量的焦糖色。至此,一瓶承载着匠人心血与时间的朗姆酒,终于完成了它从甘蔗到佳酿的华丽蜕变。

三、朗姆酒的分类

（1）白朗姆（white Rum）　又称为银朗姆，蒸馏后的酒需经活性炭过滤后入桶陈酿一年以上。酒味较干，香味不浓，无色。

（2）金朗姆（gold Rum）　又称为琥珀朗姆，是指蒸馏后的酒需存入内侧灼焦的旧橡木桶中至少陈酿3年。酒色较深，酒味略甜，香味较浓，淡褐色。

（3）黑朗姆（dark Rum）　又称为红朗姆，是指在生产过程中需加入一定的香料汁液或焦糖调色剂的朗姆酒。酒色较浓（深褐色或棕红色），酒味芳醇。

（4）加香朗姆酒（flavouring Rum）　常在白朗姆或无需陈年的朗姆中加入水果或香料口味。它们的酒精度通常偏低，主要运用在创意鸡尾酒中。

（5）朗姆预调酒（Rum ready-to-drink）　以朗姆酒为基底，混合新鲜果汁、高纯水、白砂糖、食品添加剂等，调配、混合或再加工制成的，已改变了其原酒基风格的饮料酒。

四、朗姆酒名品

（1）百加得（Bacardi）　产地为古巴，是世界最大的家族私有的烈酒厂商。源于古巴圣地亚哥的高档朗姆酒，纯正、顺滑，蕴含的是象征拉丁加勒比精神的自由、色彩和激情，是全球销量第一的高档烈性洋酒，产品遍布170多个国家。蝙蝠作为百加得的标志出现在瓶身，已超过百年的历史。在古巴文化中，蝙蝠是好运和财富的象征。

（2）摩根船长（Captain Morgan）　产地为牙买加。其特别口感来源于其独特的配方——在酿制的最后环节，在朗姆酒中调入使用加勒比岛当地的香料。这款富有强烈岛国风味的朗姆酒，得名于曾经做过海盗的牙买加总督摩根船长。摩根船长金朗姆酒以酒味香甜见称；摩根船长黑朗姆酒则醇厚馥郁，是酒吧常用的调配酒。

（3）美雅士（Myers's）　产地为牙买加，是一款英国帝亚吉欧公司出品的牙买加朗姆。美雅士是以品牌创始人命名的。用纯牙买加糖浆酿造，经过多次蒸馏，在白橡木桶中陈酿4年，由9种不同的朗姆酒勾兑而成，强劲、味浓、口感充满焦味。

（4）哈瓦那俱乐部（Havana Club）　产于古巴，以当地优质甘蔗榨取的最为纯净的糖蜜酿制。自诞生以来，哈瓦那俱乐部朗姆酒一直在权威性的国际比赛中获奖；它是唯一一个真正的国际化古巴朗姆酒品牌。

（5）布里斯托尔经典朗姆酒（Bristol Classic Rum）　布里斯托尔烈酒公司总部设在英格兰西南部，跨越加勒比海，把橡木桶中的朗姆酒从酿酒厂运到英国熟化、装瓶（此工艺被称为提前着陆）。布里斯托尔烈酒公司率先酿制出很像单一纯麦威士忌的朗姆酒，只选用一座种植园或者某一个蒸馏器的烈酒。这就意味着，跟单一纯麦威士忌一样，这种朗姆酒的酒标上会有酿酒厂的名称和陈酿时间。

（6）奇峰（Mount Gay）　产地为巴巴多斯。奇峰酒庄的酿酒记载最早可以追溯到18世纪初。20世纪80年代，该公司成为了人头马君度国际集团的一部分。奇峰出产两款旗舰朗姆酒：奇峰伊克利斯朗姆酒，呈金色，细致、清淡、平衡极佳，富有花香，如奶油一般；奇峰特酿，呈深琥珀色，酒体清淡，有橡木、水果、巧克力和烧焦林木的味道，而且所有这些滋味都融化到浓郁的水果和香料味里，是公司真正的明星朗姆酒。

（7）卡查萨（Cachaca）　产地为巴西。卡查萨由发酵的甘蔗汁酿造。在国际市场销售的卡查萨酒精含量在40%左右，富有独特的甘蔗香味。尽管在巴西有4 000个品牌的卡查萨朗姆酒，但其中最优的是51°。卡查萨常用于调配水果味鸡尾酒和经典鸡尾酒凯普林纳。

（8）邦达伯格（Bundaberg）　产地为澳大利亚。邦达伯格酿酒公司从19世纪80年代开始酿制朗姆酒，现在隶属于国际集团蒂亚吉欧。21世纪初，邦达伯格朗姆酒被评为澳大利亚头号烈性酒。呈金色，味道热烈、辛辣、年轻、活泼，是卓越的调配用酒。邦达伯格OP朗姆酒阳刚十足，很硬实、火辣、强劲。

（9）萨凯帕朗姆酒（Zacapa Rum）　产地为危地马拉，选用当地顶级甘蔗初榨糖蜜，在平均温度仅有62°F（16.7℃）的海拔8 000英尺（2 438.4 m）高地上储放熟成，故而不易受到温度剧烈变化的影响，使朗姆酒得以发展出深沉、丰厚的口感，呈现独具一格的酒质与风貌。

（10）马利宝（Malibu）　产地为西班牙，采用加勒比海的甘蔗、泉水及精选酵母，配以椰子和糖，经过3次蒸馏后酿造而成。酒色透明，口味清爽。酒精度为21°，由于酒精度较低且带有甜味，非常适合初饮烈酒之人士饮用。马利宝椰子朗姆酒混合性强，除用来调配鸡尾酒外，更可混合汤力水、菠萝汁。

（11）外交官精选珍藏朗姆酒（Diplomatico Botucal Reserva Exclusiva Rum）　产地为委内瑞拉，酒厂创办于20世纪50年代。当时美国施格兰公司是大股东，21世纪初成为一家委内瑞拉全资公司。这款朗姆酒以铜质蒸馏罐蒸馏，并在小型橡木桶中陈年12年之久，其间不做任何处理，最后调和装瓶，散发出类似于水果蛋糕、可可、干姜、肉桂和丁香的独特酒气。所有外交官朗姆酒均受委内瑞拉朗姆酒法定产区命名制度保护。

五、朗姆酒的饮用与服务

1. 饮用方式

（1）纯饮　朗姆酒可以直接饮用，但由于酒精浓度较高，建议以小口慢饮为宜。可以将朗姆酒倒入利口杯或古典杯中，直接品尝其原味。为了提升口感，可以加入少许冰块或柠檬片。

（2）加冰　将冰块放入酒杯中，再将朗姆酒缓缓倒入。冰块可以降低酒的温度，使其口感更加柔和。注意使用纯净水制冰块，并控制冰块大小，以更好地保持酒的温度和风味。

（3）兑水或苏打水　将朗姆酒与冷水或苏打水按一定比例混合，可以稀释酒精浓度，使饮品更加清爽。具体的比例可以根据个人口味调整，但一般建议朗姆酒与苏打水的比例为1∶2。

（4）制作鸡尾酒　朗姆酒是制作各种美味鸡尾酒的重要成分，如莫吉托（Mojito）、皮娜·科拉达（Pina Colada）等。可以根据个人喜好和创意，尝试制作不同的鸡尾酒，享受朗姆酒带来的多样口感。

（5）其他搭配　朗姆酒还可以与果汁、汽水或其他调味品混合，制作出适合自己口味的饮品。例如，朗姆酒＋椰汁是加勒比人比较喜欢的喝法，口感冰凉、清淡、柔和。

2. 酒杯的选择

朗姆酒净饮时常用利口杯或古典杯。这些酒杯能够很好地展现朗姆酒的色泽和风味。在酒吧等场所，每份朗姆酒的标准用量通常为40 mL左右。

3. 饮用分量

朗姆酒的酒精浓度较高,建议适量饮用。具体的饮用量应根据个人酒量和健康状况来确定,避免过量饮用对身体造成不良影响。

4. 搭配建议

朗姆酒可以搭配各种小吃或甜点一起享用,如坚果、水果拼盘、巧克力等。这些食物可以中和朗姆酒的烈性,提升整体的口感和享受度。

5. 服务建议

在为客人服务时,可以提前准备好冰块、柠檬片、苏打水等配料和调酒工具。根据客人的需求和喜好,提供合适的饮用方式和搭配建议。同时注意保持酒杯和调酒工具的清洁卫生,确保客人的饮用体验。

朗姆酒的饮用与服务需要关注多个方面,包括饮用方式、酒杯选择、饮用分量以及搭配建议等。通过合理的饮用和服务方式,可以让客人更好地享受朗姆酒带来的美妙口感和独特风味。

六、实训项目:莫吉托鸡尾酒

莫吉托是一款源自古巴的传统鸡尾酒,以其独特的口感和清新的风味在全球范围内广受欢迎。莫吉托的确切起源地虽然存在争议,但普遍认为它源自古巴。有说法认为其历史可以追溯到 16 世纪,英国探险家法兰西斯·德瑞克将塔非西亚酒、糖、柠檬与薄荷混合在一起,形成了类似莫吉托的饮品(图 3 - 6)。

图 3 - 6　莫吉托鸡尾酒

1. 主要材料

(1)淡朗姆酒　作为基酒,提供酒体的主要风味。

(2)糖　传统上使用甘蔗汁或白砂糖,用于增加甜度和平衡口感。

(3)青柠汁(莱姆汁)　提供清新的酸味,与朗姆酒的烈性相互补充。

(4)苏打水　增加饮品的清爽感,并稀释酒精浓度。

(5)薄荷　提供独特的香气和清凉感,是莫吉托不可或缺的元素。

(6)标准配方(国际调酒师协会推荐)　古巴白郎姆酒 40 mL,新鲜青柠汁 30 mL,糖浆或白砂糖适量(可根据口味调整),苏打水适量,新鲜薄荷叶数片。

2. 调制方法

(1)准备材料　将所需材料准备齐全,其中包括淡朗姆酒、青柠汁、糖浆、苏打水和新鲜薄荷叶。

(2)混合捣碎　将薄荷叶与适量的糖或糖浆、青柠汁混合倒入杯中,用研杵或搅拌棒轻轻捣碎薄荷叶,以释放其香气和汁液。

(3)加入朗姆酒　将捣碎好的混合物中加入淡朗姆酒,轻轻搅拌均匀。

(4)加入冰块和苏打水　在杯中加入适量的冰块,然后倒入苏打水至满杯。注意控制苏打水的量,以免影响口感。

（5）装饰与享用 最后以薄荷叶或柠檬片装饰杯口，即可享用美味的莫吉托鸡尾酒。

3. 特色与口感

莫吉托以其独特的清爽口感和丰富的层次感著称。青柠与薄荷的清新搭配，使得这款鸡尾酒在夏日尤为受欢迎。入口后，首先感受到的是青柠的酸味和薄荷的清凉感，随后是朗姆酒的醇厚与甘甜。整体口感清爽而不失丰富，令人回味无穷。

4. 饮用建议

莫吉托适合在各种休闲场合饮用，如家庭聚会、朋友聚会、户外野餐等。建议冰镇后饮用，以更好地体验其清爽口感。可以搭配一些清淡的小吃或甜点一起享用，如坚果、水果拼盘等。这些食物可以中和莫吉托的烈性，提升整体的口感和享受度。

任务五　伏特加

一、伏特加的定义

伏特加（Vodka）是俄罗斯和北欧诸民族喜欢的烈性酒。已知最早的伏特加是 15 世纪晚期由克里姆林宫的修道士酿造的。传说这些修道士用黑麦、小麦、山泉水酿造出一种"消毒液"，被一个修道士偷喝后流传开来，在 16 世纪初成为饮用酒。17 世纪东正教会曾宣布伏特加酒为"恶魔的发明"。19 世纪初，精馏技术发明，可以在蒸馏过程中除去酒中的坏味道，一次蒸馏获得酒精含量为 85％ 以上的新技术产生。19 世纪 90 年代，俄罗斯化学家研究出伏特加的最佳酒精度是 38°。为了便于纳税，厂商多生产 40° 的伏特加酒。目前，欧盟规定伏特加酒的最低酒精度为 37.5°。波兰和北欧的伏特加大约与俄罗斯同时产生，后来传播到西欧。20 世纪 30 年代，伏特加的配方被带到美国，斯米诺（Smirnoff）酒厂建立，其生产的酒的酒精度数较高，并在最后用一种特殊的木炭过滤，以保证酒味的醇正。

伏特加不甜、不苦、不涩，只有烈焰般的刺激。以谷物或马铃薯为原料，经过蒸馏制成酒精含量高达 95％ 的酒精液，并通过活性炭过滤。吸附酒液中的杂质。装瓶前再用蒸馏水稀释，最终的酒精含量为 30％～50％，酒质晶莹澄澈，无色且清淡爽口。

二、伏特加的酿造方法

传统伏特加以马铃薯或玉米、大麦、黑麦为原料，通过蒸煮，先将原料中的淀粉糖化，再采用精馏法蒸馏出酒精含量高达 95％ 的酒精液。完成后使用木炭过滤，吸附酒液中的杂质。每 10 L 蒸馏液用 1.5 kg 木炭连续过滤不得少于 8 h，40 h 后至少要换掉 10％ 的木炭。装瓶前用蒸馏水稀释至酒精含量为 30％～50％。

三、伏特加的特点

伏特加作为一种起源于俄罗斯的蒸馏酒，在全球范围内都享有很高的声誉。

1. 纯净度高

（1）高纯度 酒精度通常在 35％～60％，部分品牌甚至更高。由于经过多次蒸馏和提纯,伏特加中的杂质含量极低,口感纯净无杂味。

（2）无色透明　酒体清澈透明,几乎没有任何颜色和气味,这使得在与其他饮料混合时能够很好地融合,不会干扰到其他成分的风味。

2. 口感独特

（1）清爽不辣　口感清爽,入口后有一种独特的醇香味道。虽然酒精度高,但并不会给人带来强烈的刺激感或辣味。

（2）适应性广　不仅可以直接饮用,还可以用来调制各种鸡尾酒和饮料。其独特的口感和纯净度使得伏特加在调制过程中能够很好地发挥作用,为鸡尾酒和饮料增添独特的风味。

3. 原材料与酿造工艺

（1）原料多样　主要原料是水和谷物（如小麦、大麦、黑麦、玉米）或马铃薯。实际上,伏特加在酿造原料上并没有任何特殊要求,所有能够发酵的农作物都可以用来酿造伏特加。

（2）多重蒸馏与过滤　生产过程包括发酵、蒸馏和过滤。蒸馏是去除杂质和提高酒精浓度的关键步骤,而过滤则进一步提升了酒质的纯净度。部分高端伏特加还会经过木炭过滤等特殊处理,使酒质更加晶莹清澈。

4. 文化意义

（1）俄罗斯文化象征　在俄罗斯,伏特加不仅是一种饮品,更是一种文化。俄罗斯人有着深厚的伏特加饮用传统和习俗,如在婚礼上共同饮用伏特加来庆祝结婚,在聚会上轮流为彼此倒酒并碰杯祝福等。

（2）全球流行　除了俄罗斯之外,伏特加在全球范围内也受到了广泛的欢迎。在欧美等地,伏特加已经成为了一种时尚的饮品选择,人们不仅会在酒吧和餐厅中品尝到各种美味的伏特加鸡尾酒和饮料,还会在家中自己调制伏特加饮品来享受独特的口感体验。

5. 其他特点

（1）低卡路里　伏特加没有碳水化合物和脂肪等高热量成分,是一种相对较低卡路里的饮品选择。

（2）搭配多样　可以与各种食物和饮料搭配饮用,如柠檬、青瓜、番茄汁等。不同的搭配方式可以带来不同的口感体验,满足不同消费者的需求。

伏特加以其纯净度高、口感独特、原材料多样,以及深厚的文化意义等特点在全球范围内赢得了广泛的赞誉和喜爱。

四、伏特加名品

1. 波兰伏特加

波兰伏特加（Poland Vodka）的酿造工艺与俄罗斯伏特加相似,区别只是波兰人在酿造过程中,加入一些草卉、植物果实等调香原料,所以波兰伏特加比俄罗斯伏特加酒体丰富,更富韵味。

（1）斯皮亚图斯（Spirytus）　是一款原产于波兰的伏特加,被西方人称为"生命之水",是世界上已知度数最高的酒。其主要酿造原料是谷物和薯类,经过反复 70 回以上的蒸馏,达到96°的酒精度，是世界上纯度最高的烈酒。斯皮亚图斯伏特加并不是某一款或某一个品牌的名称，在波兰语中，96°连续蒸馏的这类酒都叫斯皮亚图斯。

（2）维波罗瓦（Wyborowa）　波兰维波罗瓦顶级伏特加是世界上最古老的伏特加品牌。19世纪20年代，在获得世界上最著名的品酒比赛第一名后，这种由黑麦提取、口感润滑的伏特加被称为世界第一品牌，它名副其实地代表了优美和高雅。酒精度为40%。

2. 芬兰伏特加

芬兰伏特加（Finlandian Vodka）20世纪70年代诞生于芬兰的Scandinavia，后进入美国市场。选用经过10000多年冰碛过滤、保留了冰河时期的纯美形态的芬兰冰川水，以及六棱大麦酿造。由于它的品质纯净且独具天然的北欧风味及传统，树立了高级伏特加的品牌形象。

芬兰地亚（Finlandia）是用纯净冰川泉水酿制的大麦伏特加，酒精度为40%。20世纪70年代，芬兰地亚成为第一支大批量进口到美国的伏特加酒，如今是继绝对和红牌之后，美国第三大进口伏特加品牌。芬兰地亚的卖点就是用纯净、冰河时代之水酿制的烈酒。

3. 绝对伏特加

图3-7 绝对伏特加

绝对伏特加（Absolut Vodka）是世界知名的伏特加酒品牌，产自一个人口仅有一万的瑞典南部小镇Ahus（奥胡斯）。多年来，绝对伏特加不断采取富有创意而又高雅及幽默的方式诠释该品牌的核心价值：纯净、简单、完美（图3-7）。

为确保伏特加酒品质的纯良，奥胡斯酒厂在1975年按照拉斯·奥尔松·史密斯的方法，再加上现代技术手段，利用精挑细选的瑞典南部谷物，蒸馏出一种纯度更高的烈酒，命名为绝对伏特加。多年来，绝对伏特加坚持选用当地冬小麦，并完全利用原产地小镇的天然深井水酿造，从而保证每一滴酒都质量上乘，口感独特而纯净。

4. 法国伏特加（French Vodka）

法国北部有着蒸馏烈酒的悠久传统，而且法国在混合勾配和品质监控上首屈一指。卓越的灰雁伏特加品牌在世界各地深受欢迎。

5. 荷兰伏特加（Holland Vodka）

荷兰的蒸馏技术精湛，酿造出很多一流的伏特加。

（1）皇族（Royalty）　产自荷兰的胡格豪特酿造集团，选用小麦酿制，通过木炭过滤5次而成，雅致、滑润，有矿石感、微甜。它比很多波兰伏特加还要浓烈，而且比像灰雁这样的“新”伏特加更紧致。酒精含量为40%。

（2）凯特1号（Ketel One）　由诺列（Nolet）家族于17世纪90年代创办。凯特1号跟其他伏特加最大的不同就是，在历代传人的坚持下，至今仍采用耗费人工、时间，而且难度相当高的煤炭直火方式加热，以小批量铜锅蒸馏来保存特有的风味。而且，到现在每一批次的酒都还必定由家族成员品尝验证质量后才能上市。酒精含量为40%。

6. 美国伏特加（American Vodka）

从20世纪50年代开始，美国就一直是伏特加的消费大国，很早就发现，直接在美国生产伏特加的成本要比在俄罗斯低很多。目前在美国市场上有超过 500 种本地产的特色伏特加。美国伏特加名品如下。

（1）提顿冰川（Teton Glacier）　产自美国爱达荷州的土豆伏特加。提顿冰川特别纯净、滑润,同时土豆赋予其异乎寻常的深厚感和复杂性,它不像很多谷物伏特加那么刺激,而且不太芳香,是卓越的调配用酒。

（2）铁托（Tito's）　创始人 Tito Beveridge 最早从事石油和天然气业务,开酒厂最早是个堂吉诃德式的梦想。因为,Beveridge 从没有任何经验,但他还是在德州开启了第一个酒厂。铁托玉米伏特加在 21 世纪初旧金山的烈酒大赛中获得了双金奖,有着非常柔顺的口感。

五、伏特加的饮用与服务

1. 饮用方式

（1）纯饮　将伏特加倒入冰镇过的杯子中,直接饮用。这种方式能够充分体验伏特加的纯净口感和独特风味。为了让口感更加顺滑,可以添加少量冰块或纯净水。

（2）混合饮用　伏特加也可以与其他饮料混合饮用,如柠檬汁、橙汁、葡萄汁、可乐、红牛等,制作出各种口味的鸡尾酒或饮品。需要注意的是,混合饮用时应适量控制酒精浓度,避免过量饮用。

（3）冷冻饮用　将伏特加放入冰箱冷冻后饮用,可以带来更加冰凉的口感和体验。但需要注意避免冷冻过度,以免影响口感。

2. 酒杯的选择

品尝伏特加时,通常使用小杯子（或切尔诺彼尔切杯）。这种杯子能够很好地将酒水浓度集中在小空间内,有利于体现伏特加的香气和风味。

3. 服务要求

（1）储存条件　应在干燥、黑暗和阴凉的地方储存,以保持其品质。在酒吧或餐厅,应储存在冷藏柜中,并在提供时尽量保持冰冻状态。

（2）倒酒姿势　应使用平稳的姿势持酒瓶和小杯。尽量放慢倒酒速度,避免溅出。可以轻轻地让酒液在杯子里滑一圈,以展示其清澈透明的特质。

（3）适量饮用　应提醒客人适量饮用伏特加,避免过量导致身体不适或醉酒。

4. 搭配建议

伏特加可以与各种果汁、碳酸饮料等混合饮用,以丰富口感和风味。例如,葡萄汁、蔓越莓汁、可乐等都是常见的搭配选择。

还可以作为基酒用于调制各种鸡尾酒,如莫斯科骡子（Moscow Mule）、黑俄罗斯（Black Russian）等。

伏特加的饮用与服务需要关注多个方面,包括饮用方式、酒杯选择、服务要求以及搭配建议等。通过合理的饮用和服务方式,可以让客人更好地享受伏特加带来的独特口感和风味体验。

六、实训项目:莫斯科骡子鸡尾酒

莫斯科骡子(Moscow Mule)鸡尾酒是一款经典而受欢迎的饮品,以其独特的口感和清爽的风味赢得了众多鸡尾酒爱好者的喜爱。莫斯科骡子鸡尾酒起源于美国,大约在20世纪40年代或50年代。尽管其名称中带有莫斯科,但实际上与俄罗斯并无直接关联。据传,这款鸡尾酒是由美国商人约翰·马丁(John Martin)和杰克·摩根(Jack Morgan)共同创造的。他们与俄罗斯伏特加品牌史密诺夫(Smirnoff)合作,推广这款以伏特加为基酒的鸡尾酒。

1. 主要材料

(1)伏特加 作为基酒,提供酒体的主要风味。

(2)姜汁啤酒(或干姜水) 提供独特的姜味和气泡感,与伏特加相得益彰。

(3)酸橙(或柠檬) 提供清新的酸味和香气,增强饮品的口感层次。

(4)冰块 保持饮品的冰爽口感。

2. 标准配方(示例)

(1)伏特加 45 mL(或1.5盎司)。

(2)姜汁啤酒 适量,通常与伏特加的比例为1:2~1:3。

(3)酸橙 1/4个,挤汁使用。

(4)冰块 适量。

3. 调制方法

(1)准备材料 将所需材料准备齐全,包括伏特加、姜汁啤酒、酸橙和冰块。

(2)放入冰块 在铜马克杯(或高脚杯,图3-8)中加入适量冰块,以保持饮品的冰爽。

图3-8 莫斯科骡子

(3)挤入酸橙汁 将酸橙切1/4,挤入杯中,使其汁液与冰块混合。

（4）倒入伏特加　随后将伏特加倒入杯中,轻轻摇晃或搅拌,使其与酸橙汁混合均匀。

（5）加入姜汁啤酒　最后,缓慢倒入姜汁啤酒至满杯,注意不要直接倒在冰块上,以免破坏气泡。

（6）装饰与享用　可以在杯口插上一片酸橙或柠檬片作为装饰,然后即可享用美味的莫斯科骡子鸡尾酒。

4. 特色与口感

莫斯科骡子鸡尾酒以其独特的姜味和气泡感为特色,同时融合了伏特加的纯净与酸橙的清新,口感丰富而层次分明。入口后,首先感受到的是姜汁啤酒的气泡感和微微的姜辣味。随后是伏特加的醇厚与酸橙的清新酸味交织在一起,带来一种既清爽又略带刺激的口感体验。

5. 饮用建议

莫斯科骡子鸡尾酒适合在各种休闲场合饮用,如家庭聚会、朋友聚会、户外野餐等。其清爽的口感和独特的风味能够让人在轻松愉快的氛围中享受美好时光。建议冰镇后饮用,以更好地体验其清爽口感和气泡感。可以搭配一些清淡的小吃或甜点一起享用,如坚果、水果拼盘等。这些食物可以中和莫斯科骡子鸡尾酒的烈性,提升整体的口感和享受度。

莫斯科骡子鸡尾酒因其独特的魅力和口感成为众多鸡尾酒爱好者的首选之一。无论是其丰富的历史背景还是精致的调制方法,都值得深入了解和品味。

知识链接

伏特加文化

伏特加是俄罗斯民族饮食的代表,在许多俄罗斯人眼中,伏特加就是俄罗斯民族的标志,塑造了俄罗斯民族独特的气质。

很多俄罗斯男人把伏特加称作“第一妻子”。在他们看来,不喝酒的男人就不是真正的男子汉。当伏特加摆在面前,总要来上一杯。俄罗斯人喝伏特加的酒杯大多是 200～300 mL 的大杯子。饮用伏特加之前先要把它放进冰箱冷冻一下,这样酒的口感更好。喝伏特加喜欢一口喝干,有多少喝多少。喝酒时,俄罗斯人不太在意地点,也不怎么讲究菜色,而且他们还特别喜欢边喝酒边跳舞唱歌。每逢傍晚或节假日,小湖边、公园里随处可以见到俄罗斯人一起喝酒、跳舞、唱歌的场景。

伏特加从问世那天起,就开始影响着俄罗斯民族。作家维克托·叶罗费耶夫专门研究伏特加的历史,把它誉为“俄罗斯的上帝”。他指出:“俄罗斯人喝的不是伏特加,我们喝的是民族的灵魂和精神。”俄罗斯人豪放勇猛的性格和烈性的伏特加有着千丝万缕的联系。

除俄罗斯外,伏特加也流行于北欧寒冷的国家,并与这些国家的民族文化结合在一起。另外,波兰、德国、美国、英国、日本等国也生产伏特加,但伏特加在这些国家中的地位远不如其在俄罗斯和北欧国家的地位。

任务六　龙舌兰酒

一、龙舌兰酒的定义

龙舌兰酒原产于墨西哥,是一种以龙舌兰为原料,经发酵后两次蒸馏而成的酒精饮料(图3-9)。龙舌兰酒是墨西哥的国酒。特基拉是龙舌兰酒一族的顶峰,只有在特基拉特定地区,使用一种称为蓝色龙舌兰的根茎制造的龙舌兰酒才有资格冠名。

二、龙舌兰酒的制作工艺

(1)原料的选用　龙舌兰是种墨西哥原生的特殊植物,拥有很大型的茎部。其外形非常像一颗巨大的凤梨,内部多汁且富含糖分,非常适合用来发酵酿酒。特基拉严格规定,只能使用136种品质优良的蓝色龙舌兰作为原料。

(2)栽种　从4～6年的母株上取下的龙舌兰的幼枝,用插枝法于雨季前栽种。需等待至少8年才能采收。有些比较强调品质的酒厂甚至会进一步让龙舌兰长到12年后,蕴含的发酵糖分就更高。

图3-9
龙舌兰
酒

(3)收割　先把长在龙舌兰心上的百根长叶砍除,再将肉茎从枝干上砍下。

(4)烹饪　先将切开的龙舌兰心煮软,需50～72 h。在60～85℃的慢火烘烤之下,其植物纤维会慢慢软化,释放出天然汁液。

(5)发酵　在称为Tepache的龙舌兰草汁上撒下酵母,龙舌兰汁经发酵7～12天后,得到酒精度为5%～7%的发酵酒液。

(6)蒸馏　发酵酒液经两次蒸馏。初次的蒸馏耗时1.5～2 h,制造出的酒其酒精含量约为20%;第二次的蒸馏耗时3～4 h,制造出的酒酒精含量约为55%。

(7)陈酿　蒸馏完成的龙舌兰新酒,是完全透明无色的。市面上看到有颜色的龙舌兰都是因为放在橡木桶中陈年过,或是添加酒用焦糖的缘故。

三、龙舌兰酒品分类

(1)特基拉　法律规定,只有在允许的区域内使用蓝色龙舌兰作为原料的龙舌兰酒,才有资格冠上特基拉(Tequila)之名在市场上销售。

(2)布尔盖　用龙舌兰草的心为原料,经过发酵而造出的发酵酒类。最早由古代土著人发现,是所有龙舌兰酒的基础原型。由于没有经过蒸馏处理,酒精度不高,目前在墨西哥许多地区仍有酿造。

(3)梅斯卡尔　是所有以龙舌兰草心为原料制造出的蒸馏酒的总称。简单来说,特基拉是梅斯卡尔(Mezcal)的一种,但并不是所有的梅斯卡尔都能称作特基拉。

四、龙舌兰酒等级标准

（1）银色龙舌兰　一种经短暂陈酿或未经陈酿，在蒸馏完成后就直接装瓶的酒。规定陈酿时间的上限为 30 天。银色龙舌兰通常都拥有比较强烈辛辣的植物香气。

（2）金色龙舌兰　通常由银色龙舌兰和陈酿龙舌兰混合调配而成。

（3）微陈龙舌兰　经过一定时间的橡木桶陈酿，一般不会超过 1 年，风味浓厚，口感有一定的层次感。微陈龙舌兰在墨西哥占据了至少 60% 的市场份额。

（4）陈年　在橡木桶中陈酿的时间超过 1 年，而且没有上限。必须使用容量不超过 350 L 的橡木桶陈酿。一般品质佳的陈年龙舌兰所需的陈酿时间为 4～5 年。

五、龙舌兰酒名品介绍

（1）豪帅快活（Jose Cuervo）　墨西哥豪帅快活龙舌兰酒厂由唐何塞·安东尼奥·德博士成立于 18 世纪 90 年代，历史悠久，是世界最畅销的龙舌兰烈酒生产商，占全世界龙舌兰酒市场份额的 35.1%。豪帅快活经典是把年轻的银色特基拉酒和富有橡木桶芳香感的特基拉酒混合，使银色酒液润滑、平衡感佳，同时，依然刺激、清新、活泼，有柑橘香味，微甜。豪帅快活特酿在橡木桶中陈放几个月，呈迷人的淡金色，散发着泥土、香料、浓郁香草、焦糖和橡木的香味，口感很润滑，有些甜味、林木味和辣味。

（2）豪帅快活传统（Cuervo Tradicional）　采用旧式方法，用 100% 蓝色龙舌兰酿造，在成熟高峰期采收，在传统的石陶炉里烘焙，精心发酵，两次蒸馏，在白色橡木桶中陈酿，因此酒液滋味更加丰满、精致。

（3）索查银色/索查金色（Sauza Blanco/Extra Gold）　始创于 19 世纪 70 年代的索查，传承 3 代优良造酒方式，使用最好的蓝色龙舌兰搭配传统的生产技术，让它成为拥有良好信誉的龙舌兰家族，更是一个外销美国的龙舌兰品牌。19 世纪 70 年代，Don Cenobio Sauza 将这种金色饮料取名为特基拉。查银色清淡、鲜亮、清新，有泥土和林木的香味；特酿金色在白色橡木桶中陈酿，散发着药草和香草的香味。酒精含量为 38%。

（4）索查特莱珍（Sauza Tres Generaciones）　20 世纪 90 年代，索查系列增加了这款奢华的特基拉酒。由 100% 龙舌兰植物酿造而成，受到政府的严密监管，在橡木桶中陈酿达 6 年之久，丰满而滑润。索查特莱珍不能豪饮，要像饮用干邑一样纯饮，餐后慢慢小口呷。

（5）1800　首次酿制于 1800 年代，贝克曼家族品牌。这个家族也同时拥有金快活品牌。1800 银色是首批 100% 龙舌兰银色特基拉酒之一。1800 陈放的柑橘和香料味极其平衡。琥珀色 1800 陈年特基拉在法国和美国橡木桶中熟化，其烧焦橡木、香草、肉蔻、丁香的香气浓郁，而且还有奶油糖和巧克力的香味。

（6）唐·胡里奥·白标龙舌兰（Don Julio Blanco）　不经橡木桶熟成，酒色水白清透，外圈带银蓝水光，以蔗糖、新鲜莱姆皮、小白花为主，入口净洁甘醇，有煮熟龙舌兰特有香氛，后韵有奶油、焦糖以及略微烟熏气息。一款优雅略带辛香料调性的佳作，也是调制玛格丽特等经典鸡尾酒的完美基酒。

（7）唐·胡里奥特醇金龙舌兰（Don Julio Reposado）　在美国波本威士忌白橡木桶中成熟 6 个月后推出，淡金黄麦秆色，酒中闻有香蕉、杏仁饼以及浓艳花香，酒体圆厚，咖啡香、英式太妃糖香、香草香氛齐发,瞬间有小红浆果香气出现。

(8)唐·胡里奥陈酿型龙舌兰(Don Julio Anejo) 酒桶中陈了 18 个月才装瓶,口感润泽顺滑,有大吉岭红茶、人参、咖啡、橘皮以及椰子浆的甜香,与米摩雷特乳酪等硬质起司是绝配。

(9)懒虫龙舌兰(Camino) 起源于墨西哥的 Tequila 的地区,选用天然优质的墨西哥龙舌兰酿制而成。在酒中倒入柠檬苏打或者汤力水,轻轻敲打,会迅速产生爆发的气泡,非常有趣。

(10)征服者(Conquistador) 银色征服者选用的是钴蓝色酒瓶,酒精含量为 46%,酒液纯净、柔和,有辛辣的龙舌兰味,回味有橡木的微微甜味。陈放征服者的滋味与白色特基拉相似,罐装前至少在橡木桶中放置 7 个月,酒液更加丰满、滑润、香甜,散发着香草和柑橘的香气。陈年征服者在橡木桶中陈酿至少 18 个月,闻起来辛辣、刺激,酒体的强烈程度适中、复杂,有无花果、柠檬、焦糖、丁香和矿石的味道。

(11)培恩(Patron) 从墨西哥哈利斯科高地采收特级的龙舌兰植物,采用百年相传的蒸馏方式,每一瓶的标签、包装与最后的品质检查,制作过程的每一个步骤都是由墨西哥工厂中数以百计的工人用细腻完美的手工完成。培恩龙舌兰,在白色橡木桶中陈放至少 6 个月,淡金色的酒体、蜂蜜、柑橘的芳香混合其中,入口净洁甘醇,极致的润滑口感。

(12)奥美加(Olmeca) 在 20 世纪 60 年代推出,目前已遍布全球 80 个国家。奥美加龙舌兰酒是在墨西哥哈利斯科州生产的优质龙舌兰酒。它的品牌组合还包括一支热情专业的全球性调酒师组织,被称为 Tahona 协会。

六、龙舌兰酒的饮用与服务

1. 龙舌兰酒的饮用方式

(1)纯饮 将龙舌兰酒倒入玻璃杯中,直接品尝其风味。对于陈年(Anejo)龙舌兰酒,建议在室温下饮用,避免加入冰块稀释其味道。在纯饮时,可以尝试在每口之间咀嚼一些柠檬片或橙片,以平衡酒精的刺激。

(2)龙舌兰杯 使用专门设计用于龙舌兰酒的玻璃杯,可以突显酒的香气和味道。将酒倒入杯中,稍微摇晃,然后慢慢品味。

(3)龙舌兰射击 这是一种迅速喝下的方式,通常伴盐和柠檬。先舔盐,喝下酒,然后咬一片柠檬。这种方式更适合那些喜欢感受酒精刺激的人。

(4)龙舌兰鸡尾酒 龙舌兰酒是制作各种鸡尾酒的理想基酒,如玛格丽特(Margarita)、特基拉日出(Tequila Sunrise)等,根据个人口味选择合适的配方调制。

2. 龙舌兰酒的服务要求

(1)温度控制 对于不同类型的龙舌兰酒,温度控制有所不同。一般来说,银色(Blanco)和醇金(Reposado)龙舌兰酒可以稍微冰镇后饮用,而陈年龙舌兰酒则建议在室温下饮用。

(2)酒杯的选择 选择合适的酒杯可以提升龙舌兰酒的品鉴体验。纯饮或龙舌兰射击可以选择传统的龙舌兰酒杯;鸡尾酒则根据具体配方选择合适的鸡尾酒杯。

(3)搭配建议 可以搭配各种小吃或甜点一起享用。例如,一些墨西哥风味的小吃如玉米片配鳄梨酱、辣味奶酪等,都可以搭配龙舌兰酒。

(4)服务礼仪 应注意礼仪和细节。例如,在倒酒时应保持动作平稳,速度适中;在提供盐和柠檬时,应确保新鲜且干净;在介绍龙舌兰酒时,可以简要介绍其特点和饮用方式等。

龙舌兰酒的饮用与服务方式多样且富有特色。无论是纯饮、龙舌兰射击还是调制鸡尾酒等方式都可以让人们在品尝龙舌兰酒的同时享受到不同的风味和体验。在服务龙舌兰酒时也需要注意温度控制、酒杯选择、搭配建议,以及服务礼仪等方面的要求,以提升整体的品鉴体验。

七、实训项目:特基拉日出鸡尾酒

特基拉日出(Tequila Sunrise)鸡尾酒是一款以龙舌兰酒为基酒调制而成的经典饮品,因其颜色渐变类似于日出而得名。这款鸡尾酒最初可能是在墨西哥或其附近的地区创造出来的,后来在美国得到了广泛的传播和认可。特基拉日出在 20 世纪 70 年代开始流行,特别是在滚石乐队在 1972 年的美洲巡回演出中饮用了这款鸡尾酒后,在美国迅速盛行开来。

1. 主要原料

(1)基酒 龙舌兰酒。

(2)配料 橙汁(通常使用鲜橙汁)、石榴糖浆(红石榴糖浆)、冰块等,有时也会加入少量的柠檬汁以增加风味。

2. 制作方法

特基拉日出的制作方法相对简单,但需要注意一些细节以确保其独特的视觉效果和口感:

① 在鸡尾酒杯中加入适量冰块。

② 倒入龙舌兰酒,通常用量为 1 盎司(约 30 mL)。

③ 倒入橙汁至杯子的大部分容量,一般约为 8 分满。

④ 使用吧匙或类似工具,将石榴糖浆沿着杯壁慢慢倒入,使其沉入杯底。这样,石榴糖浆的红色就会与橙汁的黄色形成鲜明的对比,呈现出类似日出的视觉效果。

3. 风味特色

特基拉日出的口感清爽,带有龙舌兰酒的独特香气和橙汁的甜美,同时石榴糖浆的加入为饮品增添了一抹酸甜口感。这款鸡尾酒的颜色由下而上逐渐变化,从红色到橙色,宛如日出时分的天空,极具观赏性。

4. 饮用建议

特基拉日出鸡尾酒适合大多数人群饮用,特别是喜欢尝试新鲜事物和追求视觉享受的年轻人。这款鸡尾酒可以搭配一些清淡的小吃或甜点一起享用,如墨西哥玉米片、水果沙拉等。

5. 注意事项

石榴糖浆的倒入方式非常关键。需要缓慢且均匀地沿着杯壁倒入,以确保其能够沉入杯底并形成漂亮的分层效果。饮用时可以根据个人口味调整龙舌兰酒、橙汁和石榴糖浆的比例,以达到最佳的口感和风味。

特基拉日出鸡尾酒(图3－10)以其独特的口感、视觉效果和丰富的文化内涵成为了鸡尾酒文化中的一道亮丽风景线。无论是作为聚会时的饮品还是个人独享的小酌之选,它都能带给人们愉悦的体验和美好的回忆。

图3－10　特基拉日出鸡尾酒

思政链接

中国传统酒文化中的名人与酒

酒仙李白一生诗酒相伴,名山遍访,金樽易醉。在李白的诗歌中,与酒相关的诗句俯拾皆是。李白曾用"三百六十日,日日醉如泥"形容自己,虽然有些夸张,但李白好酒却是真实的。这也可以从别人的叙述中窥见一斑。如杜甫的《饮中八仙歌》这样描写李白:"李白斗酒诗百篇,长安市上酒家眠。天子呼来不上船,自称臣是酒中仙。"其狂放疏慢之态,跃然眼前,栩栩如生。"醉翁之意不在酒",李白写酒,本意在宣泄自己的情绪。因此,他三入长安,喝酒的情感也经历了巨大的变化,由平和而激烈,而无奈,而自嘲。

杜甫流传下来的诗歌有1 400多首,其中涉及饮酒的有300首左右。郭沫若在《杜甫集》中指出"凡说到饮酒上来的共有三百首,为百分之二十一。"与李白不同,杜甫诗歌中的酒,不单是呈现他个人生平的画卷,更是折射他生活的唐朝社会的历史缩影,他诗歌中的"酒"不仅是一生波折、大起大落的"良液",更是散发着忧国忧民情怀的"佳酿"。酒伴随杜甫一生,直至其人生历程的最后时刻。唐大历五年,杜甫漂泊到湖南耒阳,当地县令素仰诗人大名,送来牛肉和白酒,杜甫"饮过多,一夕而卒"。

白居易一生不仅以狂饮著称,而且也以善酿出名。他为官时,分出相当一部分精力去研究酒的酿造。酒的好坏,重要的因素之一是看水质如何。但配方不同,亦可使"浊水"产生优质酒,白居易就是这样研究的。他上任一年自惭毫无政绩,却为能酿出美酒而沾沾自喜。在酿酒的过程中,他不是发号施令,而是亲身参与实践。

北宋大文豪欧阳修是妇孺皆知的醉翁。他的《醉翁亭记》,从头到尾贯穿着一股酒气。无酒不成文,无酒不成乐。天乐地乐,山乐水乐,皆因为有酒。

"明月几时有,把酒问青天",我们从苏东坡嗜酒如命和风度潇洒的神态,可以寻到李白和白居易的影子。他的诗、他的词、他的散文都有浓浓的酒味。

东晋的陶渊明,诗中有酒,酒中有诗。他虽然只做过几天彭泽令,便赋"归去来兮",但当官和饮酒的关系却那么密切:其时衙门有公田,可供酿酒。他下令悉种秔以为酒料,连吃饭的大事都忘记了。还是他夫人力争,才分出一半公田种稻。弃官就无禄,喝酒成了大问题,但使他感到欣喜的是"携幼入室,有酒盈樽"。但以后的日子如何,可就不管了。

古人好酒,今人也不逊色。

知名书法家爱新觉罗·溥杰一生两大嗜好:一饮酒,一赋诗。他不仅爱喝酒,爱品酒,还喜欢为一些酒题字、赋诗。他曾为菊花白酒赋诗:"媲莲花白,蹬邻竹叶青。菊英夸寿世,药估庆延龄。醇肇新风味,方传旧禁廷。长征携手作伴,跃进莫须停。"为莲花白酒题诗:"酿美醇凝露,香幽远益精,秘方传禁苑,寿世归闻名。"经他一赞,"三白"身价陡增。

著名教育家叶圣陶是现代文人中的高龄老人。他的长寿,与他一生善良的博大胸怀、乐观向上的进取精神有直接关系,也与酒的滋养相关。他是现代最会享用美酒的大饮者、善饮者。早在 20 世纪 20 年代,文学研究会成立时,入会成员的条件之一居然是能饮黄酒 3 斤。晚年的叶圣陶,遵医嘱不再饮烈性酒,但改喝低度的张裕白兰地。他自称饮酒 80 年,酒也成就了他。

思考题

1. 简述干邑白兰地的酿酒葡萄品种。
2. 简述爱尔兰威士忌的特点。
3. 金酒的饮用与服务有哪些注意事项?
4. 朗姆酒的分类有哪些?
5. 波兰伏特加的特点是什么?

项目四　配制酒

项目导入

　　配制酒是以发酵酒、蒸馏酒或食用酒精为酒基，加入可食用的花、果或中草药，或以食品添加剂为呈色、呈香及呈味物质，采用浸泡、煮沸、复蒸等不同工艺加工而成的改变了其原酒基风格的酒。

任务一　开胃酒

一、开胃酒定义

　　开胃酒也称为餐前酒，是指能刺激胃口，增进食欲，在餐前饮用的酒。这种酒常用药材浸制而成，具有酸、苦、涩的特点，有生津开胃的作用。开胃酒以葡萄酒或蒸馏酒为酒基，添加了植物的根、茎、叶、芽和花等调配而成。常见的开胃酒有 3 种类型：味美思、比特酒、茴香酒。

二、味美思

1. 味美思简介

以葡萄酒作基酒,配入苦艾等几十种植物后经蒸馏而成,酒精度在 17~20°之间。据说古希腊王公贵族为滋补健身、长生不老,用各种芳香植物调配开胃酒,饮后食欲大振。到了欧洲文艺复兴时期,意大利的都灵等地渐渐形成以苦艾为主要原料的加香葡萄酒(并不是苦艾酒),即味美思(Vermouth)。至今世界各国所生产的味美思都是以苦艾为主要原料的。所以,人们普遍认为,味美思起源于意大利,而且至今仍然以意大利生产的味美思最负盛名。

优质、高档的味美思要选用酒体醇厚、口味浓郁的陈年干白葡萄酒,然后选取蒿属植物、金鸡纳树皮、苦艾、杜松子、木炎精、鸢尾草、小茴香、豆蔻、龙胆、牛至、安息香、可可豆、生姜、芦荟、桂皮、白芷、春白菊、丁香等 20 多种芳香植物,或者把这些芳香植物直接放到干白葡萄酒中浸泡,或者把这些芳香植物的浸液调配到干白葡萄酒中去,再经过多次过滤和热处理、冷处理,经过半年左右的储存,才能生产出质量优良的味美思(图 4-1)。

图 4-1
味美思酒

2. 按颜色和含糖量分类

(1)干型味美思酒 酒含糖量不超过 4%,酒精度在 18°左右。意大利干味美思酒呈淡黄色,法国干味美思酒呈棕黄色。

(2)白味美思酒 含糖量在 10%~15%,酒精度在 18°左右,色泽金黄,香气柔美。

(3)红味美思酒 加入焦糖调色,色泽棕红,有焦糖的风味;含糖量为 15%,酒精度为 18°。

(4)都灵味美思酒 含糖量在 15.5%~16%之间,酒精度在 18°左右,调香料用量较大,香气浓烈扑鼻,包括桂香味美思(桂皮)、香味美思(金鸡纳)、苦味美思(苦味草料)等。

3. 味美思名品

从世界范围来看,味美思以法国和意大利出产的为最好,且各有侧重。意大利的甜型味美思为最佳,其香味大,味较浓,较辣,较刺激,饮后有甜苦的余味,略带橘香,著名品牌有马天尼(Martini)、仙山露(Cinzano)、卡帕诺(Carpano)、干霞(Gancia)等。法国的干型味美思为最好,其涩而不甜,酒香微妙,令人陶醉,著名品牌有杜瓦尔(Duval)、香百丽(Chambery)、乐华里(NoillyPrat)等。

(1)仙山露 意大利传统的味美思葡萄酒,以意大利制酒者的名字命名。他于 18 世纪 80 年代率先在都灵酿制出红仙山露。20 世纪 90 年代,仙山露成为金巴利系列酒的一部分,是世界销量第二的味美思葡萄酒。酒精含量为 18%。

(2)干霞 意大利著名的味美思品牌之一(Gancia Vermouth Rosso),色泽深红,芳香四溢,口味甘甜,酒精含量为 18%。

(3)卡帕诺 由白葡萄酒、皮尔蒙特麝香葡萄酒以及意大利南部烈酒制成,在意大利味美思中出类拔萃,可谓独占鳌头。它的味道和香气来自精心挑选并酿制的山区草本植物。

(4)杜瓦尔 将植物香料切碎后,在原酒中浸泡 5~6 天,静置澄清 14 天,再加入苦杏仁壳(85%的食用酒精浸泡两个月而成)及白兰地混合即可。

（5）香百丽　优质味美思,产自法国东南部的萨瓦产区。香百丽的酿制最早始于20世纪初。20世纪30年代,获得自己的法定产区名,但它的葡萄酒基酒来自法国西南部比利牛斯大区的热尔省。香百丽味美思通过混合葡萄酒基酒、添加药草和其他植物秘方,然后加入植物酒精,酿制出最后的混合酒液。

（6）乐华里　由水果味的清淡白葡萄酒混合植物和药草酿制而成。首先,在室内培养,然后,转移到橡木桶中,在室外让阳光晒,让地中海的海风吹。最后酿制而成的酒闲适、清爽、独特。

4. 饮用方法

意大利的味美思以苦艾为主要调香原料,具有苦艾的特有芳香,香气强,稍带苦味。法国的味美思苦味突出,更具有刺激性。中国的味美思是在国际流行的调香原料以外,又配入我国特有的名贵中药酿制而成,工艺精细,色、香、味完整。味美思的饮用方法在我国不拘形式,在国外习惯上要加冰块或杜松子酒。

5. 特色酒品

波希米亚苦艾酒焦糖火焰特饮制作步骤如下。

第一步:准备基底　选择一个宽口且耐高温的玻璃杯,以确保后续操作安全。将一小杯（约30 mL）波希米亚苦艾酒轻轻倒入玻璃杯中,让这独特的茴香味在杯中缓缓弥漫。

第二步:糖与苦艾的融合　在苦艾酒上方,小心地加入一茶匙（约5g）细砂糖。让糖粒缓缓落入酒液中,自然吸收苦艾酒的香气与苦味,这个过程仿佛是为酒液披上一层甜蜜的外衣。

第三步:点燃焦糖奇迹　用打火机或火柴,轻轻点燃糖粒。糖粒迅速燃烧,发出蓝色的火焰,并伴随着轻微的噼啪声。此时,糖粒逐渐融化,形成金黄色的糖浆,并渐渐转变为褐色的焦糖,散发出诱人的焦糖香气,与苦艾酒的独特风味交织在一起。

第四步:融合与调和　当糖完全融化并呈现理想的焦糖色泽后,如果火焰仍在燃烧,应迅速而安全地将其熄灭（可用湿布覆盖杯口或使用专业的灭火工具）。接着,使用长柄调酒匙或搅拌棒轻轻搅拌,将融化的焦糖与苦艾酒充分混合。此时,苦艾酒的深邃与焦糖的甜蜜在杯中交织成一幅美妙的味觉画卷。

第五步:稀释与升华　根据个人口味,缓缓向杯中加入1～2份（约30～60 mL）的饮用水。这一步不仅降低了酒液的浓度,更使得苦艾酒的独特风味与焦糖的甜美得到了进一步的平衡与升华。

一杯独特的波希米亚苦艾酒焦糖火焰特饮已经制作完成。其外观呈现出迷人的琥珀色,口感层次丰富,既有苦艾酒的深邃与复杂,又有焦糖的甜蜜与温暖,是一款值得细细品味的特色酒品。在享受这杯特饮的同时,不妨搭配一些坚果或甜品,让味蕾在苦与甜、浓郁与清新的交错中,体验一场难忘的味觉盛宴。

三、比特酒

1. 比特酒简介

比特酒也称必打士,是以葡萄酒和食用酒精作酒基,添加多种带苦味的花草及植物的茎、根、皮等制成。特点是苦味突出,药香气浓,有助消化、滋补和令人兴奋的作用,酒精度一般在18～45°之间。比特酒种类繁多,有清香型,也有浓香型;有淡色,也有深色;有酒,也有精(不含酒精成分)。但不管是哪种比特酒,苦味和药味是它们的共同特征。较有名气的比特酒主要产自意大利、法国、特立尼达和多巴哥、荷兰、英国、德国、美国、匈牙利等国。

2. 比特酒名品

(1) 金巴利 产自意大利的米兰,是最著名的比特酒之一(图4-2)。其配料为橘皮等草药,苦味主要来自奎宁。酒精含量为23%,色泽鲜红,药香浓郁,口味略苦而可口,可加入柠檬皮和苏打水饮用,也可与意大利味美思混饮。

(2) 杜本纳 又翻译为杜波内或杜宝奶,产于法国巴黎。以白葡萄酒、奎宁树皮及其他草药为原料配制而成。酒精含量为16%,通常呈暗红色,药香明显,苦中带甜,具有独特的风格。有红白两种色,以红色较为著名。

(3) 飘仙一号 清爽、略带甜味,适合制作一些清新的饮品。酒精含量为25%。产于英国,金酒加威末制作而成。

(4) 安德卜格 产自德国,酒精含量为44%,呈殷红色,具有解酒的作用。是一种用40多种药材、香料浸制而成的烈酒,在德国每天可售出100万瓶。通常采用20 mL的小瓶包装。

(5) 安哥斯特拉 产自中美洲的特利尼拉,酒精含量为44.7%,呈褐红色,具有悦人的药香,微苦而爽适,深受拉美各国喜爱。通常采用140 mL的小包装,是一种特别的苦酒,常用于调酒,但具有较强的刺激性,并有微毒性,故多饮会有害健康。该酒以老朗姆酒为基酒,以龙胆草为主要配料制作而成。

图4-2
金巴利

(6) 西娜尔 产自意大利,酒精含量为16.5%。该酒以葡萄酒配以蓟和多种草药提取的汁液配制而成,具有很浓的蓟味且微苦。冰凉后用做开胃酒。

(7) 菲奈特·布兰卡 产于意大利米兰,是意大利最有名的比特酒之一。酒精度为40～45°,其味甚苦,被称为"苦酒之王"。具有醒酒及健胃等功效,也可用于调酒。以多种草木、植物根茎为配料制作而成。

(8) 亚玛·匹康 产自法国,酒精含量为21%,苦味突出,酒液似糖浆,只需取其少量,再掺入其他饮料后混饮(可加水或苏打水稀释后饮用)。该酒以奎宁树皮、橘皮、龙胆根浸泡于蒸馏酒配制而成,具有甜润,苦涩的味感。在欧洲曾流行过以南美洲名为盖舍的野生苦木制的杯子盛该酒的风气,使该酒别具风味。

(9) 苏滋 产自法国,酒精含量为16%,呈橘黄色,具有甘润而微苦的味感。其配料为法国中部火山带生长的20年的龙胆草的根块。

(10) 阿佩罗 产于意大利,由蒸馏酒浸泡奎宁、龙胆草等过滤而成,因酒精度较低,可直接用作开胃酒。酒精含量为11%。

四、茴香酒

1. 茴香酒简介

以纯食用酒精或烈酒为酒基,加入茴香油或甜型大茴香子制成。口味香浓刺激,酒精度约为25°。茴香油中含有大量的苦艾素,一般从八角茴香和青茴香中提炼取得。八角茴香油多用于开胃酒制作,青茴香油多用于利口酒制作。

2. 茴香酒的特点

酒液视品种不同而呈不同色泽,一般都有较好的光泽,有无色和染色之分。茴香酒香味浓厚、馥郁迷人、口感独特、味重而刺激,酒精度在 25°左右。

3. 茴香酒名品

茴香酒以法国产品较为有名,著名的法国茴香酒有里卡尔(Ricard)、巴斯蒂斯(Pastis)、潘诺(Pernod)、白羊倌(BergerBlanc)等。

(1) 潘诺　产于法国,酒精含量为 40%,含糖量为 10%,使用了茴香等 15 种药材。呈浅青色、半透明状,具有浓烈的茴香味,饮用时加冰加水呈乳白色。该酒具有一股浓烈的草药气味,即香又甜,很吸引人,可作为上等的烹饪调味料。据说在 18 世纪中叶,一位名叫 Dr. Ordinaire 的法国医生在瑞士以白兰地、苦艾草、薄荷、荷兰根及茴香、玉桂皮等为材料,配制出了一种香味俱佳的餐后酒,受到人们的喜爱。18 世纪 90 年代,他将配方售给一位名为 Pernod(潘诺)的法国人,此人就以自己的名字为酒名,在法国生产并得以流行。19 世纪 80 年代,法国陆军部曾将这种酒作为军人远征时的解热剂,但不幸发生了一些中毒事故,因而军人们禁饮这种酒,但在民间人们则对它情有独钟。

(2) 里卡尔　八角利口酒,20 世纪 30 年代,由法国企业家保罗·里卡尔创造。其味道干,而且强劲。现在,它是世界位列第一的八角烈性酒。里卡尔的配方包括八角、甘草等,经过浸泡和蒸馏制成。

(3) 巴斯蒂斯 51　在法国销量位居第二,在原产地马赛附近和法国南部米迪最畅销。巴斯蒂斯 51(51 指的是酒品推出的那一年)通过浸泡而成,材料包括药草和根。特别是八角和甘草,又以甘草为主。

(4) 白羊倌　一款餐前饮用的法国八角利口酒,用于酿酒的植物(药草和芳香植物)比其他很多品牌少一些。因此,澄澈、透明、细腻、雅致、平衡佳,大茴香子和甘草的特点没有大多数同类酒品明显。

(5) 玛莉布莉莎　玛莉布莉莎八角茴香酒选用西班牙南部的甜绿八角果实,还有 10 多种其他植物、水果和香料酿制而成。大茴香子与纯烈性基酒混合,赋予其滑润、丰满感。

(6) 萨布卡　把八角、接骨木、甘草及其他药草和香料浸泡在烈性酒里制成。有白色萨布卡,也有黑色萨布卡。滋味比大茴香子味的餐前酒更甜、更丰满,介于潘诺和甜美的法国八角茴香利口酒之间。

(7) 吾尊　或许是最著名的希腊和塞浦路斯大茴香子酒,一般认为源自中亚。典型的希腊吾尊酒由压榨过的葡萄、浆果、药草,包括大茴香子、甘草、薄荷、鹿蹄草、茴香和榛子制成。

4. 茴香酒的饮用方法

茴香酒饮用时非常随意,可以根据个人口味添加橙汁、柠檬汁、汽水以及任何想喝的饮料。不同的混合方法所带来的感觉也完全不一样,因此茴香酒特别受欢迎,许多家庭在餐后把茴香酒倒入咖啡里一起喝。

在法国南部,喝茴香酒不讲究兑果汁等,那会失去品尝原味茴香酒的特有乐趣。特别是在马赛地区,茴香酒的唯一喝法就是兑少量水将其稀释后直接饮用。那里几乎每个酒馆的酒架上,茴香酒总是占有一席之地。最常见的有 5 种牌子:潘诺、里卡尔、卡萨尼、加诺、卡尼尔等。法国茴香酒有上百种,但最流行的只有两个牌子:潘诺、里卡尔。如今这两个牌子已经成为法国茴香酒的代名词。所以,在咖啡馆没有人会说我要喝 Pastis,一定是说来杯 Pernod 或 Ricard。

五、开胃酒饮用与服务

1. 净饮

(1) 服务用具　调酒杯、鸡尾酒杯、量杯、吧匙和滤冰器。

(2) 操作标准　先把 3 粒冰块放进调酒杯中,量 45 mL 开胃酒倒入调酒杯中,再用吧匙搅拌 30 s,用滤冰器过滤冰块,把酒滤入鸡尾酒杯中,加入一片柠檬。

2. 加冰饮用

(1) 服务用具　平底杯、量杯、吧匙。

(2) 操作标准　先在平底杯中加进半杯冰块,把 1.5 盎司开胃酒倒入平底杯中,再用吧匙搅拌 10 s,加入一片柠檬。

3. 混合饮用

(1) 服务用具　平底杯、量杯、吧匙。

(2) 操作标准　先在平底杯中加进半杯冰块,再量 45 mL 开胃酒倒入平底杯中,加入 120 mL 橙汁,用吧匙搅拌 5 s,用橙片装饰。

任务二　甜食酒

甜食酒是佐助西餐的最后一道食物,餐后甜点时饮用的酒品。通常以葡萄酒作为酒基,加入食用酒精或白兰地以增加酒精含量,故又称为强化葡萄酒,口味较甜。常见的甜食酒有雪莉酒、波特酒、马德拉酒等。

一、雪莉酒

雪莉酒产于西班牙的加勒斯,英国人比西班牙人更嗜好雪莉酒,人们遂以英国人的习惯称呼此酒。雪莉酒以加勒斯所产的葡萄酒为酒基,勾兑当地的葡萄蒸馏酒,逐年换桶陈酿,陈酿 15～20 年时,质量最好,风格也达极点。

(一) 葡萄品种

在 19 世纪 90 年代的葡萄根瘤蚜虫害之前,在西班牙估计有超过 100 种葡萄用于生产雪莉酒。但现在法定用来酿造雪莉酒的葡萄品种只有 3 个,都是白葡萄品种,分别是帕罗米诺、佩德罗·希梅内斯(Pedro Ximenez, PX)、亚历山大麝香。其中,帕罗米诺葡萄在赫雷斯镇的种植比例高达 95%,是最主要的酿造雪莉的葡萄品种。PX 和亚历山大麝香主要用来酿造甜型雪莉酒。

(1) 帕罗米诺　生产干雪莉酒的主要葡萄。约 90% 为雪莉酒种植的葡萄为帕罗米诺。帕罗米诺葡萄生产的酒具有非常清淡和中性的特点。这一特征也使得帕罗米诺成为酿造雪莉酒的一个理想葡萄品种,因为它可以轻易增强雪莉酒的酿酒风格。

（2）佩德罗·希梅内斯　也称为 Pedro Jimenez 或 Pedro。该品种属白葡萄品佩德罗-希梅内斯种,皮薄,常在太阳下风干后,用来酿制甜葡萄酒(这些甜葡萄酒最后用来与其他葡萄酒搭配酿制加强型混酿酒)。除此之外,该品种也常用来酿制口感丰富而甘甜的加强型单品葡萄酒。

（二）雪莉酒的风格分类

1. 干型

（1）菲奴　用帕罗米诺葡萄酿造而成,淡柠檬色,非常之干。酒体很轻,带有显著的杏仁、药草和面团的味道,有时这些味道会被认为带有刺激性和咸味。菲奴不适宜在瓶中陈年,应该在其年轻时饮用。建议饮用温度为 7～9℃,搭配橄榄、坚果和伊比利亚火腿较好,或者作为开胃酒饮用。

（2）奥罗露索　颜色介于深琥珀色和红褐色之间,颜色越深表示陈年的时间越长。口感温润饱满,同时复杂有力,以氧化性香气为主。酒体重,余味长,饮用温度为 13～14℃。

（3）阿蒙提拉多　使用帕罗米诺葡萄酿造而成,酒体和颜色介于菲奴和奥罗露索之间,半干性,口感微妙精致,带有榛子和烟草的香气。搭配炸鱼和炸鸡很不错,建议饮用温度为 13～14℃。

（4）帕罗考塔多　非常罕见,且被认为是最优质的雪莉酒之一,兼具阿蒙提拉多的精致和奥罗露索的酒体及口感。红褐色,复杂而和谐,带有苦橘、乳汁和新鲜黄油的味道。

（5）曼萨尼亚　淡稻草黄,口感锋利而精致,带有洋甘菊香气、杏仁味、面团味,干性并且新鲜,酸度低,余味长。建议饮用温度为 7～9℃。

2. 天然甜型

（1）PX 甜雪莉酒　使用与其同名的葡萄品种酿造而成,采摘后晒干,发酵时糖分很高,只能半发酵。陈年必须用自然的氧化方式,有利于酒液发展得越加浓郁和复杂,但不至于丢失葡萄品种本身的新鲜和果味。深沉的黑檀色,酒液浓稠。酒香主要以水果晒干后的甜香为主,具有葡萄干、无花果、红枣,以及蜂蜜、葡萄糖浆、果酱和糖浸水果的特点,同时还会带有咖啡、深巧克力、可可豆和甘草的味道,酸度足以抗衡隽永的甜度。建议饮用温度为 12～14℃,稍微冰镇。

（2）麝香雪莉酒　使用与其同名的葡萄品种酿制,酿造工艺与 PX 甜雪莉酒相似。深栗色,酒液浓稠,释放出茉莉花、橘子花香和金银花的芬芳,同时伴有青柠、西柚等柑橘类果香,口感很甜,余味干而微苦。

3. 混酿雪莉

（1）中等甜度雪莉　主要由阿蒙提拉多和甜型雪莉调配而成。但此处的阿蒙提拉多并非经历过叠桶法陈年的阿蒙提拉多,而通常是菲奴和阿蒙提拉多的混合体。琥珀色以及更深,带有柔和的甜品、奎宁和烤苹果的味道,口感先干后甜。

（2）奶油雪莉　通常由奥罗露索和甜型雪莉调配而成,深褐色,表面浓稠有如糖浆一般,散发出强烈的奥罗露索特点,以及一丝烤坚果和焦糖的甜香,酒体饱满,余味悠长。

（三）雪莉酒的酿造工艺

在酿造雪莉酒的法定葡萄品种中,帕罗米诺为最佳品种。当地人每年 9 月份的第一个星期开始采摘葡萄,并将采下的葡萄放在茅草席上晾晒,使葡萄汁浓缩;然后,将葡萄破碎、榨汁,放入大酒罐中发酵,并添加葡萄蒸馏酒,借以提高酒度;发酵后的酒被灌入橡木桶内进行独特的生物陈酿。木桶中留有1/6的空间,桶顶部的未封印的小孔使空气得以进入这1/6的空间,使葡萄酒表面与空气接触,形成一种酵母菌膜,称作酒花。酒花在发酵的最后阶段逐渐出现,覆盖葡萄酒的整个表面。这层由酵母菌形成的薄膜将葡萄酒与空气分离,防止了葡萄酒的氧化。与此同时,酵母菌又不断地与葡萄酒相互作用,消耗了葡萄酒中的一些酒精及其他营养物,从而赋予雪莉酒特有的香气和口味。生物陈酿后,雪莉酒转入传统的叠桶法酒窖里进行完美的掺和。在专门设置的酒窖里,橡木桶被叠成6～10级,每级有几百个木桶,新酒从最顶部木桶灌入,陈酒从底部木桶抽出。当最底部一级木桶的酒陈酿完毕,并放出1/3量装瓶时,上一级木桶内较年轻的酒即将下一级木桶续满。如此逐级不断转移,使不同年龄的酒均匀掺和。这种酿造法,使雪莉酒形成独特的香气和细腻的口味。

(四)名品

(1)潘马丁　产自西班牙的安达路西亚梅里朵酒庄,酿酒葡萄为帕罗米诺,颜色由琥珀色变成赤褐色,酒体丰满,果味浓郁,适合搭配红肉。

(2)布里斯托　是英国最畅销的雪莉酒,18世纪60年代产自西班牙赫雷斯,最初在英国布里斯托灌装,酒精含量为17.5%。

(3)堤欧雪莉酒　产自西班牙安达路西亚赫雷斯(Gonzalez Bayss)酒庄,采用帕罗米诺葡萄酿制。使用索乐拉工艺陈酿4年以上,呈淡麦秆色。具有精致辛辣的香味,无酸味,口感干爽而清淡。最好在4～7℃之间凉爽的条件下享用。与餐前点心、海鲜、鱼类、火腿和淡味干酪一同享用则更佳。

(五)饮用与服务

雪莉酒传统上使用一种叫做Copita的小杯品尝,这是一种特殊的郁金香形雪莉酒杯。这种华丽的方式称为Venenciador。Venenciador的名字来自一种特殊的名为Venencia的杯子,传统上由银制作,有一根长长的鲸鱼骨做成的把手。Venencia杯子足够窄,通过塞孔舀出定量雪莉酒,然后从头顶隆重地倒入另一只手中的Copita杯中。

清淡的菲奴适饮温度为7～9℃,中等甜度雪莉约为13℃,而较厚重的阿蒙提拉多和不甜的奥罗露索为13～14℃,PX甜雪莉酒则是15℃。

菲奴和曼萨尼亚是雪莉酒中最脆弱的类型,通常开瓶后需立即喝掉。在西班牙,菲奴往往按半瓶装出售,以防开瓶后来不及喝完造成浪费。菲奴和曼萨尼亚总是冷饮用,一般作为餐前的开胃酒,是各种餐前开胃小食、海鲜、鱼类和淡味奶酪的完美搭配。

阿蒙提拉多和奥罗露索存放时间较长。而更甜的品种如PX甜雪莉酒和混合奶油雪莉酒,开瓶后能够存放几个星期甚至几个月,因为其含有的糖分可以起到防腐剂的作用。

阿蒙提拉多适合用来搭配清汤和肉汤,禽肉、鱼类和重味奶酪;中等甜度雪莉稍冰冻饮用,是鹅肝酱的完美搭配;奥罗露索是雪莉酒中最适合搭配野味和红肉的;白奶油雪莉冰冻饮用,是鹅肝酱和新鲜水果的绝配;奶油雪莉因其酒体饱满,口感甘甜,是雪莉酒中最适合搭配甜品的,如果加入冰块,就可以搭配所有小食;PX甜雪莉酒和麝香雪莉酒适合搭配所有甜品,包括冰淇淋,也可搭配蓝色奶酪。

二、波特酒

波特酒（Porto）素有葡萄牙国酒之称，是一种加强型葡萄酒。因其特殊的酿造工艺而成为甜葡萄酒中的一种。波特酒同时具有甜味与单宁，适合搭配油性的甜味食品，尤其是与中国菜肴搭配。波特酒和雪莉酒的主要不同是，波特酒是在发酵没有结束前加葡萄蒸馏酒精，就是在葡萄汁发酵的时候加入的。因为酵母在高酒精（超过15°）条件下会被杀死，而波特酒中的酒精含量为17％～22％。由于葡萄汁没发酵完就终止了发酵，所以波特酒都是甜的。波特酒最早的名字叫 Port，由于此名字被其他产酒国使用，近年来，使用波特酒的出口口岸城市 Port，或者说 Oport，来命名这类酒。而且只有葡萄牙杜罗河地区出产的 180 种加强酒精酒可以使用 Porto 这一名称。这个名字是有专有权的，其他国家和地区不得使用。

1. 葡萄品种

被允许用来酿造波特酒的葡萄品种有 80 多种，通常一个葡萄园会种植若干个不同的葡萄品种。有 5 个品种被公认可以酿造出优秀的波特酒。

（1）国产多瑞加　葡萄牙本土的红葡萄品种，主要种植于杜罗河产区和杜奥产区，目前在美国、澳大利亚、南非、西班牙和新西兰等地也有种植。18 世纪开始，国产多瑞加就用来酿制波特酒，是混合酿制波特酒的最佳选择，用其酿制的葡萄酒极其丰富稠密，结构繁复。

（2）卡奥红　原产于葡萄牙，是生长在杜罗河沿岸的葡萄品种。从 16 世纪开始就有卡奥红种植。卡奥红喜欢凉爽的天气。与其他葡萄酒调配的时候，会为酒增加优雅度和复杂度。结实率非常低，这个特点使该品种濒临灭绝。

（3）巴罗卡红　红葡萄品种，主要种植于葡萄牙的杜罗山谷，在当地种植面积位居第三。高产，含糖量极高，受到当地酒农的喜爱。但是，易被强烈的阳光灼伤，导致果实皱缩。作为波特酒的原料品种，巴罗卡红远没有国产多瑞加以及罗丽红出色。虽然它有一定的结构感，但是口感显黏稠、粗糙，所以常作为波特酒的调配品种。

（4）弗兰卡多瑞加　杜罗河产区的重要红葡萄品种。有时也翻译成法国多瑞加，但其实和法国没有任何关系。弗兰卡多瑞加是酿造波特葡萄酒的重要品种之一，被称为国产多瑞加的姊妹品种。但它与国产多瑞加相比，酿出的酒，酒体更轻盈，香气更馥郁且更持久，可以增加酒体的柔美度。

（5）罗丽红　在众多顶级葡萄品种当中，是相当容易变化且性情不稳定的一种。生长势头良好，产量中等，对高温和干旱有极强的耐受力。在南向缺水的片岩山坡种植生长。这样的地理位置能够保持罗丽红的生长态势，同时避免该品种产生腐烂的病症。罗丽红葡萄皮厚，酿出的葡萄酒颜色十分的深浓。酒中的酸度不是很高，酒体雄壮有力，单宁十分的强势，复杂度良好，同时又具有出色的树脂类香气。

2. 酿制过程

采用传统的脚踩法榨汁，以确保葡萄核的完整无损。待葡萄发酵至糖分为 10％左右时，需要添加白兰地酒终止发酵，保持酒的甜度。经过两次剔除渣滓的工序后，再将酒运到酒库里陈化、储存，通常要陈化 2～10 年。最后，再按配方混合调出不同类型的波特酒。

3. 波特酒种类

（1）白波特　用灰白色的葡萄酿造,一般作为开胃酒饮用,主要产自葡萄牙北部的杜罗河山谷。通常是金黄色的,陈年时间越长,颜色越深。酒口感越圆润,容易饮用,通常还带着香料或者蜜的香气。

（2）红宝石波特　最年轻的波特酒,在木桶中成熟,活泼。一般酒色比较深,带有黑色浆果的香气,当地人喜欢当成餐后甜酒来喝。

（3）茶色波特　也称为陈年波特,是比较温和精细的木桶陈化酒,比红宝石波特存放在木桶里的时间要长。一直在木桶里要等到出现茶色(一般指的是红茶色),标签常见 10 年、20 年、30 年,甚至是 40 年的。

（4）年份波特　相当美妙的波特酒,只在最好的年份才做,一般每 3 年才有一次。而且,挑选最好的葡萄酿造。年份波特需要经过两年的木桶培养,好的酒需要数十年的瓶陈才能成熟。由于是瓶陈,所以酒渣很多,喝的时候需要换瓶。酒的口味也非常浓郁芬芳。

（5）迟装瓶年份波特　又称为 LBV,完全定位为晚装瓶的年份酒显然是误区。这种波特酒品质比年份波特的低一点,混合装瓶是在 4～6 年收成后,大部分是商业化的而且便宜的酒,口味比较重,好一点的酒喝时需要换瓶。

4. 名品

（1）克罗夫特　克罗夫特酒庄位于葡萄牙的杜罗河产区,是该产区波特酒的领导者之一,酒庄晚装瓶波特酒被作为阿联酋航空头等舱用酒。

（2）泰勒　泰勒波特酒庄至今已有超过百年的酿酒历史,由约伯·比尔兹利(Job Bearsley)创立于 17 世纪 90 年代,一直由家族经营,不仅拥有自己的葡萄园,而且还从世代有合作关系的酒农处购买葡萄。该酒庄最好的波特酒所用的葡萄都来自杜罗河谷陡峭而多岩石的山坡上,其葡萄的种植历史可上溯到古罗马时代。被认为是世界上最优秀的波特酒公司之一,产品销往全球几十个国家。泰勒波特酒庄的代表作是年份波特酒,红宝石波特酒、茶色波特酒和晚装瓶波特酒也都非常出名。

（3）科伯恩　科伯恩品牌的核心产品包括晚装瓶年份波特、陈年茶色波特和年份波特。酿造时尽量保留科伯恩独特的浓郁口感和干爽的尾韵,酒的果味更深远,结构更好。

（4）格兰姆　格兰姆酒庄位于杜罗河产区,是世界顶尖的波特酒生产商之一,生产出了品质极佳的年份波特酒,这是 20 世纪后半个世纪最好的波特酒之一。格兰姆波特酒以其色泽诱人、酒体丰满和极好的陈年潜力而闻名于世。

（5）桑德曼　桑德曼酒庄位于葡萄牙的杜罗河产区,是该产区生产波特酒的精品酒庄之一。代表酒品是桑德曼红宝石波特酒,采用波特红葡萄混酿,带有黑莓果酱、成熟水果酱的气息,口感清新甜润。

（6）道斯　道斯酒庄位于葡萄牙的杜罗河产区,葡萄牙波特酒生产商领导者之一。道斯酒庄葡萄园由 4 块风土各异的葡萄园组成,这些葡萄园都坐落在该产区优秀的种植地上。这些斜坡梯田上的葡萄园具有非常好的排水性,土壤组成多样,多为片状页岩土。21 世纪初,道斯酒庄推出了新款波特酒款午夜(Midnight),采用新鲜的、饱满的葡萄调配而成,用以满足新一代波特酒爱好者的口味。

5. 储存与饮用

像其他葡萄酒一样,波特酒应储存在凉爽但不寒冷、黑暗的(光会对波特酒造成损害)、温度稳定的(如地窖)环境。如果酒瓶是软木塞塞着的,应将酒瓶卧倒放置;如果是普通瓶塞,则直立放置。

波特酒通常于餐后作为甜点酒与奶酪一起享用。白波特酒和茶色波特酒通常作为开胃酒。如今在欧洲,常将各种波特酒作为开胃酒来喝。波特酒应在15~20℃之间饮用,白波特酒例外,可以冷藏饮用。茶色波特酒也可能在稍凉的温度下饮用。波特酒比未加强的葡萄酒保存时间更长,但最好和葡萄酒一样尽快喝完。一般瓶塞封装的波特酒可以在黑暗的地方保存几个月,而软木塞封装的波特酒则必须尽快喝完。通常情况下,越是年代久远的波特酒,越应该尽快喝完。

三、马德拉酒

马德拉岛地处大西洋,长期以来为西班牙所占领。马德拉酒是用当地生产的葡萄酒和葡萄烧酒为基本原料勾兑而成,十分受人喜爱。马德拉酒是上好的开胃酒,也是世界上屈指可数的优质甜食酒。

1. 葡萄品种

马德拉酒是单一品种的葡萄酒,只有5个主要葡萄品种允许酿造马德拉酒,它们可以带来不同的天然甜度。马姆齐酿造甜型;布尔酿造半甜型;华帝露酿造半干型;舍西亚尔酿造干型;黑莫乐是红葡萄品种,用来酿造红葡萄酒,可以有各种甜度。

(1)马姆齐 马姆齐(Malmsey)最初用来指口感尤为甘甜、酒体丰满的葡萄酒。在地中海西部的整个区域,该品种均有种植。马姆齐最初用于酿制酒力强劲的甜葡萄酒,但最后它却成为口感最甜腻的马德拉酒(尤其是采用玛尔维萨葡萄酿制而成的马德拉葡萄酒)的酿酒原料。

(2)华帝露 主要种植在葡萄牙、西班牙、澳大利亚,而最近在美国也有种植。在葡萄牙的马德拉岛上,华帝露葡萄曾一度是最广泛种植的葡萄品种之一。华帝露葡萄芳香爽脆,有树叶和香料的香气。在旧世界国家,它适合酿造有成熟杏子以及核果香气的葡萄酒,而在澳大利亚等新世界国家,华帝露酿制的葡萄酒往往表现出柑橘和热带水果的香气。马德拉岛上的华帝露往往代表一种类型的葡萄酒。

(3)舍西亚尔 葡萄牙的一种白葡萄品种,曾经在马德拉岛尤为常见。但后来,其名称用来指酒体最轻盈、酸度最高且最晚熟的马德拉酒,而非酿制该酒的葡萄。该品种是马德拉岛上最晚成熟的白葡萄品种,因而总能保留其较高的天然酸度。

(4)黑莫乐 葡萄牙马德拉岛上最常见的红葡萄品种。目前主要种植在葡萄牙的马德拉岛和西班牙的部分地区。黑莫乐酿制出的红葡萄酒酒体中等,口感柔软甘甜,颜色较浅,有红色水果及醋栗的味道和香气。用马德拉工艺酿出的葡萄酒会呈现出琥珀色,陈年后又会变成黄褐色。黑莫乐也可以用来与其他品种混酿,常与它混酿的品种有美乐和赤霞珠等。

2. 马德拉酒的酿制

酿制马德拉酒这种强化葡萄酒开始于18世纪50年代。首先将葡萄收割、碾碎、榨汁,然后在不锈钢桶或橡木桶中发酵。每年的八月中旬至十月中旬是马德拉岛收获的季节,九月是收获的黄金时段。酿制甜味葡萄酒的葡萄品种是布尔和马姆齐,经常将葡萄皮一同发酵,以浸出更多酚类来平衡酒的甜度。使用舍西亚尔、华帝露和黑莫乐酿造干型马德拉酒时则会在发酵前把葡萄皮剥掉。根据不同的甜度水平需要,通过添加中性葡萄烈酒(酒精含量96%以上)在特定时候中止发酵过程。低廉的马德拉酒,不管使用何种葡萄,通常会将酒水发酵至完全干,对酒进行“加强”,以便在陈酿过程中酒精不会蒸发掉。最后人工对酒液进行加糖和着色。最终酒液的酒精含量在 17%～22%,根据酒类型不同,糖分含量在每升 0～150 g。

3. 马德拉酒的种类

(1)舍西亚尔　主要使用舍西亚尔品种葡萄的马德拉酒,几乎发酵到完全干,残留很少糖分 0.5～1.5°Bé(波美度,测量葡萄汁浓度的单位)。这种风格酒的特点是颜色很亮,带有杏仁味,口味和酸度很高。

(2)华帝露　主要使用华帝露葡萄酿造的马德拉酒,发酵停止时间稍微早于舍西亚尔,发酵停止时糖分浓度在 1.5～2.55°Bé 之间。这种风格酒的特点是高酸度和烟熏味。

(3)布尔　主要使用希尔(Boal)葡萄酿造的马德拉酒,发酵停止时糖分浓度为 2.5～3.5°Bé。特点是颜色较深,具有丰富细腻的口感以及浓郁的提子味。

(4)玛尔姆赛　主要使用玛尔维萨葡萄酿造的马德拉酒,发酵停止时糖分浓度为 3.5～6.5°Bé。特点是颜色较深,口感丰富细腻,具有焦糖咖啡味。像其他使用名贵品种酿造的马德拉酒一样,玛尔维萨酿出的酒具有很高的天然酸度。酸度平衡了酒水的高甜度,使这种风格的马德拉酒甜而不腻。

(5)雨水马德拉　据说由格鲁吉亚的马德拉酒运货商将舍西亚尔和华帝露混合而诞生的。比 19 世纪中期人们饮用的大部分马德拉酒都清淡,颜色也比较白,几乎像是雨水,因而得名。不过,还有另外一种说法:这些酒原本是运往格鲁吉亚的,但在大暴雨中淋了整个晚上,被稀释了。葡萄酒生产商 Andrew Newton 将其评价为“像雨水一样柔软”。

4. 马德拉酒的名品

(1)鲍尔日　比其他同类酒更醇厚浓重,口味极佳,香气沁人,是马德拉酒家族中享誉最高的酒。呈棕黄色或褐黄色,比舍西亚尔稍甜一点。

(2)布朗迪　布朗迪酒庄在马德拉酒的历史进程中起着重要的领袖和革新者作用,首次创建了单一年份的马德拉酒以及爱瓦达马德拉。如今,布朗迪酒庄已成为马德拉酒的标杆。布朗迪酒庄的葡萄均种植在 600 m 高海拔地区,成熟条件非常好,90%的葡萄品种为黑莫乐,所有的葡萄均通过手工采摘。布朗迪酒庄酿造出不同类型的马德拉酒,有 3 年珍藏马德拉、5 年珍藏马德拉、10 年特别珍藏马德拉、雨水马德拉及单一年份马德拉等。

(3)巴贝托　巴贝托酒厂没有葡萄园,主要以收购葡萄来酿造马德拉酒。巴贝托酒厂还出产极为稀少的历史珍藏马德拉,至今还保留着 20 世纪以前的马德拉酒。

(4)如斯蒂诺　如斯蒂诺酒庄是最古老的马德拉酒酿造商之一,以其高品质的马德拉酒享有盛名。如斯蒂诺酒庄的葡萄酒已遍布整个欧洲,受到普遍认可。现如今,它仍是整个马德拉岛上葡萄酒拥有量最大的酒庄,可储藏几十万公升的马德拉酒。并且酒窖中藏有大量在橡木桶中陈年的高质量葡萄酒。

(5)大亨　随着时代的发展,大亨酒庄不断扩张业务,引进现代化酿酒技术,并扩大葡萄园面积。目前,大亨酒庄是马德拉最大葡萄园的拥有者。大亨酒庄凭着新的技术革新,加上传统的家族酿酒理念,已经专注马德拉葡萄酒生产数百年。大亨马德拉酒通常装于容量为 500 mL 的酒瓶中,包装非常现代化,品质也一直不错。

（6）戈登　戈登酒厂的酒被认为是马德拉酒高端知名品牌。目前,北美市场依然是其主要出口市场。该品牌也称为美国马德拉,在美国人的生活中占据重要地位。戈登酒厂目前隶属于马德拉葡萄酒公司,是马德拉葡萄酒公司的 4 大品牌之一。

（7）里柯克　里柯克已经成为马德拉葡萄酒公司旗下的大品牌之一,主要出口市场为美国、北欧和英国等。

（8）米勒斯　米勒斯专注于年份马德拉和老年份混酿马德拉的酿造,在马德拉高端市场上占有一定地位,是全世界最知名和最受尊敬的马德拉品牌之一,主要出口英国、北欧及俄罗斯等地。

（9）博班特　博班特马德拉酒非常迎合英国人的口感,拥有一百多年历史的 650 L 旧桶陈年马德拉。博班特酒庄主要种植玛梅齐、布尔、华帝露及舍西亚尔 4 种葡萄品种,年总产量为 10 万箱,主要出口到美国、加拿大、英国和中国等地。

5. 马德拉酒的贮存与饮用

马德拉酒是一种强化葡萄酒,比一般的餐酒保存的时间长,是世界上保存时间最长的酒之一,有一些酒甚至能保存 200 年或更久的时间。在饮用之前,最好将马德拉酒存放几天;把瓶直立起来直到所有沉淀物沉到瓶底,然后慢慢地倒出。开瓶之后,有 6 周的保存时间,但不可保存于高温、日晒或潮湿的地方。饮用马德拉酒之前,应在冰箱中冷藏。舍西亚尔、华帝露和雨水马德拉应在冷藏之后作为开胃酒饮用。布尔和玛尔姆赛应在室温下于餐后饮用。应把布尔和玛尔姆赛用郁金香形的玻璃杯盛载,这种杯既能有效挥发出酒香,又不至于使其发散。

任务三　利口酒

利口酒英文是 Liqueur,美称 Cordial(使人兴奋的),法称 Digestifs(餐前或餐后的助消化饮料),我国音译为利口酒,沿海由广东方言译为力娇酒。它是以葡萄酒、食用酒精或蒸馏酒为基酒调入草根、树皮,以及植物的花叶、果皮等各种香料,采用浸泡、蒸馏、陈酿等生产工艺,并用糖、蜂蜜等甜化剂配制而成的酒精饮料。

一、利口酒的种类

（1）水果利口酒　以水果为原料精心酿制而成,常见品种有柑橘类、樱桃和浆果类、桃和杏类,以及异域水果类。

（2）蔬菜、药草和香料利口酒　以蔬菜、药草和香料为原料,常见品种有八角和大茴香子类、仙人掌类、葛缕子类、蜂蜜类,以及其他植物和药草类。

（3）坚果、豆、牛奶和鸡蛋利口酒　以坚果、豆、牛奶和鸡蛋为原料制成,常见品种有杏仁和榛子类、椰子类、咖啡类、巧克力类、鸡蛋类、牛奶和奶油类。

（4）威士忌利口酒　以威士忌为酒基制成,常见品种有杜林标、爱尔兰之雾。

（5）白兰地利口酒　以白兰地为酒基,常见品种有夏朗德白诺、蛋黄酒等。

（6）金酒利口酒　以金酒为酒基,常见品种有黑刺李酒。

（7）朗姆利口酒　以朗姆酒为酒基,常见品种有甘露咖啡酒、添万利等。

二、世界著名利口酒

利口酒品种丰富,品牌林立,名称、档次纷繁复杂。现介绍著名且常见的品种或品牌。

（1）荷兰蛋黄酒　以白兰地为酒基、鸡蛋黄为主要调香原料,故又叫做鸡蛋白兰地。蛋黄酒类色泽鲜艳,均呈蛋黄色,散发着浓郁的蛋黄香味。酒液浓稠,酒精度在 15～20°之间。蛋黄酒以法国和荷兰的产品最著名。

（2）安摩拉多　产于意大利,用杏仁和杏子为主要原料配制而成。该酒原名为 Amaretto Original Disaronno,原产于意大利米兰市北部的萨龙诺镇。安摩拉多可兑入冰淇淋、咖啡,或作为蛋糕、苹果派等甜点的调香料。

（3）本尼狄克丁　又叫修士酒、当酒或泵酒,是世界上最古老的、最著名的利口酒之一。该酒于 16 世纪初产于法国诺曼底地区的费康,是由当地本尼狄克丁教团的僧侣首先创制的,最初作为治病的药酒使用。本尼狄克丁用白兰地、蜂蜜及 20 多种草药精制而成。酒液呈琥珀色,气味浓烈芳香,口味很甜,酒精度为 40°。B&B(Benedictine and Brandy)是用本尼狄克丁与等量的白兰地经蒸馏、调配而成的创新产品,酒瓶上标有 D. O. M 的英文缩写字样的商标,意思是"献给至高至尊之神"。

（4）布朗特　以法国白兰地为基酒,配以多种草药和蜂蜜调制而成。制作工艺非常讲究,选用优质法国白兰地,结合多种天然草本植物和蜂蜜浸泡与调配。这种独特的配方赋予了它独特的香气和口感。酒液呈金黄色,酒精度为 34°。

（5）修道院酒　于 17 世纪初产于法国格雷诺伯的卡尔特教团大修道院,至今仍由该修道院专门经营生产。以白兰地为酒基,调入 130 多种草料配制,其配方高度保密。有绿牌和黄牌两种,绿牌最有名,酒液呈绿色,酒精度为 55°;黄牌比绿牌甜,酒液呈黄色,酒精度为 43°。另外,还有长年陈酿绿牌酒和长年陈酿黄牌酒,储存期长达 12 年以上。

（6）尚博德　取名自位于卢瓦尔河谷地的著名城堡尚博德,但在法国不常见。在盎格鲁-撒克逊地区,常用于调配鸡尾酒。把覆盆子和其他森林浆果浸泡在白兰地中,再用姜、槐树蜜和辣椒串香,然后倒入桶中储藏,酒精度为 25°。

（7）樱桃利口酒类　樱桃、梅子、李子为同属植物,其果实小而圆,果柄长而柔软,盛产于日本、美国及北欧国家的寒冷地区。这些国家以樱桃为原料酿制成各种樱桃酒,其中以樱桃利口酒类最为普遍。樱桃利口酒类多数呈无色透明或红色,口味甜润,酒精度在 25～30°之间。

（8）椰子利口酒类　以朗姆酒为酒基,调入椰子香精。酒液无色透明,椰子香味浓郁,口味甜润,酒精度在 20～30°之间。

（9）咖啡利口酒类　以咖啡豆为主要原料,用蒸馏酒为酒基调制而成。酒液多呈深褐色,酒液较浓稠,咖啡香味浓郁,酒精度在 24～31°之间。

（10）君度　又译成冠特鲁酒或库安特洛酒,商业上通常称为君度。该酒是由法国和美国君度酒厂生产的橘皮酒,是世界同类产品中著名的利口酒。无色透明,橘皮香味突出,酒精度为40°,适宜作为餐后酒或调制鸡尾酒用。

(11)黑加仑乳酒　Cassis是欧洲黑色野生果实黑加仑子,维生素含量高。用这种果实酿成的利口酒,酒液浓稠,故称乳酒。呈深红色,果香突出,口味甜润,酒精度在15~30°之间,是一种很好的餐后助消化利口酒。

(12)薄荷乳酒　用食用酒精调入薄荷及糖浆配制而成。酒液多数呈绿色,少数呈无色透明、金黄色或红色,含糖量较高,酒精度在25~30°之间。

(13)可可乳酒类　又叫巧克力利口酒,是以可可豆为主要原料,采用浸泡和蒸馏等方法提取酒液,再加入香草、糖浆配制而成。部分产品添加薄荷、樱桃等原料,以巧克力为主香型、兼具其他香味。酒液呈无色透明或深褐色,具有浓郁的可可香味,兼具芬芳的香草味或其他香味,口味浓甜,酒精度为25~30°。可纯饮或兑入冰淇淋中。标有"alavanille"字样表示已加入香草。

(14)库拉索酒　原产于库拉索岛,由荷兰人首创,采用当地出产的苦橘皮浸泡于酒基中配制而成。酒液呈无色透明、橘红色、绿色、蓝色等多种颜色,橘香突出,口感甜润,酒精度在27~40°之间。适宜餐后纯饮或作为调制鸡尾酒的原料酒。

(15)杜林标　原产于苏格兰,用苏格兰威士忌为酒基,调入草药、蜂蜜配制而成,是世界上最著名的利口酒之一。酒名Drambuie源于苏格兰盖尔族语Dram Buidheach,意思是"一种令人满意的酒"。可作为餐后酒或调制鸡尾酒。该酒品在美国市场非常盛行,是美国各种进口利口酒中年销售量最大的酒品。其酒液呈浅金黄色,口味甜美纯正,酒精度为40°。

(16)禁果　美国生产的一种柑橘类利口酒。用葡萄柚、橘皮、蜂蜜等原料配制。酒液呈琥珀色,酒精度为32°。

(17)加里安诺　原产于意大利米兰市,以高级酒品为酒基,调入各种草药配制而成,其配方秘不外传。酒液呈金黄色,酒精度在35~40°之间,用细长的酒瓶包装。该酒可作为餐后酒,或与果汁、汽水混合调成鸡尾酒。

(18)格兰·莫里拉樱桃白兰地　产于英国,采用英国肯特郡的莫里拉樱桃为原料,以白兰地为酒基配制而成。酒液呈浅棕红色,樱桃果香突出,属干型利口酒。

(19)格朗·玛尼尔　商业名称为金万利,是法国生产的橘子利口酒,采用干邑地区的白兰地浸泡苦橙皮配制而成。酒液呈琥珀色,酒精度为34~40°。分成红标和黄标,红标用干邑白兰地为酒基,酒精度40°;黄标用普通白兰地配制,酒精度为34°。

(20)红石榴利口酒　以石榴果实为原料精制而成,与红石榴糖浆不同。前者是含糖量较低、酒精度在17~25°之间的酒精饮料;后者则是糖度极高的、不含酒精的调料剂。两种饮料均呈鲜红色,是调制鸡尾酒的必备材料。

(21)爱尔兰之雾　以爱尔兰威士忌为酒基,加入各种草药调制而成的草料利口酒,始创于19世纪。酒液呈琥珀色,口味甜润,酒精度为35°。

(22)圣鹿香草利口酒　德国的药材酒,用星茴、肉桂、番红花、甘菊、丁香、姜等酿制而成,有缓和情绪的作用。

(23)卡鲁瓦卡　商业名称为甘露咖啡,产于墨西哥,是世界著名的咖啡利口酒。以朗姆酒为酒基,用墨西哥的咖啡豆精制而成。酒液呈深褐色,酒精度为26.5°。咖啡香味浓郁,口味甜美。可调入冰块纯饮,或调制成鸡尾酒。

(24)顾美露　以高纯度中性酒精为酒基,用葛缕子、茴香等香料调制而成。酒液无色透明,属干型利口酒,酒精度在35°以上。

(25)拿破仑柑橘酒

比利时生产的柑橘利口酒。以红橘为原料,浸泡白兰地后蒸馏,最后调入干邑白兰地配制而成。酒液呈橘红色,酒精度为40°。

(26)玛若希诺　酒产于意大利的樱桃利口,由意大利东北部及前南斯拉夫西部的玛若丝卡酸味樱桃酿造而成。该酒自18世纪问世以来,以其独特的品质闻名于世。酒液无色透明,樱桃果香突出,兼具杏仁香味,口味甜润,酒精度为25°。

(27)彼得·喜宁　产于丹麦,颜色暗红,果香突出,酒质甜润醇厚,是世界上著名的樱桃利口酒之一。

(28)沙步拉　以色列生产的仙人掌利口酒,由以色列仙人掌上可食用红色多刺的果实为原料酿制而成,调入各种香料,成为系列产品。有巧克力风味,橘子香味,酒精度在26~30°之间,用古老的腓尼基酒瓶包装,格外典雅别致。

(29)南方舒适　将波本威士忌、水果和药草调配在一起。烈酒里混合了橙子、香草、肉桂、桃和柠檬等水果和药草,在橡木桶中熟化。酒液看起来像威士忌,有波本酒的品质、特点和深厚性。不过,南方舒适比波本酒更灵活,更诱人,与许多调酒原料搭配非常出色。

三、利口酒的饮用与服务

(1)用杯　利口酒杯。

(2)饮用方式及用量　用作餐后酒以助消化,每杯30 mL。

(3)饮用温度

① 水果类饮用温度由客人自定,但基本原则是果味越浓、甜味越大、香味越烈,饮用温度越低。杯具需冰镇,可以溜杯也可加冰或冰镇。

② 草本类:修道院酒用冰块降温或将酒瓶置于冰桶,泵酒可溜杯,酒瓶保持在室温即可。

③ 乳酒类:用有冰霜的杯具有较佳效果。

④ 种子类:茴香酒常温也可冰镇也行;可可酒及咖啡酒需冰镇服务。

高纯度的利口酒可以一点点细细品尝,也可以加入苏打或矿泉水,先倒酒再加适量柠檬水,也可加在做冰淇淋、果冻、蛋糕时替代蜂蜜。

中国传统酒文化中的酒与文学

在中国,饮酒题材文学的历史和饮酒本身的历史一样悠久,源头可以追溯到《诗经》《尚书》等上古典籍。因醉酒而获得文学艺术的自由状态,是古老中国的文学艺术家们解脱束缚获得艺术创造力的重要途径。魏晋名士、第一“醉鬼”刘伶曾作《酒德颂》,写道:“有大人先生,以天地为一朝,万朝为须臾,日月为扃牖,八荒为庭衢。”“幕天席地,纵意所如。”“兀然而醉,豁然而醒,静听不闻雷霆之声,孰视不睹山岳之形。不觉寒暑之切肌,利欲之感情。俯观万物,扰扰焉如江汉之载浮萍。"这种"至人"境界是中国酒神精神的典型体现。

诗词歌赋是最能反映酒的精神的。"醉里从为客,诗成觉有神。"(杜甫《独酌成诗》)"俯仰各有志,得酒诗自成。"(苏轼《和陶渊明〈饮酒〉》)"一杯未尽诗已成,咏诗向天天亦惊。"(杨万里《重九后二月登万花川谷月下传觞》)。南宋诗人张元年说:"雨后飞花知底数,醉来赢得自由身。"这些因酒醉而成就的传世佳作,代表了诗歌与酒的悠久结合史。

元、明、清3代文人也与酒有不解之缘。《红楼梦》《三国演义》《水浒传》《西游记》中,都有许多关于酒的精彩描写。曹雪芹嗜酒如命,自号燕市酒徒,常常弄到"举家食粥酒常赊"的地步。他不但喜欢饮酒,而且会酿酒,对酒的研究十分深入独到。

当时的文人饮酒,特别讲究饮酒的过程和饮酒过程中的繁文缛节。其中花样百出的酒令最能体现人的聪明才情、知识水平、文学修养和应变能力。没有满腹诗书和机敏睿智,是会临场出丑的。有的酒令美妙极致,把经史百家、诗文词曲、歌谣谚语、典故对联等文化内容都出神入化地囊括其中。觥筹交错中,不仅享受了酒的醇美,也享受了文化的馨香。古代文人宴饮时的逸雅情趣,从《红楼梦》《镜花缘》等小说和记载酒令的书籍中可窥知若干。

"五四"以后的现代文人,也常相聚宴饮。《鲁迅日记》记载,他那首《自嘲》中的"横眉冷对千夫指,俯首甘为孺子牛",就是在郁达夫做东的宴席上写成的。郁达夫嗜酒,曾有"大醉三千日,微醺又十年"之句。丰子恺曾写道:"世间最好是酒肴,莫如诗句。"创造新文化的新文人,一端起酒杯,仍似他们的先辈。

思考题

1. 简述开胃酒混合饮用的方法。
2. 简述干型雪莉酒种类。
3. 利口酒的饮用与服务有哪些内容?

项目五　鸡尾酒调制

学习重点

1. 掌握鸡尾酒的定义。
2. 知道鸡尾酒调制的要点。
3. 掌握鸡尾酒的创作步骤。

学习难点

1. 掌握鸡尾酒的基本结构。
2. 了解鸡尾酒调制术语。
3. 掌握鸡尾酒的创作原则。

项目导入

　　调酒不仅是一门技术,更是艺术的创造和再现过程。鸡尾酒被比喻成现代时尚一族的装饰品和都市人舒缓精神疲惫、休闲娱乐的掌中伴侣。对于调酒师而言,每杯鸡尾酒的调制都是生活场景的再现和特定情感的流露,并穿梭游走于不同时代和意境的转换之间,一名优秀的调酒师应是"心情的营养师"。

任务一　鸡尾酒调制基础

一、鸡尾酒的定义与基本结构

(一) 鸡尾酒的定义

　　鸡尾酒是一种量少而冰镇的饮料,以朗姆酒、威士忌或其他烈酒为基酒,或以葡萄酒为基酒,再配以其他材料,如果汁、鸡蛋、比特酒、糖等,以搅拌或摇荡法调制而成;最后以柠檬

片或薄荷叶装饰(图 5-1)。从上面的定义可以将鸡尾酒的特点理解如下:

图 5-1 鸡尾酒

（1）鸡尾酒是混合酒 由两种或两种以上的酒水、饮料调和而成,可无酒精。

（2）花样繁多,调法各异 用于调酒的原料有很多类型,各酒所用的配料种数也不相同,如 2 种、3 种甚至 5 种以上。就算以流行的配料种类确定的鸡尾酒,各配料在分量上也会因地域不同、人的口味各异而有较大变化,从而冠以新的名称。

（3）具有刺激性 鸡尾酒具有明显的刺激性,有一定的酒精浓度,因此能使饮用者兴奋。适当的酒精浓度使饮用者紧张的神经和肌肉放松。

（4）能够增进食欲 鸡尾酒应是增进食欲的滋润剂。饮用后,由于酒中含有的微量调味饮料如酸味、苦味等的作用,饮用者的口味应有所改善,绝不会因此而倒胃口、厌食。

（5）口味优于单体酒品 鸡尾酒必须有卓越的口味,而且这种口味应该优于单体酒品。在品尝鸡尾酒时,味蕾应该充分扩张,才能尝到刺激的味道。过甜、过苦或过香,就会影响品尝风味的能力,降低酒的品质,是调酒不允许的。

（6）冷饮性质 鸡尾酒严格上来讲需要足够冷冻。当然,也有些酒种既不用热水调配,也不强调加冰冷冻。但某些配料是低温的,或室温的,这类混合酒也应属于广义的鸡尾酒的范畴。

（7）色泽优美 鸡尾酒应具有细致、优雅、匀称的色调。常规的鸡尾酒有澄清透明的和浑浊的两种类型。澄清型鸡尾酒应该是色泽透明,除极少量因鲜果带入的固形物外,没有其他任何沉淀物。

（8）盛载考究 鸡尾酒应由样式新颖大方、颜色协调得体、容积大小适当的载杯盛载。

（二）鸡尾酒的基本结构

鸡尾酒的种类款式繁多,调制方法各异,但所有鸡尾酒的基本结构都有共同之处,即由基酒、辅料和装饰物 3 部分组成,可以用公式来表示:鸡尾酒 = 基酒 + 辅料 + 装饰物。

1. 基酒

基酒又称为鸡尾酒的酒底,是构成鸡尾酒的主体,决定了鸡尾酒的酒品风格和特色。常用作鸡尾酒的基酒主要包括各类烈性酒，如金酒、白兰地、伏特加、威士忌、朗姆酒、特基拉酒、中国白酒等，葡萄酒、配制酒等也可作为鸡尾酒的基酒，无酒精的鸡尾酒则以软饮料调制而成。

基酒在配方中的分量比例有各种表示方法，国际调酒师协会统一以份为单位，一份为30 mL。在鸡尾酒的出版物及实际操作中通常以毫升、盎司为单位。

2. 辅料

辅料是鸡尾酒调缓料和调味、调香、调色料的总称，能与基酒充分混合，降低基酒的酒精含量，缓冲基酒强烈的刺激感。调香、调色材料使鸡尾酒含有了色、香、味等俱佳的艺术化特征，从而使鸡尾酒的世界色彩斑斓，风情万种。

（1）辅料的种类　鸡尾酒辅料主要有以下几大类：

① 碳酸类饮料：包括雪碧、可乐、七喜、苏打水、汤力水、干姜水等。

② 果蔬汁：果蔬汁包括各种罐装、瓶装和现榨的各类果蔬汁，如橙汁、柠檬汁、青柠汁、苹果汁、西柚汁、西瓜汁、椰汁、菠萝汁、番茄汁、西芹汁、胡萝卜汁、综合果蔬汁等。

③ 水：包括凉开水、矿泉水、蒸馏水、纯净水等。

④ 提香增味材料：以各类利口酒为主，如蓝橙力娇酒、绿薄荷酒、黄色的香草利口酒、白色的奶油利口酒、咖啡色的甘露利口酒等。

⑤ 其他调配料：糖浆、砂糖、鸡蛋、盐、胡椒粉、美国辣椒汁、英国辣酱油、安哥斯特拉苦精、丁香、肉桂、豆蔻、巧克力粉、鲜奶油、牛奶、淡奶、椰浆等。

⑥ 冰：根据鸡尾酒的成品标准，调制时常见冰的形态有方冰、棱方冰、圆冰、薄片冰、碎冰、细冰（幼冰）等。

（2）辅料的选择

① 含酒精辅料：含酒精的辅料与基酒搭配在鸡尾酒调制中经常应用。开胃酒、利口酒、部分中国配制酒都是受欢迎的选择对象。开胃酒中的茴香酒是酒精含量高、风味浓重的酒，用作辅料时用量要少一些，也可以加冰、加水冲调后再用。苦酒口感很苦，在鸡尾酒中使用频率高，但是用量少，主要起调整口感和点缀作用。开胃酒中的味美思是酒精含量最高、香气浓重的加强型葡萄酒，它能和各种烈酒搭配，调制出的酒，酒度较高，被誉为"男子汉的饮料"，典型的鸡尾酒如马天尼。利口酒是基酒的最佳搭档。最受欢迎的是君度香橙利口酒，它能和所有的酒搭配调制各色鸡尾酒。椰子利口酒用朗姆酒作基酒，相互的配合能调制出具有热带风情的鸡尾酒。薄荷利口酒能和各种酒混合，调制出清凉爽口的鸡尾酒。利口酒有时也自己做主，利用自身丰富多彩的色泽，依据含糖量高低调制出多姿多彩的彩虹类鸡尾酒。

② 不含酒精的辅料：果汁营养丰富，有自然的色泽和爽快的口感，能和所有的酒搭配，柠檬汁、橙子汁、青柠汁最受青睐。此外，番茄汁、椰子汁、菠萝汁可以与酒搭配调制出口感新奇、风味独特的鸡尾酒。汽水是容量较大的长饮鸡尾酒的常用辅料，无色无味的汽水只是会降低整杯鸡尾酒的酒精含量，绝对不会改变体现鸡尾酒主体风格的色、香、味。汽水类辅料使用得较多，雪碧、七喜、可口可乐、百事可乐很受青睐，冰镇后调制鸡尾酒整体效果更好。水作为辅料可以和酒直接搭配，水也包括用水制成的冰块。大多数鸡尾酒加冰会有更好的口感。加有奶类饮料和鸡蛋的鸡尾酒，营养丰富、芳香可口，深受女性偏爱。新鲜的牛奶、蛋液都是上佳的鸡尾酒辅料。糖浆作为辅料不仅仅是为了增甜，还会调整口味、丰富色彩。常

用的品种有白糖浆、红石榴糖浆、绿薄荷糖浆以及各种水果糖浆。咖啡和茶用作辅料调制鸡尾酒,热饮时一定要注意加热的温度不可超过酒精的蒸发点。咖啡和茶也能和酒混合配制冷饮类鸡尾酒,以茶为辅料的鸡尾酒将会是未来鸡尾酒探索的新趋势。辣椒油、胡椒粉、细盐属于另类辅料,能调制出极为风味特殊的鸡尾酒,但数量极少。

选择调酒辅料,品质和成本都要考虑。首要是品质,品质低劣的辅料会毁掉一杯鸡尾酒。也不必追求成本过高的辅料,也不见得能调出精品来。在辅料的选择上既要考虑让人满意的品质,也要考虑适中的价格。

3. 装饰物

图 5-2　鸡尾酒的装饰

装饰物、杯饰等是鸡尾酒的重要组成部分(图 5-2)。装饰物的巧妙运用,可有画龙点睛般的效果,使一杯平淡、单调的鸡尾酒立即鲜活生动起来,充满生活的情趣和艺术;一杯经过精心装饰的鸡尾酒不仅能捕捉自然生机于杯盏之间,而且也可成为鸡尾酒典型的标志与象征。对于经典的鸡尾酒,其装饰物的构成和制作方法是约定俗成的,应保持原貌,不得随意改变;而对创新的鸡尾酒,装饰物的修饰和雕琢则不受限制,调酒师可充分发挥想象力和创造力;对于不需作装饰的鸡尾酒品加以赘饰,则是画蛇添足,只会破坏酒品的意境。

鸡尾酒常用的装饰果品材料有樱桃(红、绿、黄色等)、柠檬、橄榄(青、黑色等)、珍珠洋葱(细小如指尖、圆形透明)等,归纳起来可以分为以下 4 类:

(1)水果类　是鸡尾酒装饰最常用的原料,如柠檬(黄色、绿色)、菠萝、苹果、香蕉、杨桃等。可将水果切配成片状、皮状、角状、块状等。有些水果掏空果肉后,是天然的盛载鸡尾酒的器皿,常见于一些热带鸡尾酒的调制,如椰壳、菠萝壳等。

(2)蔬果类　常见的有西芹条、酸黄瓜条、新鲜黄瓜条、红萝卜条等。

(3)花草绿叶　使鸡尾酒充满自然和生机,令人备感活力。以小型花序、小圆叶为主,常见的有新鲜薄荷叶、洋兰等。花草绿叶的选择应清洁卫生,无毒无害,不能有强烈的香味和刺激味。

(4)人工装饰物　包括各类吸管(彩色、加旋形等)、搅棒、象形鸡尾酒签、小花伞、小旗帜等,载杯的形状和杯垫的图案花纹也起到了装饰和衬托作用。

(三)鸡尾酒的命名

鸡尾酒的命名五花八门,同一结构与成分的鸡尾酒之间,稍作微调或装饰改动,又可衍生出多种不同名称的鸡尾酒。同一名称的鸡尾酒,世界各地的调酒师有着各自不同的诠释。鸡尾酒的命名虽然带有许多难以捉摸的随意性和文化性,但也有一些可遵循的规律。从鸡尾酒的名称入手,也可粗略地认识鸡尾酒的基本结构和酒品风格。

1. 根据基本结构、调制原料命名

(1)金汤力　即金酒加汤力水兑饮。

(2)B&B　由白兰地和香草利口酒混合而成,其命名采用两种原料酒名称的缩写。

(3)香槟鸡尾酒　主要以香槟、葡萄汽酒为基酒,添加苦精、果汁、糖等调制而成,其命名较为直观地体现了酒品的风格。

（4）宾治 宾治类鸡尾酒起源于印度，Punch 一词来自印度语中的 Panji，有"5 种原料混配调制而成"之意。

根据鸡尾酒的基本结构与调制原料命名的鸡尾酒范围广泛，直观鲜明，能够增加饮者对鸡尾酒风格的认识。除上述列举的外，诸如特基拉日出、葡萄酒冷饮、爱尔兰咖啡等均是这种命名方法。

2. 以人名、地名、公司名等命名

以人名、地名、公司名命名鸡尾酒等混合饮料，是一种传统的命名法，它反映了一些经典鸡尾酒产生的渊源，让人产生一种归属感。

（1）以人名命名 人名一般指创制某种经典鸡尾酒调酒师的姓名，或与鸡尾酒结下不解之缘的历史人物。

基尔（又译为吉尔）是 20 世纪 40 年，由法国勃艮第地区第戎（Dijon）市长卡诺·菲利克斯·基尔创制，以勃艮第阿里高特（Aligote，白葡萄品种）白葡萄酒和黑醋栗利口酒调制而成。血腥玛丽是对 16 世纪中叶英格兰都铎王朝为复兴天主教而迫害新教徒的玛丽女王的蔑称，该酒诞生于 20 世纪 20 年代美国禁酒法时期。汤姆·柯林斯（Tom Collins）由 19 世纪伦敦调酒师约翰·柯林斯（John Collins）首创。

此外，较为著名的以人名命名的鸡尾酒还有贝里尼（Bellini）、玛格丽特（Margarita）、秀兰·邓波儿（Shirley Temple）、巴黎人（Parisian）、红粉佳人（Pink Lady）、亚历山大（Alexander）、教父（Godfather）等。

（2）以地名命名 鸡尾酒是世界性的饮料，饮用各具地域和民族风情的鸡尾酒，犹如环游世界。马天尼（Martini）是 19 世纪 60 年代，美国旧金山一家酒吧的领班为一名酒醉将去马天尼市的客人解醉而即兴调制的鸡尾酒，并以"马天尼市"这一地名命名。曼哈顿这款经典的鸡尾酒据说是英国前首相丘吉尔的母亲杰妮创制，她在曼哈顿俱乐部为自己支持的总统候选人举办宴会，并用此酒招待来宾，以地名"曼哈顿"命名。自由古巴即朗姆酒可乐。20 世纪初，可口可乐在美国诞生，而此时古巴在美国的援助下，从西班牙统治下取得了独立。古巴特酿朗姆酒的英雄主义色彩产生了这一"自由古巴"（Viva Cuba Libre，自由古巴万岁），成为鸡尾酒之经典。以地名命名鸡尾酒的典型还有蓝色夏威夷、环游世界、布朗克斯、横滨、长岛冰茶、新加坡司令、得其利、阿拉斯加、再见东方之珠等。

（3）以公司名命名 以公司名及其酒牌名命名鸡尾酒，体现了鸡尾酒原汁原味、典型地道的酒品风格。为了倡导酒品最佳的饮用调配方式，生产商通常将鸡尾酒等混合饮料的配方印于酒瓶副标签口或单独印制手册，以飨饮者。百加得鸡尾酒必须使用百加得公司生产的朗姆酒调制。20 世纪 30 年代美国取消禁酒法，当时设在古巴的百加得公司为促进朗姆酒的销售设计了该酒品。此外，还有飘仙一号、阿梅尔·皮孔等。

3. 根据典型的酒品风格命名

根据鸡尾酒的色、香、味、装饰效果等自然属性命名，并借助鸡尾酒调制后所形成的艺术风格，产生无限的联想，试图在酒品和人类复杂的情感、客观事物之间寻找某种联系，使鸡尾酒的命名产生耐人寻味的意境。

（1）以色泽命名 除了一些远年陈酿的蒸馏酒外，鸡尾酒悦人的色泽绝大多数来自丰富多彩的配制酒、葡萄酒、糖浆和果汁等。色彩在不同场合的运用,表达着某种特定的符号和语言,从而创造出特别的心理感染和环境气氛。以色泽命名的鸡尾酒,如以红色命名的红粉佳人、红羽毛、红狮、红色北欧海盗;以蓝色命名的有蓝色夏威夷、蓝色珊瑚礁、蓝月亮、蓝魔等;绿色在鸡尾酒中有的也称为青色,如青草蜢、绿帽、绿眼睛、青龙等。此类命名常见的还有黑色、金色、黄色等。色彩的迷幻和组合也是鸡尾酒命名的要素之一,例如彩虹鸡尾酒、万紫千红等。

(2)以典型的口感、口味命名　以酸味命名的较多,如威士忌酸酒、杜松子酸酒、白兰地酸酒等。

(3)以典型香型命名　鸡尾酒的综合香气效果主要是来自基酒和提香辅料中的香气成分,这种命名方法常见于中华鸡尾酒,如桂花飘香(桂花陈酒)、翠竹飘香(竹叶青酒)、稻香(米香型小曲白酒)等。

4. 以鸡尾酒为载体的人文特性命名

调酒技术和多元文化的亲和,使鸡尾酒充满了生命力,而鲜明的人文特性,包括情感、联想、象征、典故,一切时间、空间、事物、人物等都成了鸡尾酒形象设计、命名取之不竭的源泉。

(1)以时间命名　并不是专指在某一特定时间段内饮用的鸡尾酒,这类鸡尾酒的产生往往是为了纪念某一特定的日子及其印象深刻的人物、事件和心情等,如狂欢日、20世纪、静静的星期天、黑色星期一、六月新娘、未来等。

(2)以空间命名　将大千世界的天地之气、日月星辰、风雨雾雪、名山秀水、繁华都市、乡野村落等一一捕捉于杯中,融入酒液,从而使人的精神超越时间、空间的界限,产生神游之感。包括上文所提及的以地名命名的著名鸡尾酒,再如永恒的威尼斯、卡萨布兰卡、跨越北极、万里长城、雪国、海上微风、天堂、飓风等。

(3)以博物命名　大自然中万事万物,姿态万千,充满勃勃生机。花鸟鱼虫显露出生活的闲情逸致;草长莺飞激发起内心的萌动,所有这些为鸡尾酒的创作和命名提供了广博的素材。鸡尾酒的命名以及所产生的联想和情境,愈加提升了生活的艺术,如三叶草、枫叶、含羞草、小羚羊、勇敢的公牛、蚱蜢、狗鼻子、梭子鱼、老虎尾巴、金色拖鞋、唐三彩、雪球、螺丝钻、猫眼石、翡翠等。

(4)以人物命名　以人物命名鸡尾酒,在杯光酒影中倒映着一个个鲜活的面容和形象,使鸡尾酒与人之间更增添了某种亲和力。以人物命名包括历史人物、神话人物以及某类生存状态的人群等,如拿破仑、伊丽莎白女皇、罗宾汉、亚历山大姐妹、亚当与夏娃、甜心玛丽亚等。

(5)以人类情感命名　以人类情感命名,喜怒哀乐跃然于酒中,载情助兴,如少女的祈祷、天使之吻、恼人的春心、灵感、金色梦想等。

(6)以外来语的谐音命名　大多为异族语汇中对某一事物或状态的俚语、昵称等,从而使鸡尾酒风行更具民族化,如琪琪、依依、老爸爸等。

(7)以典故命名　典故性较强、流传较为广泛的鸡尾酒品有马天尼、曼哈顿、红粉佳人、自由古巴、莫斯科骡子、迈泰、旁车、马颈、螺丝钻、血腥玛丽等。

鸡尾酒命名的直观形象性、联想寓意性和典故文化性是任何单一酒品的命名所无法比拟的,鸡尾酒命名所产生的情境是鸡尾酒文化的重要组成部分,也是其艺术化酒品特征的显现。

（四）鸡尾酒的分类

鸡尾酒是不限种类调制的混合饮料,因此世界上究竟有多少种鸡尾酒的配方和名目无法统计。根据鸡尾酒的酒品风格特征、饮用方式、调制方法等因素,鸡尾酒呈现出不同的分类体系。

1. 根据成品的状态分类

（1）调制鸡尾酒　按一定的配方调制而成的鸡尾酒。

（2）预调鸡尾酒　如同单一酒品,生产商精选一些典型、性状稳定的鸡尾酒配方调制装瓶(罐)而成,开瓶(罐)后即可饮用。

（3）冲调鸡尾酒(速溶鸡尾酒)　生产商将鸡尾酒的成分浓缩成可溶性的固体粉末呈晶状,一小袋为一杯的分量,在杯中或摇酒壶中加入冰块、粉末、基酒以及其他软饮料冲调而成,速溶鸡尾酒以水果风味的热带鸡尾酒较多。

2. 根据酒精含量和分量分类

（1）长饮类鸡尾酒　以蒸馏酒、配制酒等为基酒,加水、果汁、碳酸类汽水、矿泉水等勾兑和稀释而成。在长饮类鸡尾酒等混合饮料中,基酒用量较少,通常为 1 盎司,软饮料等辅料用量多,形成了混合饮品酒精含量少、饮品分量大、口味清爽平和、性状稳定的特点。长饮类鸡尾酒采用高杯盛载,并配以柠檬片等装饰调味,配以吸管、搅棒供搅匀和吸饮。酒精含量在 10% 以下,放置 30 min 也不会影响其风味。

（2）短饮类鸡尾酒　相对于长饮类鸡尾酒,短饮类鸡尾酒酒精含量高,分量较少,通常一饮而尽,如马天尼、曼哈顿等。基酒分量通常在 50% 以上,高者可达 70%～80%,酒精含量在 30% 左右。

3. 根据饮用温度分类

（1）冰镇鸡尾酒　加冰调制或饮用。

（2）常温鸡尾酒　无须加冰调制或在常温下饮用。

（3）热饮鸡尾酒　调制时按照配方加入热的咖啡、牛奶或热水等,或酒品采用燃烧、烧煮、温烫等加热升温。饮用温度不宜超过 70℃,以免酒精挥发。

4. 根据饮用的时间、地点、场合分类

（1）餐前鸡尾酒　又名餐前开胃鸡尾酒,具有生津开胃、增进食欲之功效。通常含糖量较低,口味略酸、甘洌,例如马天尼、曼哈顿、血腥玛丽、基尔以及各类酸酒等。

（2）餐后鸡尾酒　餐后饮用,是佐食甜品、帮助消化的鸡尾酒。口味甘甜,惯用各式色彩鲜艳的利口酒调制,尤其是具有清新口气、增进消化的香草类利口酒和果叶类利口酒。常见的餐后鸡尾酒有彩虹鸡尾酒、B&B,亚历山大、斯汀格、天使之吻等。

（3）佐餐鸡尾酒　色泽鲜艳、口味干爽,较辛辣,具有佐餐功能,注重酒品与菜肴口味的搭配。在西餐中可作为开胃品、汤类菜的替代品,但在正式的餐饮场合,佐餐酒多为葡萄酒。

（4）全天饮用鸡尾酒　形式和数量最多,酒品风格各具特色,并不拘泥于固定的形式。

除上述 4 种常见的鸡尾酒类型外,还有清晨鸡尾酒、睡前(午夜)鸡尾酒、俱乐部鸡尾酒、季节(夏日、热带、冬日)鸡尾酒等。

5. 根据基酒分类

按照鸡尾酒的基酒分类是一种常见的分类方法,它体现了鸡尾酒酒质的主体风格。

（1）以金酒为基酒　如红粉佳人、金汤力、马天尼、金菲士、阿拉斯加、蓝色珊瑚礁、探戈等。

（2）以威士忌为基酒　如曼哈顿、古典鸡尾酒、爱尔兰咖啡、纽约、威士忌酸酒、罗伯罗伊等。

（3）以白兰地为基酒　如亚历山大、B&B、边车、斯汀格、白兰地蛋诺、白兰地酸酒等。

（4）以伏特加为基酒　如黑俄罗斯、血腥玛丽、螺丝钻、莫斯科骡子、琪琪、咸狗等。

（5）以朗姆酒为基酒　如百家得鸡尾酒、自由古巴、迈泰、蓝色夏威夷、黛绮丽等。

（6）以特基拉为基酒　如玛格丽特、特基拉日出、斗牛士、特基拉日落等。

（7）以中国白酒为基酒　如梦幻洋河、翠霞、干汾马天尼等。

（8）以配制酒为基酒　如金色凯迪拉克、彩虹鸡尾酒、万紫千红、蚱蜢、金巴利苏打、瓦伦西亚等。

（9）以葡萄酒为基酒　如香槟鸡尾酒、红葡萄酒宾治、基尔、含羞草、贝里尼等。

6. 根据综合因素分类

根据混合饮料的基本成分、调制方法、总体风格及其传统沿革等综合因素,将鸡尾酒分类,比如亚历山大类、开胃酒类、霸克类、考伯乐类、柯林斯类、克拉斯特类、杯饮类、奶油类、得其利类、黛西类、菲利普类、漂浮类、弗来培类、占列类、高杯类、热饮类、朱力普类、马天尼类、曼哈顿类、香甜热葡萄酒类、格罗格类、密斯特类、尼格斯类、古典类、宾治类、普斯咖啡类、兴奋饮料类、帕弗类、瑞克类、珊格瑞类、席拉布类、斯加发类、思曼希类、司令类、酸酒类、斯威泽类、双料酒类、托地类、赞比类、赞明类等。

（五）酒精度的准确计算

实例　一种蒸馏酒的酒精度为 A,一种果酒的酒精度为 B,两者调和后,混合酒的酒精度为 C。则 $A-C$ 即为 E,$C-B$ 即为 D,D/E 为所需的蒸馏酒与果酒的比例(图 5-3)。

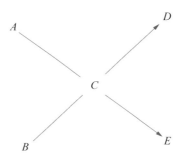

图 5-3　酒精度换算

如 $A=40,B=12$,混合后 $C=28$,则 $D=C-B=16,E=A-C=12,D/E=1.33$。即如果蒸馏酒取 30 mL,则果酒需要量取 $30/1.33=22.6$ mL。

调酒师可工作笔记上采用上述方法写出许多配方来,并记在脑子里,以使得心应手地操作。

也可以采用这样的计算法:例如用 10 L 酒精体积分数为 15% 的果酒与 1 L 酒精体积分数为 40% 的白兰地混合成 12 L 酒,则其酒精体积百分数为 $[(10\times15)+(40\times1)]\div12\approx15.8$。

但在实际操作中,在两种酒混合或加水时,其最终的体积并不是准确的两者或 3 者之和;何况在调制鸡尾酒时,往往还需加冰或苏打水等材料。所以,如何准确计算和确定鸡尾酒的酒度,以及是否各款鸡尾酒而异,尚须讨论。但无论如何,对于一名高级调酒师来说,在调制自己所熟知的几十款鸡尾酒的时候,应该知道其大体的酒精度。各量科学位换算方法见表 5-1。

表 5-1 调酒材料的量度换算表

序号	容量单位	等量换算(盎司)	等量换算(其他单位)	备注
1	盎司	1	30 mL	基本单位
2	滴/醑	1/32	—	酒的微量单位
3	茶匙	1/2	15 mL	也称为 1/2 的食匙
4	汤匙(桌匙)	3 茶匙	—	—
5	小杯	1	30 mL—	—
6	量杯	1.5	45 mL—	—
7	酒杯	4	120 mL—	—
8	瓶	24	70 mL—	—
9	single	—	—	单份(无具体容量)
10	double	—	—	双份(无具体容量)

二、载杯与调酒用具

1. 鸡尾酒载杯

(1)鸡尾酒杯 传统的鸡尾酒杯通常呈倒三角形或倒梯形,容量为 4.5 盎司左右,专门用来盛放各种短饮料(图 5-4)。鸡尾酒杯还可以是各种形状的异形杯,但所有的鸡尾酒杯都必须具备以下条件:

① 不带任何花纹和色彩,色彩会混淆酒的颜色;

② 不可用塑料杯,塑料会使酒走味;

③ 以高脚杯为主,便于手握。因为鸡尾酒要保持其冰冷度,手的触摸会使其变暖。

(2)高杯和柯林杯 高杯又称为高球杯或直筒杯,一般容量为 8~10 盎司,常用于各种简单的高球饮料,如金汤力等。柯林杯是比高杯细而长,像烟囱一样的大酒杯,其容量为 10~12 盎司,适用于如汤姆柯林类的饮料,通常要加两支吸管。

图 5-4 鸡尾酒杯

(3)老式杯 又称为岩石杯,饮用威士忌加冰块等酒时用。以前饮用老式鸡尾酒时也用此杯。该杯身材矮小,杯口较宽,容量为 8 盎司左右。

(4)威士忌杯 纯饮威士忌时使用威士忌杯,通常容量为 1 盎司。用这种杯子饮用威士忌可以充分享受威士忌的色彩。此外,有时还可以用作量杯。

(5)白兰地杯 酷似郁金香形状的酒杯,腰部丰满,杯口缩窄。使用时以手掌托杯身,让手温传入杯中使酒变得温暖,并轻轻摇晃杯子,充分享受杯中的酒香。这种杯子容量很大,通常为8盎司左右。但饮用白兰地时一般只倒1盎司左右,酒太多不易很快温热,就难以充分品尝到酒味。

(6)香槟杯 有很多种,常用的有浅碟香槟杯和郁金香形香槟杯两种。浅碟香槟杯常用于庆典场合,也可用来盛鸡尾酒,如宾治等,容量为3~6盎司,以4盎司的香槟杯用途最广。

(7)酸酒杯 通常把带有柠檬味的酒称为酸酒,饮用这类酒用酸酒杯。酸酒杯为高脚杯,容量为4~6盎司。

(8)利口杯 容量为1盎司的小型有脚杯,杯身为管状,可以用来饮用五光十色的利口酒,大型利口杯还可以用来盛彩虹酒等。

(9)雪莉杯 饮用雪莉酒时使用的杯子,容量为2盎司左右。

(10)啤酒杯 有带把和无把两种,无把的啤酒杯品种很多,形状更是不一样,容量为10~12盎司。

此外,还有红、白葡萄酒杯,高脚杯、宾治杯,等等,部分常见鸡尾酒载杯如图5-5所示。

老式杯　柯林杯　白兰地杯　玛格利特杯

马天尼杯　铜制马克杯　飓风杯　爱尔兰咖啡杯

波可杯　格兰凯恩杯　雪莉酒杯　烈酒杯

利口杯　高球杯　香槟杯　TIKI杯

图5-5　常见鸡尾酒载杯

常用杯具根据行业习惯还可分成以下系列:

（1）平底杯系列　平底杯系列有量杯或净饮杯、高杯、冷饮杯、柯林杯、赞比杯等。

（2）高脚杯系列　高脚杯系列有鸡尾酒杯、玛格丽特杯、浅碟香槟杯、利口酒杯、酸酒杯、郁金香形香槟杯、多功能葡萄酒杯。

（3）啤酒杯　啤酒杯种类较多，形状各异，有平底皮尔森杯、异形啤酒杯和传统的啤酒杯。

2. 鸡尾酒调酒用具

（1）摇酒壶　又名调酒壶、雪克壶，用来将各种调酒材料摇匀，有大号、中号、小号3种。容量从250～550 mL不等，以不锈钢制品最为普遍。此外，还有合金、镀银等高档产品。摇酒壶通常为三段式，即壶身、滤冰器和壶盖3部分（图5-6）。波士顿摇酒壶为两段式，只有壶身和壶盖两部分（图5-7）。

图5-6　三段式摇酒壶

图5-7　波士顿摇酒壶

（2）调酒杯　一种体高、底平、壁厚的玻璃器皿，有的标有刻度，用来量酒水，也可以用来盛放冰块及各种饮料（图5-8）。典型的调酒杯容量为16～17盎司。

图5-8　调酒杯

图5-9　吧匙

（3）吧匙　最有用的调酒用具之一（图5-9），有很多不同的用途，包括搅拌饮料、当测量勺、平衡手感。作为精细测量,你可以用它来控制各个混合成分的数量。

（4）螺丝开瓶器　这是酒吧最常用的一种多功能开瓶钻(图5-10),通常配备锋利的小刀,以便顺利割开酒的铅封。除了普通的扳头外,还有一个螺旋式钻头,长短粗细适中,可以用来开启软木塞包装的葡萄酒。此外,还有各种各样的开瓶器、开罐器等。

（5）滤冰器　调酒时用于过滤冰块的工具(图5-11)。

图5-10　螺丝开瓶器　　　　图5-11　滤冰器　　　　图5-12　量酒器

（6）量酒器　由两个大小不一对尖的圆锥形组成的不锈钢器皿(图5-12),两头容量为(1+1.5)盎司、(1.5+2)盎司或者(1+2)盎司组合,这种容器用于精确计量酒品使用,一般称为measurer或者jigger。

（7）冰夹　由不锈钢制成,用来夹冰块(图5-13)。

（8）调酒棒　调酒过程中常用的工具,主要用于搅拌和混合酒液或其他饮品材料(见图5-14)。

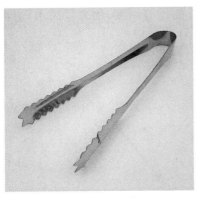
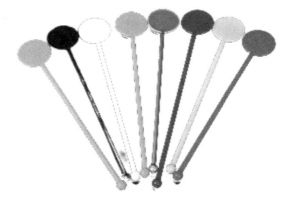

图5-13　冰夹　　　　　　　图5-14　调酒棒

（9）吸管　或称饮管,用来饮用杯中饮料。

（10）冰铲或冰勺　如图5-15所示。

（11）鸡尾酒签　用来穿刺鸡尾酒装饰物(图5-16)。除与水果搭配制作成各式装饰外,目前市场上也供应大量花式酒签。

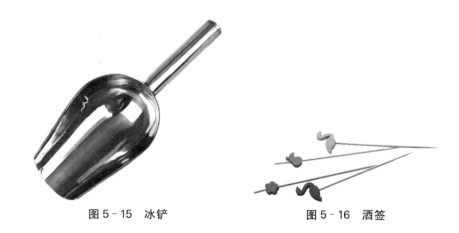

图5-15　冰铲　　　　　　　　图5-16　酒签

（12）打蛋器　用来将鸡蛋的蛋清和蛋黄打散充分融合成蛋液,或单独将蛋清和蛋黄打到起泡的工具。

（13）冰桶　用来冷却需要在冰爽状态下品尝的酒,同时也是调酒中盛放冰块的容器,一般是不锈钢制品。

（14）砧板和水果刀

（15）各式杯垫

此外,酒吧调酒工具还有各式瓶嘴、调料瓶、碎冰锥、红酒过滤器、柠檬榨汁器、电动搅拌机、榨汁机等。

三、鸡尾酒调制专业术语与调制要点

（一）鸡尾酒调制术语

（1）基酒　调配鸡尾酒必不可少的基本原料酒,一般是蒸馏酒、酿造酒、混配酒中的一种或几种,用作基酒最多的是蒸馏酒和酿造酒。

（2）烈酒　酒精含量较高的酒,广义上讲,包括了所有蒸馏酒。如金酒、伏特加、朗姆酒、特基拉,以及中国的茅台、五粮液等无色透明的蒸馏酒。烈酒在我国又称为白酒。

（3）纯饮　不加入任何东西,单纯饮用某种酒品。

（4）涩味酒　调好的略带辛辣味的鸡尾酒。

（5）干型、半干型　酒混合后的味为辣味而不是甜味的酒。而在葡萄酒中,干和半干则表示葡萄酒中含糖量较低,含酸量较高。

（6）酒后水　一是喝过较烈的酒之后,在杯中加入冰水品饮,可与烈酒中和并保持味觉的新鲜,可以根据个人喜好加入苏打水、啤酒、矿泉水等代替。二是指在饮料中加入某些材料使其浮于酒中,如鲜奶油等,比重较轻的酒可浮于苏打水上。

（7）酒精饮料　任何含有食用酒精(乙醇)的饮品都称为酒精饮料。

（8）混合饮料　包括含酒精和不含酒精,经过加工、调制的饮料。

（9）短饮和长饮　短饮一般指酒品用冰镇法冷却后注入带脚的杯子,短时间内饮用;长饮又分为冷饮和热饮两种。一般用水杯、柯林杯或高脚水杯等大型酒具作容器。冷饮多为消暑佳品,杯中放入冰块,饮者长时间感到凉爽。热饮为冬季必需,杯中加入热水或热牛奶等。

(10) 清尝　只喝一种纯粹的、不经任何加工的饮料。如在美国酒吧,点威士忌时,侍者会问加冰饮用还是纯净的。一般回答纯净的或加冰饮用,也可说清尝。

(11) 注入调和器　一种附于苦味酒瓶的计量器。

(12) 滴　drop,通俗的计量单位。

(13) 盎司　专业计量单位,简写为 OZ。鸡尾酒配方中 1 盎司约为 30 mL。英制盎司 = 28.35 mL,美制盎司 = 29.57 mL。

(14) 茶匙　计量单位,spoon。1 spoon = 10 drop。

(15) 单份　30 mL。

(16) 双份　60 mL。

(17) 份酒　简便的量酒方法,将酒倒入普通玻璃杯(容量约 240 mL)后用手指来量度,一手指量约为 30 mL,又称为单份;二手指量约为 60 mL,又称双份。

(18) 品味、风格　品酒时使用的专门术语,有品味、味道等意思。

(19) 精华酒　加热时,水分、酒精等蒸发后残存的糖分、灰分和不挥发的有机酸,是形成酒香和酒味的关键。其含量越高,酒的比重越大,是调制彩虹酒的重要因素。

(20) 过滤　把摇壶内或调酒杯内的鸡尾酒摇匀后,用滤冰器滤去冰块,并将酒倒入鸡尾酒杯或其他杯内。

(21) 兑和　将材料直接放入鸡尾酒杯中调制。

(22) 漂浮　利用酒的比重差别,使同一杯中的几种酒不相混合的调酒方法。如将一种酒漂浮于另一种酒上,使酒漂浮在水或软饮料上。彩虹酒即是采用此法调成的。

(23) 配方　调和分量和调制方法的说明。

(24) 薄片　把柠檬、橙等切成薄片,厚薄要适当。

(25) 果皮　切剥果皮,将柠檬皮和橙皮中的油挤入酒面上,以增加香味。要切成薄片,不能带果肉,否则难以挤出汁水。

(26) 榨汁　调制鸡尾酒最好用新鲜果汁作材料,可用榨汁机榨出新鲜果汁。

(27) 糖浆　鸡尾酒大多带有甜味,需要糖分,但酒是冷的,加砂糖不易溶解,而糖浆容易溶解于酒中。糖浆是按照一定比例用砂糖熬制而成的。

(二) 鸡尾酒调制要点

1. 调制基础与材料选择

(1) 严格配方　任何鸡尾酒必须严格按其配方调制。

(2) 精确量度　必须使用量酒器,正确量度各种调酒材料,以保证鸡尾酒纯正的口味,切忌随手乱倒。

(3) 成本效益　各种材料选择应以价廉物美的酒品为原则,选择昂贵的高级品是一种浪费。

(4) 辅料质量　辅料需新鲜优质,尤其是各类果汁、鸡蛋、奶油等。使用劣质品只会损坏酒品的口味,使其失去应有的风味。

2. 冰块与量度单位

(1) 冰块要求　需新鲜坚硬,碎冰仅用于搅和法。

（2）严格控制　配方中如有"滴""匙"等量度单位,必须严格控制,特别是使用苦精等材料时,应防止用量过多而破坏酒品的味道。

3. 特定材料与准备

（1）鸡蛋的使用　常使用鸡蛋清,其目的只是增加酒的泡沫,调节酒的颜色,对酒的味道不会产生影响。但鸡蛋必须新鲜,蛋清与蛋黄分开,蛋清中不可混有蛋黄。蛋清一般可在调酒前预先准备好,并用杯子装好,略加搅匀后备用。

（2）糖粉与糖浆　若使用糖粉,应先用苏打水将其融化,然后再加入其他材料调制,尽量使用糖浆,少用糖粉。

（3）清糖浆制备　常使用清糖浆,可预先准备。其制法是将糖与水按 3∶1 的比例熬煮,冷却后备用。

4. 调制技巧与顺序

（1）现调现喝　宜即时调制即时饮用,调制好的鸡尾酒放久了会丧失酒品的韵味。

（2）摇晃技巧　摇晃时动作要快,铿锵有声,使酒充分混合。

（3）搅拌技巧　迅速搅拌,避免冰块融化过多。

（4）放料顺序　先基酒后辅料,减少冰块融化。

5. 调制完成与清洁

（1）迅速滤酒　鸡尾酒调完后应迅速滤入杯中。酒壶中若有剩余的酒也应尽快滤出,将酒壶洗净以备再用。

（2）清洗量杯　量杯使用过后必须尽快清洗干净,避免影响下一杯酒的口味。

6. 服务细节与装饰

（1）盖紧瓶盖　调酒前必须将所有用料准备好,瓶盖打开,避免用一样取一样,浪费制作时间,酒用完后立即盖紧。

（2）控制酒量　往杯中倒酒时,需控制好每份酒的酒量,不宜倒得太满,一般需留出离杯口 1/8 的空间用于装饰。

（3）展示动作　将载杯置于吧台上,尽量让客人看到调酒动作。

（4）均匀分配　调制一杯以上同类酒品,由摇酒壶或调酒杯往杯中倒时,可将杯子排成一行,杯缘相接,然后平均分配调制好的酒品,即从左往右,再从右往左,反复分倒,直至倒完。

（5）新鲜装饰　用于装饰的水果必须新鲜,且当天用当天准备,隔天的水果装饰物不宜再用。

（6）装饰要求　用于装饰的水果片如柠檬片、橙片等切片不宜太薄,一般厚度为 0.5 cm 左右,水果皮为 0.5 cm 宽,2～3 cm 长,但必须切除其内层的白囊。

（7）保存装饰物　罐装、瓶装的樱桃、橄榄等一般根据使用量提前取出,并用清水冲洗干净后用保鲜膜封好,放入冰箱备用。

7. 特殊注意事项

（1）水果榨汁技巧　柠檬、橙等水果在榨汁前最好先用热水泡,可多产生 1/4 以上的果汁。

（2）提前装饰　糖霜或盐霜杯口需在调酒前做好备用,而不应在鸡尾酒调好了再做,这样会使酒中冰块融化,冲淡酒味。

(3)装饰原则　严格遵循配方的要求,宁缺毋滥。自创鸡尾酒的装饰物也应以简洁、协调为原则,切忌喧宾夺主。

(4)装饰位置　装饰物一般置于杯口,但如果酒液清澈透明,水果装饰物也可以放入酒中,但需注意卫生。

8. 卫生与操作规范

(1)保持清洁　调酒师必须时刻保持吧台和自己的清洁卫生,各种用具随用随洗,并保持双手干净。

(2)轻拿轻放　避免操作噪音影响客人,破坏酒吧气氛。

(3)检查杯具　使用前检查酒杯是否清洁、无破损。

(4)取拿杯具　握持方式正确,避免污染。取拿杯具时,有脚的握杯脚,无脚的应拿杯子1/2以下部分。养成良好的职业习惯,切忌用手抓住杯口或将手指伸进杯内。

9. 特殊饮料处理

(1)含气饮料　苏打水、汤力水等含气的饮料不可放入摇酒壶中摇晃,以免发生危险,造成损失。

(2)稀释液用量　若配方中有"加满苏打水"等内容,必须掌握好这类稀释液的用量,避免用量过大使酒液口味变淡。

10. 热饮鸡尾酒

热饮鸡尾酒温度不超过78.3℃,超过此温度就会使酒精蒸发掉。

11. 专业形象

避免空瓶展示。酒瓶快空时及时更换,不在客人面前显示空瓶。更不应用两个瓶里的同一酒品来为客人调制同一份鸡尾酒。

任务二　鸡尾酒的调制方法——摇和法

一、摇和法含义

摇和法又称为摇晃法、摇荡法。当鸡尾酒中含有柠檬汁、糖、鲜牛奶或鸡蛋时,必须采用摇和法将酒摇匀。摇和法采用的调酒用具是摇酒壶。摇酒壶由壶身、滤冰器和壶盖3部分组成。

二、摇和法分类

(1)单手摇　用右手食指卡住壶盖,其他4指抓紧滤冰器和壶身,依靠手腕的力量用力左右摇晃。同时,小臂轻松地在胸前斜向上下摆动,多方位使酒液在摇酒壶中混合(图5-17)。单手摇法一般只适用于小号摇酒壶,如使用中号或大号摇酒壶就必须用双手摇。

图 5-17 单手摇和法持壶手法

图 5-18 双手摇和法持壶手法

（2）双手摇 如图 5-18 所示，左手中指托住壶底，食指、无名指及小指夹住壶身，拇指压住滤冰器；右手的拇指压住壶盖，其他手指扶住壶身。双手协调用力将摇酒壶抱起，通常手掌不能接触摇酒壶；否则会提高摇酒壶的温度，改变鸡尾酒的味道。沿胸前左斜上方→胸前→左斜下方→胸前→右斜上方→胸前→右斜下方→胸前的线路往返摇晃。一般的鸡尾酒来回摇晃五六次，手指感到冰凉，且摇酒壶表面出现雾气或霜状物即可；若有鸡蛋或奶油则必须多摇几次，使蛋清等能与酒液充分混合。

三、摇和法使用工具及操作程序

1. 使用工具

作为调制鸡尾酒的一种经典手法，摇和法的工具至关重要。这些工具包括：

（1）摇酒壶 摇和法的核心工具，用于混合和冷却鸡尾酒原料。

（2）量酒器 确保每种酒水的用量准确无误，按照配方规定配比。

（3）冰铲与冰夹 用于从冰桶中取出冰块，保持手部不与冰块直接接触，避免污染。

（4）冰桶 储存冰块，保持冰块的新鲜和清洁。

（5）滤冰器 安装在摇酒壶上，用于过滤掉摇和后的碎冰，确保酒液清澈。

（6）载杯 用于盛装调制好的鸡尾酒。

（7）杯垫 放置在桌面，防止载杯底部直接与桌面接触，增加美观度并保护桌面。

（8）口布 用于擦拭调酒工具及载杯边缘，保持清洁卫生。

2. 摇和法规范操作程序

（1）准备阶段 检查所有材料和工具是否齐全、整洁，确保载杯清洁无瑕疵。

（2）冰杯 对于短饮类鸡尾酒，建议提前将载杯放入冰箱或使用冰块冰镇，以保持酒液温度。

（3）加冰 在摇酒壶中加入适量冰块，一般八分满，以便充分冷却酒液。

（4）示酒 展示酒瓶和酒标，让顾客了解所用酒水原料。

（5）开瓶与量酒 轻轻开启酒瓶，避免剧烈晃动，使用量酒器精确量取所需酒水，按配方顺序加入摇酒壶。

（6）摇和 盖上过滤网和壶盖，用力而均匀地摇动摇酒壶，直至壶身起霜，表示酒液已充分混合并冷却。

（7）滤酒　取下壶盖,用食指压住过滤网防止脱落,将摇和好的鸡尾酒滤入载杯中,确保无碎冰残留。

（8）装饰与呈现　在载杯口放上装饰物,如柠檬片、薄荷叶等,提升视觉效果。

（9）上桌　将调制好的鸡尾酒放在杯垫上,送到顾客面前,并礼貌地示意慢用。

（10）清理与归位　调制结束后,及时清理使用过的工具和材料并归位,保持吧台整洁有序。

四、摇和法操作的注意事项

（1）避免碳酸饮料　不宜加入碳酸类饮料,以免产生过多泡沫影响口感。

（2）注意朝向　摇酒时摇酒壶应避免正对顾客造成不适或危险。

（3）操作顺序　遵循先冰后酒的原则,确保酒液得到充分冷却。

（4）避免手温影响　手掌不要直接接触壶身,以防体温加速冰块融化。

（5）特殊材料处理　对于不易混合的材料,如鲜奶、奶油等,需增加摇晃次数和力道。

（6）精确量取　严格按照酒谱规定的配方材料分量量取,确保鸡尾酒口感一致。

（7）操作规范　保持动作的规范、流畅和观赏性,减少滴酒浪费现象的发生。

任务三　鸡尾酒的调制方法——调和法

一、调和法含义

调和法是使用吧匙将酒水材料调和均匀的方法,又称为搅拌法。使用调酒杯、吧匙、滤冰器等器具。在调酒杯中放入数块冰块并加入调酒材料。用左手的拇指和食指抓住调酒杯底部,右手拿着吧匙的背部贴着杯壁,以拇指和食指为中心,用中指和无名指控制吧匙,按顺时针方向旋转搅拌。旋转五六圈后,左手指感觉冰凉,调酒杯外有水汽析出,搅拌结束。这时,用滤冰器卡在调酒杯口,将酒滤入杯中。

二、调和法分类

调和法分为两种,即调和、调和与滤冰。

（1）调和　在酒杯中加入冰块,再根据酒谱将配方材料按标准容量倒入酒杯;用吧匙调和均匀,使所有材料冷却并混合。常用柯林杯或海波杯作载杯。

（2）调和与滤冰　在调酒杯中加入冰块,再根据酒谱将配方材料按标准容量倒入调酒杯。用吧匙调和均匀后,用滤冰器过滤冰块,将酒水倒入载杯。常用于调制烈性的鸡尾酒,酒水材料清澈,酒味较辛辣,后劲较强,如曼哈顿、干马天尼。

三、调和法使用工具和操作程序

1. 调和法使用工具

调和法使用工具包括调酒杯、吧匙、滤冰器、量酒器、冰铲、冰夹、冰桶、载杯、杯垫、口布、吸管、搅拌棒等。

2. 调和法规范操作程序

（1）检查所需的材料和装饰物原料是否备齐、整洁、干净。

（2）检查载杯清洁情况,确保载杯无指纹、口红印迹、裂痕等。

（3）先在调酒杯或载杯中放入冰块。

（4）示酒,将酒瓶倾斜,与平面呈 45°,将酒标正面朝向顾客,以展示调制所需酒水原料。

（5）开瓶时,尽量握紧酒瓶,避免剧烈晃动。

（6）使用量酒器,按配方规定的量往调酒杯里量入酒水原料;先加基酒,再加其他酒类材料,最后量取、加入其他非酒类材料。

（7）左手大拇指与食指、中指握住调酒杯底部,右手中指与无名指夹住吧匙;手腕发力,无名指推动吧匙按顺时针方向旋转搅拌。

（8）短饮类:待调酒杯外有水汽析出,酒液充分混合,搅拌结束;用滤冰器卡住调酒杯杯口,将酒滤入载杯中,再加装饰物。长饮类:待载杯外有水汽析出,酒液充分混合,搅拌结束,放上装饰物,最后插入吸管和搅拌棒。

（9）将调制好的鸡尾酒放在杯垫上,并示意顾客慢用。

（10）将酒水原料归位,清洗调酒工具,最后整理吧台。

四、调和法操作注意事项

（1）调和整体动作幅度小,动作轻柔,右手不能顺着吧匙上下滑动。

（2）吧匙的背部必须紧贴调酒杯的内壁,以充分混合酒液,不可随意乱搅。

（3）吧匙放入或取出时,吧匙的背部应向上,避免多余的酒液滴落杯外。

（4）调和过程中尽量不发出声音。

（5）吧匙应浸泡在干净的水中,浸泡的水需经常更换。

（6）调和时应注意调和速度不宜过快,防止酒液溢出杯外。

（7）调和法调和时间不宜过长,通常调和时间为 5 s 左右,调和 10～15 次。

（8）调制动作规范、流畅、有观赏性,避免滴洒浪费酒水情况发生。

课后练习

曼哈顿鸡尾酒制作流程分析

作为一款经典而优雅的鸡尾酒,曼哈顿鸡尾酒以其深邃的色泽、复杂的口感和独特的配方赢得了全球调酒师与鸡尾酒爱好者的青睐。它融合了威士忌的醇厚与味美思的香甜,再辅以樱桃的点缀,每一口都是对味蕾的极致诱惑。下面以详细的步骤分析来揭示这款经典鸡尾酒的制作奥秘。

一、制作步骤详解

1. 准备阶段:选择工具与材料

（1）鸡尾酒杯 选用一只干净、透明的鸡尾酒杯,以便于观察酒液的色泽并展现其美感。

（2）调酒杯 选择容量适中的调酒杯,确保有足够的空间混合而不至于溢出。

（3）冰块　提前准备好足够的冰块,用于冷却酒液并稀释酒精,提升口感。

（4）原料　准备好适量的威士忌(通常为黑麦威士忌或波本威士忌)和味美思(干型或甜型,根据个人口味选择)。

（5）装饰物　一颗鲜艳的红樱桃,用于最后装饰,增添视觉美感。

2. 调制阶段

第一步：在调酒杯中加入适量的冰块　冰块不仅能迅速降低酒液温度,还能在搅拌过程中帮助稀释酒精,使口感更加柔和。

第二步：量取原料　使用量酒器精确量取威士忌和味美思。传统上,曼哈顿鸡尾酒的配方比例是威士忌与味美思2∶1,但也可以根据个人口味适当调整。

第三步：搅拌融合　用吧匙轻轻插入调酒杯中,沿同一方向旋转搅拌。让威士忌与味美思充分混合,使冰块缓慢融化,达到理想的口感和风味。

第四步：滤酒入杯　使用过滤器或直接将调酒杯倾斜,将混合好的酒液滤入准备好的鸡尾酒杯中。注意保持动作平稳,避免酒液溅出。

第五步：装饰点缀　在鸡尾酒杯边缘轻轻放上一颗樱桃作为装饰。樱桃的红色不仅为鸡尾酒增添了色彩,其酸甜的味道也能与酒液形成美妙的对比,提升整体风味体验。

二、小结

曼哈顿鸡尾酒的制作过程虽然简单,但每一步都蕴含着对细节的极致追求。从选材到制作,再到最后的装饰,每一个环节都需精心操作,方能呈现出这款经典鸡尾酒的独特魅力。通过掌握以上步骤,你也能在家中轻松调制出一杯令人陶醉的曼哈顿鸡尾酒,享受属于自己的微醺时光。

任务四　鸡尾酒的调制方法——兑和法

一、兑和法含义

在鸡尾酒调制领域中,兑和法是一种古老而经典的调制方法。直接将精心挑选的原料按照特定的比例和顺序倾注于杯中,无需额外的搅拌或混合过程。这种方法的核心在于保留每种原料的原始韵味、色泽和口感,让它们在杯中自然融合,形成独特的风味和视觉效果。

二、兑和法分类

兑和法分为两种,即直接兑和法和分层法。

（1）直接兑和法　将酒谱配方中的酒及其他材料,依据标准分量直接倒入杯里,不需搅拌。

（2）分层法(漂浮法)　根据酒水含糖量的不同,按照含糖量从低到高的顺序将不同材料依次兑入杯中,形成层次。操作方法是,将吧匙倒扣杯口并贴紧杯壁,依次将材料慢慢倒在吧匙背部,使其流入杯中。一层一层,最终出现分层效果。彩虹酒也是采用兑和法一层一层调制而成。

三、兑和法使用工具和操作程序

(一) 兑和法使用工具

兑和法使用工具包括量酒器、吧匙、冰铲、冰夹、冰桶、载杯、杯垫、口布、吸管、搅拌棒等。

(二) 兑和法规范操作程序

1. 直接兑和法

(1) 检查调制鸡尾酒所需材料与装饰物原料是否备齐、清洁、干净。

(2) 检查载杯清洁情况,确保载杯无指纹、口红印迹、裂痕等。

(3) 在载杯中先放入冰块。

(4) 示酒,将酒瓶倾斜,与平面呈 45°,将酒标正面朝向顾客,以展示调制所需酒水原料。

(5) 开瓶,尽量握紧酒瓶,避免剧烈晃动。

(6) 使用量酒器,按配方规定的量向载杯中倒入酒水原料。

(7) 载杯口放入制作好的装饰物,再插入吸管与搅拌棒。

(8) 将调制好的鸡尾酒放在杯垫上,并示意顾客慢用。

(9) 将酒水原料归位,清洗调酒工具,最后整理吧台。

2. 分层法

(1) 检查调制鸡尾酒所需材料与装饰物原料是否备齐、整洁、干净。

(2) 检查载杯清洁情况,确保载杯无指纹、口红印迹、裂痕等。

(3) 示酒,将酒瓶倾斜,与平面呈 45°,将酒标正面朝向顾客,以展示调制所需酒水原料。

(4) 开瓶时,尽量握紧酒瓶,避免剧烈晃动。

(5) 根据个人习惯,一手拿吧匙,另一只手将装有酒水的量酒器贴着吧匙背面缓缓倒入载杯中,产生分层效果。

(6) 将调制好的鸡尾酒放在杯垫上,并示意顾客慢用。

(7) 将酒水原料归位,清洗调酒工具,最后整理吧台。

四、兑和法操作注意事项

(1) 调制动作规范、流畅、有观赏性,避免滴洒浪费酒水情况发生。

(2) 分层法:将吧匙斜插入杯中,吧匙背面朝上,紧贴载杯内壁;将酒液从吧匙背部缓缓倒入杯内;根据成品材料的含糖量大小逐次倒入杯中,将酒液分层调制。

(3) 分层法出品要点:

① 清楚鸡尾酒调制所需酒水材料的比重。

② 各种酒比重不同,不可乱序。

③ 每完成一层,需清洗擦干量酒器和吧匙后再继续使用。

④ 使用量酒器倒入酒水材料时,动作要轻,速度要慢;要避免摇晃,以防各层混合。

⑤ 要求不同酒液之间的界线清晰。

⑥ 要求各分层高度大约相等,层次分明。

任务五 鸡尾酒的调制方法——搅和法

一、搅和法含义

搅和法是调酒艺术中一种极具创意与技巧的方法,通过电动搅拌机的力量,将酒水、冰块、块状水果及固体原料等多样元素完美融合,创造出口感丰富、层次分明的饮品。这种方法不仅能够制作出带有冰沙质感的清凉饮品,还能产生细腻诱人的泡沫,为顾客带来视觉与味觉的双重享受。而平底高杯更是为这类饮品增添了优雅的展示效果。

二、搅和法所需工具与规范操作

1. 必备工具

(1)搅拌机 核心设备,确保混合均匀。

(2)量酒器 精准计量,保持风味纯正。

(3)冰铲与冰桶 提供高质量碎冰,增添清爽感。

(4)载杯与杯垫 承载饮品,提升品饮体验。

(5)口布、吸管、搅拌棒 增添服务细节,提升顾客满意度。

2. 规范操作程序

(1)准备阶段 检查材料与工具是否齐全、整洁,确保搅拌机安装完好。

(2)清洁载杯 确保载杯无瑕疵,使饮品呈现最佳状态。

(3)示酒仪式 向顾客展示所用酒水原料,增添互动与信任。

(4)开瓶与量酒 稳健开瓶,精确量取,保证风味一致。

(5)材料投放 按序加入冰块(碎冰更佳)、酒水及非酒类材料。

(6)搅拌混合 启动搅拌机搅拌约10 s,使所有材料充分融合。

(7)装饰与呈现 在载杯口放置装饰物,插入吸管与搅拌棒,提升饮品美感。

(8)服务顾客 将鸡尾酒置于杯垫上,邀请顾客品尝。

(9)收尾整理 归位原料,清洗搅拌机,保持吧台整洁。

三、搅和法操作注意事项

(1)安全操作 确保电源稳定,调整搅拌速度时由低到高,避免飞溅。

(2)及时清洁 使用后立即清洗搅拌杯,保持卫生。

(3)设备维护 搅拌机不工作时切断电源,保持干燥清洁。

(4)卫生消毒 每日营业结束后,搅拌杯须全面消毒。

(5)材料选择 避免将碳酸类饮料放入搅拌机,选用新鲜水果与固体原料。

(6)水果处理 水果与固体原料需预先处理,确保大小适中,防止堵塞搅拌机。

(7)冰块使用 建议使用碎冰,加速冷却,提升口感。

(8)规范动作 动作应规范、流畅,避免浪费酒水。

拓展知识

经典鸡尾酒配方

一、以蒸馏酒为基酒的经典鸡尾酒调制

（一）以威士忌为基酒

1. 威士忌苏打

材料：威士忌 45 mL，苏打水适量。

用具：搅拌长匙、平底杯。

做法：①将冰块放入杯中，倒入威士忌；②加满冰冷的苏打水轻轻搅拌。

2. 悬浮式威士忌

材料：威士忌 45 mL，矿泉水适量。

用具：平底杯 1 只。

做法：①将冰块放入杯中，倒入矿泉水；②慢慢在上面浮一层威士忌。

3. 纽约

材料：威士忌 3/4，莱姆汁 1/4，石榴糖浆 1/2 匙，砂糖 1 匙。

用具：摇酒壶、鸡尾酒杯。

做法：①将冰块和材料放入调酒杯中摇匀，倒入杯中；②拧几滴柳橙皮汁即可。

4. 热威士忌托地

材料：威士忌 45 mL，热开水适量，柠檬片 1 片，方糖 1 粒。

用具：平底杯、搅拌长匙、吸管。

做法：①把方糖放入温热的平底杯中，倒入少量热开水使其溶化；②倒入威士忌，加点热开水轻轻搅匀；③用柠檬做装饰，最后附上吸管。

5. 教父

材料：威士忌 3/4，安摩拉多 1/4。

用具：岩石杯、搅拌长匙。

做法：把冰块放入杯中，倒入材料轻搅即可。

6. 曼哈顿

材料：威士忌 2/3，甜味苦艾酒 1/3，香味苦汁微量，红樱桃 1 粒。

用具：调酒杯、滤冰器、搅拌长匙、鸡尾酒杯。

做法：①将冰块和材料倒入调酒杯中，搅匀倒入杯中即可；②用红樱桃做装饰。

（二）以白兰地为基酒

1. 亚历山大

材料：白兰地 1/2，可可利口酒 1/4，鲜奶油 1/4。

用具：鸡尾酒杯、摇酒壶。

做法：把冰块和材料放入摇酒壶中摇匀。

2. 尼克拉斯加

材料：白兰地 1 杯，柠檬片 1 片，糖浆 1 茶匙。

用具：利口杯 1 只。

做法：①倒入九分满的白兰地；②把堆有砂糖的柠檬片放在酒杯上。

3. 彩虹酒

材料：山多利石榴糖浆 1/6，汉密士瓜类利口酒 1/6，汉密士紫罗兰酒 1/6，汉密士白色薄荷酒 1/6，汉密士蓝色薄荷酒 1/6，山多利白兰地 1/6。

用具：利口杯 1 只。

做法：依序将配料慢慢倒入杯中。

4. 奥林匹克

材料：白兰地 1/3，橙色柑香酒 1/3，柳橙汁 1/3。

用具：摇酒壶、鸡尾酒杯。

做法：将冰块和材料倒入摇酒壶中摇匀即可。

（三）以伏特加为基酒的鸡尾酒

1. 螺丝起子

材料：伏特加 40 mL，柳橙汁适量。

用具：平底杯、搅拌长匙。

做法：①将伏特加倒入加有冰块的杯中；②把多于伏特加 2～3 倍的冰冷果汁倒入杯中搅匀即可。

2. 血腥玛丽

材料：伏特加 45 mL，番茄汁 20 mL，半月形柠檬片 1 片，芹菜根 1 根。

用具：搅拌长匙、平底杯。

做法：①将冰块倒入杯中，倒入伏特加；②把多于伏特加 2～3 倍的冰冷果汁倒入杯中，轻轻搅匀；③以柠檬做装饰，附上 1 根芹菜。

3. 黑色俄罗斯

材料：伏特加 40 mL，咖啡利口酒 20 mL。

用具：搅拌长匙、岩石杯。

做法：①将伏特加倒入加有冰块的杯中；②倒入利口酒，轻轻搅匀。

4. 公牛弹丸

材料：伏特加 30 mL，牛肉汤 60 mL。

用具：摇酒壶、岩石杯。

做法：①将冰块和材料倒入摇酒壶中摇匀；②倒入加有冰块的杯中。

（四）以朗姆酒为基酒

1. XYZ

材料：无色朗姆酒 1/3，无色橙香酒 1/3，柠檬汁 1/3。

用具：摇酒壶、鸡尾酒杯。

做法：①将冰块和材料倒入摇酒壶中摇匀；②倒入杯中即可。

2. 上海

材料：黑色朗姆酒 1/2，茴香酒 1/6，石榴糖浆 1/2 茶匙，柠檬汁 1/3。

用具：摇酒壶、鸡尾酒杯。

做法：①将冰块和材料倒入摇酒壶中摇匀；②倒入杯中即可。

3. 天蝎宫

材料:白兰地 30 mL,无色朗姆酒 45 mL,柠檬汁 20 mL,柳橙汁 20 mL,莱姆汁 15 mL,柠檬片 1 片,莱姆片 1 片,红樱桃 1 粒。

用具:摇酒壶、高脚玻璃杯、吸管。

做法:①将冰块和材料依序倒入摇酒壶内摇匀;②倒入装满细碎冰的杯中;③用柠檬、莱姆、红樱做装饰;④附上一根吸管。

4. 长岛冰茶

材料:金酒 15 mL,伏特加 15 mL,无色朗姆酒 15 mL,龙舌兰 15 mL,无色柑香酒 10 mL,柠檬汁 30 mL,糖浆 1 茶匙,可乐 40 mL,柠檬片 1 片。

用具:搅拌长匙、吸管、大果汁杯。

做法:①将材料倒入装满细碎冰的杯中搅匀;②用柠檬做装饰,最后附上吸管。

(五)以金酒为基酒

1. 马天尼

材料:金酒 4/5,干苦艾酒 1/5,橄榄 1 粒。

用具:调酒杯、隔冰器、搅拌长匙、鸡尾酒杯。

做法:①将冰块和材料倒入调酒杯内,搅匀倒入杯中;②用橄榄做装饰。

2. 螺丝钻

材料:金酒 3/4,柠檬汁 1/4。

用具:摇酒壶、鸡尾酒杯。

做法:将冰块和材料倒入摇酒壶内,摇匀倒入杯中即可。

3. 吉普逊

材料:金酒 5/6,干苦艾酒 1/6,珍珠洋葱 1 粒。

用具:调酒杯、隔冰器、搅拌长匙、鸡尾酒杯。

做法:①将冰块和材料倒入调酒杯内,搅匀后以隔冰器倒入杯中;②用珍珠洋葱做装饰。

4. 新加坡司令

材料:金酒 45 mL,柠檬汁 20 mL,砂糖或糖浆 2 匙,樱桃白兰地 15 mL,苏打水适量,红樱桃、柳橙各 1 个。

用具:摇酒壶、搅拌长匙、平底杯。

做法:①将冰块和材料倒入摇酒壶内,搅匀后倒入杯中;②加些冰块、苏打水,再倒入白兰地,以水果装饰。

(六)以中国白酒为基酒

1. 昆仑山

材料:茅台酒 60 mL,绿色薄荷酒 45 mL,鲜奶油 15 mL,冰块适量。

用具:摇酒壶、鸡尾酒杯。

做法:①把两种酒加入冰块放入摇酒壶内摇动均匀后,滤入鸡尾酒杯中;②浮上鲜奶油。

2. 茅台雪花

材料:茅台酒 75 mL,刨冰球 1 个,柠檬皮 1 片。

用具:香槟杯、鸡尾酒杯。

做法：①先把刨冰球放入香槟杯内；②注白酒再挤柠檬皮。

3. 黔韵诗情

材料：茅台酒、青柠汁、柠檬汁各 30 mL，红橘酒、天然椰子汁各 20 mL，红樱桃 1 颗，柠檬皮 1 片，碎冰块适量。

用具：调酒杯、直身玻璃杯。

做法：①把茅台酒、红橘酒以及各种果汁倒入调酒杯中；②加碎冰块后用力搅匀；③注入直身玻璃杯内；④把柠檬皮挤出油来滴入酒杯中；⑤红樱桃点缀。

4. 中国皇帝

材料：茅台酒 30 mL，糖浆 4 mL，鸡蛋黄 1 个，冰块 2～3 块，红樱桃 1 颗。

用具：摇酒壶、鸡尾酒杯。

做法：①在摇酒壶中放入 2～3 块冰块；②依次放入糖浆、蛋黄、茅台酒摇动 10 s；③将酒滤到鸡尾酒杯中；④红樱桃点缀杯口。

二、以酿造酒为基酒的鸡尾酒

（一）以黄酒为基酒

1. 轩辕黄帝

材料：黄酒 45 mL，橙精香露酒 15 mL。

用具：古典杯。

做法：①古典杯加冰，调匀；②放两颗话梅，在酒上作为加味与装饰。

2. 唐宋宾治

材料：绍兴酒 3 瓶，白葡萄酒 2 瓶，用水蒸馏的话梅 20 粒。

用具：宾治桶。

做法：①使用 30 人份宾治桶，将上述调料调匀；②酒会开始时加入冰块，装点柠檬片，然后再加入两大瓶汽水。

3. 红娘子

材料：莲花白酒 15 mL，米酒 15 mL，糖石榴汁 15 mL（没有石榴汁可用其他红色果汁替代），鸡蛋清 1 个，鲜柠檬 14 个（榨汁用），罐头樱桃 1 枚。

用具：240 g 装的阔口矮型玻璃杯、摇酒壶。

做法：①在摇酒壶中放几块碎冰；②注进酒、石榴汁、蛋清和鲜柠檬汁，摇动酒壶，使酒液产生泡沫；③滤进杯内，用鸡尾酒签穿上红樱桃放在酒上点缀。

（二）以葡萄酒为基酒

1. Spritzer

材料：1 份红酒，4 份气泡泉水或苏打水，1 份柠檬片。

用具：鸡尾酒杯。

做法：将柠檬片放入酒中，再加入起泡矿泉水（或苏打水）。

2. Minosa

材料：1/2 杯柳橙汁，1/2 杯甜白葡萄酒，冰块适量。

用具：调酒杯、鸡尾酒杯。

做法：将 1/2 杯柳橙汁加入 1/2 杯冰过的甜白葡萄酒中。

3. Wine Tonic

材料：15 mL 伏特加，115 mL 干白葡萄酒，少许柠檬汁，奎宁水。

用具：鸡尾酒杯。

做法：将材料混合在一起，再以奎宁水充满。

4. Prelude Fizz

材料：30 mL 金巴利，20 mL 可尔必思(Calpis)，10 mL 柠檬汁，苏打水。

用具：摇酒壶、高球杯。

做法：将以上材料加入摇酒壶中，充分摇匀后倒入高球杯中，再以苏打水填满。

（三）以啤酒为基酒

1. 狗鼻子

材料：金酒 1 盎司，啤酒适量。

用具：柯林杯。

做法：将金酒倒入冰镇过的柯林杯中，再注满已经冰镇好的啤酒。

2. Shandy Gaff

材料：啤酒半杯，姜汁汽水半杯。

用具：鸡尾酒杯。

做法：将冰镇的啤酒和姜汁汽水在鸡尾酒杯中混合而成。

3. 吸血鬼

方法 1：

材料：黑啤酒，番茄汁 1 盎司。

用具：鸡尾酒杯。

做法：将黑啤酒和番茄汁调和。

方法 2：

材料：红石榴糖浆 1/4 盎司，柠檬汁 1/2 盎司，啤酒适量，绿樱桃。

用具：啤酒杯。

做法：将上述材料调和，加以绿樱桃装饰。

三、配制酒在鸡尾酒中的运用

作为鸡尾酒的主要辅助材料，配制酒在鸡尾酒调制过程中发挥着巨大的作用，主要起到调香、调味、调色的功能。除在餐后甜酒中可以用作基酒外，其他酒品很少直接作基酒。

（一）以开胃酒为辅料

1. 好友

材料：威士忌 60 mL，味美思 15 mL，鲜橙片 1～4 个。

用具：90 mL 三角鸡尾酒杯。

做法：将适量碎冰块放入摇酒壶内，注进酒，用力摇匀，然后滤入杯内，再将 1～4 个鲜橙片放在杯上点缀。

2. 茅台酒

材料：1 片柠檬皮，冰块，90 mL 茅台酒，30 mL 味美思，橄榄。

用具：摇酒壶、鸡尾酒杯。

做法:把1片柠檬皮用手指挤出芳香液,放入摇酒壶内,加入冰块和90 mL茅台酒、30 mL味美思,大力摇匀,再将另1片柠檬皮抹匀鸡尾酒杯(不拘任何形式)内壁,然后注入调好的酒,用橄榄作点缀。

3. 甜曼哈顿

材料:10 mL美国威士忌,20 mL甜味美思酒,3滴安哥斯特比特酒,樱桃。

用具:鸡尾酒杯、摇酒壶、滤冰器。

制法:用调和滤冰法,把基酒和辅料倒入鸡尾酒杯中,用酒签穿樱桃装饰。

(二)以餐后甜酒为辅料

1. 妙舞

材料:雪利酒1/3,金酒1/3,樱桃白兰地1/3,橘子调味酒1滴,红樱桃。

用具:摇酒壶、鸡尾酒杯。

做法:把以上材料和碎冰块放进摇酒壶内,摇匀,滤进鸡尾酒杯内,用红樱桃点缀。

2. 雪利鸡尾酒

材料:干型雪利酒3/4,法国苦艾酒1/4,橘子调味酒1滴。

用具:调酒杯、鸡尾酒杯、牙签。

做法:把以上材料和碎冰块放进调酒杯内,搅匀,滤进鸡尾酒杯内,用牙签穿一枚橄榄作为点缀。

3. 丘比特

材料:生鸡蛋1个,糖浆5 mL,干味雪利酒40 mL,胡椒粉少许。

用具:鸡尾酒杯。

做法:将材料放置鸡尾酒杯中,采用摇和法调制。

四、无酒精鸡尾酒

不少人在泡吧时不沾酒精,比如驾车出行或对酒精过敏的人。不过,这并不意味着只能拿着一杯橙汁,眼巴巴地看着朋友们享用色彩缤纷的鸡尾酒。不少酒吧都供应精心调制的无酒精鸡尾酒,而且无论是外观还是口感都令人愉悦。

这些清新爽口、四季皆宜的鸡尾酒,主要成分是冰块或碎冰、混合果汁、水果、浆果,甚至还有香料。调制虽然并不复杂,但也需花费一番心思。制作无酒精配方也同样要遵循配制普通鸡尾酒的规则。各种味道的和谐是关键。如果一种配料放得太多,就会彻底改变整杯鸡尾酒的味道。所以,要尽量严格地按照配方来调制,除非已经非常了解这种饮料的味道。

(一)无酒精类鸡尾酒

1. 普斯福特(猫步)

材料:橙汁3/4,柠檬汁1/4,石榴糖浆1茶匙,蛋黄1个。

用具:摇酒壶、鸡尾酒杯。

制法:①将所有材料倒入摇酒壶中长时间地摇和;②将摇和好的酒倒入鸡尾酒杯中。

2. 佛罗里达

材料:橙汁3/4,柠檬汁1/4,砂糖1茶匙,树皮苦酒2滴。

用具:摇酒壶、鸡尾酒杯。

制法:①将所有材料倒入摇酒壶中摇和;②将摇和好的酒倒入鸡尾酒杯中。

3. **秀兰·邓波儿**

材料:石榴糖浆 1 茶匙,姜汁汽水,柠檬片 1 片。

用具:坦布勒杯。

制法:①将石榴糖浆倒入坦布勒杯中;②用姜汁汽水注满酒杯,轻轻地调和;③用柠檬片装饰。

4. **盛夏的果实**

材料:橙汁 60 mL,石榴汁 15 mL,苏打水适量,柠檬片。

用具:高脚杯。

做法:①采用调和法将适量冰块加入杯中;②再将橙汁、石榴汁入杯搅拌均匀;③注苏打水八分满;④用柠檬片装饰。

任务六　鸡尾酒的创新设计和方法

一、鸡尾酒的创作原则

鸡尾酒是一种自娱性很强的混合饮料,不同于其他任何一种产品的生产,可以由调制者根据自己的喜好和口味特征来尽情地想象、发挥。但是,如果要使它成为商品,在饭店、酒吧中销售,那就必须符合一定的规则,必须适应市场的需要,满足消费者的需求。因此,鸡尾酒的调制必须遵循一些基本的原则。

1. 新颖性

任何一款新创鸡尾酒首先必须突出"新"字,即在已流行的鸡尾酒中没有记载。无论在表现手法,还是在色彩、口味等方面,以及酒品所表达的意境等,都应令人耳目一新,给品尝者新意。鸡尾酒的新颖,关键在于其构思的奇巧。构思是根据需要而形成的设计导向,这是鸡尾酒设计制作的思想内涵和灵魂。新颖性原则就是要求创作者能充分运用各种调酒材料和各种艺术手段,通过挖掘和思考,来体现鸡尾酒新颖的构思,创作出色、香、味、形俱佳的新酒品。鸡尾酒应集多种艺术特征于一体,形成艺术特色,从而给消费者以视觉、味觉和触觉等的艺术享受。因此,在鸡尾酒创作时,都要将这些因素综合起来思考,以确保鸡尾酒的新颖、独特。

2. 易于推广

任何一款鸡尾酒的设计都有一定的目的,要么是设计者自娱自乐,要么是在某个特定的场合,为渲染或烘托气氛即兴创作,但更多的是一些专业调酒师为了饭店、酒吧经营的需要而专门创作。创作的目的不同,决定了设计手法也不完全一样。作为经营所需而设计创作的鸡尾酒,在构思时必须遵循易于推广的原则,即将它当作商品来创作。

(1) 创作不同于其他商品　它是一种饮品,首先必须满足消费者的口味需要。因此,创作者必须充分了解消费者的需求。使自己创作的酒品能适应市场的需要,易于被消费者接受。

（2）必须考虑盈利性质与创作成本　鸡尾酒的成本由调制的主料、辅料、装饰品等直接成本和其他间接成本构成。成本的高低尤其是直接成本的高低,直接影响到酒品的销售价格。若价格过高,消费者接受不了,会严重影响到酒品的推广。因此,在创作时,应当选择一些口味较好、价格又不是很昂贵的酒品作基酒。

（3）配方简洁　鸡尾酒易于推广和流行的又一因素。从以往的配方来看,绝大多数都很简洁,易于调制,即使是以前比较复杂的配方,随着时代的发展以及人们需求的变化,也变得越来越简洁。如新加坡司令,当初发明的时候调配材料有 10 多种。由于其复杂的配方很难记忆,制作也比较麻烦。因此,在推广过程中被人们逐步简化,变成了现在的配方。在设计和创作新鸡尾酒时,必须使配方简洁,主要调配材料应控制在 5 种或 5 种以内,既利于调配,又利于流行和推广。

（4）遵循基本的调制法则,并有所创新　新创作的鸡尾酒要能易于推广,易于流行,还必须易于调制。创新鸡尾酒的调制方法也是可以创新,如将摇和法与分层法结合,将摇和法与兑和法结合等。

3. 色泽和谐、独特

色彩是表现鸡尾酒魅力的重要因素之一,任何一款鸡尾酒都可以通过赏心悦目的色彩来吸引消费者,并通过色彩来增加鸡尾酒的鉴赏价值。因此,在创作鸡尾酒时,都特别注意酒品颜色的选用。

鸡尾酒常用的色彩有红、蓝、绿、黄、褐等几种。在以往的鸡尾酒中,出现最多的颜色是红、蓝、绿,以及少量黄色。在鸡尾酒创作中,这几种颜色也是用得最多的,使得许多酒品在视觉效果上不再有什么新意,缺少独创性。因此,创作时应考虑色彩与众不同,增加酒品的视觉效果。

4. 口感卓绝

口感是评判一款鸡尾酒好坏以及能否流行的重要标志,必须将口感作为一个重要因素认真考虑。

首先,新创作的鸡尾酒必须诸味调和,酸、甜、苦、辣诸味相协调,过酸、过甜或过苦都会掩盖人的味蕾对味道的品尝能力,从而降低酒的品质。其次,还需满足消费者的口味需求。虽然不同地区的消费者在口味上有所不同,但流行性和国际性很强的鸡尾酒,在设计时必须考虑其广泛性要求,在满足绝大多数消费者共同需求的同时,再适当兼顾本地区消费者的口味需求。此外,在口感方面还应注意突出基酒的口味,避免辅料喧宾夺主。基酒是一款酒品的根本和核心,无论采用何种辅料,最终形成何种口味特征,都不能掩盖基酒的味道,造成主次颠倒。

二、鸡尾酒创作步骤及注意事项

1. 创作步骤

① 确定创作意图和主题。

② 确定命名。

③ 选择恰当的原材料。

④ 选择杯具及装饰物。

⑤ 调制创作。

2. 注意事项

有的鸡尾酒制作复杂,配方中有超过几十种材料。可是客人并不欣赏,因此也流行不起来,过不了多久便被人们忘记了。创作鸡尾酒时必须注意以下事项:

(1) 应以客人能否接受作为第一标准。只有取得客人的欣赏才能流行。

(2) 受欢迎才能流行,应根据客人的口味创作。

(3) 要遵守调制原理,特别是使用中国酒时,要注意味道搭配。同时要注意,配方如果太复杂,会难以记忆与调制,妨碍鸡尾酒的推广与流行。

(4) 密切关注客人的反应。客人如果喜欢会常点,如果不喜欢则可能立即取消。一款没有客源的鸡尾酒是不会流行的。通过不断筛选,可以挑选出最受欢迎的品种,确定真正流行的特色鸡尾酒。

思政链接

中国古代酒器的演变

作为文化符号与历史见证,中国古代酒器演变轨迹深刻映射了社会变迁、技术进步与审美观念的演变。从新石器时代的朴素陶盉,到明清时期华丽繁复的瓷制与银制酒器,酒器的每一次蜕变都不仅仅是材质与形态的变化,更是时代精神的体现。

1. 新石器时代:酒器的萌芽

在中国古代文明的曙光中,酒器初现端倪。作为最早的酒器之一,河姆渡遗址的陶盉标志着人类开始掌握酿酒技术并发展出专用的饮酒工具。随后,良渚文化的袋足陶鬶与龙山文化的蛋壳黑陶高柄杯,不仅展示了古代工匠的精湛技艺,更透露出社会等级分化的出现。这些酒器不仅是实用器具,更是身份与地位的象征,预示着酒文化在中国社会中的重要地位。

2. 夏商周时期:青铜酒器的辉煌

夏商周时期,随着青铜冶炼技术的成熟,青铜酒器成为这一时代酒文化的标志性符号。夏朝的陶斝、商朝的铜爵与铜尊,以及西周时期刻有铭文的酒器,如克罍与折觥,不仅体现了高超的铸造工艺,更承载着王权与等级制度的深刻内涵。这些酒器不仅是宴饮时的必备之物,更是统治者维护统治秩序、彰显自身权威的重要工具。

3. 秦汉时期:酒器的多样化发展

秦汉时期,随着大一统局面的形成与经济的繁荣,酒器迎来了多样化发展的新阶段。除了传统的陶器和青铜器外,漆器逐渐成为新的宠儿,以其华丽的外表和独特的质感成为特权与财富的象征。马王堆汉墓中出土的漆制酒器,如龙纹漆竹勺、云鸟纹漆钫等,不仅展示了汉代高超的漆器制作水平,也反映了当时社会对于酒文化的重视与追求。

4. 魏晋南北朝时期:酒器的简约与随性

魏晋南北朝时期,受道家思想影响,人们追求自然与自由的生活方式,酒器也呈现出简约与随性的特点。这一时期,酒器不再过分追求华丽与繁复,而是更加注重实用与舒适。从《竹林七贤砖画》中的碗到《酒德颂》中的罍,无不透露出当时文人墨客对于饮酒的随性态度与独特品味。

5. 唐宋元时期:瓷酒器的兴起

唐宋元时期,随着制瓷业的蓬勃发展,瓷酒器逐渐占据了主导地位。唐代《宫乐图》中的耳杯与叵罗、宋代梅瓶与玉壶等,都是这一时期瓷酒器的杰出代表。这些瓷酒器不仅造型优美、工艺精湛,更融入了丰富的文化内涵与艺术价值。同时,随着酿酒技术的提高与酒种的扩充,酒具的需求量也随之增加,进一步推动了瓷酒器的发展与普及。

6. 明清时期:酒器的华丽转身

明清时期,酒器在材质与风格上均发生了显著变化。明朝青花瓷与釉里红的兴起,为酒器增添了新的色彩与韵味;清朝则更注重酒器的装饰性与艺术性,从康熙、雍正时期的淡雅到乾隆时期的华丽,转变尤为明显。这一时期的酒器不仅用于宴饮场合,更成为文人墨客收藏与品鉴的对象,体现了他们对于生活品质与精神追求的不断提升。

中国古代酒器的演变历程不仅是一部技术与艺术的发展史,更是一部社会变迁与文化传承的生动写照。它见证了人类文明的进步与繁荣,也为我们留下了宝贵的历史文化遗产。

 思考题

1. 鸡尾酒辅料的种类有哪些?
2. 摇和法的分类和操作是什么?
3. 简述鸡尾酒的创作原则和重要性。

项目六　咖啡制作与服务

学习重点

1. 了解意式浓缩咖啡的定义。
2. 掌握不同工具制作咖啡的过程。

学习难点

1. 掌握意式浓缩咖啡的主要感觉指标。
2. 了解各种手工萃取方法。

项目导入

咖啡饮品在酒吧中扮演着重要角色,专业的制作和周到的服务可以吸引顾客,提升酒吧的盈利能力。自 20 世纪 90 年代起,机器制作的咖啡因在中国流行,并成为一种时尚趋势。随着精品咖啡的兴起,消费者越来越偏爱具有独特风味的单一产区和品种咖啡。单品咖啡的制作,重视咖啡豆原产地和烘焙工艺,正在成为咖啡制作领域的新趋势和发展方向。

任务一　意式咖啡制作

掌握咖啡制作技能,关键在于理解意式浓缩咖啡的品鉴要点,熟练操作半自动咖啡机,并熟知整个制作流程。

一、意式浓缩咖啡的含义及主要感觉指标

1. 意式浓缩咖啡的含义

意式浓缩咖啡是一种通过高压和恰当的高温迅速萃取的咖啡饮品,以其浓郁的风味和精华著称。采用接近沸腾但未沸腾的热水(大约 90℃),以高压快速穿透精细研磨的咖啡粉

末,从而得到 25～35 mL 的咖啡液。制作一杯标准的意式浓缩咖啡,需要严格遵循以下条件:

(1)咖啡粉量 每杯约 6.5 g,可有 ±1.58 g 的微调空间,以适应不同口味的偏好。

(2)水温 控制在 90℃ 左右,±5℃ 的波动范围内,确保萃取的平衡。

(3)水压 维持在 9 个大气压,±2 个单位的调整,以保证咖啡液的充分提取。

(4)萃取时间 理想状态下为 30 s,±5 s 的变化,以获得最佳的风味展现。

2. 主要感觉指标

意式浓缩咖啡是一款非常浓烈而又健康的咖啡,风味突出,口感平衡,醇厚度突出,并有很好的余韵。

(1)视觉指标 外观主要分成两部分:底部黑色的液体部分主要是咖啡豆在烘焙过程中,咖啡因、糖分及蛋白质焦化后形成的物质溶解到水中而形成的;顶部油脂状的物质是在高压的作用下,咖啡豆中的脂肪与各种酚类物质被迅速萃取出来形成的,是意式浓缩咖啡最精华的部分,称为克立玛。克立玛的颜色、持久性和黏稠度是判断意式浓缩咖啡品质的重要标准。一层金黄色、均匀且持久的克立玛通常意味着咖啡豆新鲜、烘焙得当,且萃取过程精确控制。观察这层油脂的外观和特性,可以对咖啡的冲煮技术作出直观的评估。

(2)口感指标 意式浓缩咖啡以其独特的风味平衡而著称,巧妙地融合了酸、甜、苦 3 种味道。这些味道层次分明,细腻而复杂。在品尝时,细心的饮用者甚至能察觉到一丝微妙的咸味,增加了咖啡风味的丰富性。入口的瞬间,克立玛赋予了饮品一种饱满而顺滑的口感,带来明显的黏稠感,这是意式浓缩咖啡的显著特点之一。这种口感的丰富性让饮用者能够清晰地感受到咖啡的各个风味层次:甜度的丰富在舌头中后侧带来明亮的果酸感,如柠檬酸和苹果酸;苦味在口腔后部呈现,但并不过分强烈或留下不适的咬喉感;随后,甜味在口腔中缓缓展开,余味悠长,让人回味无穷。味道的平衡感和层次感是评价其品质的重要标准,也是咖啡师精湛技艺的体现。

(3)嗅觉指标 咖啡的香气非常丰富,这主要来源于咖啡生长时的酶化程度,以及烘焙后出现的梅纳反应和糖褐变反应。因此,咖啡的香气可以分成 3 个层次:第一层次主要表现在研磨后的干香气,呈现出花香、果香和草香味;第二层次表现在经过冲煮后会呈现出湿香味,呈现出一定程度的花果香、坚果香、焦糖香及巧克力的香气;第三层次为香气在饮用者的上颚及鼻腔中呈现出的松香、香料及炭化的味道,这也是咖啡中重要的回甘享受。

二、牛奶咖啡品鉴

1. 奶泡的作用

奶泡(milk foam)是花式咖啡中不可缺少的成分。细滑、绵密的奶泡能完美结合咖啡的浓香,口感丰富,芳醇;奶泡表面的张力使得咖啡师能够从容地在咖啡的表面创作出不同的艺术图案。用奶泡表现图案的咖啡制作方式叫做咖啡拉花艺术(latte art)。

2. 奶泡的形成原理

奶制品的选择对咖啡的口感和质感有着显著的影响,其中全脂牛奶因其丰富的脂肪含量而成为制作奶泡的首选。牛奶中的饱和脂肪经过咖啡机蒸汽棒的激烈搅拌,会经历物理变化,形成细腻而稳定的泡沫,即我们所熟知的奶泡。这种奶泡不仅增加了饮品的视觉吸引力,更为咖啡带来了丰富的口感层次。

奶泡的温度和质地同样重要。可以根据不同的咖啡饮品需求,制作冷奶泡或热奶泡。例如,在经典的卡布奇诺中,一层细滑、绵密的热奶泡覆盖在牛奶和意式浓缩咖啡之上,提供了一种独特的味觉和触觉体验。奶泡的存在不仅平衡了咖啡的强烈风味,还增添了饮品的柔和度和深度,使得每一口都能感受到咖啡与牛奶的完美融合。

3. 牛奶咖啡品鉴标准

作为咖啡饮品中的经典形式,牛奶咖啡品鉴标准在全球范围内得到了广泛的认可和追求。世界咖啡师冠军挑战赛(World Barista Championship,WBC)对牛奶咖啡的制作和品鉴设定了一系列严格的标准。这些标准已经成为全球咖啡制作和感官评价的重要参考。牛奶咖啡的评价主要围绕以下几个方面:

(1)口感与质地 奶泡应该细腻、绵密,与咖啡完美融合,提供丝滑的口感体验。

(2)风味平衡 牛奶应该能够平衡咖啡的酸、甜、苦味,同时不掩盖咖啡本身的特色风味。

(3)外观呈现 咖啡在杯中的外观,包括奶泡的质地、颜色和图案的呈现。

(4)创新与呈现 咖啡师在制作过程中展现的创意,以及饮品的最终呈现方式,也是评价的重要方面。

(5)技术技巧 咖啡师展示的技术熟练度和技巧水平。

(6)顾客体验 整体的顾客体验,包括服务、饮品介绍和互动。

三、咖啡的制作

(一)意式浓缩咖啡

意式浓缩咖啡是咖啡饮品制作的基础。只有制作出好的意式浓缩咖啡,才能调制出其他好的咖啡。在酒吧中,通常使用半自动咖啡机制作意式咖啡。不但速度快,而且饮品的质量也有保证。

1. 准备工作

(1)启动咖啡机 打开注水开关,将咖啡机手柄轻轻地挂在蒸煮头上预热。咖啡机注水结束后,将开关按钮开至锅炉加热位置。咖啡机开启需要一段预热的时间,为 10～20 min。当咖啡机的仪表显示锅炉压在 1～1.5 bar,蒸汽压在 9～10 bar 时,可进行下一步的咖啡制作。

(2)清理磨豆机 咖啡设备的清洁和维护,确保储豆槽和磨豆机的彻底清洁。在清洁磨豆机的储粉槽时,首先要将剩余的咖啡粉从磨豆机内扫出,包括磨豆机出口、粉槽到储粉槽的出粉口,接下来,深入清洁储粉槽,依次卸下中央轴心螺丝、螺帽和轴心弹簧,取出分量器,彻底清洁粉槽内部以及分量叶片上的粉垢。然后,使用蘸有食用酒精的抹布仔细擦拭储豆槽的内外表面,去除附着的咖啡油脂。随后,用干抹布彻底抹干储豆槽,避免残留的湿气影响咖啡豆的新鲜度。

接下来,启动磨豆机,研磨掉磨盘内残留的咖啡豆或咖啡粉。如果需要更深层次的清洁,可以拆卸磨盘,彻底清洁刀片,以保持磨豆机的最佳性能。

2. 调整磨豆机

调整磨豆机的刻度是确保咖啡粉研磨粗细合适的重要步骤。由于不同磨豆机的刻度标准并不统一,需要根据实际的咖啡粉质地来调整。用手感觉咖啡粉的质地,理想的咖啡粉应该具有均匀的细腻度,既不应过于粉末化,也不应有大颗粒。如果咖啡粉太细,可能会导致萃取过度,味道苦涩;如果咖啡粉太粗,可能会造成萃取不足,味道偏酸。通常,磨盘的刻度向左调整,是增加咖啡粉的粒度,刻度向右调整,可以减小咖啡粉的粒度。调整刻度后,启动磨豆机研磨,并再次用手检查咖啡粉的质地,确保达到所需的粗细度。咖啡粉的研磨度可能需要多次微调,达到与萃取方法和个人口味完美匹配。意式浓缩通常需要较细的咖啡粉,而手冲则需要中等粗细度。通过细致地调整和测试,可以确保每次研磨的咖啡粉都能满足特定的萃取需求。

3. 咖啡机的清洁保养

清洁咖啡机是一个确保设备性能和咖啡品质的重要日常维护步骤。

(1)结束营业后清洁　每日营业结束后,或不再使用咖啡机时,首先使用无孔滤器并加入清洁剂,用热水预冲洗。

(2)锁住冲泡头　锁上冲泡头,按下萃取键2～5 s后按停止键,倒掉无孔滤器中的咖啡渣和咖啡液,开始清洁。

(3)拆卸冲泡头滤网　如果滤网可拆卸,使用工具将其连同分水板一起卸下,并浸泡在清洁液中。若不可拆卸,则跳过此步骤。

(4)更换滤网　取下有孔滤网,换上无孔滤网,准备深层清洁。

(5)使用清洁剂　将咖啡机清洁粉倒入无孔滤器,加入热水使其溶解,形成专用清洁液。

(6)逆流清洁　按萃取键2～5 s后停止,重复4～8次,让清洁液充分逆流冲洗内部。若咖啡机支持自动逆洗,则按设定操作。

(7)浸泡和冲洗　锁上冲泡头,让清洁液浸泡5～10 min,然后卸下无孔滤器,按住萃取键让热水流出冲洗。

(8)热水冲洗　反复释放热水3～5次,直到流出的水完全清洁。

(9)柠檬水清洁　使用稀释后的柠檬水代替清洁液,再次进行清洁步骤。

(10)刷洗冲泡头　使用专用刷子清洁冲泡头,然后用湿棉布擦拭干净。

(11)奶嘴和滤网的深层清洁　将拆下的滤网、分水板和奶管喷嘴等部件浸泡在专用清洁溶液中,次日或使用前先用清洁剂清洗,再浸泡于柠檬水中消毒。

4. 研磨咖啡豆

开启咖啡豆包装后,应立即重新盖上储豆室的盖子,以减少空气与咖啡豆的接触,保持豆的新鲜。根据所需的咖啡量精确控制咖啡粉的量,避免浪费。使用磨豆机前,检查并调整刻度,以适应不同的咖啡制作需求。

5. 冲洗机头

取下咖啡机手柄前,先按下出水按钮,预冲洗蒸煮头。这不仅有助于保持蒸煮头的清洁,还能确保水温稳定在大约 $90\,^\circ\text{C}$,为咖啡萃取提供理想条件。冲洗过程中,注意观察水蒸气,以确认设备运行正常。

6. 擦拭手柄

使用专用的深色抹布,及时擦拭取下的手柄。确保手柄内外都干净无残留,避免污染新鲜冲煮的咖啡。同时,注意手柄的温度,以免在清洁过程中烫伤。

7. 填粉

将新鲜研磨的咖啡粉均匀地填满咖啡手柄的滤碗。注意控制咖啡粉的分量,并保持工作台面的整洁。使用拨粉器时,要顺应其弹簧的自然伸缩,避免外力阻挡,确保咖啡粉的分布均匀。

8. 压粉

将填满的咖啡粉夯实,保证高压水能够同时、均匀地分布其中,保证咖啡汁的流速达到完美的状态。将手柄靠在台面上,并与桌面垂直。以 20 磅的力量将压粉器平稳垂直地向下压,然后旋转压粉器。

9. 清洁手柄

在压粉后,手柄滤碗周围可能会有咖啡粉散落。在开始冲煮前,需要仔细清理滤碗周围的咖啡粉,避免落入咖啡渣槽或污染即将制作的咖啡。通常可以用手指轻轻将多余的咖啡粉扫入咖啡渣槽中,确保冲煮过程的卫生和咖啡的品质。

10. 立即冲煮

操作时务必确保手柄箍紧,以防止热水喷洒造成烫伤。一旦手柄安装到位,即刻按下冲煮开关,启动咖啡的萃取过程。

11. 摆杯

在冲煮开关按下后,大多数咖啡机都会有 3～5 s 的预冲煮时间,此时咖啡液尚未开始滴落。利用这段时间,迅速而准确地将咖啡杯摆放到咖啡滴落的正下方。萃取的同时,注意观察咖啡液的流动。一般而言,在 20～30 s 的时间内,根据所使用的咖啡豆品质和个人口味偏好,当萃取量达到 25～35 mL 时,应立即结束冲煮。

12. 倒粉渣

完成冲煮后,将含有咖啡渣的手柄放置在准备好的碟子上。用力拍打手柄,将咖啡粉渣倒进咖啡粉渣槽中。随后,用干净的抹布擦拭咖啡手柄,确保其清洁卫生。最后,将清洁过的手柄重新挂回冲煮头上,以备下次使用。

(二) 卡布奇诺咖啡

制作卡布奇诺咖啡时,奶泡的质量至关重要,直接影响到牛奶与咖啡的融合。咖啡师必须精通蒸汽打奶泡的技术,这是成功制作卡布奇诺的关键步骤。

1. 制作意式浓缩咖啡

一般要求咖啡师将咖啡杯把摆在同一个方向。利用咖啡机锅炉的温度来加热咖啡杯,但是杯子的温度不宜过高,以免烫到客人。用意式咖啡机制作两杯意式浓缩咖啡,各 30 mL。

2. 倒入牛奶

先要保证奶缸处于常温状态,这是为了确保牛奶在接下来的加热和打发过程中能够均匀受热。然后,将 1/2 容量的全脂牛奶倒入奶缸中。牛奶的温度应预先控制在 4～6℃ 之间。

3. 排空蒸汽棒

排空蒸汽棒里的水分,防止蒸汽棒的水分过多影响奶泡的质量。

4. 将蒸汽棒插入牛奶中

蒸汽棒靠近奶缸壁,保证喷嘴在牛奶下面,以防牛奶喷溅出来。

5. 发泡

将蒸汽阀门调整至适中位置,避免直接开至最大,这样可以更好地控制牛奶的加热和奶泡的形成。开启阀门后,用一只手感受奶缸底部的温度,以监测牛奶的加热情况。同时,调整蒸汽棒的角度,确保牛奶在奶缸中形成旋涡,充分与空气结合,这样能够打出细致、绵密的奶泡。

随着牛奶开始旋转,缓慢地降低奶缸的位置,让牛奶继续发泡。根据制作不同类型的咖啡饮品,控制奶泡的量。卡布奇诺咖啡需要较多的奶泡,而拿铁咖啡则需要较少的奶泡。

6. 上提奶缸,结束发泡

当牛奶温度接近65℃时,将奶缸迅速向上提起,使蒸汽棒插入奶缸中。但蒸汽棒不能接触缸底,蒸汽关闭后再将奶缸取出。

7. 擦拭蒸汽棒

将半干的抹布折叠成多层,包裹住蒸汽棒的喷头部分;接着开启蒸汽阀门,将蒸汽棒排气;同时,用抹布擦拭蒸汽喷头,去除可能残留的牛奶或水渍。蒸汽可以帮助清除喷头上的堵塞,保持蒸汽棒的最佳工作状态。

擦拭干净后,取下抹布,关闭蒸汽阀门。随后,将蒸汽棒归回咖啡机的原位,并再次开启阀门排气。确保蒸汽棒内部的水分完全清除,避免影响奶泡的质地和咖啡的口感。

8. 融合牛奶与奶泡

如果表层出现了粗糙的奶泡,可以采取一些简单的步骤来改善奶泡的质地。首先,使用汤匙轻轻刮掉表层的粗奶泡,去除大的气泡;接着,在桌子上轻轻敲击奶缸。这个动作有助于破碎较大的奶泡,使奶泡结构更加紧密;之后,利用手腕的力量,顺时针旋转奶缸。这个旋转动作不仅能够使牛奶与奶泡更好地融合,避免分离,还能使奶泡的表面更加光滑细腻。持续旋转直至牛奶泡呈现出亮丽的光泽,奶泡表面看起来细腻且分布均匀。

这样奶泡便达到了理想的质地,适合用来制作卡布奇诺或其他需要丰富奶泡的咖啡饮品。

9. 牛奶与咖啡相融合

(1)直接成形拉花法　将制作好的热牛奶和奶泡混合均匀,直接拉花。

(2)传统卡布奇诺制法　首先,用汤匙轻轻隔开奶泡,然后,将预热至适当温度的牛奶倒入已经准备好的意式浓缩咖啡中。卡布奇诺的奶泡厚度控制在大约1cm,以确保口感顺滑细腻,同时保持牛奶与浓缩咖啡味道的完美平衡。如果需要增加风味,可以在咖啡表面均匀撒上一层巧克力粉,增添一抹香甜。在提供咖啡服务时,应确保配齐咖啡碟、咖啡勺和糖包,以满足顾客的不同需求。

牛奶咖啡的精髓在于咖啡与牛奶的和谐融合。对于追求拉花艺术的咖啡师来说,意式浓缩咖啡的油脂质量和奶泡的绵密程度必须相得益彰。浓缩咖啡的油脂需要细腻光滑且持久,这有助于形成鲜明的对比度并保持咖啡的风味;而奶泡则应细致绵密,具有良好的流动性和适当的表面张力,这样才能创作出清晰、优质的拉花图案。

（三）花式咖啡

花式咖啡是以传统咖啡为基底,通过创意和技巧融入各种辅助原料,创造出多样化口味的咖啡饮品。这种咖啡不仅保留了咖啡本身的香醇,还通过添加牛奶、巧克力、糖、酒、茶、奶油等不同成分,带来丰富的层次感和独特的风味体验。牛奶的加入带来丝滑的口感,巧克力和糖增添了甜蜜,酒和茶带来别致的香气,而奶油则为咖啡增添了浓郁的口感。在熟练制作浓缩咖啡和高品质奶泡的基础上,掌握以下3种经典花式咖啡的制作方法和服务要求。

1. 摩卡咖啡

步骤1　预热玻璃咖啡杯。注入热水并抹干,预热后的杯子放置在咖啡机顶上以保持温度。

步骤2　准备所需的巧克力酱和发泡奶油,并从冰箱中取出适量的冷牛奶备用。

步骤3　取下预热好的杯子,注入25 mL的巧克力酱,作为摩卡咖啡底层的甜味来源。

步骤4　制作双份意式浓缩咖啡,并迅速将其倒入含有巧克力酱的玻璃杯中,让两者的味道充分融合。

步骤5　将200～230 mL的冷牛奶倒入奶缸中,使用咖啡机的蒸汽功能将牛奶加热并打出细腻的奶泡。

步骤6　将发泡好的牛奶缓缓倒入玻璃杯中,直至杯子八分满,形成美丽的层次感。

步骤7　成品的装饰。从外向内,将搅打奶油以绕圈的方式注入杯中,覆盖在牛奶表面。在奶油的顶部再浇上适量的巧克力酱,增添风味并作为装饰。

2. 焦糖拿铁咖啡

步骤1　先预热咖啡杯,为调制咖啡做好准备。从冰箱中取出4～6℃的冷牛奶,并准备好香草糖浆和焦糖风味的糖浆。

步骤2　向预热好的咖啡杯中先倒入适量的香草糖浆,增加咖啡的香气和甜味,然后加入15 mL的焦糖风味糖浆,为拿铁增添一抹焦糖的香气和风味。

步骤3　将200～230 mL冷牛奶倒入奶缸中,利用咖啡机的蒸汽功能加热牛奶并打出细腻的奶泡。将发泡好的牛奶倒入咖啡杯中,至九分满,为拿铁咖啡提供丝滑的口感。

步骤4　制作双份浓缩咖啡,并迅速将其倒入已经加入牛奶和奶泡的咖啡杯中,让浓缩咖啡与牛奶和香草焦糖的味道充分融合。

步骤5　在奶泡的表面淋上网状焦糖浆,作为装饰和增加风味的最后点缀。

完成的焦糖拿铁咖啡应该配上咖啡碟、咖啡勺和糖包,为顾客提供完整的咖啡体验。

3. 冰舞拿铁咖啡

步骤1　在玻璃咖啡杯底部放入适量的冰块。准备白糖浆和预先冷藏的浓缩咖啡。从冰箱中取出适宜温度的冷牛奶。

步骤2　在装有冰块的杯中倒入15～20 mL白糖浆,为饮品增添甜味。

步骤3　将冷牛奶倒入杯中至八分满,再缓缓加入45 mL冷藏浓缩咖啡,使咖啡保持冰爽且味道更加浓郁。

步骤4　手工制作冻奶泡。将一些冷牛奶倒入手打奶泡壶中,用手工方式打出细腻的冻奶泡。

步骤5　在饮品表面,用圆勺轻轻覆盖上一层冻奶泡,为冰舞拿铁咖啡增添丰富的口感和视觉效果。

花式咖啡以其独有的丰富风味和较高的糖分,往往能够给人们留下深刻印象。无论是在需要提振精神的清晨,还是在寻求片刻宁静的午后,花式咖啡都能以其甜美的滋味和温馨的氛围,为人们的生活增添一份特别的体验。咖啡的多样性和创造性,使其成为了一种能够满足不同口味需求、令人难忘的饮品。

任务二　单品咖啡制作与服务

随着第三波精品咖啡浪潮的兴起和全球传播,人们开始越来越多地了解和欣赏单一产区、单一品种咖啡的独特之处。咖啡爱好者,尤其是那些对咖啡有深刻见解的"老饕"们,对寻找具有特定地域特色的纯粹咖啡充满热情。他们享受探索不同咖啡豆背后的故事,体验其独特的风味和香气。

酒吧和咖啡馆也开始重视并追随这一潮流,将单品咖啡作为菜单的重要组成部分。单品咖啡的制作注重手工艺术和精心萃取,咖啡师们通过精准控制研磨粗细、水温、萃取时间等要素,展现每种咖啡豆最原始的风味。这种对咖啡品质的追求和对制作过程的专注,不仅为顾客带来了更加精致和个性化的咖啡体验,也推动了咖啡文化的进一步发展和多样化。

一、影响萃取的因素

冲泡咖啡是寻求平衡的艺术,并不是简单地提取咖啡豆中所有成分,而是要精心选择,以避免萃取出带来苦涩口感的物质。追求的是咖啡中的甜味、醇味、酸味和香味,这些风味能够给予我们愉悦的味觉体验。

一杯香醇的咖啡的关键在于咖啡豆的新鲜度。新鲜的咖啡豆有更丰富的风味。咖啡豆与水的比例、萃取时间、温度以及咖啡粉的研磨粗细度都是影响最终口感的重要因素。细致地调整这些变量,可以在咖啡的芳香和苦涩之间找到最佳的平衡点,从而将咖啡豆内部的可溶性风味物质恰到好处地萃取出来。

（一）咖啡豆的新鲜度

1. 咖啡豆新鲜度的重要性

咖啡豆的新鲜度是决定咖啡品质的关键因素,直接影响咖啡的口感和风味。新鲜的咖啡豆是香醇咖啡的先决条件。不新鲜的咖啡豆,无论采用何种冲泡技术或添加何种辅料,都无法掩盖其风味的流失和苦涩的口感。

新鲜咖啡豆的显著特征是含有较多的二氧化碳,在冲泡时会导致气体膨胀并形成泡沫,成为新鲜度的直观指标。新鲜的咖啡豆在各种冲泡方式下,如手冲、法式滤压、虹吸或意式咖啡机,都能使咖啡粉隆起并形成厚实的泡沫层,即俗称的油沫。相反,不新鲜的豆子在冲泡时不易隆起,泡沫层稀薄,甚至可能出现下沉现象。

随着时间的推移,咖啡豆表面的油脂可能会渗出。这样的豆即使用来制作浓缩咖啡,也会因油脂不足而导致品质下降。因此,选择新鲜的咖啡豆不仅是冲泡一杯好咖啡的基本要求,更是保证咖啡香醇和口感的最重要因素。只有新鲜的咖啡豆才能在冲泡过程中充分释放其丰富的芳香物质,带来令人愉悦的咖啡体验。

2. 咖啡豆新鲜度的指标

(1)膨胀 在滴滤过程中,新鲜咖啡粉与热水接触后会明显膨胀。膨胀程度是咖啡豆新鲜度的一个直观指标,新鲜度越高,膨胀越显著。

(2)泡沫 使用虹吸壶时,热水上升到接触咖啡粉的上壶中,此时咖啡粉会因新鲜而显著膨胀。当移开火源,咖啡液开始流向下壶的过程中,新鲜咖啡产生的泡沫丰富且持续时间虽短,但泡沫清晰、干净,给人一种愉悦的视觉感受。若咖啡豆不新鲜,这种泡沫现象将不明显。

(3)克立玛 在制作意式浓缩咖啡时,新鲜的咖啡豆能够形成一层厚厚的榛子色细沫,即克立玛,是油脂和香气的混合物,是咖啡新鲜度的明显标志。新鲜的咖啡豆所形成的克立玛色泽鲜明,持久不散。

新鲜咖啡豆在冲泡时展现出的膨胀、泡沫和克立玛等特性,都是咖啡豆内部化学成分活跃和保存状态良好的表现,确保了咖啡的最佳风味和口感。

(二)水质

水质对咖啡的口感和风味有着决定性的影响,因为水在一杯咖啡中占据了超过98%的比例。蒸馏水、矿泉水和山泉水等都是常见的选择,但专家倾向于使用硬度适中的水来冲泡咖啡。因为适量的矿物质能够与咖啡中的化合物反应,带来更佳的口感体验。

高含氧量的水能够进一步提升咖啡的风味。通常,新鲜的冷水含有较高的氧气,而经过加热和冷却的水则氧气含量较低。因此,新鲜的冷水加热,是冲泡咖啡的推荐做法。

蒸馏水虽然纯净,但缺乏矿物质,不会与咖啡发生任何反应。导致冲泡出的咖啡可能在香气上表现不错,但在口感上可能不够丰富。矿泉水中含有的矿物质较多,但并非所有品牌的矿泉水都适合冲泡咖啡。可以通过专业的水质测试仪器来确定水的硬度,选择最适合冲泡咖啡的水质。

总的来说,选择水质时需要考虑其硬度和含氧量,以及是否含有适量矿物质,这些因素共同决定了咖啡冲泡的最终品质。

(三)咖啡粉与水的比例

咖啡粉与水的比例是决定咖啡口感浓淡的关键因素,对咖啡风味的影响尤为显著。在不同的冲泡方法中,如手冲、法式滤压或虹吸式泡法,推荐咖啡豆与水的比例大致在1∶10～1∶18之间。偏好浓郁口感的人可以选择1∶10～1∶12的比例,例如,15 g咖啡豆对应150～180 mL的最佳萃取水量;而喜爱更浓烈口感的咖啡爱好者,甚至可以采用1∶8的比例,即用150 mL水来冲煮18 g咖啡豆;相对地,如果偏好较为清淡的咖啡,可以采用1∶13～1∶18的比例稀释。这样的比例可以减轻咖啡的浓度,使之更加柔和。如果比例超过1∶18,咖啡可能会变得过于稀薄,失去其应有的风味。

(四)咖啡粉粗细与萃取时间的关系

咖啡的研磨粗细度与萃取时间紧密相关,决定了咖啡中芳香成分的提取效率。咖啡粉研磨得越细,其表面积越增大,芳香成分越容易被热水快速萃取出来。因此,萃取时间应该相应缩短,以防过度萃取导致咖啡口感苦涩。相反,咖啡粉研磨得较粗,其表面积减少,芳香物质的提取速度会变慢,这就要求延长萃取时间以确保充分萃取,避免咖啡味道过于淡薄。

例如,浓缩咖啡在92℃的高温和高压下萃取,通常只需20~30 s就能得到约30 mL的咖啡液。这在所有咖啡冲泡方法中是时间最短的。因此,浓缩咖啡所需的咖啡粉研磨度要比虹吸、手冲、摩卡壶或法式滤压壶等方法来得更细,以适应其快速的萃取过程。

(五)冲煮水温

咖啡豆的烘焙程度与适合的冲泡水温成反比,这意味着深烘焙咖啡豆的萃取水温应略低于浅烘焙咖啡豆。深烘焙豆含有较多的碳化物,如果水温过高,可能会过度提取这些碳化物,导致咖啡带有不悦的焦苦味;而浅烘焙豆则保留了更多的酸香物质,如果水温过低,可能会抑制这些酸香的活泼特性,使咖啡变得过于酸涩。

水温的高低也会影响萃取时间,水温越高,萃取时间应相应缩短,以防止过度提取。例如,使用虹吸壶冲泡时,萃取温度通常控制在90~93℃,因此泡煮时间较短,大约在40~60 s之间;而手冲壶的萃取温度较低,一般在80~87℃,所以萃取时间较长,约为2 min。精确控制水温和萃取时间,可以根据不同烘焙程度的咖啡豆,调整冲泡条件,从而得到最佳的口感和风味表现。

二、手工萃取与萃取工具

有多种手工萃取方法,每种器具都以其独特的方式塑造咖啡的风味。尽管各种冲泡方式提取咖啡精华的基本原理相通,但各自的特点却能让同一种咖啡豆展现出不同的风味层次。了解并尝试不同的冲泡方法,可以帮助我们找到最适合的咖啡体验。

1. 滴滤壶

如图6-1所示,使用滴滤壶时,首先将咖啡粉放入一次性滤纸中,倒入温度在90.5~93.3℃的热水。随着水流逐渐渗透咖啡粉,咖啡液会一滴滴地落入下方的玻璃壶中,这个过程称作滴灌(浇灌)式萃取。通过自然滴落的方式,让水与咖啡粉充分接触,从而释放出咖啡的浓郁香气和风味。通常只需萃取一次,即可获得一杯香醇的咖啡。由于滤纸的过滤作用,咖啡中的一些胶质成分可能会被滤纸拦截,这可能影响咖啡的最终口感。尽管如此,滴滤式萃取法依然是一种受欢迎的冲泡方式,便捷且能够提供清澈咖啡液。

图6-1 滴滤壶

2. 滤压壶

滤压壶又称为法式滤压壶(图6-2)。许多咖啡爱好者和专家推崇的一种理想的咖啡萃取方式是滤压式。将适量的咖啡粉放入玻璃壶中,然后倒入接近沸腾的热水。经过几分钟的浸泡,使用推压柱塞向下挤压,通过与玻璃壶底部紧密贴合的金属过滤器将咖啡粉压紧,从而使咖啡液与咖啡渣分离。由于咖啡渣被过滤器留在壶底,咖啡可以随时倒出饮用,也可以在壶中保存一段时间而不失风味。滤压式冲泡出的咖啡通常口感浓郁,外观可能略显浑浊。但这正是其独特之处,保留了咖啡的油脂和胶质,带来丰富而深沉的风味体验。

图6-2 滤压壶

3. 虹吸壶

虹吸式咖啡壶又称为塞风壶(图6-3),起源于19世纪初的欧洲,经过德国、法国和英国的不断改良,形成了今天的上下双壶结构。这种冲泡方式颇具观赏性。下壶中的水通过加热产生蒸汽压力,将热水推至上壶,与咖啡粉接触进行萃取。当移开火源或关火后,下壶的蒸汽压力迅速下降,上壶中的咖啡液因压力差被吸回下壶。

然而,虹吸壶存在一些局限性,比如容易破碎,不如其他方法便捷,且滤布可能留有异味。虹吸壶的萃取温度相对较高,上壶温度可达90~93℃,可能不适合深烘焙咖啡豆。因为高温容易带出咖啡的焦苦味。尽管如此,高水温有助于展现浅至中深烘焙咖啡豆的酸香、花香和甜味。但这也意味着虹吸壶更适用于特定的咖啡类型,而非全能型冲泡器具。

图6-3 虹吸壶

4. 冷萃取式

冷萃咖啡是一种使用冷水浸泡咖啡粉长时间萃取的方法。首先,在萃取容器中加入新鲜研磨的咖啡粉,然后倒入冷水浸泡,这个过程通常持续几个小时。经过充分浸泡后,过滤去除咖啡渣,得到的咖啡液清澈、口感顺滑。然后,将其冷藏保存。冷萃咖啡具有独特的风味,它避免了热水萃取可能带来的苦涩味,更加突出咖啡的甘甜和果香。这种咖啡液可以直接冷饮,享受其顺滑的口感和清新的风味,也可以根据个人口味兑入热水,调整浓度,满足不同的饮用需求。

三、咖啡制作过程

1. 虹吸壶制作咖啡

虹吸壶制作咖啡是一种经典而颇具仪式感的冲泡方式。首先,准备虹吸壶。将滤器正确放置在上座,并确保弯钩固定在玻璃管上;接着,根据需要的咖啡杯数,按照 150 mL 每杯的量,将热水倒入下座,并用干抹布擦净下壶。

在上座的咖啡壶中加入中度研磨的咖啡粉,每杯大约 10~12 g。点燃酒精灯或瓦斯灯加热。当水开始上升至上座时,插入上座,并在水沸腾后减小火力。轻轻搅拌咖啡粉,确保与水充分混合,25~30 s 后再次搅拌,50~55 s 后移开火源,熄火并进行最后一次搅拌。

制作结束后,用湿抹布快速擦拭下座上端,帮助咖啡液加速流入下壶。取下上座,将咖啡倒入杯中至八分满。检查咖啡渣,如果呈球形鼓起,说明冲泡成功;如果平坦,可能需要调整火候或检查过滤器。

清洗虹吸壶时,注意温度,使用开水清洗下座,用干布擦干。上座清洗时,松开拉钩,用水冲洗,并用毛刷清洁内壁。所有部件需彻底晾干,避免异味。滤网应浸泡在冰水中清洗。

虹吸壶的特殊构造要求在制作结束时,通过最后的搅拌确保咖啡液顺利流入下壶,避免因流动缓慢导致的过度萃取。观察咖啡渣形成的小山包,可以评估咖啡制作的质量。

2. 手冲壶制作咖啡

手冲壶冲泡咖啡是一种简便而直观的制作方法,适合任何人数,特别是个人或小团体享用。使用一次性滤纸,不仅保证了卫生,也简化了清洗过程。手冲壶的灵活性允许调整开水的量和注入方式,甚至可以轻松冲泡一人份。

制作时,需准备好手冲壶、滤纸、热水壶、磨豆机、电子秤和温度计等工具。将滤纸折好放入咖啡壶,用热水冲洗以预热并清洗滤纸。根据个人口味,确定咖啡粉与水的比例,一般来说,10~12 g 咖啡粉对应 150~180 mL 水。

使用磨豆机将咖啡豆中度研磨后,倒入滤壶并轻拍使其表面平坦。将水加热至 88~93℃,从中心开始注水,以螺旋状向外扩散,确保咖啡粉均匀湿润。闷蒸过程是关键,帮助释放二氧化碳,增强萃取效果。

继续注水,注意控制时间和水量,以达到最佳的萃取效果,整个过程大约需要 2~3 min。最后,预热咖啡杯,优雅地为客人服务。并可分享咖啡的相关信息,提升整体的品鉴体验。

手冲咖啡的美妙之处在于其简单性与对细节的掌控,让每位饮用者都能享受到个性化且新鲜的咖啡体验。

思政链接

咖啡在中国

中国咖啡的渊源就是其作为舶来品的引入历史,以及与西方文化的交流与融合过程。

1. 咖啡的起源

咖啡起源于埃塞俄比亚西南部的高原地区,最早可追溯到公元 9 世纪。据传,是一位名叫 Kaldi 的牧羊童发现了咖啡果实的提神作用,将其带到了人类世界。咖啡的名称"coffee"

源自阿拉伯语"qahwa",意为"力量与热情"。

2. 咖啡传入中国的时间与背景

(1)最早记录 咖啡应该不晚于1842年进入中国,并在1895年之前成为潮流。据史料记载,1842年的《海国图志》中已提到阿拉伯、土耳其、荷属东印度等地区产"加非"作物,这很可能是对咖啡的早期记录。1836年(道光十六年)前后,一名丹麦人在广州十三行附近开了中国大陆第一家咖啡馆,咖啡在当时被中国人称为"黑酒"。

(2)咖啡的传入途径 随着中国沿海城市的开埠,咖啡随着来华贸易的洋商和传教士传入中国。

3. 咖啡在中国的种植与发展

(1)早期种植 1884年,咖啡在我国台湾首次种植成功,这是中国咖啡种植历史的开始。

(2)种植现状 云南目前是中国最大的咖啡种植基地,产量和质量均居全国前列。随着咖啡文化的普及和消费市场的扩大,中国的咖啡种植和加工业也在不断发展壮大。

4. 咖啡文化在中国的传播与演变

(1)早期传播 咖啡最初在中国的传播仅限于广州等沿海城市的通商口岸,以及外国人聚居的地区。

咖啡馆作为一种新的社交场所,开始出现在大城市,成为小资和摩登的象征。

(2)现代发展 改革开放后,雀巢速溶咖啡等产品的推广,使咖啡逐渐进入普通百姓的家庭。

随着星巴克、COSTA等国际咖啡连锁品牌的进入,以及本土咖啡品牌的崛起,咖啡文化在中国得到了广泛的传播和接受。

如今,咖啡已成为中国人日常生活中不可或缺的一部分,咖啡连锁店、咖啡馆遍布全国各大城市。

思考题

1. 奶泡的作用是什么?
2. 影响萃取的因素有哪些?

项目七　葡萄酒品鉴与侍酒服务

学习重点

1. 认识侍酒师的职责与角色。
2. 了解葡萄酒品尝对品酒环境的要求。
3. 掌握葡萄酒的储藏要求。
4. 理解葡萄酒市场调研方法。

学习难点

1. 掌握侍酒师的职责与角色。
2. 理解品酒器具的使用。
3. 掌握葡萄酒开封酒的储藏要求。
4. 掌握市场调研的作用。

项目导入

　　葡萄酒品鉴是细致的艺术,与品咖啡、品茶相似,依赖于视觉、嗅觉和味觉的全面体验。品鉴葡萄酒需要遵循一套特定的规则和方法。葡萄酒的风格受到多种因素的影响,包括不同的气候、土壤条件以及酿酒师的技艺和文化背景,这使得葡萄酒在世界各地呈现出多样化的特色。

　　正式的西式餐厅通常配备有专业的侍酒师,他们不仅负责提供葡萄酒的侍酒服务,还确保葡萄酒能够展现其风格。正确的侍酒方法不仅能够让葡萄酒的风味得到充分展现,甚至还能提升葡萄酒的价值和品质,为顾客带来更加愉悦的用餐体验。

任务一　葡萄酒品鉴

一、葡萄酒品尝要求

品酒技巧是深入理解葡萄酒的特性的关键,不仅提高鉴赏力,还让我们领略到葡萄酒的多样性与复杂性。品酒是一个综合视觉、嗅觉和味觉的过程。了解影响这些感官体验的各种因素和环境条件是提高品酒准确性和客观性的关键。遵循专业的品酒要求,能够更加精准地识别葡萄酒的风格和品质,从而提升我们的品酒体验。

1. 品酒环境的要求

品酒环境主要包括良好的自然光、无异味的空间、适宜的温度以及白色背景纸。

(1)良好的自然光线　过暗过强的光线都会影响品酒者对酒颜色的判断,一般选择在地面以上空间,自然光透过玻璃窗。而不是在地下室或地下酒窖等昏暗的地方。照明灯具也应该是日光灯,避免有颜色的照明,灯光的颜色变化会影响对葡萄酒色泽的观察。

(2)没有异味的环境　异味是指诸如香水、香烟、厨房等的味道。品酒环境通风很重要,不能出现熏染香气。如果距离咖啡馆、鲜花馆、餐馆很近,无形之中也会使品酒环境受到影响。

(3)适宜的温度　温度过高或过低不仅会影响葡萄酒香气的挥发,还有可能影响品酒者的味蕾发挥。这里的温度是指室内常温,一般保持在 18～26℃ 最佳。

(4)无过多的色彩装饰物　白色色调是最理想的品酒环境。为了更好地观察葡萄酒的颜色,还需要一张白色的背景纸,如白色的笔记本纸、口布、餐巾纸,都是很好的颜色衬托物。

2. 品酒者的要求

品尝者需要保持感官的灵敏度。如果在品酒前状态不好,很容易造成品酒失误。

在品酒之前,不要使用香水,不要涂抹口红。因为这些味道会极大影响对香气的判断。品酒之前,饮用咖啡、烈酒或者吸烟无疑都会影响口腔环境;另外,空腹饮酒或者饱腹饮酒也会一定程度上影响品酒效果。品酒者应该时刻保持口腔清新。品酒时矿泉水是必备之物,可以有效清新口腔。另外,品酒之前、品酒之中禁止咀嚼口香糖,也要避免出现牙膏等异味。

良好的精神状态也是品酒者应该注意的重要事项,品酒的最佳时间通常是上午 9:00～11:00。此时人的精力较为充沛,品鉴效果好于下午或者晚上。身体抱恙时不适合品酒,因为这时的味觉、嗅觉都非常不灵敏,这些功能的抑制对品酒的客观性有直接的影响。有些时候,心情也是制约品酒发挥的重要因素。品酒之前,状态一定要调整到最佳,开心品尝才能享受品酒的乐趣。

葡萄酒的品尝需要嗅觉与味觉,正确的饮用方法可以更加客观地体现葡萄酒的特点。一口品酒量不要过多,也不能过少,含在口腔中可以让葡萄酒均匀地转动开来为宜。

3. 器具的使用

使用恰当的器具可确保体验的一致性和准确性。酒杯的选择尤为关键,因为不同尺寸、形状和材质的酒杯会影响品酒的口感。为了保持品鉴的客观性,正规品酒通常选用统一品牌和型号的酒杯,如国际标准的 ISO 品酒杯。这种杯子的设计有助于减少个体差异,确保每位品酒者获得相同的品鉴体验。同时,确保每次倒酒的量一致,这样观察颜色和香气时才能更准确。

在品尝多款葡萄酒时,为了避免酒精影响判断力,必须备吐酒桶,供品尝后吐掉酒液,保持清醒的头脑。此外,在品尝不同葡萄酒之间用矿泉水漱口,以清除口腔中残留的味道,防止交叉影响。

品酒笔记是记录品鉴体验的重要工具,它不仅帮助品酒者即时记录每款葡萄酒的特点和感受,还能作为日后复习和学习的材料。因此,准备专门的品酒笔记纸张,系统地记录和比较葡萄酒的风味、香气和口感。这些笔记是品酒者宝贵的参考资料,有助于提升品酒技能和知识。

二、葡萄酒的品鉴

葡萄酒品鉴虽然看似神秘,实则是一门需要专注和细致的技艺。它并不遥远,只要静下心来,学习并遵循一定的规则与技巧,每个人都能成为品酒的高手。关键是,除了掌握基础的品酒方法,大量的实践和对嗅觉、味觉的持续训练是提升品酒技能、成为品酒达人的关键。正确品酒通常遵循 4 个基本步骤。

(一) 观色

观色是细致的视觉体验过程。首先,使用白色背景纸作为底色,手持杯柄,轻轻倾斜酒杯至 45°角(图 7-1),观察葡萄酒边缘颜色的深浅。色泽是葡萄酒吸引众多爱好者的重要因素。无论是红葡萄酒还是白葡萄酒,颜色都随时间而变化。随着陈年,红葡萄酒颜色会由年轻时的紫红或宝石红逐渐变浅,老酒可能呈现泛黄的边缘,如石榴红或棕红色;而白葡萄酒陈年后颜色会加深,从年轻时期的浅稻草黄到年份较久时的金黄色或琥珀色。通过颜色对比,可以对葡萄酒的年份做出初步推测。但要注意,颜色深浅也受品种、气候、成熟度和酿造工艺等多种因素的影响,因此不能单凭颜色判断酒的绝对品质。

图 7-1　观色

其次,我们还需要看清葡萄酒是否清澈,是否有浑浊物出现,要判断酒质。一般而言,葡萄酒的沉淀物是陈年后色素的自然沉积,不会影响酒质,红葡萄酒沉淀物呈现紫红色粉末状,聚集在瓶底,有时开瓶后在酒塞上我们也可以看到酒石酸的部分结晶。白葡萄酒沉淀则呈现白色水晶状固体物质,多在瓶底,有时也可能会堵在瓶颈处。如果酒瓶的沉淀出现悬浮云团状浑浊物,则预示着该款葡萄酒可能已经变质。

（二）闻香

首先,要了解闻香的方法。为了更加明晰葡萄酒香气的类型与浓郁度,应先轻轻拿起酒杯,划过鼻腔静闻,然后双手晃动酒杯,再次闻香。闻香时,切不可在鼻腔停留时间过长,嗅一嗅即可,然后再次晃杯再次闻香。可以多重复几遍,随着酒杯的晃动,葡萄酒的液体表面受到破坏,葡萄酒的芳香物质得以更好释放。首先要判断葡萄酒香气的状态,这也是为什么西餐侍酒服务是从主人位开始。通过闻香,确定香气是否健康良好,从而确认葡萄酒的酒质。状态良好的葡萄酒,其闻香过程是非常愉悦、舒适的,香气类型满足葡萄酒陈年规律,多为新鲜的果香、花香、陈年后浓郁的酒香等;状态不好的酒则有腐烂果味、潮湿味、霉味等,甚至有 SO_2 刺鼻的气味等。

其次,要判断与区别不同类型的香气以及香气的浓郁度。一般而言,葡萄酒的香气分为一级果香、二级酿造香气、三级陈年酒香。一级果香是指葡萄品种本身的果味与花香,如黑皮诺的草莓香气、长相思的百香果的香气等;二级酿造香气是指酿造过程中,酒精与乳酸发酵产生的香气,表现为坚果、黄油、酵母、奶香、饼干等的香气;三级香气是指陈年酒香,随着葡萄酒的成熟,一级果香会减弱,发展出一系列复杂的香气,如蘑菇、太妃糖、焦糖、巧克力、香草、烟熏、吐司、橡木等的香气。通过香气,判断该酒的陈年发展程度,以及酿造、陈年的方法对香气的影响等。

最后,还要确认葡萄酒香气的浓郁度,可以用低、中、高来加以区分,以此来判断该酒来源地的气候类型、酿酒方式等。

（三）味觉感受

品尝葡萄酒是一个细致的感官体验,需要用正确的方法去感受和评价。味蕾分布在口腔内,舌尖对甜味敏感,舌两侧易感知酸味,舌面后部可识别咸味,而舌根则是苦味的敏感区。品酒时,应该让葡萄酒在口腔中充分展开,接触各个味蕾区域,以便全面感受其风味。正确的品尝方法是,让葡萄酒在口中轻轻转动,吸入空气,这样可以使酒液充分接触口腔,帮助我们分辨出葡萄酒的酸度、甜度、香气和酒精强度。同时,口腔能够为葡萄酒加温,促进香气分子的释放,使香气更加丰富,并通过嗅觉,再次确认葡萄酒的香气类型和浓郁度。

1. 甜度

在葡萄酒中,甜度通常与残留糖分相关,直接影响舌尖感受到的甜味。根据残留糖分的多少,可分为干型、半干型、半甜到甜型。因为葡萄成熟度高,炎热产区的葡萄酒通常具有较高的糖分,在舌尖上的甜味更为显著,与冷凉产区的葡萄酒相比,甜度感知更为明显。例如,来自澳大利亚、智利、阿根廷和美国加利福尼亚州等温暖地区的葡萄酒,往往具有这种特性。这些葡萄酒不仅甜度较高,而且通常风味浓郁,酒体饱满厚重。了解这些特点有助于更准确地识别和欣赏葡萄酒的甜度和整体风味。

2. 酸度

葡萄酒的酸度是判断新鲜度的关键因素。白葡萄酒通常比红葡萄酒和桃红葡萄酒含有更高的酸度。品尝时,高酸葡萄酒会在舌头两侧迅速刺激唾液分泌,可以通过唾液的流动速度和量来判断葡萄酒的酸度水平。冷凉的产区,如昼夜温差大的地区,往往产出酸度更高的葡萄酒,这些葡萄酒口感清爽,酒体较为清瘦。相比之下,温暖炎热的产区所产葡萄酒酸度较低,口感更趋向肥美和顺滑。在酿酒过程中,如果葡萄酒的自然酸度不足,可以通过人工加酸的方式来调整。酸度可以用低、中、高等来描述,这对于评估葡萄酒的平衡性和陈年潜力非常重要。

3. 单宁

单宁是葡萄酒中能引起口腔收敛感的物质,它在舌面和上颚产生干燥、粗糙的感觉。这种物质广泛存在于树皮、果皮和茶叶等中,我们并不陌生。在葡萄酒中,单宁主要来源于葡萄果皮,尤其是红葡萄酒。其带皮发酵的过程使单宁得以释放。此外,如果葡萄酒经过橡木桶陈年,也会吸收桶中的单宁,进一步增加单宁含量。与红葡萄酒相比,白葡萄酒通常单宁含量较低,除非经过橡木桶陈酿。单宁的含量与葡萄品种有直接关系,赤霞珠、西拉、马尔贝克和丹娜等品种的单宁含量较高,而黑皮诺、歌海娜、佳美、巴贝拉和多姿桃等品种的单宁含量则相对较低。单宁的成熟度也会影响口感,成熟的单宁带来顺滑、柔和的感觉,而粗糙的单宁则可能导致苦涩口感,这可能与葡萄酒的年轻、葡萄成熟度不足或过度榨汁有关。温暖炎热的产区通常有利于单宁的成熟。在描述葡萄酒时,单宁含量通常分为低、中和高 3 个等级。

4. 酒精

葡萄酒是通过葡萄内的果糖与酵母反应生成酒精而制成的。不同的气候条件和葡萄品种会导致糖分含量有所差异;同时,酿酒师采用的酿酒技术也多种多样,这些因素共同作用,使得最终葡萄酒中的酒精含量呈现出显著的差异性。一般情况下葡萄酒酒精含量在 12.5％vol(中等酒精度)范围内浮动。当品尝酒精含量在 13％(中高酒精)以上的葡萄酒时,喉咙能感觉到明显的灼热感,品尝酒精含量在 15％(高酒精)以上的葡萄酒时,这种感知更加明显,甚至肠胃温度快速升高,面部血管流动加速。相反,品尝酒精度在 12％vol(低酒精)以下的葡萄酒,这种感觉会减弱很多,基本上饮用非常顺畅,口腔内没有压力。酒精在葡萄酒中的感知并非仅由其灼热感决定,它与葡萄酒的香气和酸度等其他要素的平衡密切相关。因此,不能单纯依赖口腔中的热感来评估酒精含量。通常,温暖产区的葡萄酒因为糖分含量较高,发酵后酒精含量也相对较高,如法国南部的隆河谷、澳大利亚的巴罗萨和库纳瓦拉,以及美国加利福尼亚州等地的葡萄酒。而冷凉产区的葡萄酒,如法国勃艮第北端的夏布丽和香槟区,酒精含量则相对较低。酒精的含量用低、中、高来描述。

5. 酒体

从字面意思来看,酒体意为酒的重量,是指葡萄酒被含入口中的饱和度、浓郁度与压迫感。往往酒精含量高的葡萄酒,这种压迫与饱和感更加强大,而酒精含量低的葡萄酒,则显得比较轻盈。果香丰富的葡萄酒,一般酒体感觉相对饱满、浓郁,相反则会比较清脆,酒体寡淡。单宁的高低也会影响酒体的感知,成熟的单宁,浓郁感较强。酒体的描述,可以使用酒体轻盈、中等、浓郁来表示。

6. 回味

回味是衡量葡萄酒品质的一个重要指标,它描述了葡萄酒风味在口腔中持续的时间长度。如果葡萄酒的果香迅速消散,这可能表明其品质有待提升。相反,优质葡萄酒的风味通常能在口腔中持续较长时间,数秒甚至更久,为饮用者带来悠长的享受和深刻的记忆。这种持久的回味不仅增加了葡萄酒的复杂性和深度,也体现其高品质特性。

(四)回味总结

回味是对葡萄酒品鉴体验的总结,是视觉、嗅觉和味觉获得的信息综合分析。在这个过程中,评估葡萄酒的平衡性、结构、复杂度以及余韵。优质的葡萄酒会在这些方面表现出和谐与深度,其风味能在口腔中留下持久而愉悦的印象。通过细致地观察、深入地闻香和品鉴,可以全面地理解葡萄酒的特性,从而对其品质做出准确的评价。

1. 平衡

葡萄酒的平衡性相对比较好判断,是指单宁、酸度、果香等在口腔中的均衡、和谐;没有哪一项感知很突兀,整个口感是舒适的、容易下咽的。一款好的葡萄酒拥有完美的平衡感,而劣质葡萄酒有可能有着尖锐的酸度、燥热的酒精感、粗糙的单宁或者毫无质感的单薄的果香。

2. 复杂度

复杂度反映了葡萄酒香气的丰富性和深度。如果香气单一或迅速消散,往往意味着风味较为简单,缺乏深度,难以激发品鉴者的兴趣,暗示其质量一般。具有高复杂度的葡萄酒,会随着氧化过程逐渐展现出丰富的层次和香气变化,从葡萄品种特有的果香到酿造和陈年过程中发展出的二级、三级香气,都显得醇厚、饱满且富有层次,令人印象深刻。高品质的葡萄酒往往在品鉴结束后,仍能在杯中留下持久的香气,这种现象称为空杯留香,是葡萄酒复杂度和品质的显著标志。通过识别和欣赏葡萄酒的复杂度,能更深入地体验和评价每款葡萄酒的独特之处。

3. 质量评定

综合葡萄酒的色泽、香气和口感,可以对其品质进行全面评估,通常使用差、一般、好、很好等级别来描述。此外,识别葡萄酒是来自新世界还是旧世界产区,有助于了解其风格和特点。当然,餐厅服务人员还需要判断这款酒是来自冷凉产区、温暖产区还是炎热产区,从而判断酒的适饮温度,同时为客人搭配最佳菜肴。

葡萄酒品鉴是一种细致且深入的体验,与咖啡和茶的鉴赏一样,要求细心观察和慢慢品味。成为一名出色的品酒者不仅需要敏锐的味觉和嗅觉,还需要通过品鉴大量不同种类的葡萄酒来积累丰富的经验。对于侍酒师而言,了解每款葡萄酒的香气、口感和品质是专业技能的一部分,这对于为顾客提供精准的服务至关重要。侍酒师不仅要熟悉葡萄酒,还需掌握如何将葡萄酒与相应的菜品合理搭配,并能向顾客推荐最佳的饮用温度,确保每位顾客都能享受到精心策划的用餐体验。专业的侍酒服务能够让顾客的用餐过程成为愉悦的享受。

三、世界主要的葡萄酒评价方法

葡萄酒是一种非常依赖嗅觉与味觉感知的体验型饮品。专业的葡萄酒品评是较为繁琐的,普通消费者很难从复杂的品酒词里快速断定葡萄酒质量的好坏。所以,科学权威的葡萄酒评分体系显得至关重要。葡萄酒评定是指依据一定的评分准则与模式,对酒的质量进行综合评估判断,然后给予一定的分值。当然,难免有主观臆断,利弊也一直广受争议,评价的客观公正性依赖评价机构或者个人的行业认知度及综合信誉。葡萄酒拥有非常丰富的口感与香气,不同的地域、风土、人文及酿造方式都会让每款葡萄酒充满变数,这也正是人们乐此不疲地进行葡萄酒品评工作的缘由。因此,不管是机构评分还是专业品酒人的评分,在世界范围葡萄酒评价系统里,都是一股不可忽视的力量。目前活跃在葡萄酒评分体系的人群有很多,我们做了简单的分类归纳。

(1) 第一类:葡萄酒评论家　对葡萄酒拥有渊博的知识与见解,在行业内有非常强的影响力。

(2) 第二类:知名葡萄酒杂志　知名葡萄酒杂志的评分在行业内具有较高的权威性和影响力,它们的评价结果常常成为消费者选择和购买葡萄酒时的重要参考。

(3) 第三类:高端星级酒店的侍酒师　这类人群尤其在欧美发达国家的餐饮行业内有非常高的地位。他们负责葡萄酒的采购、销售管理以及对客服务工作,其葡萄酒的品评意见对顾客消费有很大的引导作用。

(4) 第四类:葡萄酒大奖赛　比较著名的有国际葡萄酒与烈酒大赛、布鲁塞尔国际葡萄酒大赛、醇鉴葡萄酒国际大奖赛等。这些国际著名大奖赛是国内外葡萄酒厂家竞相追逐的赛事,来自全球的权威评论家会给葡萄酒打分。这为酒商们提供了一个极好的推广平台,同时也为葡萄酒消费者提供了购酒参考。

(5) 第五类:葡萄酒爱好者　这类品评经常以小范围团体为主,活跃在葡萄酒贸易企业或者高端餐饮行业里,对行业发展及市场有一定的引导作用。

葡萄酒评价遵循一定的评价方式,目前主要有 3 种被广泛应用,分别是公开评价、半公开评价以及盲品。葡萄酒评论家对评价过程的记录方法有着不同的见解,评价过程也有着不同的模式,目前主要的评价模式有 100 分制与 20 分制等;杂志或者个人的评分基本遵循这一体系,只是在个别评价环节上稍有不同。

(一) 个人评论家

1. 罗伯特·帕克

罗伯特·帕克(Robert Parker)是全球葡萄酒界极具影响力的人物之一,以其创立的杂志《葡萄酒倡导家》(The Wine Advocate)和 100 分制评分系统闻名于世。他的评分系统对葡萄酒行业产生了深远的影响,尤其是对于精品葡萄酒的定价和市场认可度,在北美较为流行。根据其评分标准,每款葡萄酒都能得到 50 分的基础分,其他 50 分由 4 个要素组成(表 7 - 1),总分代表葡萄酒的品质(表 7 - 2)。

表 7 - 1　罗伯特·帕克评分要素表

评价要素	评价内容	分值
颜色与外观	没有大问题,一般都能得到 4 分甚至 5 分	5
香气	主要考察香气的浓郁程度、纯正性以及芳香和酒香的复杂程度	15
风味与余韵	主要考察葡萄酒风味的浓度、平衡性、纯正性、深度以及余味的长短	20
综合评价及陈年潜力	包括葡萄酒的整体品质、发展和熟成潜力	10

表7-2 罗伯特·帕克评分表

分类	评价内容	分值
顶级佳酿	经典的顶级佳酿复杂醇厚	96～100分
优秀	优秀的葡萄酒极具个性	90～95分
优良	普通的葡萄酒,风味简单明显,缺乏复杂度,个性不鲜明	80～89分
普通	从整体来看,中规中矩	70～79分
次品	有着明显的缺陷,如酸度或单宁含量过高,风味寡淡	60～69分
劣品	既不平衡,而且十分平淡呆滞,不建议购买	50～59分

2. 杰西丝·罗宾逊

杰西丝·罗宾逊(Jancis Robinson)是享有国际声誉的葡萄酒作家,祖籍英国,其葡萄酒著作往往都是葡萄酒爱好者及商界的经典藏书。她在葡萄酒界的评分体系中也有着重要的地位,但与罗伯特·帕克的100分制不同的是,采用20分制的评分系统,是欧洲葡萄酒评分的传统方式:

20分:无与伦比的葡萄酒。

19分:极其出色的葡萄酒。

18分:上好的葡萄酒。

17分:优秀的葡萄酒。

16分:优良的葡萄酒。

15分:中等水平没有什么缺点的葡萄酒。

14分:了无生趣的葡萄酒。

13分:接近有缺陷和不平衡的葡萄酒。

12分:有缺陷和不平衡的葡萄酒。

3. 杰里米·奥利弗

杰里米·奥利弗(Jeremy Oliver)是澳大利亚享誉世界的葡萄酒大师,作为澳大利亚顶尖的葡萄酒作家,对推动澳大利亚葡萄酒的发展作出了很大贡献。他建立的澳大利亚葡萄酒的评分系统也受到葡萄酒界的认可。一般使用20分制的评分系统,与杰西丝·罗宾逊不同的是,设定的起始分是16分,根据不同的分值对葡萄酒设置不同的奖牌(表7-3)。

表7-3 杰里米·奥利弗评分表

20分制	100分制	奖牌
18.8+	96+	顶级金牌
18.3～18.7	94～95	金牌
17.8～18.2	92～93	顶级银牌
17.0～17.7	90～91	银牌
16.0～16.9	87～89	顶级铜牌

4. 詹姆士·韩礼德

詹姆士·韩礼德(James Halliday)是澳大利亚著名的葡萄酒专栏作家,其葡萄酒著作已达50多部,是澳大利亚权威的葡萄酒评论家。他使用比较完善的葡萄酒评分体系,也使用100分制,共分为7个等级:

94～100分:卓尔不群的葡萄酒,品质优异。

90～93分:极力推荐的葡萄酒,品质优秀,特点突出,值得窖藏。

87～89分:值得推荐的葡萄酒,没有什么缺点,品质高于普通葡萄酒,其葡萄品种特色表现得淋漓尽致。

84～86分:可接受的葡萄酒,没有任何显著的问题。

80～83分:日常饮用。此类葡萄酒通常比较便宜,没有太大的发展潜力,缺乏个性和风味特点。

75～79分:不值得推荐的葡萄酒。此类葡萄酒通常具有一处或者多处比较明显的缺点。

物超所值的葡萄酒则是指相同分数段里性价比较高,也就是零售价比较低,绝对物超所值的葡萄酒。

(二)著名杂志类评价体系

1. 《葡萄酒观察家》(Wine Spectator)

《葡萄酒观察家》简称WS,是目前全球发行量最大的葡萄酒专业刊物,始创于20世纪70年代,全球拥有超过200万名读者。每年都要品评约1.5万款葡萄酒,是世界有超级影响力的评论杂志。也采取100分制,目前评酒团主要由以詹姆士·劳伯(James Laube)为代表的6位经验丰富的酒评专家组成。起评分为50分,共分为6个档次。主要采用半盲品形式,首先将葡萄酒按照品种、产区分类,然后品评,最后盲品评分。

2. 《葡萄酒倡导家》(The Wine Advocate)

《葡萄酒倡导家》简称TWA或WA,由罗伯特·帕克于20世纪70年代创办。评价体系与罗伯特·帕克的评分体系基本一致,每年该杂志都会对7 500多款葡萄酒进行评价打分。21世纪初,罗伯特·帕克把品评权授予一支专业的葡萄酒品评团队,团队中每人各司其职,品评各自所负责产区的葡萄酒。

3. 《葡萄酒与烈酒》(Wine and Spirits)

该杂志有英国版与美国版两个版本,美国版更有世界权威性,其总部设在纽约和旧金山。自20世纪90年代起,该杂志采取100分制评分体系。评价方式为盲品,以80分作为基点,设置4个评分档次,每个分数段代表不同的葡萄酒的特点:

80～85分:该葡萄酒为产区或品种的典范。

86～90分:极力推荐的葡萄酒。

91～94分:与众不同的葡萄酒。

95～100分:顶级佳酿,稀世珍品。

4. 《醇鉴》(Decanter)

《醇鉴》简称DE,始创于20世纪70年代,是一本介绍世界葡萄酒及烈酒的专业杂志。世界上规模最大的葡萄酒大赛DWWA就是由其主办的。《醇鉴》是世界上覆盖面最广的专业葡萄酒杂志,在 98 个国家出版与发行。后来,开设了全新双语网站(英文和简体中文),顾客群体范围更大。

（三）国际大奖赛评价体系

1. 国际葡萄酒与烈酒大赛

国际葡萄酒与烈酒大赛(International Wine & Spirits Competition,IWSC)是业界公认的顶级葡萄酒竞赛,也是全球最盛大、最尊贵的醇酒美食盛宴。该竞赛由酒类学家安顿·马塞尔(Anton Massel)于 20 世纪 60 年代创办,每年举办一次,举办地点设在英国伦敦。大赛主要设置 3 大奖项:金奖(90～100 分)、银奖(80～89 分)和铜奖(75～79 分)。

2. 醇鉴葡萄酒国际大奖赛

醇鉴葡萄酒国际大奖赛(Decanter World Wine Awards,DWWA)是极具世界影响力的国际性葡萄酒赛事,由《醇鉴》组织。该赛事始于 21 世纪初,由英国著名的酒评家 Steven Spurrier(《醇鉴》杂志编辑顾问)组织发起,他也是 20 世纪 70 年代著名的巴黎评判(The Judgment of Paris)的组织者。该赛事一直是最杰出的葡萄酒竞赛之一,大赛面向全球的酿酒商,每年有万余款葡萄酒参赛。设金、银、铜奖,同时还设有推荐奖、白金奖以及赛事最佳奖等。近年来,中国越来越多的葡萄酒在大赛上获得了奖牌,充分显示了国产葡萄酒的潜力,尤其是 21 世纪初,出产于宁夏贺兰晴雪酒庄的加贝兰特别珍藏 2009 获得大赛最高奖,改写了宁夏葡萄酒的历史。

3. 布鲁塞尔国际葡萄酒大赛

布鲁塞尔国际葡萄酒大赛(Concours Mondial de Bruxelles)始于 20 世纪 90 年代,是世界最具权威的 4 大国际葡萄酒大赛之一,在世界葡萄酒界拥有广泛的影响力。每年,该大赛都会汇聚超过 6 000 款来自 40 余个国家的葡萄酒,有 300 位左右的葡萄酒权威专家组成评委团。大赛采用百分制,评分排在前 30% 的酒款被列为得奖酒款。然后,根据具体得分排列各奖项。得分位于 85～87.9 的为银奖,88～95.9 的为金奖,而位于 96～100 的为大金奖。

任务二　葡萄酒侍酒服务

一、葡萄酒贮藏

与烈酒不同,葡萄酒通常酒精含量较低,并不适合长期贮存。葡萄酒的构成非常复杂,包括单宁、色素、酸度、酒精和酚类香气等物质,这些成分共同决定了葡萄酒的陈年潜力。不同的葡萄品种、成熟度和酿造方法会导致这些成分的含量有所差异,进而影响葡萄酒的陈年能力。随着时间的流逝,葡萄酒中的这些物质会经历氧化过程,逐渐发生变化。例如,单宁和色素会与进入瓶中的氧气发生化学反应,产生沉淀,导致红葡萄酒的颜色逐渐变淡,单宁也会变得更加成熟和柔顺。酒精和酒石酸也会与氧气反应,促使酒中的酚类物质释放,进一步影响葡萄酒的风味。然而,葡萄酒中的二氧化硫如果用尽,可能会导致酒的氧化,特别是白葡萄酒,可能会变成棕色,其果香也会逐渐消失。因此,葡萄酒在其生命周期内,找到最佳饮用时间至关重要。市场上的大多数葡萄酒适合在2～5年内饮用,而像薄若莱新酒这样的葡萄酒则应在一年内饮用以获得最佳风味。只有少数顶级优质葡萄酒才适合长期贮藏,超过10年。葡萄酒的贮藏条件对其品质和陈年潜力有着直接的影响。良好的贮藏环境可以避免葡萄酒品质的下降,确保其在最佳状态下被享用。

　　1. 正常酒的贮藏

　　(1) 温度要求　合适的温度一般要求在10～15℃,温度太高,成熟太快,会加速葡萄酒氧化;温度太低,会使葡萄酒成长缓慢,不利于微氧化陈年。注意温度不要忽冷忽热,温度起伏较大对葡萄酒会产生很大损害。因此,要避免在厨房、家用冰箱、热水器、暖气以及汽车后备箱内存储葡萄酒。

　　(2) 湿度要求　理想的贮藏环境的湿度在60％～70％,空气太干燥,软木塞容易干裂,造成葡萄酒氧化;太湿润,容易造成软木塞或酒标发霉。

　　(3) 光线要求　强烈的光线会使葡萄酒升温,加速葡萄酒的成熟,应避免暴露在强光之中。

　　(4) 放置要求　存放方式对其品质有着显著的影响。传统的软木塞封口的葡萄酒,建议采用横卧式放置,是让葡萄酒与软木塞接触,保持软木塞的湿润状态,避免因干燥而风化,减少气孔增大带来的氧化风险,有助于葡萄酒在瓶中缓慢陈年,保持其最佳风味。使用螺旋盖,由于密封性较好,不需要依赖葡萄酒来保持密封材料的湿润,可以竖放保管,更便于存放和管理。

　　(5) 保持通风　应避免有异味的环境中。汽油、溶剂、油漆、药材和香料等强烈气味的物质都可能严重污染葡萄酒的香气和味道,影响其纯净性。香水和咖啡等日常生活中常见的气味也应避免,它们同样可能对葡萄酒造成熏染。为了保持葡萄酒的原始风味,应置于通风良好的环境中。封闭式酒窖通常会配备通风循环系统,以确保空气流通,避免葡萄酒吸收不良气味。即使是使用酒柜贮藏,也需要定期通风,以维持适宜的贮存条件,保证葡萄酒的品质和风味。

　　(6) 防止振动　葡萄酒在瓶中陈年是一个缓慢而细腻的过程,振动对这一过程有着显著的负面影响,会加速葡萄酒的氧化,导致其快速失去原有的细腻和优雅口感。因此,在贮藏和搬运葡萄酒时,应该尽量避免频繁移动或将其放置在如汽车后备厢这样容易产生颠簸和振动的地方。长期的颠簸和振动会对葡萄酒造成严重损害,影响其品质。让葡萄酒保持在"沉睡"状态,即在安静、稳定的环境中,保持其最佳品质。

　　葡萄酒的贮藏是一项需要精细管理的工作,不当的贮藏条件往往会导致葡萄酒变质,不仅给消费者带来遗憾,也会给酒店带来利润损失。对于酒店而言,葡萄酒的贮藏和酒窖的管理是侍酒师职责的重要组成部分。专业的酒窖配备了通风和温控设备,是酒庄和酒店的重要投资,它们能够为葡萄酒提供最适宜的贮藏环境。在一些城市,因其恒定的温度、湿度和适宜的光线条件,天然防空洞被改造成理想的酒窖,成为当地酒商和葡萄酒餐饮会所的宝贵资源。随着技术的发展,市场上出现了许多专业的葡萄酒贮藏设备,逐渐成为高端酒店的新宠。酒柜、葡萄酒保鲜分杯机等设备,具有灵活和科学的调节功能,能够提供恒定的温度和湿度,极大地方便了葡萄酒的贮藏和管理。这些专业设备的使用,不仅提升了葡萄酒的贮藏质量,也为酒店和酒庄带来了更高的服务水平和经济效益。通过精心的管理和专业的设备,葡萄酒得以在最佳状态下陈年,直至被享用,展现出其独特的风味和品质。

2. 开封酒的贮藏

开瓶后的葡萄酒确实需要尽快饮用,以保持其最佳风味。对于餐厅或酒吧中未能一次喝完的葡萄酒,侍酒师可以采取以下几种方法妥善贮藏:

（1）重新封口　对于软木塞封口的葡萄酒,可以将瓶塞重新塞回,直立放置,以免酒液洒出。对螺旋盖葡萄酒,较为简单,拧回封紧即可。通常情况下,夏季,将重新封口的葡萄酒放置在凉爽的背阳环境中,可以放置3～5天;冬季,气温较低,葡萄酒可以保存1周左右的时间。随着时间的延长,香气会消失殆尽,口感也会变得松散,毫无质感。

（2）使用真空瓶塞　使用真空瓶塞,把空气抽出的同时封口,可以减少空气与葡萄酒的接触。

（3）充入惰性气体　一般常见的惰性气体为氮气及二氧化碳,这些惰性气体覆盖在酒液之上,可以防止葡萄酒与氧气的接触,起到保鲜的作用。

3. 注意事项

使用专用酒柜是目前高档餐厅普遍的贮藏方式。有分柜贮藏条件的餐厅,红葡萄酒可以调整在15℃左右保存,白葡萄酒、桃红葡萄酒及起泡酒可在10℃左右贮藏。如存放于开放式货架上,注意避光,横放保存,并注意缩短该酒的流通时间,避免葡萄酒"马德拉化"。螺旋盖封口的葡萄酒及其他烈酒、利口酒等最好直立放置,避免酒帽损坏。现在很多高档餐厅使用分杯保鲜机,可以为葡萄酒提供更好的保鲜效果。

如果餐厅没有葡萄酒保鲜条件,可以考虑将已开瓶的葡萄酒用于员工的酒水培训;这不仅可以提升员工的专业知识,也能避免葡萄酒的浪费。

家庭中开瓶后未能及时饮用完毕的葡萄酒,如果无法在1～3天内饮用完,可以用于烹饪,增加食物的风味,或者制作成热酒饮用,享受不同的饮用体验。

二、葡萄酒的适饮温度

葡萄酒的饮用体验在很大程度上取决于其饮用温度。不同类型的葡萄酒,根据其酒体、浓郁度和酒精含量,都有各自最佳的适饮温度。适宜的温度不仅能够提升葡萄酒的风味,也能确保顾客享受最佳饮酒体验和服务标准。红葡萄酒通常在常温下饮用。但酒体轻盈、香气较为淡薄的红葡萄酒,如黑皮诺、博若莱新酒或意大利的瓦尔波利切拉等,轻微冰镇以避免过高的侍酒温度破坏葡萄酒的优雅质感和迅速消散的香气。桃红葡萄酒和白葡萄酒通常也需要冰镇,其侍酒温度应根据葡萄酒的口感浓郁度和香气特点来调整。冰镇有助于保持这些葡萄酒的清新口感和细腻的香气。由于其丰富的气泡,起泡酒需要在较低的温度下饮用。高温不仅可能导致软木塞意外弹出,造成安全隐患,还可能使得细腻的气泡和果香迅速消失,失去饮用起泡酒的乐趣。甜型葡萄酒的侍酒温度与起泡酒相似,需要深度冰镇,可以避免在高温下出现油腻或无力的质感,确保甜酒的平衡和愉悦感。

冰镇以及温度的处理尤其依赖侍酒师的工作经验,对葡萄酒温度的合理判断通常依赖其品酒经验的积累。当然,通过酒标也可以判断酒的最佳饮用温度。葡萄酒基本知识与日常品酒训练至关重要,要想成为优秀的侍酒师更需要长期的学习与工作积累。在服务过程中,以下几点也需要注意:

（1）一些普通价位的红葡萄酒,适当的冰镇可以帮助掩盖一些香气不足或口感上的缺陷,提升饮酒体验。

（2）在不同文化背景下,顾客对葡萄酒的饮用温度有不同的偏好。欧美国家的顾客往往更喜欢在较低的温度下饮用葡萄酒;而在中国,顾客可能不太喜欢过低的温度。因此,在服务时,侍酒师需要考虑到顾客的饮用习惯,并作出相应的调整。

（3）如果红葡萄酒的温度过低,侍酒师可以建议进行简单的醒酒服务来提升酒的温度。但需要注意的是,醒酒过程可能会对酒的风味造成一定影响。另一种方法是,建议客人双手握住酒杯来温和地提升酒的温度,这是一种简单且不会破坏葡萄酒风味的方法。

通过这些细致周到的服务,侍酒师不仅能够确保顾客享受到葡萄酒的最佳风味,还能够体现其专业和个性化的服务水平。

三、杯卖酒及服务

近年来,杯卖酒作为国内高端酒店中新兴的消费方式,因其能够提供分杯零点服务且价格合理,逐渐受到外籍顾客的青睐。在我国的一线及部分南方城市,随着消费水平的提升和消费形式的多样化,这种服务在高端餐饮酒店的大堂吧和零点西餐厅中越来越普及,成为消费者喜爱的选择。这种灵活的倒杯卖酒服务不仅满足了消费者对高品质葡萄酒体验的需求,也体现了酒店对市场趋势的适应和创新服务。

1. 杯卖酒概述

杯卖酒也被称作店酒,是一种在酒店中以单杯形式出售葡萄酒的服务方式。这种模式在欧美国家的酒店餐饮行业中相当普遍,通常价格适中,易于接受。如在法国,许多酒店会选用 VDP 等级的葡萄酒作为店酒出售。这些葡萄酒都经过精心挑选,以确保其与酒店的畅销菜肴搭配得当,满足顾客的配餐需求。合理的价格加上精心的选酒,使得店酒成为酒店吸引顾客招牌之一。在中国,随着市场的不断拓展和消费者需求的多样化,杯卖酒这种消费形式也呈现出增长的趋势。除了提供杯卖酒服务,一些高档餐厅还会推出特色推荐,如月度推荐、周推荐或当日特色酒等,以吸引顾客并提供更加个性化的葡萄酒体验。

2. 适合做杯卖酒的葡萄酒

一是价位合理的酒。酒店通常会选用市场价位在 200～800 元的葡萄酒,每杯价格在 50～200 元,适合单杯消费。价格较高的葡萄酒不适合做杯卖酒,对消费者也会形成一定的消费压力。二是酸度适中、果香清新、单宁柔和、简单易饮、适合配餐的葡萄酒。为顾客营造美好的用餐体验是酒店服务客人的根本。杯卖酒与酒店特色或主打菜品的搭配会很大程度上增加顾客用餐的舒适度,给其带来愉悦的氛围。三是分杯不影响体验的酒。杯卖酒多选择红、白葡萄酒。起泡酒开瓶后气泡很容易散失,所以大部分以红葡萄酒、白葡萄酒或桃红葡萄酒为主。但一些餐厅也会选择提供一款起泡酒,以满足顾客对于不同类型葡萄酒的期待。

3. 有杯卖酒需求的人群

（1）海外游客　许多游客希望体验当地的特色葡萄酒,而单杯配菜的选项让他们能够轻松尝试不同风味,无需承担整瓶购买的压力。

（2）商务顾客　　无论是单独出差还是与同事或合作伙伴一起,商务顾客可能需要单杯葡萄酒来佐餐或放松,尤其是当人数较少时,杯卖酒提供了灵活的选择。

（3）零点西餐顾客　　往往希望根据自己的喜好和需求搭配餐点和酒水,杯卖酒使他们能够根据每道菜选择不同的葡萄酒,享受更加个性化的用餐体验。

（4）对整瓶葡萄酒有消费压力的顾客　　觉得整瓶葡萄酒价格较高或不常饮酒的顾客。杯卖酒提供了一种经济实惠的选择,使他们能够在不花费过多的情况下享受葡萄酒。

杯卖酒服务不仅为顾客提供了便利和多样性,也体现了酒店对不同顾客需求的关注和满足。通过提供这样的服务,酒店能够吸引更广泛的顾客群体,提升顾客的满意度和忠诚度。

4. 服务与保管

杯卖酒服务在高端酒店中越来越受到重视,其单杯倒酒量通常建议比正常量稍多,以体现酒店对顾客的关怀。一般而言,单杯倒酒量可以是半杯或 2/3 杯,具体根据顾客的需求而定。一瓶标准的葡萄酒通常可以倒出 4～6 杯。开瓶后的葡萄酒香气容易散失,保鲜分杯机能够及时为已开瓶的葡萄酒补充惰性气体,隔绝氧气,延长葡萄酒的保鲜期至约 15 天,确保葡萄酒的品质和口感。如果餐厅没有保鲜分杯机,可以使用真空瓶塞来保管开瓶后的葡萄酒,但保管时间较短,通常为 1～2 天,且葡萄酒需要存放在阴凉处,以避免影响品酒体验。市场上还出现了一种名为卡拉文(Coravin)的取酒“神器”,为高年份优质葡萄酒的按杯销售提供了便利。卡拉文通过一根细长的吸管插入软木塞中,无需开瓶即可取出葡萄酒,同时用氩气填充瓶内空间,保持葡萄酒的密封性。然而,卡拉文需要配合氩气胶囊,成本相对较高,且存在一定的风险。

注意,多选择顾客熟悉的典型产区、品种的杯卖酒,注意杯卖酒的丰富性,通常准备 6～10 款。注意创新与差异性市场定位。一些高端餐饮酒店专门推出了波尔多列级酒庄以及勃艮第特级园的杯卖酒,每杯价格多在 300～800 元,吸引了很多顾客群体。部分酒店会提供起泡酒的杯装酒,但单价相对较高。注意分杯保鲜机器的定期维护养护。

四、起泡酒开瓶

任何一款葡萄酒都要在顾客的视线内开瓶,以示尊重。当然,因为酒店管理方式与规定的不同,有些是在备餐间开启,但这通常不符合葡萄酒的服务标准。在顾客视线内开瓶对服务人员或者侍酒师有较高要求,一是动作要熟练、敏捷,二是还要体现优雅、端庄的姿态。葡萄酒一般不建议在客人餐桌上开瓶,也不允许触碰桌布,通常需要在酒水车、便携式服务架或距离较近的工作台上开瓶。

起泡酒内有相当大的气压,尤其是香槟可以达到 6～7 个大气压。不遵循正确的开瓶方式,会有一定的危险。首先,开瓶一定要在酒温度较低时,一般控制在 6～8℃(个别情况下,根据客人要求可能会更低或微高)。常温状态下,虽然软木塞外的铁丝圈(图 7 - 2)也能有效控制葡萄酒内的气压,但开瓶时需要松开铁丝圈,这时葡萄酒内 CO_2 较为活跃,如果不按紧软木塞,很容易出现飞塞的现象。必要时采取降温措施。通常起泡酒在盛放冰水混合物的冰桶内冰镇,冰镇时间则要根据葡萄酒原始温度以及侍酒师的经验而定。现在,起泡酒一般会存放在专用酒柜中,温度一般会设定在 10～12℃,所以起泡酒取出后便可以开瓶。起泡酒的开瓶需要遵循以下步骤：

图7-2 起泡酒软木塞与
铁丝圈

步骤1　去除锡纸。根据餐厅规定，可以用手工直接撕开，但要避免撕得过于零碎。大部分餐厅要求使用酒刀，可以更美观地割取锡纸。去除的锡纸放入侍酒服内。

步骤2　左手大拇指摁住软木塞的上端，右手松开铁丝圈。

步骤3　左手大拇指保持摁住软木塞，顺势将酒瓶拿起，两手自然将其端于身前，将酒瓶倾斜30°。左手紧紧握紧瓶塞，右手握住瓶底，瓶口切不能朝向客人。

步骤4　右手转动瓶底，而非转动软木塞。根据气压的情况，合理转动瓶底的圈数，通常从半圈到一二圈不等。同时保持缓慢转动，力度不要过猛，避免飞塞。

步骤5　右手以合理力度松开瓶塞，并慢慢释放出瓶内气体，使瓶塞慢慢移出瓶颈，避免飞塞。释放瓶内气压时，会发出"嘶嘶"的声音，而不是爆破声或者飞出。

步骤6　铁丝圈与软木塞分离，放入准备好的餐碟内，端给客人鉴赏。

步骤7　左手拿起口布，擦拭瓶口内侧，为客人侍酒。

由于酿造方法不同，瓶内气压都不尽相同。香槟气压相对较大。开瓶时要细心感受气压情形，合理把握转动力度，以免飞塞。葡萄酒的气压变化受后期运输、贮藏环境、保管温度影响较大。很多起泡酒都因贮藏不当，起泡慢慢减弱。这时注意开瓶时需加大转动力度，双手合理配合，避免过度延长开瓶时间。注意瓶身起泡，擦拭干净，以免手部打滑。部分酒店要求用口布简单包裹瓶口，左手垫着口布开瓶。如有酒液溢出，注意保持瓶身一定的倾斜度，并快速用口布擦拭干净。

五、静止葡萄酒开瓶

静止葡萄酒的开瓶相对起泡酒简单，气压低，没有飞塞的风险。开瓶时偶尔会遇到断塞的问题，这就要求侍酒师具备精湛的开瓶技巧，而这需要通过大量的训练来获得。要定期检查和更换酒刀，确保刀口锋利，以便顺利切割瓶封。白葡萄酒和红葡萄酒略有不同，白葡萄酒通常在冰桶中冰镇，所以在开瓶前，侍酒师会用口布将瓶身上的水滴擦拭干净，避免水滴影响开瓶。开瓶时，酒瓶一般放置在酒水车、可移动的服务架或客人可见的工作台上。准备好白色餐巾，以确保服务的质量和专业性。通常不推荐在手中或直接在冰桶内开瓶。开瓶的步骤通常包括：

步骤1　沿瓶口玻璃环下层切开锡纸，不要在距离瓶口最近的突出部位切割，保障倒酒时的卫生要求。切开锡纸一般分为3步，首先正面沿水平方向从里到外切割一下；然后，反手平行切开，从瓶帽上端或平行切割口处，上下竖立切开小口；最后，把酒刀放入刚切割的小口内带出酒帽。避免转动酒瓶，切割的酒帽应尽量保持完整，以展现良好的服务技能。把酒帽放置在小餐碟内，供客人鉴赏。

步骤2　用口布擦拭已经去掉锡纸的瓶口，保证卫生。

步骤3　右手拿酒刀，把酒刀螺旋钻尖对准软木塞中央部位，并顺势旋转进入。不要把螺旋钻全部钻透木塞,通常留有半圈或一圈螺旋环数,避免木塞碎屑掉入葡萄酒内,影响葡萄酒口感。

步骤4 将酒刀的金属关节部分轻轻卡在瓶口突起部分,左手握住刀身关节和瓶颈处,右手握住酒刀柄后端,在杠杆的拉力下缓缓拔起。保证杠杆在拔取过程中保持垂直状态,否则软木塞容易折断。

步骤5 软木塞快拔出瓶口时,停止撬动,酒刀平行,使用拇指、食指左右晃动酒塞,尽量安静、优雅地取出瓶塞,避免发出"砰"的一声。

步骤6 左手握住木塞,右手转动酒刀,动作连贯地将木塞从酒刀的螺旋钻上移出。并顺势轻闻酒塞。将酒塞放入盛放酒帽的小餐碟内。右手合上酒刀,并放入侍酒服内。最后将餐碟放在主客座位右侧,供其鉴赏。

步骤7 用口布擦拭瓶口内侧,为客人倒酒品尝。

葡萄酒瓶盖处的锡纸的材质、质量及厚度等各不相同,注意酒刀切割时力度的掌握,避免割坏锡纸,使酒帽不完整。软木塞有长有短,注意螺旋锥钻入软木塞的深度,不要钻透,防止木屑掉入瓶内。一把好用的酒刀是侍酒师工作非常重要的帮手。简单、顺手、好用的海马刀或一些品牌酒刀都是不错的选择。通常酒刀由5道螺旋纹组成,注意刀口的锋利程度。

蜡封葡萄酒开瓶,通常使用酒刀的刀口,沿瓶口,在转动瓶身的过程中平整地割掉一圈封蜡,去掉上层圆形封蜡盖。接下来用酒刀拔出软木塞即可。

六、酒篮内开瓶

日常饮用的红葡萄酒通常分为两种类型,一类是年份较新的葡萄酒,没有沉淀,称为新酒;另一类是保存时间较长,年份较久远的葡萄酒。葡萄酒氧化后,颜色与单宁形成酒石酸的结晶,这类葡萄酒称为老酒。新酒没有沉淀物,所以服务上一般竖直开瓶即可;老酒有部分沉淀物,较为粗放地取拿及开瓶方式会使沉淀泛起,影响葡萄酒的口感。这类葡萄酒通常建议使用酒篮服务(图7-3),轻拿轻放,保障葡萄酒处于平稳状态。整个开瓶过程均需要在酒篮内。开瓶器可以选用侍者之友,也可以选

图7-3 酒篮

择老酒开瓶器。酒篮内开瓶通常也是在酒水车、可移动服务架或者客人可视的工作台上。酒篮内开瓶步骤如下:

步骤1 准备红酒篮,检查是否干净、有无破损,根据需要,有些餐厅要求铺垫干净的口布。

步骤2 从红酒柜中取出葡萄酒,检查标签的准确度,并将酒瓶外侧擦拭干净,放入红酒篮内。右手握住酒篮把手,不要遮挡正标,左手托于下端,酒篮下方使用白色餐布托垫,保障运输的卫生与平稳。

步骤3 向客人展示葡萄酒连同酒篮,并介绍酒名、年份等重点信息,待客人确认后放于事先准备好的酒水车上。

图7-4　老酒开瓶器

步骤4　酒篮稍作倾斜,瓶颈侧于身体前端,左手握住瓶颈下端,以确保酒瓶稳固。右手将瓶口凸出部分以上的锡纸割开,去除,并用口布将瓶口擦拭干净。

步骤5　右手将螺旋钻头慢慢转入木塞内,左手则平稳地握住瓶颈处,轻轻将木塞拔出。不要用力过猛,以防止木塞断裂。切记不要转动或摇动酒瓶,避免激起沉淀物。

步骤6　将拔出的木塞轻轻闻过之后,放于小餐碟内,交于客人评判鉴赏。

步骤7　使用口布轻轻擦拭瓶口内侧,使用酒篮为客人倒酒。

注意开瓶的稳定性,尤其是拔取软木塞时,务必轻轻拔出,以免酒液洒出。拔取软木塞时,根据服务要求,可以裸手拔取,也可以垫口布拔取,后者更符合卫生习惯。酒篮内开瓶,如断塞,可以继续用酒刀重新插入补救,动作要稳、慢。也可以使用老酒开瓶器(图7-4),并用夹子清理瓶口的软木屑。

七、斟酒服务

斟酒服务是侍酒师专业技能的重要展示,不仅要求侍酒师展现出良好的姿态和娴熟的技巧,还需要保持儒雅的态度。尽量避免滴酒,不影响客人用餐。尊重倒酒礼仪,并能合理把握倒酒量。这些都是侍酒师应该掌握的重要服务要领。

1. 握瓶及倒酒方法

握瓶和倒酒是侍酒师专业技能的基本组成部分,正确的方法能确保服务的流畅和客人的愉悦体验。首先,使用右手稳定地握住酒瓶的下半身或底部,左手持白色口布,右手手指轻轻展开,优雅地握在酒瓶背标处,避免触碰或遮挡正标。在餐桌服务时,侍酒师应右脚在前,左脚在后,身体自然倾斜,面带微笑,以优雅的姿态为客人斟酒。

倒酒时,应将酒瓶对准酒杯的中间位置,避免酒液直接冲击杯壁。距离杯口约2cm处开始斟酒,动作要缓慢而稳定,控制好流速。当倒入适量的酒液后,应在杯口正上方轻轻转动瓶身,使瓶口微微向上倾斜,确保无滴酒。然后,顺势用口布轻轻擦拭瓶口,整个动作连贯而优雅。

对于起泡酒,为了避免泡沫溢出,斟酒过程需要更加缓慢和细致,保持细小的水流。如果需要,可以分两次倒酒,先倒入少量,待泡沫稍微平息后,再补充至杯的六成或七成满。这不仅展现了侍酒师的专业技巧,也确保了客人能够享受到起泡酒的最佳风味和质感。

2. 斟酒量

市场上常见的葡萄酒容量为750 mL,根据国际标准,这种容量一般适合斟倒6~8杯。红葡萄酒通常使用较大型号的酒杯,倒酒量建议为3~4盎司,以便于品鉴和晃杯;而白葡萄酒需要冰镇饮用,倒酒量一般会酌情减少至2~3盎司,这样既方便顾客快速饮用,也有助于保持适宜的饮用温度。起泡酒则建议斟倒至杯体的5~7成满,既方便观察气泡的上升,又避免了因酒量过多而导致的饮酒温度升高。

在中国,由于餐饮企业使用的酒杯类型多样,倒酒量还需根据酒杯的大小和型号来调整。红葡萄酒的倒酒量一般保持在稍少于酒杯一半的位置,留出足够的空间晃杯,以释放葡萄酒的香气;而白葡萄酒则应保持在稍多于酒杯1/3的位置。斟酒量还需考虑客人的数量。8～10人的餐位,750 mL的葡萄酒应平均分配,尽量保证酒杯中酒量一致;4～6人的餐位,则可以两轮倒完一瓶葡萄酒。

由于存在干杯的习惯,侍酒师在斟酒时还需考虑客人的意愿,确保每位客人都能享受到适量的葡萄酒。对于杯卖酒,可以根据红、白葡萄酒的标准倒酒量,酌情为客人多倒一些。

3. 斟酒礼仪

斟酒服务应时刻在客人右侧,右手抓握酒瓶,正标朝向客人;左手拿白色口布及时接住滴落的葡萄酒或擦拭瓶口。

顺时针服务:先给主人倒酒,让其鉴赏酒质及饮酒温度;正式斟酒从主宾开始;时刻考虑女士与年长者优先的原则。先年长者,后年轻者;先年长女士,后年轻女士;先年长男士,后年轻男士。

为避免太过复杂,如是圆桌,征得主人示意后,斟酒可以从主人右侧第一位女士开始,之后不分男女,顺时针倒完即可。切记不要移动酒杯的位置,也不要拿杯斟倒。保持桌面科学的餐具摆放是对客人的最起码尊重。尽量不要一次性倒完瓶内的葡萄酒,保留一定剩余。

白葡萄酒、桃红葡萄酒及起泡酒斟酒结束后,应询问客人是否希望把酒瓶放回冰桶内,或是放在桌面上。如果放在桌面上,应该在酒瓶下方放置餐盘或瓶垫;如果放回冰桶内,桶上方应放置白色餐布,再次斟倒时,用白色餐布擦拭干净,并隔着餐布倒酒,以免因瓶身雾气而打滑。

在有些餐厅,侍酒师承担了更多角色,尤其是使用老年份的葡萄酒服务时。在征得客人同意的前提下,侍酒师往往会为自己斟倒1盎司左右的葡萄酒。在主人品酒之前或之后,协助客人判断葡萄酒质量及口感,提供合理的饮用建议。

第一瓶葡萄酒饮完时,及时与客人保持沟通,询问是否续加。如果客人中途添加新款葡萄酒,首先,撤掉已使用过的酒杯,确保葡萄酒风味不会交叉影响。如果旧的葡萄酒尚未饮完,新的配餐已经呈上,则可询问该客人是否撤掉旧的葡萄酒,之后摆放新的酒杯。其次,新酒打开方式同样遵循第一瓶规律,使用新的酒杯,让客人先行品鉴,然后按顺序倒酒。最后,在大型宴会中,由于酒杯使用量过大,且客人没有更多时间逐一品尝每款葡萄酒,侍酒师需要少量品尝新酒,以确定该款葡萄酒的质量以及最佳的饮用温度。通常在后场开瓶检验。检查合格后,直接为客人在已使用过的酒杯内倒入新类型的葡萄酒。

倒酒服务过程中,应及时关注客人酒杯,并根据客人需要斟倒适量的葡萄酒。客人没有要求,则按前文倒酒量及方式倒酒。有些葡萄酒需要醒酒。在合理判断的基础上,向客人解释说明,并征得客人意见后,进行醒酒服务。倒入醒酒器的葡萄酒,需要使用醒酒器倒酒。

4. 注意事项

我国流行干杯文化,所以部分餐厅会建议给客人倒入一口量的葡萄酒。要求随时关注客人的用酒情况,以满足个性化需求。

起泡酒斟酒不宜过满,通常五成、六成、七成为宜。八成以上倒酒量会增加倒酒难度,且延长葡萄酒饮用时间,葡萄酒温度上升,影响口感。

准备两块白色口布,交替使用,注意保持口布清洁。倒酒时转动瓶口,防止滴酒。如果滴落在客人衣物上,应赶紧道歉,并做出补偿说明。

八、冰桶服务

冰桶在餐厅的使用频率极高,大部分白葡萄酒、桃红葡萄酒以及起泡酒在饮用之前都需要冰镇。部分清淡的红葡萄酒或者正常红葡萄酒,尤其在夏季贮藏温度过高的情况下,也需要短暂冰镇。因此冰桶的准备与服务技能也是侍酒服务人员的必备常识。当然,现在餐厅里出现了很多冰桶的替代品,如保温桶。这是一种双层塑料圆桶,可以在一定时间内维持葡萄酒温度。以低温贮藏的葡萄酒由酒柜取出后开瓶,之后放回保温桶内即可。但该设备不具备使葡萄酒温度下降的功能,只能维持既有温度。因其准备工作简单方便,又有非常好的冷却效果,冰桶广受餐厅侍酒师的喜爱。

1. 准备工作

单纯的冷水与冰降温效果都不理想,在大部分情况下,冰镇处理时需要冰水混合物。相等数量的水与冰放入冰桶内,根据冰桶内葡萄酒瓶的数量,合理判断水位线。通常倒入量为该桶的一半以上,约为 2/3。防止冰水溢出的同时,水量也不宜过少,以达到最佳冰镇效果。由于瓶身不能完全浸于冰水内,瓶身稍倾斜,让酒液对流,加快冰镇速度。也可以在冰桶内放入少量食用盐,加快冰的溶解,以达降温效果。准备两块白色餐布。一块叠成长条形状,放置在已经填好冰水混合物的冰桶之上;一块随身携带,以备服务之需。

2. 服务工作

通常冰桶会放置在专用的冰桶架上,确保其稳定性和便于操作。展示葡萄酒时,侍酒师会将冰桶连同酒瓶一同放置在餐桌旁边,接近主人位,既方便主人在需要时自行取酒,也便于侍酒师轻松取用。

根据具体情况,冰桶也可以放置在餐桌上,一般放在主人位的右侧。已经开瓶的葡萄酒在斟酒后,一般需要放回冰桶内,以保持葡萄酒的最佳饮酒温度,并在上方放置白色口布。从冰桶内取出葡萄酒时,及时使用干净的餐布擦拭瓶身,然后为客人斟酒。注意抓握安全,防止手打滑。

时刻观察客人的用酒情况,及时补充葡萄酒。

如果常温葡萄酒需要冰镇,需要考量原始温度及室内温度,一般冰镇时间可以控制在 10～20 min。

在酒柜内贮藏的葡萄酒,可以直接从酒柜内取出开瓶。待客人品尝后,决定是否冰镇或者直接斟酒,倒酒结束后把葡萄酒放回冰桶内。

3. 注意事项

注意经常检查冰桶的保管情况,是否有漏水等。在日常贮藏管理中,每次清洁冰桶之后,注意使用口布擦拭干净,保持清洁状态。冰桶如果放置在客人餐桌上,下方应放置桶垫或小盘子,以免水珠浸湿桌布。

九、起泡酒服务

掌握了起泡酒的开瓶技巧后,其服务过程将变得更加简单。

1. 准备器具

起泡酒服务所需要的器具有酒杯、冰桶(含冰水混合物)、冰桶架、餐布、酒刀、小餐碟、托盘等。

2. 服务流程

步骤1　待客人入座后,为客人呈递酒单。通常由主人点酒。简单介绍酒款,并合理推荐餐厅特色酒款或主打类型。根据客人需要做好点酒记录,并向客人复述所点酒的年份、酒名等重要信息。

步骤2　选择酒杯。选择合适的起泡酒杯,对照光线检查酒杯的清洁程度。送酒杯时,通常使用托盘或手持呈上,抓握时切不可直接触摸杯口与杯身。

步骤3　准备冰桶,餐布放置在冰桶上方,端于客人餐桌一旁,一般靠近主人位,放于右侧。

步骤4　取酒。查看酒标信息,保证葡萄酒与客人所点一致。左手手持餐布,右手将葡萄酒倾斜托于手上。如果瓶身温度过低有水雾,瓶底垫上餐布托送。以右侧胳膊支撑,平稳地走向主人位右侧。

步骤5　示酒,保持正标朝上,并向客人重复酒名、年份及出产地信息。待客人确认无误后,在主人示意下进行下一步服务。

步骤6　开瓶。按照起泡酒的开瓶方式,通常在事先准备好的酒水车或可移动餐台上开瓶。注意瓶口不准朝向任何客人,开瓶声不宜过大。轻闻瓶塞,确认酒质。把软木塞与铁丝圈分开,放于事先准备好的餐碟内,置于主人位右侧的餐桌上。

步骤7　擦拭瓶口,保持瓶口清洁卫生。

步骤8　主人品酒。左手手持餐布,为主人位倒少量葡萄酒,约为1盎司。

步骤9　正式斟酒。待主人示意后正式为客人倒酒。遵循女士优先的原则,最后为主人斟酒。

步骤10　呈递祝福语。把酒瓶放于冰桶之上,倾斜瓶身,酒瓶上放上白色餐布,带走盛放软木塞的餐碟及酒车并离开。

3. 注意事项

开瓶后,软木塞与铁丝圈应分离放在碟子上,方便客人鉴赏酒塞。剥落锡纸可以使用手撕取,也可以使用酒刀割取。锡纸封条有时会断开,所以酒刀更加适用。

再次斟酒时,注意垫口布握住酒瓶倒酒,以防打滑。在斟酒环节结束时,侍酒师应根据客人的偏好和需求,主动询问是否希望将葡萄酒保持在常温下。如果是,可以将酒瓶放置在配有瓶垫的餐桌上。如果客人更倾向于保持酒的凉爽,应提供将酒瓶放回冰桶的选项。这种细致周到的服务不仅体现了对客人的关怀,也确保了葡萄酒能够在最佳的状态下被享用。

十、新年份葡萄酒醒酒服务

只有部分红葡萄酒是需要醒酒的,这与起泡酒服务不同。需要准备的器具有蜡烛、火柴、醒酒器等。点燃蜡烛是为了看清瓶中沉淀,只有老年份或未澄清、未过滤的葡萄酒醒酒时会使用到。年份较新的葡萄酒醒酒服务时则不用准备蜡烛。

1. 准备器具

醒酒器、餐布 2～3 块、酒刀、酒杯、餐碟、托盘、瓶垫等。

2. 服务流程

步骤 1　呈递酒单。与起泡酒服务一样，待客人入座后，呈递酒单。通常由主人点酒。简单介绍，推荐餐厅红葡萄酒特色或主打类型。根据客人需要做好点酒记录，并向客人提出醒酒建议，复述所点酒的年份、酒名等重要信息。

步骤 2　准备合适的酒杯，准备醒酒服务所需要的醒酒器、小餐碟、开瓶器等。并将这些器皿放于酒水车或移动工作台上，推向客人餐桌旁。

步骤 3　取酒，左手手持餐布，右手持酒，端于主人面前。示酒，保持正标朝上，并重复酒名、年份及出产地信息。待客人确认无误后，在示意之下进行下一步服务。

步骤 4　按照静止葡萄酒开瓶方式开瓶。轻轻取出酒塞，轻闻瓶塞，确认葡萄酒酒质。擦拭瓶口，保持瓶口清洁卫生。把盛放软木塞的餐碟端于主人右侧。

步骤 5　为主人倒少量葡萄酒，请主人品鉴。征得同意后，向侍酒人员备用酒杯内倒入30 mL 葡萄酒，协助品鉴。

步骤 6　左手握醒酒器，右手握瓶，确保酒标朝向客人，将葡萄酒缓缓倒入醒酒器。

步骤 7　在瓶底处稍作余留，避免将酒渣倒入醒酒器内。

步骤 8　左手拿餐布，右手手持醒酒器。遵循女士优先原则，最后为主人倒酒。

步骤 9　祝客人用餐愉快。通常除醒酒器及空酒瓶外，撤走所有器皿。

3. 注意事项

由于没有沉淀物，新年份葡萄酒的醒酒不需要蜡烛与火柴，也不建议使用酒篮。是否醒酒遵照客人喜好，也可以建议在酒杯内醒酒。酒瓶与醒酒器通常放在餐桌一侧。注意使用瓶垫、小托盘。可以询问顾客是否撤走软木塞与空瓶。

十一、老年份葡萄酒醒酒服务

老年份的红葡萄酒在陈年过程中会产生大量的酒石酸结晶，倒入酒杯会更加明显，一般是大小均匀的红色颗粒物。携带这些颗粒物的葡萄酒往往会影响其外观和口感，因此大部分情况下建议滗洗。可以使用漏斗，也可以将葡萄酒缓慢倒入醒酒器，将沉淀物保留在瓶底实现过滤目的。这类醒酒服务明显比普通红葡萄酒要复杂一些，细节更多，需要侍酒师严谨、细致的工作态度，确保过滤过程顺利，保持葡萄酒的品质和风味，为客人提供最佳的品酒体验。

1. 准备工作

首先，在客人点酒后，侍酒师准备一系列醒酒服务所需的器具和物品，包括合适的醒酒器、根据需要可能使用的漏斗、开瓶器（可以是酒刀或双片开瓶器）、蜡烛、火柴、小餐碟、餐布以及红酒篮等。由于所需器具较多，侍酒师必须仔细检查器具是否齐全、清洁，并确保都处于良好的使用状态。特别是火柴，必须确保能够顺利点燃。还需要准备摆放这些器具的酒水车或移动工作台。工作台应该放置在方便操作的位置，通常是主人的右侧，以便侍酒师服务时能够轻松取用所需的器具和物品。

其次，老年份葡萄酒由于长久储藏，坏酒的可能性增加。通常侍酒师在征得主人允许的情况下,倒 1 盎司左右的葡萄酒,配合客人检查葡萄酒香气及口感。如果客人不情愿,侍酒师则不要自作主张倒酒检查。

最后,醒酒服务时,双臂略倾斜,自然抓握醒酒器与酒瓶,将葡萄酒缓缓倒入醒酒器内。蜡烛放置于瓶颈正上方,远近适中,借助烛光能方便、准确地观察到酒瓶沉淀物。

2. 具体流程

步骤 1　与红葡萄酒服务一样,客人入座,呈递酒单。

步骤 2　准备合适的酒杯,并检查酒杯的清洁度。

步骤 3　准备醒酒服务所需要的醒酒器、蜡烛、火柴、漏斗(如果需要)等器皿,并且将这些器皿放于酒水车或移动工作台上,将其推到餐桌旁。

步骤 4　按照酒篮内开瓶程序,取酒、示酒并开瓶。

步骤 5　使用红酒篮为主人斟倒品鉴酒,征得同意后,为自己倒入 30 mL 葡萄酒,以备品鉴之用。

步骤 6　点燃蜡烛,并把使用过的火柴棒放于火柴盒一端或餐碟内,不要丢弃,可以用来熄灭蜡烛。

步骤 7　从红酒篮内轻轻取出葡萄酒,酒标朝向客人。左手抓握醒酒器,右手抓瓶,在蜡烛正上方合适的高度,借助烛光把葡萄酒缓缓倒入醒酒器。不要将瓶底沉淀物倒入醒酒器,稍作余留,待看到瓶颈处有酒渣后,停止倒入。

步骤 8　左手拿餐布,右手手持醒酒器,为客人倒酒。遵循女士优先原则,最后为主人倒酒。

步骤 9　将空酒瓶放在靠近主人位餐桌的瓶垫上,醒酒器放于空酒瓶同侧。除醒酒器及酒瓶外,将其器皿放入酒水车上。

步骤 10　祝客人用餐愉快。除醒酒器及酒瓶外,随身移走所有器皿。

3. 注意事项

点燃蜡烛通常不使用打火机,而是使用较为安全的火柴。醒酒时,距离火焰适当距离,过远不利于观察沉淀,过近烟灰会弄脏瓶身或提高酒的温度。根据餐厅规格及客人要求,可以使用少量葡萄酒清洁即将使用的醒酒器及酒杯,以确保器皿无异味干扰。也可为自己准备一只品酒杯,在葡萄酒出现异常时品尝。

空瓶通常放在有瓶垫的餐桌一侧,也可放置在红酒篮内并放于醒酒器一旁。

任务三　侍酒师技能养成

一、侍酒师的角色

1. 对雇主的职责与角色

侍酒师与酒店方是雇佣与被雇佣的关系,因此必须明确自己应该履行的责任,以便为雇主创造更多价值。

(1)归属感与自豪感　侍酒师应深刻认识到自己是酒店团队的一部分,并为酒店感到自豪。

（2）品牌推广　有责任积极保护并推广酒店的品牌,通过专业服务提升品牌价值。

（3）利益平衡　在个人利益与公司利益之间取得平衡,不因个人追求而损害公司利益。

（4）利润创造　理解酒店的营利性质,通过高质量的服务、专业知识、酒窖管理、促销活动和市场理解,为酒店创造利润。

（5）商业意识　具备强烈的商业意识,理解餐饮和葡萄酒产业的市场营销策略。

（6）成本控制　致力于减少不必要的成本支出,以最大化酒店的收益。

（7）理念遵循与反馈　遵循酒店的发展方向和理念,如有不同意见,应以专业和事实为依据提出建设性反馈。

（8）积极的工作态度　展现出积极的工作态度、敬业精神和职业道德。

（9）客户关系管理　积极获取并维护回头客,建立并维护葡萄酒爱好者的顾客数据库。

（10）个人发展　不断学习和提升,努力成为更好的侍酒师和雇员。

（11）饮品知识　除了葡萄酒,侍酒师还应具备茶、烈酒、咖啡等其他饮品的扎实知识,并熟悉酒店酒吧、酒廊的酒水管理技能。

（12）部门协调　与其他部门如市场营销部、财务部等保持密切联系,了解酒店运作体系,提高跨部门协调和工作效率。

（13）营销参与　积极参与餐饮营销活动,特别是与葡萄酒相关的品鉴会、晚宴和节日促销活动。

侍酒师的工作不限于酒水服务,还包括对酒店整体运营和营销的贡献,他们的角色对酒店的成功至关重要。通过这些职责的履行,侍酒师能够为酒店带来更高的客户满意度和商业成功。

2. 对客人的职责与角色

侍酒师职业最主要的实践性目的就是为客人服务。多年来,侍酒师的职责在不断演变和扩大。然而,服务仍然是核心。

（1）平等对待　确保所有客人无论性别、民族或种族都得到平等的服务。

（2）友好态度　始终保持微笑,用温暖的态度迎接每一位顾客。

（3）专业形象　保持个人卫生,着装整洁,展现优雅的专业姿态。

（4）礼貌用语　使用正规的礼貌用语,避免随意语言,展现尊重和专业。

（5）诚实沟通　在不确定时,诚实地向客人表明需要时间获取准确答案。

（6）识别客人　准确识别 VIP、常客及其他重要客人,提供个性化服务。

（7）有效沟通　与客人有效沟通,正确解读并满足他们的需要和想法。

（8）费用透明　确保不超额收费,保持价格公正。

（9）小费政策　不主动索要小费,保持职业操守。

（10）工作纪律　工作时间内不吸烟、不饮酒(除非是专业的葡萄酒品尝)。

（11）拒绝服务　不向醉酒或未成年的客人提供酒精饮料。

（12）正确态度　以正确的服务态度帮助和引导客人,不轻视或误导。

（13）个性化服务　记住客人的名字、偏好和订单,提供个性化服务。

（14）适度推销　避免过度推销昂贵商品,尊重客人的消费意愿。

（15）确认满意度　时刻关注并确认客人的满意度。

（16）尊重文化　不拿不同国籍的客人开玩笑,展现文化敏感性。

（17）遵守法律　不向客人提供或销售药物,或提供药物相关信息。

（18）适度推荐　在葡萄酒即将饮用完毕时,适度推荐,不强迫消费。

（19）尊重隐私　与客人保持良好沟通,同时尊重他们的隐私。

（20）客观公平　尊重每个客人的品味,不强迫客人接受个人偏好。

侍酒师的职责是综合的,不仅要提供专业的葡萄酒知识和服务,还要维护客人尊严,确保每位客人都能享受到愉悦的用餐体验。

3. 对同事的职责与角色

侍酒师在与同事的互动中扮演着重要的角色,其职责不仅局限于提供专业的葡萄酒服务,还包括建立和维护良好的工作关系:

（1）团队合作　应与同事保持积极的人际关系,展现出强烈的团队合作精神。

（2）知识分享　利用自己的葡萄酒专业知识,耐心地与同事沟通和分享,提升整个服务团队的专业知识水平。

（3）积极态度　以积极的态度参与工作,成为团队中的榜样,激励同事们共同进步。

（4）参与会议　与其他员工一样,积极参与员工晨会和例会,共同讨论和解决工作中的问题。

（5）服务支持　在专注于葡萄酒推荐和服务的同时,也应积极协助其他服务人员,如服务员、领班、经理等,帮助他们完成酒餐搭配、点餐、清洗杯具、清理桌子等工作。

（6）促销活动　积极参与餐饮促销和酒水推广活动的讨论,为提升酒店的知名度和销售业绩做出贡献。

（7）跨部门协作　与财务部门紧密合作,参与葡萄酒入库、收贮标准的制订,协助仓库管理,参与成本分析和控制;同时,与采购部门合作,与供应商建立联系,参与报价和采购决策。

（8）培训与发展　制订详细的员工培训和发展计划,帮助团队成员提升专业技能和服务水平。

（9）信息共享　与同事共享信息,鼓励并推荐他们参加行业品酒会、研讨会和其他教育课程,促进团队成员的个人成长和职业发展。

通过这些职责的履行,侍酒师不仅能够提升自己的专业能力,也能够促进团队合作,提高整个服务团队的服务质量和效率。

4. 对供应商的职责与角色

侍酒师在与供应商的合作中扮演着关键角色,这种合作关系对酒店的运营至关重要。

（1）尊重合作关系　与供应商建立基于尊重、真诚和平等的合作关系。尽管侍酒师拥有选择和购买的权力,但应始终保持礼貌,避免任何形式的不敬或傲慢。

（2）参与活动　参加供应商组织的葡萄酒晚宴和品酒会是侍酒师职责的一部分,但应确保这些活动不会干扰酒店的本职工作,并只在受邀或得到事先通知的情况下参加。

（3）拒绝贿赂　坚决不接受现金、礼品或任何可能影响公正性的利益,以维护职业操守。

（4）透明交易　避免任何形式的"清单费用"，确保所有交易都是透明和公正的。

（5）专业选择　即便与供应商保持友好关系，也必须基于酒店和客户的需求选择葡萄酒，而不是基于个人关系。

（6）价格谈判　利用专业技能与供应商谈判，争取更优惠的价格，以更好地服务于公司和客户。

（7）商务洽谈　与供应商的所有商务洽谈应在工作时间内进行，确保专业和效率。

通过履行这些职责，侍酒师可以确保与供应商建立健康、专业且互利的合作关系，同时维护酒店的利益和自身的职业形象。

5. 对自身的职责与角色

要成为一名优秀的侍酒师，应该对葡萄酒有足够的热情。对侍酒师来讲，葡萄酒服务不仅是一种职业，也是一种生活方式。知识积累和品尝技巧也是侍酒师自我提高的重要职责所在。作为一名侍酒师，有责任不断提高自己的工作能力，力争在日常工作中有更加出色的表现。

（1）职业愿景　对自己的职业发展和未来有清晰的规划和目标。

（2）终身学习　持续地学习和积累葡萄酒知识，保持对葡萄酒及其他饮品学习的渴望和激情。

（3）客观学习态度　保持一种公平和客观的学习姿态，学会欣赏不同酒类和个人品味的差异。

（4）行业资讯　定期关注葡萄酒网站、杂志和其他媒体，获取最新的行业信息和知识。

（5）行业趋势　关注全球餐饮业的新趋势、概念和动态，保持自己的服务和知识与时俱进。

（6）专业品鉴　定期参与专业品鉴会，与同行交流，提高自己的品鉴技巧，同时拓宽对其他饮料品类的了解。

（7）自律　作为专业人士，应自律，避免酗酒，保持专业形象。

（8）实地学习　尽可能访问葡萄酒产区和酒庄，与一线酿酒师交流，深化对葡萄酒的理解。

（9）品鉴与节饮　多品尝美食，以提升品鉴能力；少饮酒，以保持清醒的头脑和健康的生活方式。

通过这些自我提升的实践，侍酒师能够在日常工作中展现出更专业、更出色的服务水平，同时在个人职业道路上不断前进。

二、侍酒师日常工作

侍酒师的日常工作虽然烦琐，但其核心目标始终是确保所有酒水饮品都处于最佳服务状态，并为客人提供卓越的服务，以确保他们用餐愉快、满意而归。侍酒师的工作可以主要分为餐前、餐中、餐后以及餐外4个部分。

1. 餐前日常工作

做好餐前工作是优质服务的基础，服务开始之前需要做好充分准备，迎接客人的到来。

（1）玻璃器皿准备　根据预约情况选择并准备所需的玻璃器皿,包括酒杯和其他饮品容器。

（2）清洁擦拭　使用干净、棉质的白色口布仔细擦拭所有玻璃器皿,确保无灰尘和指纹。

（3）餐布检查　确保用于擦拭酒杯的餐布干净、整洁,并定期熨烫整理。

（4）器皿完好性　检查所有玻璃器皿无破裂或损坏,保证器皿干净且无异味。

（5）内部清洁　特别关注酒杯内壁、杯底、水壶边沿和醒酒器的清洁。

（6）餐具摆台　按照规范将酒杯、刀叉等餐具摆放在指定位置。

（7）餐桌检查　确认餐桌桌面的基本物品如餐巾纸、牙签、标识牌等齐全。

（8）环境清洁　检查房间墙面、地板等是否清洁,确保提供良好的用餐环境。

（9）备餐间的准备　检查备餐间的物品是否齐备、清洁,并处于可用状态。

（10）吧台卫生　确保吧台、备餐区、服务台以及集水槽和排水区干净整洁。

（11）菜单检查　检查酒单和餐单是否干净、整洁,没有损坏。

（12）库存检查　检查酒水库存,注意是否有缺货或需要特别注意的年份酒,及时更新酒单信息。

（13）服务工具准备　准备好开瓶器、保温桶、冰桶及冰桶架、醒酒器、过滤网、蜡烛、杯垫、火柴等工具。

（14）预订信息熟悉　检查并熟悉预订客人的信息,包括用餐人数和特殊需求,做好相应的酒水准备。

（15）酒柜检查　检查酒柜的运行状态,确保其良好使用,并补充常用酒水。

（16）保鲜设备检查　检查保鲜分杯机的运行情况,及时更换或补充酒水。

通过这一系列的准备工作,侍酒师可以确保在客人到来之前,所有的服务工具和环境都已准备就绪,为提供高品质的用餐体验打下坚实的基础。

2. 餐中日常工作

餐中日常工作是对客服务的核心,客人入店体验是否满意,餐中服务是其中极为关键的一项。侍酒师良好、专注的工作姿态以及细心、耐心的工作态度是做好侍酒服务的必备素质。

（1）迎宾沟通　在客人入座时,主动与客人沟通,确保他们感到受欢迎并得到及时的关注。

（2）贴心服务　为客人提供帮助,如放置衣帽、拉椅等,以体现酒店的周到服务。

（3）酒水点单　根据客人的需求,提供点酒帮助,详细描述酒单上各款葡萄酒的风味特征。

（4）酒款推介　熟悉餐厅内所有酒款的信息,为客人提供专业的推介和说明。

（5）侍酒服务　使用正确的方式为客人开瓶、冰镇、醒酒,确保酒水服务的专业性和适宜性。

（6）品尝确认　在客人需要时,品尝葡萄酒,确认其口感和品质。

（7）专注倒酒　在倒酒服务中保持专注,避免滴酒,并用口布擦拭瓶口,确保服务的整洁。

（8）广泛品尝　尽可能多地品尝酒单上的所有酒款，以便为客人提供更准确的推荐。

（9）更换酒杯　在客人点选不同的葡萄酒时，及时更换酒杯，以适应不同酒款的品鉴需求。

（10）第二瓶准备　在客人第一瓶葡萄酒即将饮用完时，做好第二瓶的开瓶准备，或根据情况推荐其他酒水。

（11）菜肴搭配　了解菜肴的口感和烹饪细节，为客人提供酒餐搭配的建议，增强用餐体验。

（12）添酒服务　在适当时机为客人添酒，确保客人的酒杯不会空置。

（13）其他服务　负责处理餐中的其他服务事宜，以确保客人的用餐体验顺畅愉快。

通过这些细致入微的服务，侍酒师能够在餐中为客人提供难忘的服务体验，提升客人的整体满意度。

3. 餐后及餐外日常工作

餐后及餐外的日常工作是确保餐厅运营顺畅和提升服务质量的重要环节，同时也是团队建设和个人能力提升的关键。

（1）礼貌道别　在客人离开时，礼貌地与客人道别，并检查餐桌周围，确保客人没有遗留物品。

（2）酒水登记　登记管理客人预留的酒水，确保安全存储。

（3）餐具回收　从酒杯开始，正确回收餐具，确保酒杯正放，避免损坏，并运送至清洗区域。

（4）清洗酒杯　清洗后的酒杯使用干净餐布擦干，妥善存放，注意避免直接用手触碰杯身，保持酒杯的清洁和卫生。

（5）清洗保管器具　清洗、擦拭醒酒器、冰桶等，并妥善保管。

（6）器皿损耗登记　检查并登记酒杯、醒酒器等器皿的损耗情况，及时申请补充。

（7）财务处理　整理账单，完成财务报表，并进行汇报。

（8）废物处理　收纳与适当处理软木塞、空瓶、损坏的酒水饮料。

（9）库存检查　定期检查酒水库存，根据实际情况调整酒单。

（10）酒单更新　根据销售情况，定期修改和完善酒单。

（11）员工培训　侍酒师主管与经理定期对员工进行酒水知识和服务技能的培训。

（12）营销方案　通过定期会议，制订和调整酒水营销方案。

（13）沟通协调　侍酒师经理与厨师定期开会并保持沟通，了解菜式的变化与创新。

（14）菜品改善建议　在了解菜品的基础上，提出改善菜品的合理建议。

（15）活动策划　参与葡萄酒宴会与酒会的策划和组织工作。

三、点单

侍酒师在点单环节扮演着核心角色。侍酒师需向客人展示酒单，并根据客人的喜好和需求提供专业的推荐。为了成功推介，必须对酒单上的每一款酒了如指掌，同时也要对菜单上的每道菜品的食材和烹饪方式有深入了解，以便准确回答客人关于酒水搭配的各种问题。良好的专业知识与职业素养是做好一切工作的前提条件。同时，侍酒师还需要遵循科学的服务程序,为客人提供细致入微的服务工作。

1. 服务要领

（1）待客人进入餐厅,餐厅领班与经理应该立刻笑脸相迎,询问预订情况。如有预订,微笑示意,并引导客人按照预订餐桌入座。

（2）如果客人没有预订,应该与客人沟通交流,安排餐位事宜,请客人入座。侍酒师应第一时间靠近餐位,礼貌地欢迎客人,并向客人介绍自己是当值侍酒师。

（3）递送酒单,一般由主人负责点酒。如果就餐人数较多,则应提供两份或多份酒单。

（4）如因酒单更新不及时,出现个别酒款缺货,应礼貌致歉并向客人说明。

（5）始终站在客人右侧为客人服务,并在客人需要时协助点酒。

（6）呈递酒单时可以进行简单推介,介绍本店特色酒款与菜品等。

（7）推荐酒水时应判断消费者心理接受能力以及对品质的要求;读懂客人需求,不要过度营销。

2. 点单顺序

不管是选择中餐还是西餐,点餐通常有一定规律可循,如先凉后热、先菜后肉、先清淡后浓郁、先咸后甜。色泽搭配、浓淡搭配都需要遵循基本的用酒规律。葡萄酒的推介也需以此为据。向客人推荐酒水,通常可以遵循以下规则:

（1）先干型后甜型。

（2）先白后红,白葡萄酒搭配白色鱼肉及蔬菜类菜品;红葡萄酒搭配红色肉类及酱料较多的、复杂的中式菜品。

（3）先清淡后浓郁,清淡酒搭配清淡菜肴,浓郁酒搭配浓郁、复杂菜肴。

（4）无橡木桶陈酿葡萄酒在先,有橡木桶陈酿葡萄酒在后。

（5）干型起泡酒或酸度较高的白葡萄酒搭配开胃菜品。

（6）半干型或半甜型葡萄酒可搭配辛辣食物。

（7）甜酒搭配餐后甜食。

四、酒杯清洗

使用过的玻璃器皿必须及时清洗抛光,污点、油渍与手印都会给客人留下不好印象,破坏用餐氛围。虽然现在很多酒店已经安装机器清洗,在多数大堂吧与餐厅酒杯清洗仍然是主要的技能型工作。待客人使用完酒杯后应尽快运送到吧台,清洗工作不宜延迟太久,以免污渍固化,也可以事先将其放入清水中浸泡。清洗酒杯通常先从杯底开始,然后是杯肚,最后是杯口。杯口处是油渍、唇膏等污渍较为集中的地方。左手握住杯底,右手拇指、食指按固定方向配合擦拭旋转,并重复,以达到最佳清洗效果。酒杯清洗之后通常放置于白色口布之上,静沉几分钟,待大部分水珠滑落之后,即可抛光。抛光酒杯通常需要两块干净的白色口布,一块托住酒杯杯底,另一块用来擦拭酒杯。口布大小一般为 50 mm × 50 mm 或者 60 mm × 60 mm,如果口布较大,也可以使用一块完成。

1. 酒杯抛光方法一

把餐布完全打开,一只手握住酒杯的底部,另一只手隔着口布握住玻璃杯肚。禁止用手直接接触酒杯,大拇指放入杯内,其余手指握住杯子的外围。两手旋转酒杯,抛光酒杯内外。

2. 酒杯抛光方法二

把餐布完全打开,用一只手隔方形口布一角,托住杯底,然后把口布另一角慢慢放入酒杯。随后,食指、中指和无名指隔口布伸入酒杯中(酒杯较小的可以只使用食指和中指),并往杯底挤按口布,直至杯底。如此可以使最难擦拭的杯底抛光干净。大拇指放置于酒杯之外,酒杯内 3 指贴近杯肚,然后两手配合旋转酒杯,抛光酒杯内外。

酒杯的清洗抛光,可以根据个人习惯选择适合自己的方法。但需要注意不要使用湿布。酒杯不宜握得太紧,以免擦碎酒杯。

3. 注意事项

擦碎酒杯时有发生。碎掉的玻璃或水晶片,应用报纸等纸张性材料包裹后放入垃圾桶内。不要使用塑料袋直接盛放扔掉。水晶杯碎片特别细小,谨慎清理干净,以免伤手。

部分餐厅酒杯的清洗由机器完成,用过的酒杯应杯口朝上摆放在空杯架内,尽快做好交接,运往清洗处。如果酒杯杯口污渍过多,可以使用温水或清洁液清洗。用清洁液清洗的,注意异味清洁。个别情况下可以使用白葡萄酒冲刷一遍,以清除异味。

五、酒杯运送与摆台

酒杯的运送是一项基本而重要的任务。在客人用餐前,侍酒师需将酒杯从吧台安全地运送至餐桌。这一过程可以通过手工或使用托盘来完成。手工运送时,侍酒师掌心朝上,巧妙地将酒杯杯底安置于指缝间,确保每只酒杯都稳固地摆放,避免叠放以降低打滑和破碎的风险,一次可运送 3~5 支酒杯。而采用托盘运输时,根据托盘的大小,可以放置 4~10 只酒杯,保持酒杯直立,杯口朝上,确保卫生,并且从客人的右侧服务。

用餐结束后,酒杯的运送通常使用托盘,此时酒杯可以倒放或直立正放于托盘上,以便统一清洗和存放。餐桌上酒杯的摆放,有两种常见方法:一种是在客人就餐前预先摆放,酒杯应根据类型正确放置,若酒杯需隔夜使用,则应倒置放置;另一种是在客人到来后,根据所点葡萄酒的类型,选用合适的酒杯,并在客人右侧服务,仅捏住杯柄摆放,避免触碰杯口。在摆放前,侍酒师需在光线下检查酒杯的清洁度,确保无异味、指纹、水渍或灰尘,以保证客人的用餐体验。

六、醒酒器清洁

醒酒器是葡萄酒酒具器皿中较大的物件,形状不规则,肚大口小,不易清洗擦拭,器皿本身成本也较高,因此它的清洗与保管需要更加谨慎。使用后的醒酒器,一般需要尽快用清水冲洗。可以使用简单的清洗刷配合,多冲刷几遍,便可以倒置控干。使用过的醒酒器不宜长时间放置。在酒店通常使用以下 3 种方法清洁。

1. 醒酒器清洁方法一

温水清洗,这是一种纯物理式的清洁方式,对醒酒器破坏小,没有异味残留。清洁完后,倒置醒酒器,自然晾干即可。一般很少有水渍痕迹,所以应用广泛。注意水温不要过热,否则容易使醒酒器炸裂,温水最佳。如果没有温水,可直接使用凉水冲洗,但控水几分钟后,需要使用毛巾将水珠擦拭干净。

2. 醒酒器清洁方法二

清洗珠清洗醒酒器也是一种较为适用的物理清洁法。这种清洗珠浸泡在水中不会生锈,可反复使用,经济实惠。先将清洗珠放入装有清水的醒酒器中,稍稍摇晃,小珠自由转动,依靠摩擦便可将有污渍的地方清洗干净,方法简单。

3. 醒酒器清洁方法三

放入少量洗涤液、柠檬汁或白醋清洁。这种方法主要适用于放置时间长或酒渍残留过多的醒酒器。放入几滴洗涤液,放水浸泡一段时间,然后使用瓶刷清洗,最后用清水多次冲刷。但这类清洗方法一般会有少量异味残留。所以,在杀菌消毒后,部分餐厅会要求倒入少量白葡萄酒,彻底冲刷洗涤液残留,以免影响葡萄酒风味,最后倒置在醒酒器专用架晾干。如果醒酒器上污渍过多,需要深度清洁,可以使用柠檬汁、小苏打或白醋等。短暂浸泡,或晃动醒酒器加速冲刷效果,最后再用温水清洗即可,需要检查,不要遗留酸味等异味。

清洗后的醒酒器通常先放置于支架上,控干大部分水分后,应用干净口布将外部擦干。擦拭醒酒器内侧的水珠,第一种方法是将醒酒器倒置在没有异味的通风处,加速内部水分的蒸发;第二种方法,使用口布,将其卷成条状,放入醒酒器内,慢慢摇动吸取器皿内侧的水珠;第三种方法,使用专门干燥醒酒器内部的长柄毛巾,也可以直接使用醒酒器烘干机。最后,将擦拭干净的醒酒器倒挂在专用支架上,放置待用。

4. 注意事项

日常清洁醒酒器时,多使用温水清洁,简单方便,可以快速清除酒渍及异味。

日常保管醒酒器时,应使用专用醒酒器挂架,将其倒立放置,减少灰尘污染,也可以放入专用器皿和酒柜内保管。再次使用醒酒器时,为避免有灰尘异味,可在醒酒服务时用少量葡萄酒冲刷。

七、葡萄酒质量管理

葡萄酒是极易受到高温、氧化、异味、软木塞污染等影响的一类酒精饮料。因此,无论是在葡萄酒进购、储藏方面,还是在对客服务方面,质量把控都是葡萄酒管理的重要组成部分。

酒店侍酒师或酒水经理的职责始于对供应商的精心挑选和质量保障,确保所签订的供货协议中明确规定了葡萄酒的质量标准,涵盖运输、储藏以及服务过程中的问题酒退换和补偿条款。这些条款不仅提升了酒店葡萄酒管理的主动性,也是服务质量的重要保障。随着采购方式的多元化,许多酒店集团开始自主采购葡萄酒,减少中间环节,降低成本,同时实现更直接有效的质量控制。

在酒水储藏质量管理方面,侍酒师需严格管理葡萄酒的储藏环境,确保仓库或酒窖的温度、湿度和通风条件达到标准,以实现恒温恒湿的最优储藏环境。餐饮服务场所通常使用专用酒柜,根据不同类型的葡萄酒,如红葡萄酒、白葡萄酒和香槟酒等,设定恒定温度,一般保持在 $10\sim15℃$ 的区间。

酒水服务过程中的质量把控同样严格,涉及酒杯与葡萄酒的匹配、醒酒器的选用,以及各项酒具的质量管理。侍酒师需确保冰镇、开瓶、醒酒等服务技能的熟练,以提升服务质量。此外,侍酒师还需参加人员技能培训和制定管理制度,确保服务流程的标准化和专业化。在为顾客开瓶后,部分酒店要求侍酒师为顾客品尝葡萄酒,确保每瓶葡萄酒的质量,一旦发现问题立即更换,以保证顾客的满意度和酒店服务的高标准。通过这些细致的管理措施,酒店能够为顾客提供卓越的葡萄酒体验。

八、服务中质量管理

侍酒师在服务过程中经常出现一些突发问题,这些问题的有效解决是服务质量的重要保证。服务质量的控制是其中重要工作之一,突发问题的处理是服务质量的重要体现。优秀的侍酒服务人员不仅要具备葡萄酒基本知识及品鉴水平,还要有应对突发事件的能力,能够及时判断酒的状态与质量,并为顾客解决问题,展现良好的服务技巧与业务能力。

1. 断塞酒的处理

开瓶中酒塞断裂是侍酒服务过程中常有的事情。遇到这类问题,首先不要惊慌,应立即向顾客致歉。可以使用断塞拔取器,拔取开瓶时断裂的木塞。操作时,注意节奏,不要用力过猛过快。如果没有断塞拔取器,也可以使用"侍者之友"再次将钻头慢慢插入断塞内,重新拔取。如果仍有难度,只能把塞子推到酒瓶之内,然后快速换瓶,尽量减少木塞对葡萄酒口感的影响。这项服务应尽量避开顾客,以免破坏用餐气氛。有些餐厅对断塞的酒有严格的处理制度,会要求更换新酒,费用由酒店承担。断塞的葡萄酒可做杯卖酒或员工培训之用。

2. 软木塞污染的酒

被软木塞污染是葡萄酒变质的重要原因之一,污染比例较高。如果遇到顾客反映葡萄酒有软木塞污染的问题,侍酒师首先要向顾客致歉,将葡萄酒撤回柜台并做检查。在品尝之后(也可请示酒水经理一起品尝),如果确有污染,应该尽快为顾客更换。如果没有问题,可以向顾客解释,并建议为顾客醒酒,焕发香气,柔顺口感。如果顾客执意要换,酒店应以顾客利益为重,为顾客换酒,但此时应尽量推荐其他酒,避免再次出现上述现象。

3. 有沉淀的酒

在葡萄酒储藏与侍酒服务中,常会发现有些葡萄酒的瓶底、瓶身一侧或软木塞底部有一些结晶状沉淀物。这属于葡萄酒化学性质正常变化,多表现为酒石沉淀。白葡萄酒的沉淀物看起来颇似白砂糖或者玻璃状,而红葡萄酒则呈现出紫色结晶体,且有不易察觉的酸度。这些沉淀物通常称为酒石酸,是葡萄酒中的色素及酚类化合物在氧化作用下发生沉淀所形成的,而白葡萄酒中酒石酸通常在低温下容易结晶成沉淀。葡萄酒结晶是葡萄酒成熟的标志,因为影响葡萄酒口味的不稳定物质已从酒中分离出来,从而使葡萄酒变得更加纯净,酒味结构更加稳定,口感也更加醇厚润滑。如果出现这类结晶物质,应该向客人做解释说明,并在征得客人的同意下,通过醒酒、换瓶的做法去除葡萄酒中的沉淀物。如果客人提前预订,葡萄酒内有沉淀物时,则可以提前一天将葡萄酒竖直放置。葡萄酒中的沉淀物就会聚集到葡萄酒瓶底的凹槽中。而在倒酒时,动作轻缓即可将这些沉淀物遗留在瓶底。

4. 浑浊的酒

葡萄酒出现浑浊,即原本澄清的酒液再次变得不透明或出现沉淀,通常指示着酒质可能受到了损害。这种浑浊可能由氧化、微生物活动或化学反应引起。其中,微生物性浑浊尤为关键,可能是由于细菌、霉菌、酵母菌或醋酸菌的感染所致,这类浑浊物往往表现为尘状或絮状。一旦出现这种情况,通常意味着葡萄酒已变质,不再适宜饮用。侍酒师在发现此类问题时,应立即停止出售该葡萄酒,并向客人诚恳道歉,提供更换服务。同时,应联系供应商处理有问题葡萄酒的退货事宜。此外,侍酒师还应仔细检查同批次葡萄酒的库存,确保酒品的流通和库存管理得到妥善执行,防止类似问题再次发生,以维护酒店的服务质量和顾客的饮酒体验。

5. 二次发酵携带起泡的酒

这是指非起泡酒内产生微起泡的现象。葡萄酒内出现气体,通常是由于残留酵母与糖分发生二次发酵造成的。如果出现气泡同时略带浑浊感,这类葡萄酒会出现酵母味,一般需要换酒。没有浑浊,只在瓶壁有少量气泡,一般属于二氧化碳的残留,通常不会对葡萄酒有特别大的影响,可以对顾客作解释说明。

6. 氧化的酒

葡萄酒氧化是一个常见问题,通常由空气中的氧气在酶的催化作用下与葡萄酒中的多酚物质反应引起。这种氧化现象可能在葡萄酒的储藏或侍酒服务过程中发生,尤其是因储藏条件不当、温度过高或瓶身竖直放置导致氧气过量进入时。氧化后的白葡萄酒颜色会逐渐变深,甚至变为琥珀色,并可能带有木头、太妃糖等氧化后特有的气味。红葡萄酒在氧化后颜色可能变为棕红色,同时丧失其果香。在服务过程中,侍酒师需要根据葡萄酒的年份、品种、价格等因素做出正确判断。年份较近的葡萄酒出现这些氧化迹象,通常可以认为酒已变质,应主动为顾客更换一瓶新酒。值得注意的是,市场上有些特殊的葡萄酒,如雪莉酒、马德拉酒或传统风格的 VDN(天然甜葡萄酒)等加强型葡萄酒,氧化风味是其特色之一,属于正常现象,并非品质问题。因此,侍酒师在判断葡萄酒是否氧化变质时,还需考虑葡萄酒的类型和风格。

九、侍酒师团队建设

一个高效的团队和和谐的工作氛围是每位员工共同努力和相互协助的结果。正确地记录和传达顾客预订信息、工作期间的员工协作、上下级间的信息流通和执行,以及相互尊重与信任,都是确保团队工作效率和业绩的基础。在服务顾客的过程中,每一个细节都至关重要,需要员工之间的密切配合和无缝衔接。每位员工都应细致地记录和管理,确保服务质量。葡萄酒的专业知识、服务技能、酒单的定期更新、菜品搭配建议,以及提升员工的专业素养,都是团队建设中不可或缺的部分。此外,团队内部的信息沟通也非常关键,需要确保信息能够快速而准确地传达。关注并落实服务中的每一个细节,不断提升客户满意度。通过这些措施,侍酒师团队不仅能够提供卓越的服务,也能够持续提升自身的专业水平,共同推动团队向更高目标发展。

1. 团队信息沟通

第一,侍酒服务人员应详细记录顾客预订信息,包括用餐时间、人数、规格、宴会类型以及其他要求等,并及时传达给餐厅主管与经理,做好准备工作。如是电话预约则需记录内容后,将转达人、落款人以及日期都写清楚,以免发生信息传达失误。

第二,侍酒服务人员应尊重上级指示,保障信息畅通。如有疑问,应及时提出,做到清晰明了,提高执行力与工作效率。

第三,侍酒服务工作难免有技能服务或品酒判断的困难,要善于接受他人的帮助,善于接受批评,及时修正工作不足,提高工作能力。

第四,同一餐厅侍酒服务同事应相互帮助,形成良好的协作氛围;工作之余,注意观察周围是否有需要做的事与需要协助的人。

第五,侍酒师经理应明确激励制度,善待下属,友善亲和,充分调动员工的积极性。当下属有过失与错误时,详细了解事情原委,确保意见是建设性而非破坏性。如下属完成工作出色,应当给予奖励或赞扬。

第六,上传下达,意思表达清楚而明确,切勿含糊不清。

第七,做好信息共享。团体顾客来店用餐,其服务会牵扯到多个部门。在已知客人信息及客人具体要求的情况下,侍酒师应将信息共享给酒吧、餐厅或厨房等相关部门经理,以确保服务的连贯性。

第八,所有侍酒师团队成员必须守时,守时与信任是相互配合工作的基础。侍酒师需时刻保持努力的工作姿态;侍酒师主管经理还应起好团队带头作用,建立积极向上的工作氛围。

第九,谨言慎行,避免无意的冒犯,特别是身处多元文化的工作环境,更要多加注意,换位思考,相互尊重;客人反映的问题要及时反馈给相关同事以及主管。顾客对酒水给予褒奖时,事后返回工作台要做好记录,并传达给酒单制作人及采购负责人。

2. 服务顾客细节把握

第一,侍酒服务人员要时刻把服务顾客放在第一位,始终保障客人从进入餐厅到离开餐厅受到同等的服务待遇,保证服务质量的一致性。

第二,不要倚靠吧台、桌椅一侧、柜台等,时刻准备接受客人召唤。

第三,对客服务语速适中、清晰流畅。切不可失去耐心,疏远客人。葡萄酒消费的外籍客人多,外语使用频繁,外语表达时更要注意流利大方、清晰自然。还要多加注意客人国籍与饮酒用餐习惯。

第四,始终面带微笑、礼貌地招呼客人,表现出愿意协助及帮助客人,恭敬与谦让是服务人员必备的素质。

第五,侍酒师要善于使用快乐、幽默的语言为客人营造愉悦的气氛。

第六,为客人提供摆杯、开瓶、斟酒等服务时,要时刻保持和蔼的服务态度与优雅的风度,让客人享受服务过程。

第七,遇到刁难的顾客,不要抱怨。保持心平气和、彬彬有礼的姿态,让顾客平静下来,如果难以应对,向上级汇报处理。

3. 团队培训与建设

第一,定期组织员工进行专业知识及素养培训。

第二,新入职员工酒水知识普及,多以培训、考试形式完成。目前国内外酒店参考英国葡萄酒与烈酒教育基金会以及侍酒大师公会的课程培训居多。葡萄酒供应商定期的酒水培训也是酒店葡萄酒知识普及的一种方式方法。当然,每家酒店也都有自己内部的酒水培训体系。

第三,要加强老员工的酒水培训,可以通过奖励性酒水认证考试的形式完成,提高酒水团队的专业酒水知识。主要形式为定期组织周次、月次的酒水基本知识与操作训练,提高服务技能。很多酒店针对葡萄酒部分,通常会制订定期培训制度,一周一次、两次或以季度为间隔,在固定时间段培训西餐、大堂吧或餐饮部门员工。培训内容主要包括葡萄酒知识、酒单更新、酒窖管理、菜品搭配以及服务技能等方面的知识。

第四,组织安排酒水知识与侍酒服务比赛,形成良好的竞争氛围。香格里拉酒店率先在集团内部组织侍酒师大赛,希尔顿酒店集团也有相关的比赛制度。这些内部比赛对培养酒店年轻侍酒师团队有很大帮助。

第五,参加行业内有组织、有影响力的葡萄酒侍酒师大赛或者各种酒水类比赛,提高员工积极性,培养员工荣誉感,带动整个酒水团队发展。

十、酒会组织与推广

随着葡萄酒市场的蓬勃发展,各类葡萄酒推荐会、主题晚宴和品鉴会已成为推广葡萄酒的重要方式。星级酒店凭借其优越的场地设施、完善的设备和高标准的服务,成为葡萄酒商和官方或半官方葡萄酒协会组织活动的首选场所。这些活动不仅直接促进了酒店葡萄酒的销售,也体现了酒店的服务品质和档次,有助于提升酒店的声誉,吸引更多潜在顾客,为酒店创造更多利润。

在微信、微博、线上直播平台等新媒体越来越普及的今天,这些活动已成为酒店跨界合作和体验式营销的重要推广方式。专业的侍酒师服务团队是吸引这些活动的关键因素。活动形式多样,主要分为售票式和邀请式两种。售票式活动由酒店发起,侍酒师团队主导策划,根据晚宴的规格设定价格,并向市场公开售票。邀请式活动则是酒店邀请酒商、国内外酒庄、葡萄酒产区协会、酒类展会组织或政府官方组织等参与,共同组织葡萄酒推介会、品鉴会、主题晚宴或葡萄酒论坛等。此外,市场上还有奢侈品协会、银行信托等第三方机构也经常组织此类活动。无论哪种类型的活动,精心策划和周密组织都是成功的关键。通过这些活动,酒店不仅能够展示其葡萄酒文化和专业服务水平,也能够加强与客户的关系,扩大市场影响力。

1. 品鉴场地环境准备

为确保葡萄酒品鉴会顺利,营造适宜的品鉴环境是首要步骤。场地准备需从通风换气开始,确保空气新鲜。灯光设计上,应优先采用自然光,避免使用彩色灯光,以免影响葡萄酒颜色的观察。若在户外或日间举行,需采取措施防止强烈阳光直射,保护品鉴者的视觉舒适。温度控制是品鉴环境的关键,通常将场地温度调节在18～25℃,以保证品酒体验。过高或过低的温度都可能影响葡萄酒的风味表现。湿度控制也同样重要,若空气过于干燥,可使用加湿器来提升舒适度。对于室外主题品鉴晚宴,场地设计需更加细致,包括布置绿植、设置签到墙、安排背景音乐和娱乐设施等。音乐选择上,轻音乐、乐器弹唱或简单的歌舞表演能增添活动氛围而不过份分散注意力。台面设计需根据晚宴的档次和风格精心搭配,从装饰物到餐具、桌布颜色等,都要协调统一,以强化主题氛围。

2. 对品酒者的准备工作

在策划葡萄酒品鉴活动时,组织者需周到的提醒参与者做好准备。活动策划书中应包含对服装的要求,建议嘉宾避免穿着白色服装以防止溅染,同时提示嘉宾不要使用香水或饮用咖啡和烈酒,以免影响味觉体验。此外,对于驾车前来的品酒者,应提供合理的提示。

3. 酒杯的准备与摆放

根据参与人数,准备充足的 ISO 国际品酒杯,确保型号统一,便于品鉴。组织者应制作酒杯摆放位置表,帮助品酒者快速找到自己的酒杯,避免混乱。对于带餐的品鉴活动,还需根据酒款准备红、白葡萄酒杯,香槟杯或品牌专用酒杯。所有酒杯在使用前需经过卫生检查,并提前摆放在指定位置,隔夜准备时应倒置或加盖以防尘。

4. 其他酒具、工具的准备

其他酒具和工具的准备也不容忽视,包括醒酒器、冰桶及支架、开瓶器、吐酒桶、酒瓶包装袋、酒水车和口布等。所有器皿在使用前都需经过彻底的卫生检查,并根据需要放置在适当的位置。品酒台的桌布通常选择白色,为葡萄酒的观色提供纯净背景。

5. 食物与水的准备

根据品酒会的具体规格,有些时候需要准备一些品鉴用食物。白面包、苏打饼干、坚果都是非常好的配材,奶酪也经常作为葡萄酒的搭配零食出现。这些食物可以有效地去除口腔中残余的味道,帮助清新口腔,恢复味蕾。矿泉水是各类品鉴会必备,尤其是品鉴不同类型的葡萄酒前,合理清洁口腔对客观品鉴有很大帮助。另外,餐巾纸也需要备好待用。

6. 葡萄酒的准备

红葡萄酒通常在常温下饮用,如果温度过高,则可以使用短暂冰镇方法降温;白葡萄酒、桃红葡萄酒及起泡酒饮酒温度较低,通常在开始前 30 min 冰镇(或在恒温酒柜存放),以确保葡萄酒最佳的饮用温度。在冰镇过程中,应注意转动酒瓶或上下轻转动瓶身,保证葡萄酒均匀降温,并在冰桶之上或一侧放置口布,以备取酒用。

7. 葡萄酒质量的检查

所有的葡萄酒开瓶都需要专业侍酒人员参与并检查,以确保每款酒的状态,有问题的酒要直接换掉。需要醒酒则应该提前开瓶,品尝检查酒的状态,并倒入醒酒器内,整齐摆放。如果是站立式自由品鉴,还需要在旁边放置足够多的品鉴酒杯,供客人使用。

8. 签到表或签到墙的准备

如果形式较为简单,可以使用签到表,内容包括名称、单位、职务、联系电话、微信或其他信息。大型品鉴活动或主题宴会可能会设计签到墙,要根据组织方具体情况、规格设计,并且体现主题风格。

9. 品鉴卡及酒单的准备

不管品鉴活动是正式还是非正式,一张可以让顾客了解品酒信息的酒单或简单记录酒名、口感的品鉴卡都是必不可少的。酒单上需要列出酒名、年份、产国、产地等信息,品鉴卡则需要更多记录空间,主要包括葡萄酒的名称、年份、产地、葡萄品种、酒精含量及价格等信息。这些信息可以让顾客根据品酒情况自行填写,也可以事先由组织方填写。同时在该表上留出合理空白,供顾客填写品酒记录词。站立式品鉴活动还应准备铅笔。

10. 菜单准备

一般葡萄酒主题品鉴会、晚宴对菜单的准备有一定的要求。菜单要与酒单搭配,明确用餐标准。设计内容包括营养搭配、味型设计、色彩搭配、烹饪方式以及上餐程序等。这一模块通常需要侍酒师团队与厨师的密切配合与沟通,是目前较高端的葡萄酒主题晚宴内容。

以上是对葡萄酒品鉴会的组织筹划工作内容的梳理。当然,因为品鉴会形式多样,活动主办方与酒店需要大量配合工作。除以上几点外,双方根据品鉴会或主题宴会的形式与要求,还可能会对其他主题烘托物做些准备,例如各类花束、花环、文字标示物、宣传画报、单页、线上直播等。品鉴会是一项细致的工作,这类活动对酒店有很好的宣传作用,是酒店的水平与实力的重要体现。

任务四　葡萄酒的营销设计

一、葡萄酒市场营销策划

葡萄酒产业的终极目标是将葡萄酒及其文化转化为商品并成功投放市场,满足消费者的多元需求,吸引并留住顾客群体,以实现最大的经济效益。市场至关重要,它不仅是生产的导向,也是企业获得最大利润、保障生存和推动发展的关键。因此,葡萄酒生产商和酒庄在管理和控制生产时,必须紧密关注市场动态,根据市场需求调整和确定产品结构。这包括选择合适的葡萄品种、优化原料采购,以及构建与产品相匹配的葡萄酒文化,从而在竞争激烈的市场中获得优势,确保企业的持续繁荣和增长。

葡萄酒市场营销是一场以消费者需求为核心导向的策略行动,包括对产品、服务或理念的精心开发,合理定价,有效促销和顺畅流通。目标是通过市场交易实现组织和个人需求的满足。在实施市场营销策略之前,细致的市场调研和细分是必不可少的步骤,为制订精准的市场营销策略提供了基础,帮助企业更好地理解目标消费者,从而制订符合市场需求的营销计划,以期达到最佳的市场表现和经济效益。

(一)葡萄酒市场调研

市场调研旨在优化葡萄酒市场营销的效果,并确保市场发展有序,包括对市场营销活动的所有阶段和相关问题的全面研究,认识其相互联系和制约的本质。葡萄酒市场调研不仅帮助揭示问题,还提供解决方案,通过收集和分析消费者及市场行为的精确数据,为营销决策提供坚实的基础。这种调研依赖于科学的方法论,包括询问法、观察法和实验法等,都必须遵循科学的原则。调研要保持客观,对所有事实都持中立态度,不论最终结论是否符合预期。资料的收集应当全面,之后依据明确的设计和逻辑推理,系统地整理和分析。总而言之,葡萄酒市场调研是在市场营销理念的指导下,专注于满足消费者对葡萄酒的需求,研究葡萄酒从生产到消费的整个流程,为企业提供营销决策服务。

1. 市场调研的作用

(1)确定葡萄酒目标市场　市场调研帮助企业识别并确定目标消费群体,了解他们的偏好、购买行为和消费动机,从而精准定位葡萄酒的潜在市场。

(2)确定葡萄酒产品结构,科学定价　通过调研,企业能够根据市场需求和消费者反馈来确定产品结构,科学定价。确保产品价格既能反映其价值,又具有市场竞争力。

(3)确定分销路线　市场调研揭示了不同市场细分的分销偏好,指导企业选择最合适的分销路线,确保产品能够有效到达目标消费者。

葡萄酒市场调研的功能可以概括为通过葡萄酒市场调研,为葡萄酒企业制订产品计划、营销目标,决定分销渠道,制订营销价格,采取促进销售策略和检查经营成果,提供科学依据;在营销决策的贯彻执行中,为调整计划提供依据,起到检验与矫正的作用。

2. 葡萄酒市场调研的类型

(1)探索性调研　侧重于收集信息和初步了解市场,通常通过二手资料、专家访谈或行业内部人士的意见来获取对市场的初步感知和理解。

(2)描述性调研　通过搜集和分析历史与现实的市场数据,揭示市场变化的趋势;为企业提供市场动态的宏观视角,帮助制定市场营销策略。

(3)因果性调研　着重研究葡萄酒市场经营过程中的各类影响因素,如消费者偏好、价格变动、供应链问题等,以识别和理解这些因素如何影响市场表现。

(4)预测调研　通过对市场趋势的分析和预测,为企业描绘未来市场的可能走向;帮助企业做出更为明智的投资和运营决策,减少不确定性和潜在风险。

3. 葡萄酒市场调研的内容

从市场营销的观念来说,葡萄酒企业的一切活动都是以顾客为中心的。因此,对顾客需求情况的调研应该成为葡萄酒市场的主要内容。对顾客需求情况的调研包括以下几点。

(1)了解顾客对葡萄酒的具体需求,包括他们需要什么产品、需求量大小以及需求的时间点。

(2)评估现有顾客对企业葡萄酒产品或服务的满意程度,识别顾客的期望和产品服务的符合度。

(3)探究现有顾客对企业葡萄酒产品的信赖程度,了解品牌忠诚度和对产品质量的感知。

(4)研究影响顾客购买决策的各种因素,如价格、品质、品牌影响力等,以及这些因素随时间的变化趋势。

(5)分析顾客购买葡萄酒的动机,包括个人偏好、社交需求、健康考虑等,以及这些动机如何转化为购买行为。

(6)识别和理解尚未成为企业顾客的潜在客户需求,包括他们对葡萄酒的类型、数量和时间的需求。

4. 葡萄酒市场调研的步骤

(1)确定调研目标　确定调研所应解决的问题确实是市场调研的首要步骤。主要是通过调查、收集资料,分析、研究葡萄酒企业营销活动中存在的问题,提出解决问题的可行办法。

(2)确定调研项目　根据目标的要求,确定具体的调研项目。

第一,所列调研项目对实现调查目标有什么价值,如价值不大就要舍弃;第二,所列调研项目需取得哪些资料,在当前条件下如很难取得就要舍弃;第三,为取得所需资料,大约要开支多少,资料的价值与所花的费用是否相当,如果不值得就要舍弃。

(3)调研前的准备　准备工作包括:

① 拟订调查方案:制订调查方案和工作计划。

② 明确调查对象和调查单位:分析研究的调查内容总体,分散于许多性质相近的调查单位之中。而调查单位则是取得有关市场特征、标志或情况的具体承担者。

（4）拟订调查提纲、设计调查表　准备好调查哪些内容,收集哪些基本数据,制订调查计划表。

（5）组织实施调研　调研人员着手收集资料,为进一步分析提供依据的过程。

（6）资料分析整理　阅读和编辑整理调查获得的原始资料,既要剔除调查资料中可查出错误部分,又要采取适当的方法分类处理,以便分析使用。

（7）资料分析　在资料整理的基础上,运用某些统计方法检验和分析资料。

（8）撰写分析报告　经过资料的分析,对所调查的问题给出结论,并提出实现调查目标的建设性的书面意见,供领导决策。

5. 葡萄酒市场调研的方法

有询问法、观察法、实验法等方法。

（二）葡萄酒市场需求预测

所谓市场预测,就是运用科学的方法,调查研究影响葡萄酒市场供求变化的诸因素,分析和预见其发展趋势,掌握葡萄酒市场供求变化规律,为葡萄酒生产企业进行市场营销决策提供可靠的依据。

1. 葡萄酒市场预测的作用

第一,加强葡萄酒市场预测,掌握葡萄酒市场需求变化的趋势,使生产更好地满足人们不断增长的需求。需求是动力,需求引起供给。了解葡萄酒需求变化及发展趋势,根据消费者现实及潜在需求,发展适销对路的葡萄酒产品,有利于进一步处理好生产与消费、生产与流通的关系,满足市场消费需求。第二,加强葡萄酒市场预测,不断完善计划工作。第三,加强葡萄酒市场预测,促进葡萄酒生产企业改善经营管理,争取最好的经济效益。

2. 葡萄酒市场预测的分类

（1）时间分类　长期预测5年以上,中期预测2～5年,短期预测1～2年,近期预测1年以内。

（2）对象分类　整个产业情况预测、产品群预测、个别预测。

（3）程度分类　乐观性预测、悲观性预测。

（4）范围分类　宏观预测、微观预测。

3. 葡萄酒市场需求预测内容

葡萄酒市场需求预测是对消费者购买力和消费倾向的深入分析,不仅涵盖对市场总体需求量的预测,也包括对企业市场占有率的预测。这种预测对于企业来说至关重要,直接关系到销售潜量与市场潜量的比值。为了精确预测,企业必须全面理解葡萄酒需求的多维度含义,并深入分析影响需求的众多因素,如经济状况、消费者偏好、收入水平、文化趋势、政策法规以及竞争对手的策略等。此外,市场细分、趋势分析、消费者行为研究,以及技术和创新对市场的影响都是预测过程中不可或缺的部分。风险评估也是预测工作的一个重要环节,帮助企业识别可能影响预测准确性的不确定性因素。通过综合这些信息,企业可以更有效地制订生产计划,调整营销策略,优化库存,并在激烈的市场竞争中保持领先。

4. 葡萄酒市场预测的步骤

（1）在开始预测之前,首先要明确预测的目标和需求,这是确保预测工作有效性和针对性的第一步。

（2）搜集与葡萄酒市场相关的各种历史和现实数据，包括销售数据、消费者行为、市场趋势、经济指标等，为预测提供实证基础。

（3）根据收集到的资料内容和特点，选择最合适的预测方法。这可能包括定量分析方法（如时间序列分析、回归分析等）和定性分析方法（如专家意见、德尔菲法等）。应用选定的预测方法，预测葡萄酒市场的未来发展，得出市场总需求量、市场占有率等关键指标的预测值。

（4）深入分析和判断预测结果，评估预测的可靠性和潜在的风险，确保预测结果能够为企业的决策提供有力的支持。将预测结果和分析判断整合到企业的市场策略和业务计划中，指导企业制订或调整市场进入策略、产品开发计划、营销活动等。在预测实施过程中，持续监测市场动态和预测准确性，并根据市场变化和实际结果调整和优化预测模型和方法。

5. 葡萄酒市场预测的方法

葡萄酒市场预测可以采用多种方法，每种方法都有其独特的优势和适用场景。

（1）销售人员综合意见法　依赖于销售人员的经验和对市场的直观感受。由于销售人员经常与市场一线接触，他们的意见可以为企业提供宝贵的市场洞察。

（2）专家调查法　通过咨询经销商、分销商、供应商以及其他行业专家的意见来进行市场预测。这些专家的深入见解和专业知识有助于提高预测的准确性。

（3）市场实验法　消费者信息的实验性分析，尤其适用于新产品的市场测试，帮助企业了解消费者对新产品的接受程度和潜在需求。

（4）时间序列分析法　分析历史数据，按照时间顺序预测市场趋势。这种方法适用于识别长期趋势和周期性变化。

（5）季节变动分析法　识别和预测某些社会现象在较长时期内随季节变化而表现出的周期性变动，这对于季节性产品尤其重要。

（6）回归分析法　数理统计方法，通过分析已知数据集，寻找变量之间的因果关系。回归分析可以帮助企业更好地了解影响市场需求的关键因素，并预测未来趋势。

选择适合的预测方法时，企业需要考虑数据的可用性、预测的目的、资源的投入以及预测的时间范围。结合多种方法可以提高预测的准确性，并帮助企业更好地适应市场变化。

（三）葡萄酒市场细分

葡萄酒市场细分是从区别消费者的不同需求出发，根据消费者购买行为的差异，把整个葡萄酒市场细分成两个或者两个以上具有类似需求的消费群体。目的是帮助企业选择与确定目标市场，实施有效的葡萄酒市场营销策略。

1. 葡萄酒市场细分的重要性

第一，有利于分析、发掘新的市场机会，制订最佳的葡萄酒营销战略。第二，有利于中小型葡萄酒企业开发市场。第三，有利于合理地运用企业的资源，提高葡萄酒企业的竞争力。第四，有利于更好地满足社会需求。

2. 葡萄酒市场细分的标准

（1）葡萄酒消费者市场的细分标准

① 人口因素：构成消费者市场的基本要素之一。

② 经济因素：消费者的家庭收入与个人收入水平成正比。

③ 地理因素：按照消费者所处的区域及地理环境、气候特点、人口密度、城乡等项目来细分。

④ 心理因素：很多消费者，在收入水平以及所处的地理位置都相同的条件下，却有着截然不同的消费习惯与消费特点，这就是消费者心理因素起的作用。

（2）葡萄酒生产者市场细分标准　细分标准包括葡萄酒的最终消费场所、购买者的地理位置、购买组织的特点、购买者的利益追求。

3. 葡萄酒市场细分的步骤

步骤1　选定产品市场范围。

步骤2　列出企业所选定的产品市场范围内所有潜在顾客的所有需求。

步骤3　将列出的各种需求，交叉各种不同类型的顾客挑选他们最迫切的需求，然后集中起来，选出二三个作为市场细分的标准。

步骤4　检验每一个细分市场的需求，抽掉各细分市场中共同需求。尽管这是细分市场的重要的共同标准，但可以省略，而寻求其特征作为细分标准。

步骤5　根据不同消费者的特征，划分相应的市场群。

步骤6　进一步分析每一个细分市场的不同需求与购买行为，并了解影响细分市场的新因素，以不断适应市场变化。

步骤7　决定市场细分的大小及市场群的潜力，从中选择使企业获得有利机会的目标市场。

（四）葡萄酒市场营销策略

葡萄酒市场营销策略是企业以顾客需要为出发点，在选择好目标市场以后，有计划地组织各项经营活动，为顾客提供满意的商品和服务，实现企业目标过程的一种方法。其手段是协调一致的产品政策、业绩政策、分配政策、价格政策和公关政策；其根据是根据经验获得顾客需求量以及购买力的信息、商业界的期望值（中间销售商）；其目标为消费者或顾客提供最优化的解决问题的方法并且达到比竞争对手更高的业绩。国内多采取分销渠道销售模式。

1. 葡萄酒产品组合策略

葡萄酒企业根据市场情况和经营实力，以及葡萄酒产品的广度、深度和关联度，实行不同的有机组合，称为葡萄酒产品组合策略。主要有下面两种形式。

（1）扩大葡萄酒产品组合策略　提高产品的广度和深度，即增加产品系列或者产品项目；扩展经营范围，生产经营更多的葡萄酒产品以满足市场需求。

（2）缩减葡萄酒产品组合策略　取消一些葡萄酒产品系列或者产品项目，集中力量生产经营一个系列的葡萄酒产品或少数产品项目，实行高度专业化，试图从生产经营较少的葡萄酒产品中获得较多的利润。

2. 葡萄酒定价策略

葡萄酒定价策略是葡萄酒市场营销组合中最活跃的因素，带有很强的竞争性和多因素的综合性。葡萄酒市场营销活动开展得怎样，在很大程度上要看葡萄酒价格定得是否合理。葡萄酒产品定价策略，既是指导企业正确定价的行动准则，又是企业价格竞争的方式，它直接为实现企业的定价目标服务。由于企业所在的市场状况和产品销售渠道等条件不同，应采取不同的定价策略。

（1）厚利限销策略　有计划地将销售价定得高些,使价格向上偏离价值,以便把社会需求限制在规定的范围之内。

（2）薄利多销策略　有意识地以相对低廉的销售价格刺激需求,从而实现长期的总利润最大化或扩大市场占有率。

（3）阶段定价策略　根据葡萄酒产品生命周期各个不同阶段的产品产量、成本和供求关系,结合各种葡萄酒产品的性质特点,采取不同的定价策略。

3. 葡萄酒分销策略

主要指分销渠道策略。葡萄酒销售渠道是指葡萄酒从生产领域向消费者领域转移时所经过的路线。在通常情况下,这种转移活动需要中间商介入。因此,葡萄酒销售渠道或者分销渠道可以定位为,从生产领域经由中间商转移到消费领域的市场营销活动。

（1）分销渠道的模式　包括 5 种模式:

① 生产者→消费者;

② 生产者→零售商→消费者;

③ 生产者→批发商→零售商→消费者;

④ 生产者→代理商→零售商→消费者;

⑤ 生产者→代理商→批发商→零售商→消费者。

（2）影响分销商渠道模式选择的因素　包括 4 个因素:

① 产品因素:包括产品的单位价格、产品的自然属性、产品的体积与重量、产品的技术属性、新产品等。

② 市场因素:包括现实消费者和潜在消费者、目标市场的分布状况,市场竞争情况,消费者的购买习惯等。

③ 企业自身因素:包括葡萄酒企业实力、管理能力、对分销渠道的控制程度,以及葡萄酒企业提供的条件。

④ 政府环境因素。

（3）葡萄酒分销渠道策略　包括普遍性分销渠道策略、选择性分销渠道策略、专营性分销渠道策略、复式分销渠道策略。

4. 葡萄酒促销策略

葡萄酒促销策略是葡萄酒市场营销中不可缺少的重要组成部分。在实际营销中,即使葡萄酒产品质量上乘、价格合理、销售渠道畅通,但若促销力度不行,消费者也不能更好地认识或理解其商品。消费者对葡萄酒的陌生和冷淡,意味着企业已做的种种努力将前功尽弃。

（1）促销的作用　传递信息,沟通渠道;诱导需求,扩大销售;突出特点,强化优势。

（2）促销组合的内容　企业在葡萄酒市场营销过程中,综合运用人员推销、广告、营业推广和公共关系等促销手段。

① 推销的策略:即人员推销策略,指企业通过推销人员将葡萄酒推向市场。主要方法有示范推销法、走访推销法、网点推销法和服务推销法。

② 拉的策略:指企业利用营业推广、广告和公共关系,激发消费者对葡萄酒的兴趣,从而加速购买,主要有会议促销法、广告促销法、代销法、试销法、信誉促销法。

5. 葡萄酒广告营销策略

葡萄酒广告策略是指葡萄酒企业为了推销商品达到某种宣传目的,采用付费方法,借助媒体向大众传递信息的一种宣传方式。宣传的媒体有以下 7 类:

① 印刷媒体:包括报纸、杂志、电话簿等。

② 电子媒体:包括广播、电视、电子显示屏、网络等。

③ 流动媒体:包括汽车、轮船、飞机等。

④ 邮寄媒体:包括函件、订购单等。

⑤ 户外媒体:包括路牌、海报、气球等。

⑥ 展示媒体:包括葡萄酒陈列、橱窗、柜台等。

⑦ 其他媒体:包括火柴盒、包装袋、手提包等。

随着社会的发展,广告已成为普遍的产品或服务的宣传方式。很多产品都是通过广告的形式获得更大的销售额,从而得到消费者的忠诚信赖。但不要一味地投入广告,这无形之中就增加了产品的成本,甚至有些广告的价值比产品的价值还高,这就背离了产品的属性。因此,企业对广告的投入要有计划性和前提性。

6. 葡萄酒服务营销策略

服务营销是企业在充分认识消费者需求的前提下,为充分满足消费者需要,在营销过程中所采取的一系列活动。服务作为一种营销组合要素,真正引起人们重视是在 20 世纪 80 年代后期。这时期,由于科学技术的进步和社会生产力的显著提高,产业升级和生产的专业化发展日益加速。一方面,产品的服务含量即产品的服务密集度日益增大;另一方面,随着劳动生产率的提高,市场转向买方市场,消费者收入水平提高,消费需求也逐渐发生变化,需求层次也相应提高,并向多样化方向拓展。服务营销对葡萄酒企业的作用:

第一,了解企业文化,加深产品印象,留住老客户,发展新客户。

第二,企业在拓展市场、扩大市场份额的时候,往往会把更多精力放在发展新顾客上。但发展新的顾客和保留已有的顾客相比,花费更大。此外,新顾客的期望值普遍高于老顾客。这使发展新顾客的成功率大受影响。不可否认,新顾客代表新的市场,不能忽视,但必须找到一个平衡点,而这个平衡点需要每家企业不断地摸索。

第三,了解产品文化,理解产品内涵,收集各方反馈信息,有利于市场营销工作的开展。企业必须倾听顾客意见,了解他们的需求,并在此基础上为顾客服务,这样才能做到事半功倍,提高客户忠诚度。企业在向顾客推荐新产品或是要求顾客配合时,必须站在顾客的角度,设身处地考虑。如果不合理,就不要轻易尝试。

市场竞争是激烈的,竞争对手都时刻关注彼此的顾客。企业必须定期与自己的顾客沟通,了解、解决顾客提出的问题。忽视顾客等于拱手将顾客送给竞争对手。大多数服务的无形性以及生产与消费的同时性,决定了产品供需在时空上分布不平衡。要企业调节供需矛盾,实现供需平衡。葡萄酒企业可以从以下几方面做好服务营销:

① 互动沟通:构建服务平台;

② 消费认知:塑造专业品质;

③ 销售未动:调查先行;

④ 前期预热:营造活动气氛;

⑤ 中期控制:体现活动权威;

⑥ 后期宣传:强化活动效应。

葡萄酒服务策略是企业营销计划中不可或缺的一部分,它不仅体现了企业营销管理的深化,也是在当前市场环境中获得竞争优势的关键因素。通过服务营销的巧妙运用,企业不仅能够丰富市场营销的策略,还能提升在市场经济中的综合竞争力。针对企业竞争的新趋势,重视服务市场的细分,服务差异化、有形化、标准化,以及服务品牌和公关策略的研究,已成为企业赢得市场的重要保障。葡萄酒作为一种具有深厚文化内涵和生命活力的饮品,其品牌历史和故事对消费者具有独特的吸引力。如果消费者对某个葡萄酒品牌缺乏了解,他们可能只是简单地消费这款酒,而未能真正体验到品酒的深层乐趣。因此,葡萄酒的服务营销对于企业至关重要,它不仅能够增强消费者对品牌的认知和情感联结,还能提升消费者的品酒体验,从而在竞争激烈的市场中为企业赢得一席之地。通过提供高质量的服务和深入挖掘葡萄酒的文化价值,企业能够更好地满足消费者需求,建立起品牌的忠诚度和影响力。

二、葡萄酒的包装设计

(一) 葡萄酒的包装设计概述

随着社会经济的发展、物质生活水平的不断提高,人们对精神生活的需求也随之攀高。从最初只是对于酒本身的喜好发展到今天,对酒的文化品位、鉴赏水平也有了新的期许、新的享受、新的需要。葡萄酒包装的价值在葡萄酒文化中尤显重要。

完整的葡萄酒包装主要包括3大部分:酒容器、酒标以及外包装。酒标的设计包括瓶签及挂签,大多葡萄酒包装只有瓶签少有挂签。这一部分也包括酒容器封口部分(如胶帽)的设计,甚至有的酒包装还有酒盖或酒塞的外观设计。外包装包括的范围比较广泛,精装的酒品和简装的酒品在这一部分有所不同,但总的来说,一般包括酒的外盒、手提包装等。

1. 酒标的设计与印刷

大部分干红常使用深色的玻璃瓶,而干白则常选用绿色的玻璃瓶。酒瓶表面的商标一般选用黄色为主基调,并配以红色、金色的文字,色彩对比较强。瓶口的胶帽经常选用金色,与商标呼应,浑然一体。当然,也不乏黑色和普通的灰白色或者深酒红色等,但炫目耀眼、跳跃性的色彩不多见。

在葡萄酒的酒标上,通常会注明葡萄酒品种、采收年份、制造者、产地、容量、酒精度等信息,可以说是葡萄酒的履历表或身份证。为保证葡萄酒的品质,欧盟还制订了有关葡萄酒的基准,主产国也有各自专门的法规,详述了葡萄酒的管理、分类与分级。国别不同酒标表达的方法也有所差异。总之,酒标可以让饮用者在享用前对葡萄酒有初步的认识。

酒标通常使用胶印凸印或柔性版印刷,区分为不干胶标签印制和一般的纸类标签印刷。其加工还包含各种印后加工技术,比如烫印、压凹凸上光等。由于在酒标上常常会使用金色的线条或文字来表达奢华,因此,在酒标的印刷中常使用金(银)墨印刷,也有采用烫印的。

鉴于酒标的特殊用途及摆放的特点,要特别考虑其耐水防潮性以及耐摩擦性。因此,酒标印刷中使用的承印材料(如纸张)和油墨等应满足以上要求。

2. 酒盒的设计与印刷

酒品的外包装在销售中起着重要的导向作用。酒盒就像是一件漂亮的外套,要能够吸引顾客的注意力并引起其强烈的购买欲。外包装盒的设计有比较大的灵活性,但应尽量做到全面、协调。能够给酒品购买者比较宽的选择范围,如常见的单瓶装、双瓶装、系列装等不同类型。葡萄酒盒的形状有长方体、圆筒形等。

包装材料常选用纸板,一些高档的葡萄酒还有使用木质材料的,显示其自然淳朴的文化气质。某些品牌在使用木质材料外包装的同时,在内盒中加入稻草等,来衬托磨砂材质的酒瓶,将葡萄酒浓厚的文化特色体现出来,使酒的包装设计与酒文化协调统一。近年也有用金属材料做葡萄酒盒的个例,彰显出气质特别而高贵。

色彩在包装设计的运用上相当重要。葡萄酒盒多见深底色,印刷黄色、白色及金(银)色图案与文字,形成鲜明的对比。用色少而不单调,多而不杂乱。而且,在深底色上通常会有代表年份或酒名称的同色文字,彰显品牌特质。

酒盒主要使用单张纸胶印或者柔性版印刷的方式,加之各种复杂的印后加工工艺,来满足客户的高质量要求。在欧洲,一些印量特别大的葡萄酒盒通常采用柔性版印刷。可以很好地满足各类卡纸、纸板、瓦楞纸板的印刷要求,同时也保证了绿色环保。而一般印量的葡萄酒盒则采用胶印的方式。葡萄酒盒表面的整饰加工精细而复杂,例如,在印刷中常常会采用烫印、磨砂、压凹凸、模切等手段。

3. 酒瓶的形状与其他

最初的葡萄酒瓶千奇百怪,直到17世纪后,人们才固定了葡萄酒瓶的形状。在这之前,葡萄酒是放在坛子或桶里的,等到用时再放到罐子里。葡萄酒在这种容器中,即使是在最好的条件下也不能贮存很长时间。

随着18世纪葡萄酒塞的发明,葡萄酒瓶的新世纪才真正来临,葡萄酒可在这种酒瓶中保存多年。到了19世纪50年代,葡萄酒瓶演变成世界公认的形状。各地的葡萄酒也随着各具特色的葡萄酒瓶而行销世界。现在颇具代表性的葡萄酒瓶型有来自法国波尔多地区的方肩瓶、勃艮第地区的溜肩瓶、德国的慢慢倾斜而下的无肩瓶型等。

另外,软木塞(橡木塞、高分子合成塞及其他塞子等)具有柔软且弹性较强的特点,分布着许多细密的小孔。用它封紧瓶口后,软木与酒液接触膨胀,从而塞紧瓶口的空隙,防止酒液渗漏。同时,酒还可以通过软木塞的微孔接触微量的空气,达到呼吸和发育的目的,在装瓶后继续完成其成熟过程。葡萄酒帽通常用的是胶帽、PVC葡萄酒胶帽、葡萄酒铝塑帽以及现在开始使用的螺旋帽等。

(二)酒标的内容与国别

简而言之,酒标就是酒类产品酒瓶上面的所有标签,包括酒商标在内的酒的标志、标识,有时候也称为瓶贴、酒签、瓶标等。如果严格划分,可以分为顶标(出现在瓶盖顶部)、颈标、正标、尾标(出现在正标下方,通常为长方形)和背标等。其中最常见的是正标和背标,分别对酒的商标、种类、容量、酒精度及酿造工艺、原料构成、保质期限、贮藏方法、历史典故与生产者等做介绍性的说明,同时还起到装饰性、宣传性的效果,提高品牌被消费者认可和购买的可能性。而顶标、颈标和尾标主要起到了装饰性的作用。

1. 酒标的内容

葡萄酒酒标包含的内容丰富,一般而言,包括厂名、酒庄名称、葡萄品种、制造商、产地名称、口味、酒的类型、酒精度及容量等。产地的标示越精确品质越好,有些甚至标志出葡萄园。法国规定,葡萄酒酒标上通常可包括如下内容:①葡萄收获年,说明葡萄的收获、压榨、发酵成酒的年份;②葡萄生长的村、镇、地区、行政区及省或州;③葡萄园的名称;④葡萄酒的类型;⑤登记注册的商标;⑥官方保证的可信程度标志;⑦运销商的名称与地址;⑧葡萄园主人名及地址;⑨装瓶者,即酒庄主或灌装者;⑩特殊保存限制;⑪上好葡萄造出的酒要特别注明;⑫装瓶的葡萄园及所属酒窖名称;⑬原产地国名。

2. 不同国家、地区酒标内容比较

葡萄酒种类繁多,在不同国家(地区),其管理制度、消费水平、文化习俗又有差别。所以,反映在酒标上,其标示方式与内容也有所不同。看一瓶酒的酒标,大概可以了解这瓶酒的基本情况,因此有说酒标是"葡萄酒的身份证"。

(1) 西班牙酒标　包括酒厂名、酒名、葡萄品种、生产装瓶酒厂、生产者名称及地址、酒精度、产区名称、容量、葡萄采收的年份,标明经过几年橡木桶储存,几年瓶中储存。

(2) 德国酒标　包括葡萄酒产区名称、葡萄采收的年份、葡萄品种、采用晚收葡萄酿制、半甜口味、葡萄来自的庄园、属特级良质酒(简称 QMP)、政府检定的号码、葡萄酒庄、酒精度、容量、装瓶者及其地址。

(3) 匈牙利酒标　包括德文的"匈牙利"、葡萄采收的年份、酒名即产区名、正常的采收期、德文的甜型、酒精度、容量、英文的甜味。

(4) 美国酒标　包括酒厂名称、葡萄采收的年份、葡萄品种、产地名称、容量、酒精度。

(5) 葡萄牙酒标　葡萄牙酒是一种酸度高、清淡、微带气泡的白酒,因酒质年轻时会带一点绿色反光,所以称为绿酒,通常酒精度不高。其酒标包含葡萄采收的年份、白葡萄酒、酒庄名称、表示酒庄装瓶的酒、经销者、产区名、容量、葡萄牙生产、酒精度。

(6) 奥地利酒标　包括酒名、酒庄名称、葡萄品种、葡萄采收的年份、产区名称、分级制(与德国同)、国家的检定号码、酒精度、甜型口味、装瓶者及其地址、德文的"奥地利"、容量。

(7) 澳大利亚酒标　标明酒庄名、葡萄品种(通常是单一品种酿酒,若是使用两种以上的葡萄,则把使用量最高的品种写在前,再写少的)、葡萄采收的年份、容量、酒精度。

(8) 意大利酒标　包括生产者的名称、葡萄采收的年份、酒名及产区名、超过 DOC 等级、装瓶者、酒精度、容量。

(9) 智利酒标　包括最佳品质年份酒、酒庄名称、酒庄元年、葡萄采收的年份、葡萄品种、产区、容量、酒庄生产、装瓶、外销、酒精浓度。

(10) 南非酒标　包括产区、酒庄的标记、私人酒庄的名称、葡萄采收的年份、葡萄品种、公司的标记、由南非生产及装瓶、由酒庄生产及酿造、由其他公司贮存装瓶、容量、酒精度。

(11) 法国香槟区酒标　包括特级葡萄园、好年份酿制、法国香槟区产的葡萄酒、酒商名称、产区名称、容量、甜型、口味、酒精度、生产者名称和地址及许可号码。

(12) 法国波尔多酒标　包括产区名称、所属小产区、采用老葡萄树葡萄酿制、特色葡萄园、生产者、独立酒厂、生产者的地址、生产者装瓶容量、酒精浓度、外销酒标明"法国生产"字样。

(13) 中国酒标　包括产区名称、所属小产区、年份、葡萄园、生产者、生产地址、装瓶者、原料、容量、酒精度、保质期、贮藏条件等。中国葡萄酒酒标很有特色,为扩大品牌认知度,也为提高普通消费者的鉴赏水平,常常在副标中,对本款葡萄酒有一两百字的文字介绍,有一定的宣传葡萄酒文化的效果。

知识链接

葡萄酒文化

1. 酒与艺术

在古希腊,葡萄酒被认为能给人类带来情爱和欢愉。艺术家们都毫不吝惜用美好的言辞来赞美美酒给人带来的陶醉感和灵感。人们在筵席上即兴演唱赞美酒神的歌曲。到公元前6世纪,酒神赞歌发展成为由50名成年男子组成的合唱队。这些活动推动了古希腊戏剧、音乐艺术的发展。

文艺复兴时期,诗人赞美美酒所带来的创造力,帝王和王子常以善饮的形象出现在文学作品中。16世纪意大利画家阿尔钦博托(Giuseppe Arcimboldo)把金秋之神绘成酒神的模样,既表现出青春的紧张,又表现出在转瞬即逝的和谐中所焕发出的精神。画家弗朗西斯科·德·戈雅(Francisco de Goya)、查尔斯·弗朗索瓦·道比尼(Charles François Daubigny)、德比涅(Debyne)和奥古斯丁·赫努(Auguste Renoir)等均就葡萄及葡萄丰收时的采摘场景作画,以展示大自然的慷慨无私。福朗索瓦·米勒(Jean-Francois Millet)的画表现了箍桶匠的粗壮,亚吉纳·布丹(Engène Boudin)的画表现的则是波尔多葡萄酒桶的运输场面。在伏尔泰的小说中有这样的句子:"亲手倒出泡沫浓浓的阿伊葡萄酒,用力弹出的瓶塞如闪电般划过,飞上屋顶,引起了满堂的欢声笑语。清澈的泡沫闪烁,这是法兰西亮丽的形象。"

2. 法国葡萄酒文化

葡萄酒文化是伴随着法国的历史与文明发展起来的,正如法国化学家马丁·古多华(Martin Goodall)所指出的:"酒反映了人类文明史上的许多东西,它向我们展示了宗教、宇宙、自然、肉体和生活。"它已经渗透进法国人的宗教、政治、文化、艺术与生活的各个层面,与人民的生活息息相关。

(1) 采摘文化 收获葡萄是法国农业中最重要的事件之一。在烈日下采葡萄很辛苦,但充满欢乐,到处可见快乐的人群,随处可闻愉快的歌声。在著名的波加莱榨汁歌中,可以听到这样的歌词:"滚滚的美酒,快装满酒壶……"

(2) 酒的选择 "饱满,丰腴,厚实,芬芳""散发着融化丹宁的芬芳和可可树细腻的清香""有如松树在林间跳跃的流畅""热烈透明得像渔夫的眼泪",这些饱含感情色彩的语言表达了爱酒人对葡萄酒的感受。法国人认为,如果在没有欣赏到酒的色泽和芳香之前就把酒喝下去,就放弃了对喝酒最基本的享受。

(3) 酒与食物的搭配 有人强调和谐统一,有人强调对比,这与个人的爱好密切相关。通常,低度红酒常用来佐餐鱼。大部分奶酪和葡萄酒要平衡搭配。甜点(除非是半干的)若是配香槟则会被认为是致命的搭配,但是阿尔萨斯的穆斯卡酒与芦笋配在一起却被视作绝配。

(4) 酒具的选择 莫里哀(Paul Mauriat)曾把漂亮的酒瓶比作自己的爱人:"美丽的酒瓶,你是那样温柔;美丽的咕嘟声,你是如此动人。但我的命运充满嫉妒。啊! 酒瓶,我的爱人,如果你永远那么美满,又为何要倒空自己?"酒杯的材料和质地也会影响品酒人的情趣。理想的酒杯光滑透明,可以使人欣赏到酒的颜色。光滑细腻的材质能给嘴唇带来舒适的触觉。

（5）文化特点　首先,通用性是法国葡萄酒的主要特点,它源于古希腊。那时喝酒的规范已成为共存、博爱、交流、共商与欢乐交织气氛的同义语。其次,表现出个人导向。在诸多法国文学作品中,常常会描述这样一种场景:闲暇时分,一个人细细品尝一杯酒的香醇,也似品味美好的人生。这种场景充分体现了独饮的乐趣,一份来自法国葡萄酒的乐趣。再次,表现出感情。在法国,由于地区、品种等的不同,每个法国人都有一套独特的葡萄酒理论。在各种场合,人们可以自由地表达自己的想法而不计身份的尊卑,气氛轻松而融洽。

3. 意大利葡萄酒文化

葡萄酒是意大利饮食文化的代表,是意大利人引以为豪的艺术精华。意大利的葡萄酒与文化艺术,特别是文艺复兴时期的文艺巨著联系在一起。最著名的有油画《酒神巴克斯》和《最后的晚餐》。《酒神巴克斯》由著名意大利画家米开朗基罗完成,酒神半露右肩,头发缠绕着葡萄藤,左手轻微拿起盛满葡萄酒的酒杯,桌前摆放着各种水果和半瓶葡萄酒,脸色白中透红,神态优雅,眼睛微倾……让您感受到葡萄酒与艺术的充分融合。《最后的晚餐》是著名画家达·芬奇(Leonardo da Vinci)根据基督教故事《最后的晚餐》创作而成。这些都是意大利艺术的精髓。

在意大利,品酒的3大步骤:看酒、闻酒、品酒。

（1）看酒　从酒杯正上方看(最好在白色背景下),酒体应清澈;摇动酒杯,看从酒杯壁流下的酒体,酒体越黏稠,流速越慢,酒质越好;把酒杯倾斜45°,观察酒与杯壁结合部的一层水状体,越宽则表明酒的酒精度越高。在这个水状体与酒体结合部,会呈现出不同颜色:蓝色和淡紫色为3~5年酒龄,红砖色为5~6年,琥珀色为8~10年,橘红色说明已经过期了。

（2）闻酒　闻酒前最好先呼吸一口室外的新鲜空气。把杯子倾斜45°,鼻尖探入杯内闻酒的原始气味。偏嫩的酒闻起来尚有果味,藏酿有复合的香味。摇动酒杯后,迅速闻酒中释放出的气味,看它和原始气味相比是否稳定。

（3）品酒　喝一小口,在口中打转。如果酒中的单宁含量高,口中会有干涩的感觉。因为单宁有收敛作用,这说明葡萄酒还没有完全成熟。最好是口感酸、甜、苦、咸达到平衡。吐出或咽下酒液后,看口中的留香如何。

思政链接

中国葡萄酒的发展

中国葡萄酒的历史悠久且文化底蕴深厚,其发展历程充满了曲折与辉煌。以下是对中国葡萄酒的详细介绍:

1. 历史沿革

（1）起源与早期发展　中国的葡萄酒历史可追溯至公元前7 000年的河谷地区,是世界上最早种植葡萄和酿造葡萄酒的国家之一。汉唐时期,随着丝绸之路的开辟,葡萄种子和酿酒技术传入中国,本土葡萄种植和葡萄酒酿造开始兴起。汉武帝时期,葡萄的种植和葡萄酒的酿造已达到一定规模。唐朝是葡萄酒的辉煌时期,葡萄酒成为贵族生活中的重要组成部分,文人墨客也常以葡萄酒为吟咏对象。

（2）宋元明清的起伏　宋代，葡萄酒进入低潮期，生产和消费逐渐减少。元代，葡萄酒文化再度进入鼎盛时期，葡萄种植面积和酿酒数量都达到前所未有的程度，葡萄酒进入平常百姓家中。明清时期，葡萄酒的发展相对平稳，但鲜有关于新品或工艺改良的记载。

（3）近代与现代的复兴　19世纪末，随着西方文化的传入，葡萄酒重新进入国人的视野。张弼士投资建立张裕酿酒公司，标志着中国葡萄酒工业的开端。进入21世纪，中国葡萄酒市场迅速崛起，国内外品牌纷纷进入，带动了葡萄酒文化的普及和消费者需求的持续增长。

2. 生产工艺

中国葡萄酒的生产工艺主要包括采摘、压榨、发酵、储存、澄清和装瓶等步骤。

（1）采摘　选择成熟度高的葡萄，以保证葡萄酒的品质。

（2）压榨　使用专业压榨机器将葡萄压榨成汁，控制压力和温度以避免汁液氧化或变质。

（3）发酵　加入酵母菌将葡萄汁中的糖分转化成酒精，控制温度和湿度以确保酵母菌正常工作。

（4）贮存　完成发酵后进行贮存和陈年，控制温度、湿度和光照条件以保持酒的稳定性和口感。

（5）澄清　去除酒中的杂质和沉淀物，使用特殊过滤器和化学药品确保酒不受污染。

（6）装瓶　将葡萄酒灌装入瓶并灭菌，确保葡萄酒的质量和卫生安全。

3. 产区与品牌

中国葡萄酒产区逐渐形成了以宁夏、新疆、山东等地区为代表的产业集群。这些产区不仅生产优质的葡萄酒，还积极发展配套产业和旅游观光业，推动了中国葡萄酒产业的发展。中国也涌现出了一批知名的葡萄酒品牌，如张裕、长城等。这些品牌在国内外市场上享有较高声誉，积极参与国际竞争和交流。

4. 市场现状

近年来，中国葡萄酒市场呈现出快速增长的态势。随着消费者需求的不断增长和产业规模的持续扩大，中国葡萄酒产业将继续向阳而生。然而，也需要注意到市场竞争的加剧和消费者需求的多样化趋势，以便更好地满足市场需求并推动产业的可持续发展。

中国葡萄酒具有悠久的历史和深厚的文化底蕴，其生产工艺不断完善和提高，产区与品牌也呈现出多元化的发展态势。未来，中国葡萄酒产业将继续保持快速增长的态势，并为中国乃至全球的葡萄酒爱好者带来更多优质的选择和体验。

思考题

1. 侍酒师的职责与角色是什么？
2. 味觉感受有哪些？
3. 简述葡萄酒开封后贮藏的注意事项。
4. 简述葡萄酒市场调研的类型。

项目八　白酒品鉴与侍酒服务

 学习重点

1. 了解白酒的酿制方法。
2. 认识评酒员的要求。
3. 理解侍酒师的仪态知识。

学习难点

1. 掌握白酒的特点。
2. 了解品鉴对环境和品酒器具的要求。
3. 掌握侍酒师的主要酒具。

项目导入

中国拥有丰富的酒文化,众多知名的酒品承载着深厚的历史和文化。品鉴这些酒品,如同欣赏一件艺术品,需要细致的观察、耐心的品味和深刻的理解。同时,侍酒服务作为酒文化中的重要一环,也有着其独特的原则和要求。无论是在专业的品鉴会还是在日常生活中,了解并遵循这些原则,都能提升品酒的体验和享受,使酒品的风味得到更好的展现。

任务一　白酒的品牌

在过去几十年里,中国的白酒行业经历了多次国际级评比,这些评比不仅提升了中国白酒的国际知名度,也促进了国内酒品质量的提升。目前,人们普遍认可的国家名酒,是指那些在评比中荣获金质奖章的品牌,它们代表了中国白酒的最高水平。同时,"国优"酒则指获得银质奖章的优质酒,这些酒品同样以其卓越的品质赢得了消费者的青睐。国家名酒大都在商标上注有"中国名酒"4个字,此外还印有金质奖章的图案。国优酒大都在商标上注有

"国优"字样或印有银质奖章图案。除此之外,还有"省优""部优"等级别的酒。"省优"是指获得省级质量奖的酒;"部优"则是指经国家某个部委等评出的优质酒。

一、茅台酒

茅台酒(图8-1)是中国著名的白酒之一,源自贵州省遵义市仁怀市的茅台镇,享有"国家名酒""中国驰名商标"和"中华老字号"等荣誉,被誉为大曲酱香型白酒的鼻祖。作为中国国家地理标志产品,其独特的酿造工艺和卓越的品质使其在国内外享有盛誉。

图8-1 贵州茅台酒

1. 茅台酒的起源

据史料记载,汉代茅台镇地区就已生产"枸酱酒",被认为是中国酱香型白酒的起源。《史记》中记载,汉武帝时期,唐蒙出使南越,品尝到当地的枸酱酒后,将其带回长安,武帝饮而"甘美之",并留下了"唐蒙饮枸酱而使夜郎"的传说。这成为茅台酒走出深山的开始。唐宋时期茅台酒逐渐成为朝廷贡品,并通过南丝绸之路传播至海外。到了清代,茅台镇的酒业更是兴旺,出现了"茅台春""茅台烧春"等名酒,而"华茅"则是茅台酒的前身。康熙年间,正式将所产酒定名为"茅台酒";在道光年间,茅台酒的生产规模和影响力进一步扩大,成为"酒冠"。清代诗人郑珍更是以诗咏赞茅台酒的卓越品质,使其名声远播。

2. 茅台酒的酿制

茅台酒以其独特的酿造工艺和卓越的品质著称,其生产过程复杂而精细。采用当地优质的红高粱作为原料,并使用小麦制成的高温曲发酵。用曲量甚至超过了原料本身。用曲多、发酵期长、多次发酵、多次取酒等独特工艺是茅台酒风格独特、品质优异的关键。

被誉为"千古一绝"的茅台酒酿造技术,涵盖了两次加生沙(生粮)、9次蒸馏、8次摊晾加曲(发酵7次)、7次取酒等步骤,这一周期长达一年。之后,基酒需在陶坛中陈贮3年以上,经过勾兑调配,再经过至少一年的贮存,使酒质更加和谐、醇香、绵软、柔和。最终,通过酒勾酒的方式,将一百余种不同酒龄、不同香型、不同轮次、不同酒精度的基酒精心组合,形成茅台酒的典型风格。

在生产过程中,还会经历重阳下沙、端午踩曲等传统工艺环节。以及长期贮存的淬炼,确保了茅台酒的高品质和独特风味。整个过程近5年,体现了茅台酒对传统工艺的坚持和对品质的极致追求。

3. 茅台酒的特点

茅台酒以其独特的酱香型风格而闻名,被誉为酱香型大曲酒的典范。香气之浓郁,有时也称为"茅香型"。色泽晶莹剔透,微微泛黄,酱香显著,令人沉醉。即便不饮,香气也扑鼻而来;畅饮时,满口生香;饮后空杯,香气更是持久不散,留香悠长。口味幽雅细腻,酒体丰满醇厚,回味悠长,茅香不绝。纯净透明和醇馥幽郁的特点源自酱香、窖底香、醇甜3大特殊风味的和谐融合。其香气成分复杂,已知的就有300多种。这种酒的高沸点和丰富的物质含量,赋予其他香型白酒所不具备的独特性。单是其卓越的口味就足以让人难以忘怀,流连忘返。

二、五粮液

五粮液酒以其浓香型大曲酒的独特风格,成为中国最著名的白酒之一,拥有超过3000年的悠久酿造历史。这款酒产自四川省宜宾市,以其卓越的品质和深厚的文化底蕴,赢得了国内外的广泛赞誉。自20世纪初在巴拿马万国博览会上荣获金奖以来,五粮液不断获得包括"国家名酒""国家质量管理奖""中国最佳诚信企业""百年世博·百年金奖"等多项荣誉,成为中国白酒行业的领导品牌和中国驰名商标,同时也是中华老字号的代表。

1. 五粮液的酿制

图8-2 五粮液

五粮液酒(图8-2)以其独特的酿造工艺和卓越的品质,成为中国白酒的杰出代表。这款酒汇集了天地人之精华,采用传统工艺,精心挑选高粱、糯米、粳米、小麦和玉米5种优质粮食作为原料。遵循古老的陈氏秘方,酿造过程包括制曲、固态窖池发酵、蒸馏提纯、量质摘酒、分级陈酿和勾兑调味等关键步骤。这些工艺的核心在于制曲、酿酒和勾兑,通过微生物的活性作用,将含淀粉或糖质的原料转化为香气悠久、口感醇厚、入口甘美、入喉净爽的佳酿。五粮液的酿造不仅是一种技术,更是一种文化。它是五粮液人对自然的认知和互动的产物,体现了非凡的创造力和智慧。这种独特的文化表现形式,是千百年来酿酒技师们智慧的结晶,代表了中国蒸馏酒传统酿造技艺的最高成就。五粮液的每一滴酒都蕴含着中庸和谐之美,展现了完美的品质和全面的口感,成为世代相传的酒中珍品。

五粮液酒以其深厚的历史底蕴和不断创新的酿造技艺,成就了其卓越的品质。在传统陈氏秘方的基础上,五粮液不断探索和完善,采用了如跑窖循环、固态续糟等先进的发酵技术。这些技术的应用使得发酵后的酒体更加醇和、醇厚、醇正、醇甜,达到了绝妙的风味境界。五粮液的酿造工艺包括独特的包曲制曲、跑窖循环、续糟配料、分层起糟、分层入窖、分甑分级量质摘酒、按质并坛等关键步骤。这些工艺的精细操作和严格把控,使得原酒在陈酿过程中逐渐展现出其独特的风味和气质。此外,五粮液还拥有精湛的勾兑工艺和相关的特殊技艺,进一步提升了酒的品质和口感。正是这些精湛工艺的结合,使其酿造工艺达到了令人赞叹的境界,也因此荣获了中国非物质文化遗产的至高荣誉,成为中国传统酿酒技艺的杰出代表。每一滴佳酿,都是对传统工艺的传承和对创新精神的致敬。

五粮液酒的历史是中国深厚文化的一个缩影,其错综复杂的酿造工艺与四川宜宾独特的地理、人文和气候条件紧密相连。生产过程包含100多道精细工序,涵盖3大核心工艺流程:制曲、酿酒和勾兑。特别值得一提的是,制曲工艺采用了拥有600多年历史的明代古窖池群,这些窖池中的窖泥富含微生物,历经数百年的不断发酵和繁衍。这些微生物与宜宾地区的水土和气候相互作用,形成了五粮液酿造技艺中独特的"包包曲",这种技艺不仅包罗天地,更聚集了自然之气。从选料到发酵,再到最终的勾兑,每一步都体现了对天时地利的精准把握,使得五粮液的风味独特、不可复制。这种酿造技艺不仅是一种技术,更是宜宾地区文化和自然环境的生动体现。每一滴都凝聚着历史和自然的精华,展现了中国酿酒文化的非凡魅力。

2. 五粮液的特点

五粮液以其浓香型的特点而闻名,色泽晶莹透明,香气悠久而味醇厚,入口甘美且入喉净爽,各味协调,满口溢香,恰到好处。这种酒在触唇触舌时并不带来强烈刺激,而是以一种温和而全面的方式触动感官。作为纯天然的绿色饮品,其味觉层次丰富,能够协调地激发人的视觉、嗅觉和味觉,提供一种全面的美感享受,体现了中国中庸文化的精髓。有诗人这样描写五粮液:"香了一条大江,醉了一条大江。香得山高水长,醉得地久天长。香有香的名堂,醉有醉的文章。只因为,大江源头一壶琼浆,香了醉了,天下三千年时光。"

三、汾酒

作为中国白酒中的一颗璀璨明珠,汾酒(图 8-3)以其悠久的历史和卓越的品质享誉国内外。作为"中国驰名商标",汾酒代表了中国酿酒文化的深厚底蕴,体现了其在文化和历史中的重要地位。

20 世纪初,汾酒在巴拿马万国博览会上荣获甲等金质大奖章,这一荣誉标志着汾酒在国际舞台上的卓越表现。此后,汾酒连续 5 届被评为"国家名酒",其品质和声誉得到了业界和消费者的广泛认可。汾酒不仅是国内消费者喜爱的文化名酒,其在国外也享有很高的知名度和美誉度,成为中外文化交流的桥梁。

图 8-3　汾酒

1. 汾酒的酿制

山西杏花村的清香型汾酒以其传统酿制工艺著称,这不仅是汾酒酿造的核心技术,更是中国最具代表性的制酒工艺之一,代表着中国传统白酒酿造的正宗血脉。这种工艺不仅历史悠久,深远地影响了汾酒产区的生产和生活方式,还对全国广大地区的酒文化产生了显著的影响。它不仅源远流长,而且衍生出众多其他酒类酿造技术,成为中国酿酒文化中不可或缺的一部分。

汾酒历史悠久,工艺独特。饮后回味悠长,酒力强劲而无刺激性,使人心旷神怡。享誉千载而盛名不衰,与其造酒的水纯、艺巧分不开。名酒产地,必有佳泉,古井亭的井水水质优良,含丰富的矿物成分,不仅利于酿酒,且对人体有医疗保健作用。

汾酒的酿制工艺与它独特的地理环境密不可分。杏花村在吕梁山下,汾水河畔。这里四季分明,地下水质优良且资源丰富,空气清新,适宜种植高粱、豌豆等农作物。杏花村既有取之不竭的优质泉水,又有充足、优质的高粱、豌豆等农作物,给予汾酒以无穷的活力。清香型口感与杏花村的空气土壤有着直接或必然的关联,在这里有上百种微生物"安家落户",形成了独特的汾酒微生物体系。

选用晋中平原的"一把抓"高粱为原料,以大麦、豌豆制成的青茬曲为糖化发酵剂,取古井和深井的优质水,采用"地缸固态分离发酵,清蒸二次清"的传统酿制技艺。酒液莹澈透明,清香馥郁,入口香绵、甜润、醇厚、爽洌。酿酒师傅的悟性在酿造过程中起着至关重要的作用,像制曲、发酵、蒸馏等就都是经验性极强的技能。千百年来,这种技能以口传心领、师徒相延的方式代代传承,并不断得到创新、发展,在当今汾酒酿造的流程中,仍起着不可替代的关键作用。

2. 汾酒的特点

汾酒是我国清香型白酒的典型代表,以其清香、纯正的独特风格著称于世,是国家清香型白酒标准的范本。其典型风格是酒液清洌,晶亮透明,清香纯正,入口绵落口甜,饮后余香不绝,素以色、香、味"三绝"著称。适量饮用能驱风寒、消积滞、促进血液循环。有酒精度 38°、48°、53°等系列产品。

四、洋河大曲

图 8-4 洋河大曲

洋河大曲是"中国名酒""中国驰名商标",曾被列为中国的 8 大名酒之一(图 8-4)。作为中国名酒的杰出代表,洋河多次在全国评酒会上获得殊荣,展现了名酒风范。

1. 洋河大曲的酿制

洋河大曲产区位于东经 118°40′ ~ 119°20′,北纬 33°8′ ~ 34°10′,海拔在 15~20 m,土壤深厚肥沃,地下水丰富,雨量充沛,气候温和,年平均气温为 14.3℃,年平均无霜期 230 天,年平均降水量 850 mL 左右,温湿的气候和绿色的生态环境为微生物提供了理想的生存和繁衍条件。

洋河大曲酒是江苏省泗阳县的杰作,采用高粱、大米、糯米、玉米、小麦、大麦和豌豆等优质原料,并利用当地著名的"美人泉"泉水精心酿造。其独特的酿造工艺包括使用洋河大曲作为糖化、发酵和生香剂,结合长期自然形成的老窖和从洋河酿造环境中分离出的 YH - LC1 窖泥功能菌。通过混蒸续馇六甑工艺和低温入池的缓慢发酵。基酒的发酵周期超过 60 天,而调味酒的发酵周期则超过 180 天。经过分层缓慢蒸馏、量质摘酒、按绵柔典型体分级入陶坛贮存,再经过分析、品尝、贮存老熟、勾兑和调味,最终包装出厂。基酒的酒龄至少为 3 年,调味酒的酒龄则至少为 5 年。

2. 洋河大曲的特点

洋河大曲酒以其澄澈透明的色泽和浓郁清雅的香气著称,入口时的鲜爽甘甜和细腻悠长的口味使其成为与南京盐水鸭和金陵烤鸭搭配的理想选择。这种酒不仅在中国,甚至在日本也被誉为东方的洋酒。洋河酒厂推出了多个系列,如梦之蓝系列中的洋河蓝色经典,被誉为"酒中之王"和"酒中骄子"。目前,洋河大曲的主要品种包括 55°的洋河大曲、38°的低度洋河大曲、洋河敦煌大曲和洋河敦煌普曲等。洋河酒以其甜、绵、软、净、香的独特风格特点而闻名。

洋河在白酒行业独树一帜,率先打破传统的香型分类,创新性地推出了以味为核心的绵柔型白酒,引领了白酒质量的新风尚。进入 21 世纪,这种绵柔型白酒不仅被《地理标志产品洋河大曲酒》国家标准正式认可,其代表产品梦之蓝和绵柔苏酒更是屡获殊荣,包括"最佳质量奖""中国白酒酒体设计奖"和"中国白酒国家评委感官质量奖"等国家级大奖。

五、剑南春

剑南春(图 8-5)产自四川省绵竹市,享有"中国名酒""中国驰名商标"和"中华老字号"的美誉。

1. 剑南春酒的酿制

作为中国名酒之一,剑南春酒不仅承载着绵竹地区数千年的酿酒历史,更是巴蜀文化的重要组成部分。其酿造工艺精湛,选用高粱、大米、糯米、小麦和玉米这五粮为原料,这些原料均来自川西肥沃的土地,经过山泉的滋养和霜雪的洗礼,汲取了四季的精华。剑南春的酿造过程融合了红糟盖顶、回沙发酵、斩头去尾、清蒸熟糠、低温发酵和双轮底发酵等传统工艺,每一步骤都经过精心调配和精细操作,使得其酒液如玉液般清澈,香气持久而深刻。

图8-5 剑南春

剑南春酒以其悠久的酿酒历史和卓越的品质享誉中国,其酿造用水取自城西的玉妃泉。这一名泉经国家地矿专家鉴定,低钠无杂质,富含硅、锂等对人体有益的微量元素和矿物质,水质纯净,堪比崂山矿泉水,被誉为"中国名泉"。玉妃泉水的冰清玉洁,经过精心酿造,转化为香浓清灵的剑南春酒,其陈香幽雅,饮之如珠玑在喉,甘润飘逸,闻之似幽香刻骨,品质历久弥新。剑南春采用传统工艺与现代科学相结合的方式,制作出独特的大曲,这种天然微生物接种的大曲药不仅保证了产量,更确保了酒中复杂香味物质的生化合成。剑南春酒的酿造工艺包括小麦制曲、泥窖固态低温发酵、续糟配料、混蒸混烧、量质摘酒、原度贮存及精心勾兑调味等,形成了其芳香浓郁、纯正典雅、醇厚绵柔、甘洌净爽、余香悠长、香味协调、酒体丰满圆润的独特风格。剑南春酒的传统酿造技艺不仅是中国浓香型白酒的典型代表,更因其承载于具有"活文物"特性的剑南春"天益老号"酒坊及酒坊遗址,具有不可复制的唯一性,是绵竹酒业发展史上的精华沉淀与发扬的代表作。

2. 剑南春酒的特点

剑南春酒质无色,清澈透明,芳香浓郁,酒味醇厚,醇和回甜,酒体丰满,香味协调,恰到好处,清洌净爽,余香悠长。酒度分 28°、38°、52°、60°。剑南春酒问世后,质量不断提高,在20世纪70年代第三次全国评酒会上,首次被评为"国家名酒"。相传李白为喝此美酒曾把裘衣卖掉,买酒痛饮,留下了"士解金貂""解貂赎酒"的佳话。

六、古井贡酒

图8-6
古井贡酒

古井贡酒(图8-6)被誉为"酒中牡丹",其产地位于安徽省亳州市。作为大曲浓香型白酒的代表,古井贡酒以其卓越的品质4次蝉联全国白酒评比金奖,并在巴黎第十三届国际食品博览会上荣获金奖,成为中国名酒中的唯一获奖者。拥有"中国名酒""中国驰名商标"和"安徽省著名商标"等荣誉。古井贡酒还被授予"中国原产地域保护产品""国家文物保护单位"和"国家非物质文化遗产保护项目"等称号,是中国8大名酒之一。

1. 古井贡酒的酿制

采用古井镇的优质地下水,并在古井镇特定区域内,利用其自然微生物环境,按古井贡酒传统工艺生产。古井贡酒以安徽淮北平原优质高粱作原料,以大麦、小麦、豌豆制曲,沿用陈年老发酵池,继承了混蒸、连续发酵工艺,并运用现代酿酒方法加以改进,博采众长,形成自己的独特工艺,酿出了风格独特的酒。

2. 古井贡酒的特点

古井贡酒中的呈香、呈味的酯类物质,在种类和含量上多于其他浓香型大曲酒。通过目前的定量分析,含有80多种香味物质,比其他浓香型酒多15～30种,并且这些香味物质的含量是其他浓香型酒的2～3倍。古井贡酒中还有完整的有机酸丙酯系列,这是其他浓香型大曲酒所没有的。

古井贡酒属于浓香型白酒,具有色清如水晶、香醇如幽兰、入口甘美醇和、黏稠挂杯、余香悠长、回味经久不息的特点,酒度分为38°、55°、60°三种。最近几年,古井贡酒的口感质量又有了很大提升,特别是古井贡酒·年份原浆,因其桃花曲、无极水、九酿酒法、明代窖池的优良品质被安徽省委、省政府指定为接待专用酒,得到了消费者的一致认可。

七、董酒

图8-7 董酒

源自贵州遵义市董公寺镇的著名白酒(图8-7),以其独特的风味和卓越的品质闻名遐迩,更在全国评酒会上4次蝉联"国家名酒"称号及金质奖。

1. 董酒的酿制

董酒的产地遵义,位于低纬度高原地区,气候温和,既无严寒也无酷暑,植被繁茂,泉水清甜,为酿酒提供了得天独厚的条件。早在魏晋南北朝时期,这里就因酿造"咂酒"而闻名。据《峒溪纤志》记载,咂酒也称为钩藤酒,是一种以米和杂草籽为原料,通过酿制而成的酒,其独特之处在于不经过发酵和酸化,而是通过藤条吸取汁液饮用。到了元末明初,这里又出现了"烧酒"。遵义地区还有在特定时节酿制和饮用时令酒的传统,如《贵州通志》所记,五月五日饮用雄黄酒和菖蒲酒,九月九日则用蜀葵酿造咂酒,称为重阳酒,存放一年后再饮用,其风味尤为香醇。董酒继承了酒的根源、中国白酒的精髓以及酒文化的精髓——"药食同源"和"酒药同源",在制曲过程中特别加入了130多种纯天然草本植物,使得董酒不仅具有固本、调整阴阳、活血、益神、提气等养生功效,更酿造出了风味独特的"本草之酒"和"百草之酒"。

董酒以其独特的酿造工艺而闻名,采用优质高粱作为原料,通过小曲小窖的方式制取酒醅,再利用大曲大窖制取香醅,最终通过串蒸技术将两者结合,形成董酒特有的"两小、两大、双醅串蒸"工艺。这种将大曲酒和小曲酒巧妙融合的生产工艺和配方,因其独特性和重要性,曾3次被国家权威部门列为"国家机密",使得董酒享有"国密董酒"的美誉。作为中国白酒文化中的一颗璀璨明珠,董酒不仅坚持使用原始的国家保密配方和传统工艺,还在老酒窖中采用纯粮食酿造,确保每一滴酒都是自然发酵,不添加任何勾兑物,因此出酒周期较长,产量有限。每一滴董酒都显得异常珍贵,只有通过细致的品鉴,才能真正体验到董酒对传统白酒工艺的尊重和传承。

2. 董酒的特点

董酒以其无色透明、香气幽雅舒适而著称,它不仅融合了大曲酒的浓郁芳香,小曲酒的柔绵醇和与回甜,还带有淡雅的药香和微酸的爽口感。饮用时,董酒入口醇和浓郁,饮后不干不燥,不烧心不上头,余味悠长,被誉为独树一帜的"董香型"白酒。这种独特的风格使得董酒在众多香型白酒中独树一帜,细品其风味,更是一场高尚的享受。董酒倡导的饮酒态度是品味而非买醉,强调通过科学饮酒来疏通经络、宣通气血、扶正祛邪,从而调整机体的平衡。金庸先生更是对董酒赞不绝口,曾专门题词"千载佳酿,绝密配方。贵州董酒,中国名酿",彰显了董酒在中国酒文化中的独特地位和深远影响。

八、西凤酒

西凤酒(图8-8)源自中国陕西省凤翔县柳林镇,不仅拥有悠久的历史,更是中国最古老的历史名酒之一。因其卓越的品质和深厚的文化底蕴4次荣获"国家名酒"的美誉。作为中国驰名商标和中华老字号的代表,西凤酒以其显著的增长潜力在白酒品牌中独树一帜。

1. 西凤酒的酿制

西凤酒的产地凤翔县柳林镇,水质甘美,有利于制酒曲酶的糖化;土质肥沃,适用于作发酵窖泥;日照充足,昼夜温差大,温带半干旱气候,可提供优质的酿酒原料,也使这一区域形成了特有的酿酒所必需的微生物菌群。

图8-8 西凤酒

西凤酒以当地特产高粱为原料,用大麦、豌豆制曲。采用续渣发酵法,发酵窖分为明窖与暗窖两种。工艺流程分为立窖、破窖、顶窖、圆窖、插窖和挑窖等,有一套独特的操作方法。蒸馏得酒后,再经3年以上的贮存,然后精心勾兑,方才出厂。

2. 西凤酒的特点

西凤酒属其他香型(凤香型),是"凤香型"白酒的典型代表。西凤酒为适应各地不同消费者的需要,推出了33°、38°、39°、42°、45°、48°、50°、55°、65°等多种度数的系列酒。酒液无色,清澈透明,清芳甘润、细致,入口甜润、醇厚、丰满,有水果香,尾净味长,集清香、浓香之优点于一体,风格独特,酸、甜、苦、辣、香五味俱全而各不出头,也呈现出复合香型的特点。

九、泸州老窖

图8-9 泸州老窖

泸州老窖(图8-9)源于公元16世纪70年代,是国家级非物质文化遗产,是"中国名酒""中国驰名商标""中华老字号"。

1. 泸州老窖的酿制

泸州老窖以其悠久的历史和卓越的品质享誉世界,20世纪90年代初,其窖池被国务院认定为全国重点保护文物,享有"国宝窖池"的美誉。泸州老窖国宝酒,精选原料,精心酿造,成为浓香型白酒中的佼佼者,深受消费者青睐,是美酒品质的象征。泸州地区温和的气候条件,不仅孕育了具有地域特色的农作物和微生物类群,还对以本地软质小麦和糯红高粱为主要原料的泸州老窖酒的生产产生了积极影响。泸州老窖的酿造用水,自历史以来一直使用经专家验证的龙泉井水,这种水质无臭、微甜、弱酸性、硬度适宜,利于酵母繁殖和发酵过程,如今则采用经过处理的长江水,水质更佳,富含钙、镁等微量元素。泸州老窖酒的酿造技艺历史悠久,源自古江阳,经过唐宋时期的兴起、元明清3代的发展,形成了独具特色的传统工艺。采用泥窖发酵,中高温曲作用,结合高粱等粮食原料,开放式生产,多菌共酵,并通过常压固态甑桶蒸馏、陈酿勾兑等工艺,最终形成以己酸乙酯为主体香味的泸州老窖酒。泸州老窖酒的传统酿造技艺涵盖了大曲制造、原酒酿造、陈酿、勾兑尝评等多个方面,代代相传,成就了这一独特且无与伦比的酒文化。

2. 泸州老窖的特点

泸州老窖采用独特的开放式操作工艺,孕育了丰富的微生物和复杂的发酵过程,从而产生了大量的呈香、呈味物质。这些物质虽然在酒体中所占比例不大,但其种类繁多,已识别的香味成分就超过360种,还有许多未被完全认识的微量成分。正是这些多样的香味物质,赋予了国窖1573的"无色透明、窖香幽雅、绵甜爽净、柔和协调、尾净香长、风格典型",以及泸州老窖特曲(原泸州大曲酒)的"窖香浓郁、饮后尤香、清冽甘爽、回味悠长"等显著风格。泸州老窖酒以其浓香、醇和、味甜、回味长而著称,酒精度多样,包括38°、52°、60°等。开瓶后,泸州老窖酒的香气四溢,轻酌细品,其韵味悠长,饮后余香持久,嗝噎时还能感受到一种特殊的水果香气,令人心情愉悦,且不易上头。

泸州老窖作为大曲酒的发源地、中国最古老的四大名酒、浓香型大曲酒的典型代表,被尊为"酒中泰斗、浓香正宗",浓香型大曲酒亦称为泸型酒,其1573国宝窖池作为行业唯一的"活文物",于20世纪90年代被国务院认证为"全国重点文物保护单位","国窖1573"因此成为中国白酒鉴赏标准级酒品。

十、全兴大曲

图8-10　全兴大曲

全兴大曲酒(图8-10)是四川省成都全兴酒厂的产品,于20世纪50年代被命名为"四川省名酒"。

1. 全兴大曲的酿制

全兴大曲以高粱为原料,小麦制成的高温大曲作为糖化发酵剂,采用传统的老窖分层堆糟法工艺,经过陈年老窖的发酵,酒体窖香浓郁,酯化充分。通过续糟润粮、翻砂发酵、混蒸混入等步骤,严格掐头去尾,确保中温流酒,并通过量质摘酒、分坛贮存、精心勾兑等工序,最终酿成高品质的全兴大曲。其发酵期长达60天,部分蒸馏出的酒因品质差异会进行特别处理,而用作填充料的谷壳也会经过彻底的清蒸。全兴大曲的酒艺源于古蜀国的酿酒传统,其传统酿造技艺可概括为"火、水、曲、人"四字。其中,"火"代表酿造发酵的火候;"水"关乎酿酒用水的水质、水温和水量;"曲"则是酒的灵魂,全兴酒曲以其皮薄心实、香味扑鼻著称;而"人"则是酒的魂,全兴烧坊的操作人员凭借精湛的技艺和独到的体会,精准掌握配料工序,确保"稳、准、细、净",从而酿造出品质卓越的全兴大曲。

2. 全兴大曲的特点

全兴大曲以其无色透明、清澈晶莹的酒质和窖香浓郁、醇和协调的特点著称,入口时绵甜甘洌,清香醇柔,爽净回甜,酒香醇和,味净尤为突出,不仅具有浓香型大曲酒的典型风味,还展现出其独特的风格。其酒度有 38°、52°、60° 等多种选择。

十一、双沟大曲

双沟大曲(图 8-11)系历史名酒,早在"康乾盛世"时期就行销大江南北、淮河两岸。双沟大曲酒属浓香型传统蒸馏酒,产于江苏省宿迁市泗洪县双沟镇,该镇位于淮河与洪泽湖交汇之滨,空气温润,五谷丰盛,水质清洌甘美,土壤为酸性黄黏土,微生物种群丰富,十分适宜酿酒。

图 8-11
双沟大曲

1. 双沟大曲的酿制

双沟大曲酒的酿造技艺源远流长,兴于隋唐,盛于明清。酿酒经验靠师徒传承,口传心授,代代相传,是研究民间蒸馏酒发展史的重要史料。经过多代人不懈努力,双沟大曲酒的酿造技艺得到了很好的传承与发展,工序达 200 余道。以优质小麦、大麦、豌豆为制曲原料,人工踩曲,形状如砖,重于曲坯排列,工艺严谨。以优质红高粱为酿酒原料,高温大曲为糖化发酵剂,地穴式泥筑老窖池为发酵容器,采用固态低温缓慢长期发酵、续渣配料、混蒸混烧、缓气蒸馏、量质分段摘酒的传统"老五甑"工艺,操作遵循"稳、准、细、净、均、透、适、勒、低、严"十字诀,原酒经分级贮存老熟、精心勾兑、包装、检验合格后出厂。

2. 双沟大曲的特点

双沟大曲素以色清透明、酒香浓郁、风味纯正、绵甜爽净、香味协调、酒体醇厚、尾净余长等特点而著称,是名扬天下的江淮派(苏、鲁、皖、豫)浓香型白酒的卓越代表"三沟一河",即双沟酒、汤沟酒、高沟酒、洋河酒之一。

苏酒系列是运用传统白酒生产工艺和最新科研成果精心酿造、精心勾兑而成的高档浓香型大曲酒,该酒在原双沟大曲窖香浓郁、绵甜甘洌、香味协调、尾尽余长的基础上,香更浓、味更纯、酒体更丰满,充分体现了现今我国浓香型大曲酒的最高水平。

十二、特制黄鹤楼酒

特制黄鹤楼酒是酒中翘楚,产于湖北省武汉市,其前身是被各种荣誉环绕的汉汾酒。20世纪 20 年代,汉汾酒就在中华国货展览会上获得了一等奖。20 世纪初,黄鹤楼酒获得中国食品工业协会、白酒专业委员会授予的"纯粮固态发酵白酒"标志证书,成为湖北省第一个获得此殊荣的白酒,当仁不让地成了湖北白酒的旗帜品牌,并在全国第四、五届评酒会上,两次被评为"国家名酒"。

1. 黄鹤楼酒的酿制

黄鹤楼酒选取鄂西高粱、京山大米、孝感糯米、襄阳小麦和咸宁玉米作为原料,这些原料都是湖北地区最优质的地方特产。以大麦、豌豆制大曲作为糖化发酵剂,地缸发酵,经蒸馏、分级贮存、勾兑而成。每一个环节都严格把关,酿酒原粮从种子到成为合格的酿酒原料要经过 100 道工序,优选原粮到酿成原酒要经过 128 道工序,原酒从洞藏的陶坛中到达消费者餐桌上要经过 80 多道工序。黄鹤楼酒注重在传承传统酿造工艺基础上创新,引入全国领先的白酒高科技冷冻过滤设备,通过冷冻把酒体温度从 22℃ 降至零下 12℃,再将硅藻土作为过滤介质,经过粗滤、精滤,除去白酒中的正丙醇、油酸乙酯等杂醇杂酯,大大减少对人体有害的物质,解决了喝酒上头的问题。

2. 黄鹤楼酒的特点

黄鹤楼酒以其清澈透明、清香纯正、入口醇和、香味协调、后味爽净的显著风格著称,产品线涵盖清香型和浓香型白酒。其主要产品包括陈香系列、生态原浆系列、黄鹤楼系列和小黄鹤楼系列,酒度多样,如62°、54°、39°等。核心产品黄鹤楼酒陈香系列在消费市场中占据领导地位,而小黄鹤楼则作为湖北名酒,享誉海外。陈香系列酒将川派白酒的香气浓郁与苏鲁皖豫白酒的口感绵柔完美结合,展现了独特的酒体个性和工艺特点,在中国白酒行业中独树一帜。特别是黄鹤楼酒陈香1979和陈香1989两款42°的浓香型白酒,以其香气优雅、入口绵柔、丰满爽净的口感,深受消费者喜爱。

十三、郎酒

郎酒起源于20世纪初,不仅是"中国驰名商标""中华老字号",还跻身中国500最具价值品牌之列,成为四川的知名品牌。以其独特的酿造技艺,能够同时生产出酱香、浓香、兼香3种风格的白酒,赢得了"一树三花"的美誉,展现了其在白酒行业中的卓越成就。

1. 郎酒的酿制

使用优质的郎泉水精心酿制,被列为国家名酒,其工艺与茅台酒相似,却独具匠心。郎酒的酒曲被誉为"酒母",是发酵过程中的关键因子。选用川南亚热带湿润气候下特有的小麦品种,每年农历4月小麦成熟,5月收割并晒干后,经过润粮、磨碎;工人们在湿热的制曲厂房内踩制酒曲,经过40天的高温发酵和3个月以上的贮存,才能作为酒母进入酿造程序。

郎酒对酿造原粮的选用非常讲究,坚持使用本地产的高粱,这种高粱粒小、皮薄、淀粉含量高,适合多次蒸煮。每年8~9月,二郎镇的米红粱成熟收割,而赤水河的水质在9月变得清澈透亮,标志着最佳酿酒时节的到来。经过天宝洞、地宝洞3年的储藏,添加少量调味酒勾调。调酒师必须熟悉上千坛调味酒的风格特点,精心选择恰当的调味酒,勾调完成后的酒还需继续存放半年到一年才能灌装出厂。目前,郎酒拥有世界最大的天然储酒洞库天宝洞和全国最大的天然储酒山谷天宝峰酒库,这些资源为郎酒的持续稳健发展提供了坚实的基础。

2. 郎酒的特点

郎酒以其独特的酒质和口感备受赞誉,酒液色泽微黄,清澈透明,散发着浓郁的酱香。品尝时,它醇厚净爽,入口舒适,细腻幽雅,甜香满口,酒体丰满,回味绵长,空杯留香,令人难忘。此外,郎酒还具有"饮时不辣喉,饮后不干口、不头痛"的独特风格,这些特性使得郎酒在众多白酒品牌中脱颖而出。

十四、武陵酒

武陵酒产于湖南省常德市,是湖南省名酒,在全国第五届评酒会上荣获"中国名酒"称号,并获金质奖。20世纪90年代在美国纽约首届国际白酒、葡萄酒、饮料博览会上荣获中国名优酒博览会金奖。

1. 武陵酒的酿制

武陵酒以川南地区种植的糯红高粱为原料,继承传统工艺,用小麦制作高温曲,以石壁泥窖作发酵池,一年为一个生产周期,全年分两次投粮、9次蒸煮、8次发酵、7次取酒,以"四高两长"为生产工艺之精髓,采用固态发酵、固态蒸馏的生产方式,生产的原酒按酱香、醇甜香和窖底香3种典型酒体和不同轮次酒分别长期贮存(3年以上),而后精心勾调而成。

2. 武陵酒的特点

其产品主要包括酱香型的武陵上酱、武陵中酱、武陵少酱,浓香型的武陵洞庭系列,以及兼香型的武陵芙蓉国色系列,覆盖了酱香、浓香、兼香3大香型领域。武陵酒的酒液色泽微黄,酱香显著,幽雅细腻,口感醇厚而爽冽,后味干净且余味悠长,饮后空杯留香持久。酒度多样,提供53°、52°、48°、38°等多种选择,满足不同消费者的口味需求。

十五、宝丰酒

作为河南省唯一的清香型白酒品牌,宝丰酒产自平顶山市宝丰县,位于伏牛山区、豫西丘陵与黄淮平原过渡地带,北依汝河,南临沙河,西靠伏牛,东望黄淮。在气候上受益于北亚热带与暖温带的过渡地带,这一湿润地区向半湿润地区过渡的地带提供了良好的水热条件,为酿造高品质白酒提供了得天独厚的环境。宝丰酒有着中国名酒的优秀品质和4 000多年的悠久历史。20世纪90年代,39°和46°宝丰酒荣获中华人民共和国国家标准样品酒的称号。21世纪初,宝丰酒更是荣获国家原产地标记保护注册认证和国际地理标志产品。其酿造工艺被列入河南首批非物质文化遗产保护名录。在全国白酒评比中,宝丰酒屡获殊荣,不仅在全国第三届、第四届白酒评比中蝉联两届国优,获得国家银质奖,更在全国第五届白酒评比中荣获国家金质奖,晋升为17大中国名酒之一。

1. 宝丰酒的酿制

宝丰酒得益于其产地宝丰的独特环境、精选的粮食、优质水源和精湛的酿造工艺。这些因素共同构成了宝丰酒上乘酒质的基础。经过选料、粉碎、制曲、培曲、酿造5大工序,可以有效排除原辅料中的杂味,充分保证了酒体清香纯正、丰满协调的独特风格。精选优质高粱、大麦、小麦、豌豆为原料,将精选过的粮食均匀粉碎成4、6、8瓣,多修少面为宜,使发酵更充分,成分更丰富。将粉碎好的原料按一定比例加水掺拌均匀,压制成曲砖,将曲砖送至曲房培曲,根据季节通风、翻曲,28天后曲块成熟待用。

酿造工艺主要分为堆集润料、入甑蒸粮、入缸发酵、装甑蒸馏、看花截酒、分级入库、贮陈老熟等环节。其中的核心环节就是"清蒸二次清"工艺中最具代表性的入甑蒸粮、入缸发酵和装甑蒸馏。将粉碎的高粱与95℃以上的高温水按比例拌匀堆积后装入酒甑。然后,将蒸好的高粱降温加入粉碎好的曲料,方可入缸发酵。发酵成熟后按照"轻、松、薄、匀、散、齐"的六字法装甑蒸馏。

宝丰酒以清字当头,净字收尾,采取传统的地缸发酵工艺,坚持酒土分离,保证了酒体自身的原汁清香,使酿造过程更加天然纯净。整个酿制过程始终贯穿"清、净"二字。所谓"清",就是红高粱不配糟,纯粮清在发酵;"净",就是发酵容器、生产场地和设备强调清洁卫生。与其他香型白酒最大的不同是,将特制的陶缸埋于地下,再将蒸好的高粱和粉碎的酒曲拌匀后入缸发酵,所有酿酒原料不跟泥土接触,特别干净卫生,无污染,无杂味,保证了整个发酵过程的清洁、纯净。

宝丰酒酿造工艺不仅传承了清香型白酒的古法精髓,还巧妙地融入了现代科技,实现了酿造过程中的恒温可控发酵。这一工艺的核心是"三低原则",即低温制曲、低温发酵、低温馏酒。通过以自热环境温度为主掌控生产质量,确保了制曲、发酵和蒸馏的温度可控性,从而保证了原酒及成品酒的品质和口感风格的稳定性。每年的6～9月,暂停制曲、培曲、酿酒等工序,通常在9月中旬复工。温度控制遵循"前缓、中挺、后缓落"的原则,保持在25～30℃,以减少杂菌污染,使酒体更加清澈,酒味更加纯净。这些精细的工艺控制和自然温控措施,加上夏季的停工安排,共同保证了清香型宝丰酒的卓越品质和独特风格。

2. 宝丰酒的特点

宝丰酒中各种物质成分比例平衡,酒体纯正丰满,酯香匀称,干净利落;酒液无色透明,清香芬芳,甘润爽口,醇甜柔和,自然协调,回香悠长,把清香型白酒的特点发挥到了极致。其中63°高度酒和39°低度酒都备受人们喜爱。

十六、宋河粮液

宋河粮液在20世纪70年代被评为河南省名优产品,1984年荣获轻工部银杯奖,被誉为"中原浓香型白酒的经典代表"。在全国第五届评酒会上,更是荣获"中国名酒"称号及金质奖。进入21世纪,宋河商标被国家市场监督管理总局认定为"中国驰名商标",并率先通过国家纯粮固态发酵白酒标志认证,获得高档名酒的身份证。宋河粮液还获得"白酒工业十大创新品牌"及"中华文化名酒"称号,同时"宋河"注册商标被认定为"中华老字号",并被联合国环境规划基金会授予"杰出绿色健康食品"称号,彰显了其在白酒行业中的卓越地位和影响力。

1. 宋河粮液的酿制

宋河粮液将独特的老五甑、续渣法、混蒸混烧、固态泥池发酵的传统工艺与现代科学技术相结合,以优质的东北高粱、江南大米、糯米、本地小麦、玉米为主要原料,汲取清澈甘甜的古宋河地下水,精工酿造而成。技术独特,国内领先,树立豫酒的典型性风格。

窖池的科学设计和容积控制,不仅确保了窖泥与酒液接触的单位面积最大化,而且对酒的风格和品质有着至关重要的影响。窖池作为主要的发酵设备,其容积和窖泥的质量直接决定了酒的风味和口感。宋河酒业使用的窖池容积大多为11 m³左右,这种精心设计的窖池容积,为酿造出高品质的浓香型白酒提供了坚实的基础。

从传统的纯种己酸菌培养液转变为使用以己酸菌为主的多菌种复合窖池养液。这种多菌种复合养窖液不仅增加了优质老窖的使用周期,还强化了窖池中主要有益功能菌如己酸菌、放线菌、红曲霉、产酯酵母等的数量,同时补充了这些功能菌生长必需的营养成分。这确保了微生物在粮液发酵过程中的正常生长繁殖,并产生更多的微量复杂成分和主体香味物质,从而使北方浓香型白酒的口感更加丰满醇厚。

采用纯小麦中高温制曲,作为糖化发酵剂,曲心温度达到62℃以上,保证了在培养过程中大曲香味物质的形成和香味前驱物质的积累。从优质大曲中分离出具有糖化、发酵两重作用,且耐酸性较强的有益功能菌,通过扩大培养、驯化制成麸曲,用于丢糟打精入池再发酵,取得了很好的效果,并且能保护上部窖池,防止窖池中微生物和水分的流失,对窖池的保养有很大作用,有利于窖池后酒醅正常发酵。采用特殊工艺先后研制和生产了增香调味酒、增味调味酒、曲香调味酒、糟香调味酒以及窖香调味酒等,用于白酒调香和调味,效果十分明显。宋河粮液一般要求优质基酒贮存3～5年,调味酒贮存5年以上,勾调后再贮存1年。优质基酒在贮存过程中,香气变小,但口味变得醇和、优雅细腻,给人一种窖香优雅、窖香舒适的感觉。在勾调过程中十分重视酸、酯平衡,一般酸、酯比在1∶3.2左右,保持了酒质的稳定,在组合过程中,将多粮酒和单粮酒按一定比例恰到好处地组合在一起,既保证了酒的原有风味和特征,又体现出了一种优雅的复合香气,可谓是锦上添花,具备了窖香优雅、舒适顺口、绵甜、香味协调、回味悠长的特点。

2. 宋河粮液的特点

宋河粮液因其香、甜、绵、净的中原浓香型白酒独特风格,载誉无数,家喻户晓,在两次中国名酒复评中,都因其稳定的质量、良好的口感而获得“中国名酒”称号。“天赐名手,地赐名泉”,清澈甘甜的古宋河地下矿泉水资源,优质的高粱、小麦等原料,历经千年、越研越精的传统酿制工艺与现代化科技的完美结合,使此千年佳酿具有“窖香幽雅,绵甜净爽,香味协调,回味悠长”的特色。著名作家李准以“香得庄重,甜得大方,绵得亲切,净得脱俗”16个字准确地概括了宋河粮液的4大特色。

十七、沱牌曲酒

沱牌曲酒以其卓越的品质和悠久的历史,成为享誉国内外的国酒品牌。自20世纪70年代起,沱牌曲酒系列产品便屡获殊荣,包括省优3个、部优5个、国家名酒2个、商业部金爵奖3个、银金爵奖1个,以及香港第六届国际食品展的金瓶奖。还被授予“中华老字号”“中国食品文化遗产”“国家级非物质文化遗产”等荣誉,这些荣誉不仅彰显了沱牌曲酒的品牌价值,也体现了其在传统酿造技艺和文化传承方面的卓越成就。

1. 沱牌曲酒的酿制

沱牌曲酒以优质高粱、糯米为原料,以优质小麦、大麦制成大曲为糖化发酵剂,老窖做发酵池,采用高、中温曲,续糟混蒸混烧,贮存勾兑等工艺酿制而成。

沱牌曲酒传统技艺大致分为筑窖、制曲、酿造、储存4大环节,全过程均属手工技艺,依靠川中特有的地理、人文环境,凭着酿酒师“看、闻、摸、捏、尝”鉴别产品品质,通过言传身教、口传心授,延续至今。用窖池作发酵容器是沱牌曲酒的工艺特点,窖池的窖龄长短是基酒质量好坏的关键所在。

沱牌曲酒传统酿造技艺是中国传统蒸馏浓香型白酒酿造技艺的典型代表之一,拥有极高的历史价值、文化价值、学术价值和经济价值。它反映了四川白酒产业发展的重要历史进程,是我国酿酒业一笔宝贵的历史文化遗产,对于研究我国的酿酒历史、酿酒文化以及传统生物发酵工业等具有极高的价值。“泰安酢坊”现存的两处古窖池和一口古井被国家文物局认定为“中国食品文化遗产”,而该技艺也于21世纪初被国务院列入“国家级非物质文化遗产”名录。

2. 沱牌曲酒的特点

沱牌曲酒以其窖香浓郁、清洌甘爽、绵软醇厚、尾净余长的独特风格著称,尤其是其甜净的特点,使其在浓香型大曲酒中独树一帜,酒度包括38°、54°等多种选择。沱牌系列酒以其多样化的特点满足不同消费者的需求,如浓香型天曲、特曲、优曲等,这些产品是沱牌舍得数十年生态酿酒智慧的结晶,品质纯净、口感爽朗、自然。

浓香型沱牌大曲选用水、优级食用酒精、高粱、大米、糯米、小麦、玉米和食用香料为原料,酒体柔顺、醇甜、爽净;而浓香型柳浪春则以优质白酒为基酒,融合鲜荷叶的清香和冰糖的甘甜,呈现出醇甜柔顺、香味协调、清爽尾净的风格;沱小九则在传统五粮酿造的基础上增加了大麦,利用大麦中的原花青素促进酿酒功能菌的生长,提高酶活性,增加白酒的芳香成分,使得酒体口感更佳,清爽淡雅,回味绵长。

浓香型品味舍得酒则精选优质高粱、大米、糯米、小麦、玉米、大麦六种粮食精酿而成,具有醇厚绵柔、细腻圆润、甘洌净爽、回味悠长的特点。此外,酱香型吞之乎和天子呼则创新"全生态酿酒"绿色理念,重新定义了超高端酱香型白酒,口感醇和、扎实、细腻,酒力柔和,入口甜美,回甘持久,展现了沱牌曲酒在不同香型中的卓越品质和独特魅力。

任务二　白酒的品鉴

一、品鉴的要求

1. 对评酒员的要求

评酒员需要具备健康的身体和敏锐的感官能力,包括嗅觉、味觉和视觉。感觉阈值应尽可能低,以便更准确地识别和评价酒的各种细微差别。在日常生活中,需注意保护感觉器官,少吃或不吃刺激性食物;少饮酒,更不要醉酒;注意锻炼身体,使感觉器官始终保持在灵敏状态。

热爱评酒工作是评酒员的基本素质之一。需要不断积累品酒经验,以提高自身的专业水平。在评酒过程中,评酒员应以客观公正的态度"以酒论酒",准确表述所获得的感受,并保持对同一产品每次回答的一致性。

评酒员应独立品评,避免相互讨论,同时做好详细记录。评酒时,应避免吸烟、大量饮酒,不得携带可能影响评酒的物品进入评酒场所。评酒前应避免食用如蒜、葱等具有浓郁香味的食物,也不得涂抹化妆品或口红。评酒时,评酒员应保持心态平和,按照酒度从高到低、酒质从差到优的顺序品评。为了减少感觉疲劳导致的误差,应适当控制每天的品酒时间,不宜过长。

2. 对环境和品酒器具的要求

评酒室的环境要求非常严格,以确保评酒的准确性和公正性。通常,评酒室的噪声控制在 40dB 以下,温度维持在 $18\sim22℃$,相对湿度在 $50\%\sim60\%$ 之间,照度为 $100\,lx$,风速则控制在 $0.01\sim0.50\,m/s$,接近无风状态。这些条件有助于创造一个安静、舒适的评酒环境,减少外界因素对评酒结果的干扰。

白酒品评时,多使用郁金香型的酒杯,容量大约为 $60\,mL$。酒杯中应装入 $1/2\sim3/5$ 的酒液,即至腹部的最大面积处。酒杯腹部较大而口部较小,有利于增大酒液的蒸发面积,同时使蒸发的酒气分子集中,增强嗅觉体验。为了保持酒杯的纯净,避免异味的干扰,评酒用的酒杯应专用。

在每次评酒前,必须彻底清洗酒杯。首先,使用温热水多次冲洗。然后用洁净的凉水或蒸馏水清洗,确保酒杯内无残留物。清洗后,将酒杯倒置在洁净的瓷盘内晾干。避免放入木柜或木盘内,以防沾染木料或涂料的气味。

二、品鉴

白酒的品鉴主要包括色泽、香气、口味和风格 4 个方面。分别利用视觉器官、嗅觉器官和味觉器官来辨别白酒的色、香和味,即所谓的"眼观色,鼻闻香,口尝味,综合起来看风格"。

(1)眼观色   对白酒色泽的评定是通过人的眼睛确定的。先把酒样放在评酒桌的白纸上,用眼睛正视和俯视,观察酒样的颜色及深浅,同时做好记录。在观察透明度、有无悬浮物和沉淀物时,要把酒杯拿起来,略微倾斜,轻轻摇动,使酒液游动后再观察。根据观察,对照标准打分并作出针对色泽的鉴评结论。

(2)鼻闻香   白酒的香气是通过嗅觉确定的。通过嗅闻白酒的香气,可以粗略判断白酒质量的好坏。在被评酒样上齐后,首先应注意观察酒杯中的酒量,要把杯中多余的酒样倒掉。使同一轮酒样酒量基本相同,才嗅闻其香气。酒杯同鼻保持 30°的倾角,嗅闻。鼻和酒杯的距离要一致,一般在 1~3 cm,均匀吸气,不能对酒呼气。嗅闻时反复按正序和反序辨别酒的香气特点。初步排出顺位后,重点是对比香气相似的酒样,最后确定质量优劣的顺位。当不同香型混在一起品评时,应先分出各编号属于何种香型,而后按香型的顺序依次嗅闻。为确保嗅闻结果的准确,可把酒滴在手心或手背上,靠手的温度使酒挥发来,或把酒倒掉,放置几分钟后嗅闻空杯。

(3)口尝味   白酒的口味是通过味觉确定的。端起酒杯,吸取 0.5~2.0 mL 酒样于口腔内,使酒样布满舌面,然后再用舌鼓动口中酒液,使之充分接触喉膜、颊膜,仔细感受品评酒质的醇厚、丰满、细腻、柔和、情调及刺激性等,可咽下少量酒液,然后使酒气随呼吸从鼻孔喷出,感受酒气是否刺鼻及香气的浓淡,判断酒的后味与回味。品尝次数不宜过多,一般不超过 3 次。每次品尝后用温水漱口,以避免味觉疲劳。品尝要按闻香的顺序进行,从香气弱的酒样开始,逐个品评。在品尝时应把异杂味大的异香和暴香的酒样放到最后,以防味觉刺激过大而影响品评结果。

在尝味时,按酒样多少,一般又可分为初评、中评、总评 3 个阶段。

① 初评:一轮酒样闻香后从嗅闻香气小的开始尝味,入口酒样布满舌面。以下咽少量的酒样为宜,仔细辨别酒的各种滋味。酒下咽后,可同时吸入少量空气,并立即闭口用鼻腔向外呼气,辨别酒的后味和回味。记录初评顺位。

② 中评:重点对初评口味近似的酒样进行认真品尝比较,确定中间酒样口味的顺位。

③ 总评:在中评的基础上,可加大入口量。一方面,确定酒的余味;另一方面,可品尝异香、暴香、邪杂味大的酒,以便排列出本轮次酒的顺位,并写出确切的评语。

(4)综合起来定风格、看酒体、找个性   根据色、香、味的品评情况,综合判断出酒的典型风格、特殊风格、酒体状况、是否有个性等。最后根据记忆或记录,对每个酒样分项打分和计算总分。参照标准中规定的感官指标,对不同酒度、不同等级的酒进行不同的描述。不同香型白酒的感官特征区别比较大,在品鉴白酒时,一般按照每一种香型的标准来评价白酒质量的好坏。

1. 品鉴浓香型白酒

根据地域,浓香型白酒可分为川派浓香和江淮派浓香。整体而言,浓香型白酒的颜色应是无色或微黄,外观应清亮透明,无悬浮物,无沉淀。一般而言,贮存时间较长的浓香型白酒会呈现微黄色。

川派浓香的香气浓郁,窖香、多粮香浓郁,陈香突出,口味上突出醇厚感,净爽程度好;江淮派浓香的窖香淡雅,粮糟香突出,入口丰满绵甜,后味悠长。根据酿酒时添加的原料种类,可分为单粮浓香和多粮浓香。单粮浓香主要突出高粱的发酵香气,入口爽净感好;多粮浓香则是多种粮食发酵的复合香气,芬芳浓郁,入口醇厚感好。无论从流派还是发酵粮食而言,浓香型白酒都强调"窖香或多粮香浓郁,绵甜醇厚,香味协调",因此可以通过感受酒样的香气浓郁程度,酒体的香味协调程度,以及后味爽净程度来区分浓香型白酒的质量。

2. 品鉴酱香型白酒

酱香型白酒以贵州的茅台和四川的郎酒为典型代表。从色泽和外观来看,酱香型白酒的酒体应该是微黄或无色透明的,清澈透亮,无悬浮物,无沉淀。一般而言,倒进透明玻璃酒杯后,自然发酵颜色越微黄,酒花越多且消失得越慢的酒质就越好。

酱香型白酒以酱香为主,带有馥郁的高温曲香味,酱香、焦香、果香(酯香)、糊香等复合香气自然协调,相互烘托。轻轻吸 0.5～2 mL 酒液入口,鼓动舌头,让酒液均匀布满舌面,能感受到酱酒的酸度较高,口味酸爽,细腻悠长。品完酒液后,将酒倒掉,甩干酒杯,隔 10～15 min嗅闻空杯。空杯留香长短是鉴别酱香型白酒质量的有效方法之一,空杯留香越长,香气越优雅,则酒质越好。

3. 品鉴清香型白酒

根据糖化发酵剂的类别和生产工艺,清香型白酒可以分为大曲清香、麸曲清香和小曲清香。清香型白酒的颜色和外观应具有无色透明(或微黄)、无悬浮物、无沉淀等特点。

(1)大曲清香型白酒　以山西的汾酒为典型代表,亦称汾型酒,具有清雅的酿造香气,又类似花香,是一种清新的大自然的香气,很干净。大曲清香入口绵柔舒顺,不刺激,口味特别清爽。

(2)麸曲清香型白酒　主要集中在北京一带,香气舒适,味道清雅,但清而不淡。麸曲清香入口绵柔,香气在口腔中散开进入鼻腔,类似麸醋。

(3)小曲清香型白酒　产区主要集中在川渝和云南等区域,根据其香气和工艺分为川法小曲和云南小曲,带有小曲酒特有的清香、糟香和微微的药香。小曲清香的口感绵甜,甜味突出,后味中高粱发酵香和小曲香气突出。

4. 品鉴凤香型白酒

凤香型白酒属于清香和浓香的结合体,颜色和外观也应具有无色透明(或微黄)、无悬浮物、无沉淀等特点。凤香型白酒的香气中有类似蒸熟豌豆的香气,因用泥池发酵、续渣混蒸、酒海贮存,所以酒带有泥香气味和酒海带来的特殊香气,清香味中带淡淡的窖香味。入口有香气往上蹿的感觉,口感较烈,有挺拔感、清雅感。

5. 品鉴兼香型白酒

兼香型白酒是浓香型和酱香型白酒工艺的结合体,又以浓香中带酱香的黑龙江玉泉酒和酱香中带浓香的湖北白云边为代表。无论是浓香带酱香还是酱香带浓香,都要求其香气中酱浓协调,口味细腻悠长。

6. 品鉴米香型白酒

米香型白酒主要产于广西一带,以桂林三花酒为典型代表。从外观上看,米香型白酒具有清亮透明、无悬浮物、无沉淀的特点。闻香有淡雅的气味,香有点闷,有淡淡的玫瑰香气。口味突出大米酿酒特有的"净",后味较短。

　　7. 品鉴豉香型白酒

　　广东一带生产豉香型白酒,以佛山的石湾玉冰烧为典型代表。从外观上看,它具有清亮透明、无悬浮物、无沉淀的特点。因其后期贮存中,加有肥猪肉浸泡陈酿,细闻带蜜雅的味道。入口醇滑柔和,味道特别长。饮后余甘,清爽宜人。

　　8. 品鉴芝麻香型白酒

　　芝麻香型白酒是山东特产,因其具有炒芝麻的香气而得名。具有微黄透明、无悬浮物、无沉淀的特点。香气以清香和酱香的复合香为主,带炒芝麻的香气,有明显的焦香味。口味醇厚丰满,焦香突出,略带浓香型白酒中的窖香及醇甜感。在品尝芝麻香型白酒时,芝麻香气的浓厚感仿佛凝聚成一滴油,从酒杯中满溢出来,也有一点咸味调和芝麻油后复合的油咸香味,给鼻腔一种浓厚感,喝起来有焙炒芝麻的糊香和焦香,很有层次,很香很厚,细细品鉴还有一点咖啡香。

　　9. 品鉴董香型白酒

　　董香型白酒产自贵州,因其制曲原料中添加了部分中药材,香气中带有类似中草药的香气。董香型白酒具有无色或微黄透明、无悬浮物、无沉淀的特点。香气中带药香和糟香,有似汗水的香气。入口酸甜,丰满醇厚,复合香浓郁,后味悠长。

　　10. 品鉴特香型白酒

　　特香型白酒是江西特产,和其他白酒一样,外观具有无色或微黄透明、无悬浮物、无沉淀的特点。特香型白酒香气具有糟香、窖香、甜香的复合香味。入口后具有前浓、中清、后留的特点,即刚入口时让人感觉是浓香型白酒,当酒液布满舌面后,出现清香型白酒的醇甜感,最后有酱香型白酒的香气。整体而言,口味柔和,醇甜,有黏稠感,酒液进入口腔后带类似蜜香和甜香。

　　11. 品鉴老白干香型白酒

　　老白干香型白酒主要产自衡水一带,原属于清香的范畴,它的香气中有醇香、麦香及糟香,细闻有类似枣香,入口有清雅感,有大曲清香特有的挺拔感,后味悠长。

　　12. 品鉴馥郁香型白酒

　　馥郁香型白酒以湖南酒鬼酒著名,外观为微黄透明、清亮、无沉淀。因其香气浓郁,具有浓香、清香、酱香的香气,故而称为馥郁香。在味感上突出醇和、丰满、圆润。

任务三　白酒的侍酒服务

一、侍酒师的仪态与酒具

(一) 仪态

　　(1) 着装　衣着整洁干净,没有油渍。经典的黑白搭配会显得干练、整洁。餐厅可以设计自己的侍酒师制服。

（2）头发　男士不应留长发,女士应缩起头发。

（3）指甲　不应留长指甲,女士不涂指甲油。

（4）配饰　无论男女侍酒师,都不应佩戴过于夸张的头饰、耳环等。

（5）鞋　女侍酒师不应穿过高的高跟鞋,避免在服务过程中摔倒。

（6）香水　不应喷气味过于强烈的香水,以免影响客人对酒香的判断。

（7）妆容　女侍酒师应着淡妆为宜。

（8）体态　自信、从容、健康。

（二）主要酒具

在客人饮用白酒之前,为其准备完备的饮酒器。好的酒具可以为白酒增光添彩。

1. 酒杯

酒杯多种多样,常见的有玻璃酒杯和陶瓷酒杯。玻璃酒杯以其透明度高、易于观察酒液颜色和气泡的特点,常见于啤酒杯型或葡萄酒杯型,容量各异,适合不同场合使用;而陶瓷酒杯则因其质地细腻、色泽温润,通常出现在注重饮食文化和氛围的高端会所或私房菜餐厅中。优质的陶瓷酒杯颜色白皙,杯壁薄而均匀,外部装饰有精美的传统图案和花纹,增添了品饮时的雅致。由于白酒的酒精度较高,酒与空气接触的面积对口感的影响相对较小,因此酒杯的选择更多地依赖于个人习惯、文化风俗和审美偏好。

2. 分酒器

玻璃材质透明时尚,方便观察酒的颜色、酒体的挂杯及剩余量;陶器材质款式多样、大气,符合中国传统酒壶在中国古代用于饮酒斟酒,在明至清朝中期称为执壶,到清朝晚期至民国时则通称酒壶,器物外常绘粉彩仕女图及山水田园图。

酒杯盛量小,加上中国餐桌的干杯文化,客人加酒频率很高,分酒器可以满足客人随时加酒的需求。另外,如果直接用酒瓶为酒杯加酒,很容易将酒洒出,分酒器有效地避免了这个问题。分酒器规格为100～150 mL(2～3两),常用分酒器一般为毫升刻度。

3. 温酒器

一般为玻璃材质、陶瓷材质。将酒温热后饮用是古时一种很普遍的做法。温酒不仅可去寒还能去掉有害物质。白酒的最佳热饮温度为30～40℃,温度过高会使得白酒中的主要成分乙醇挥发,影响白酒的口感,饮后容易伤肺。所以,提倡饮温酒而非热酒。

（1）用热水加热　将水倒入加热壶中,再将酒倒入温酒钵中。将温酒钵放入加热壶中将酒温热。这种温酒器的弊端是水温降得快,需频繁更换热水。

（2）配有加热装置　可以是电热的,也可以是蜡烛加热的。前者更加环保,后者更加有情调。

二、白酒的侍酒礼仪

1. 斟酒礼仪

（1）侍酒师最好走到客人身边倒酒,而不是把酒杯拿过来倒,那会显得过于随意。

（2）客人在侍酒师左边时,一般用右手拿酒瓶斟酒;反之,用左手。

（3）斟酒时,不可将瓶口对着客人,应手持杯略斜,将酒沿着酒杯内壁轻缓地倒入。

（4）倒完酒后,应快速将瓶口盖上,然后慢慢竖起,避免瓶口的酒滴到杯子外面。

2. 斟酒顺序

应注意倒酒的顺序,可以依顺时针方向,也可以先为尊长、嘉宾斟酒,再为其他客人斟酒。在大的宴席上,桌与桌之间的排列讲究首席居前、居中,根据主客的身份、地位、亲疏而分坐。圆桌宴席上,正对大门的为主客。主客左右手边的位置,则依离主客位置的距离而定。越靠近主客,宾客的位置越为尊,相同距离则左侧尊于右侧。如果不正对大门,则东面一侧的右席为首席。

另外,还需注意:斟酒时,应面面俱到,一视同仁;斟酒需要适量,白酒与啤酒均可斟满但不宜流出,而洋酒则无此讲究;酒壶的嘴一定不要对着客人,以避免将酒洒到客人身上。

3. 行酒令

行酒令是筵宴上助兴取乐的饮酒游戏。组织客人行酒令,可增加客人之间的互动,活跃客人用餐的氛围。

(1)雅令　必须引经据典,分韵联吟,当席构思,即席应对。这就要求行酒令者既要才华横溢,又要敏捷机智,所以雅令是酒令中最能展示饮者才思的项目。

(2)通令　主要是掷骰、抽签、划拳、猜数等。通常能够营造酒宴中热闹的气氛,因此较流行。但擂拳奋臂,叫号喧争,稍显得单调、嘈杂,有失风度。

将常见的小游戏运用其中,如令牌,请在座的最长者和最幼者互饮一杯,既避免了雅令的难度,也避免了酒令的嘈杂,增强了客人间的感情。

4. 醉酒客人的应对

白酒的度数相对较高,再加上干杯文化的影响,出现醉酒的概率相对较高。白酒侍酒师应掌握基本的应对醉酒客人的方法。

让客人安静睡下,最好侧卧,以防止醉酒者呕吐,导致窒息。冬天注意保暖,可给予头部冷敷。根据客人的醉酒程度,如有需要,尽快催吐,减轻酒精对胃黏膜的刺激。补充其他液体(温开水、淡盐水、糖水或蜂蜜水、绿豆汤等),降低其血液中的酒精浓度,使其加快排尿,让酒精迅速随尿液排出。准备一些水果,如梨、橘子、苹果、西瓜、番茄等,利用果糖把乙醇氧化掉。准备维生素 B_1 和维生素 E,促进乙醇的分解。对于醉意较浓的客人,可准备白糖 5g 和食醋 30 mL 的混合液,帮助其一次饮服。

要注意,不宜给醉酒的人提供浓茶。茶叶中的茶多酚有一定的保肝作用,但浓茶中的茶碱会使血管收缩,血压上升,反而会加剧头疼。

三、餐酒搭配入门

中国的餐饮文化博大精深,有川、粤、鲁等 8 大菜系和浓香型、酱香型等 12 种香型白酒。菜品之多,酒品之多,让餐酒搭配看似一门玄学。侍酒师就是在看似玄学的餐酒搭配中找到线索,为客人提供最好的餐酒搭配建议。

俗话说"一方水土养育一方人",用当地的菜配当地的酒,是一种不错的选择。但在实际的餐酒搭配中,情况却并非如此简单。白酒的味道重,刺激性相对较强,佐餐应选味道较重、油较厚的荤菜比较好,像红烧肉、烧排骨、水煮鱼之类的菜肴就很合适。正常的中式午餐和晚餐都可以搭配白酒。餐酒风味搭配原则是相得益彰。酒和菜的口感、味道、香气等要彼此促进、弥补、增强。白酒对味觉的刺激较大,一般菜肴的口味难以调动味蕾的状态,因此喝白酒时可以吃些口味重的食物,比如川菜,但不宜太辣。

1. 川菜 + 浓香型白酒

此搭配相得益彰,香味醇厚。吃川菜时最适宜喝浓香型白酒。浓香型白酒以浓香、甘甜为特点。川菜的最大特色可以用"味辣口重"来形容,如酸菜鱼。新鲜的草鱼配以四川泡菜煮制,肉质细腻,辣而不腻。鱼片鲜嫩爽滑,正好配上"窖香优雅,绵甜爽净"的浓香型白酒。在酸汤的衬托下,细细品味丰满醇香的酒体,味道叠加、口感并重,此可谓相得益彰的绝佳享受。

2. 湘菜 + 酱香型白酒

此搭配相互提携,余味悠长。湘菜的最佳拍档是酱香型白酒。湘菜可分为湘江流域、洞庭湖区和湘西山区 3 个地方流派,特点是注重刀工、调味,尤以酸辣菜和腊制品著称,讲究原料入味,口味偏重辣、酸。其代表菜式有剁椒鱼头、干锅鸡、红烧肉、豆豉辣椒炒肉、怀化鸭、鱼生汤、富贵火腿等。

例如,带有浓郁湘菜风味的干锅鸡,以新鲜嫩土鸡为主料,先通过精心卤制让调料汁全部渗入鸡肉,然后大火煮熟,再以小火煨制。成菜色泽艳丽,肉质鲜美,口感香辣。与甘美回味、香味厚重的酱香型白酒搭配,在口中交织出馥郁的香气,在辣味的衬托下白酒的口感更加柔顺,余味悠长。

思政链接

中国酒文化之酒令

中国酒令是汉族民间风俗之一,是酒席上的一种助兴游戏,历史悠久且文化底蕴深厚。

1. 起源与发展

酒令最早诞生于西周时期,完备于隋唐。据历史记载,最早的酒令可能是为了维持酒席上的秩序而设立的"监"。汉代时有了觞政,即在酒宴上执行觞令,对不饮尽杯中酒的人实行某种处罚。唐宋时代是我国游戏文化发展的一个高峰,酒令也相应地得以长足发展。到明清时代,酒令进入另一个高峰期,其品种更加丰富。

2. 目的与意义

酒令的主要目的是罚酒和娱乐助兴。在酒席上,通过行酒令可以活跃气氛,使宾客之间更加融洽。酒令不仅是中国酒文化的重要组成部分,更是中华文化的精髓之一。它体现了中国人的智慧、才情和幽默感,也是古人好客传统的表现。

3. 分类与形式

酒令种类繁多,形式各异,大致可分为以下几类:

(1) 雅令　行令方法包括出诗句、出对子、引经据典等,是酒令中最能展示饮者才思的项目。

(2) 通令　通令的行令方法相对简单,主要包括掷骰、抽签、划拳、猜数等。

(3) 游戏类酒令　如投壶、流觞、击鼓传花、射覆、猜枚与拇战等。这些酒令游戏形式多样,能增添饮酒氛围,让人喝得开心。

① 投壶:古老而流行的游戏,与古代的射礼有关。玩法是在酒席上设特制的壶,以壶口为目标,客人和主人每人拿 4 支箭依次投入壶中,以投中的多少决定胜负,负者罚饮酒。

②　流觞：也称为流杯、传杯等，起源于我国古代的修禊活动。人们在举行修禊仪式后，就在环曲的水流边聚会，临水设宴，置酒杯顺流而下，杯子在谁面前打转或停下，谁就要取来饮酒。

③　击鼓传花：由曲水流觞发展而来。人们用花代替杯子，用顺序传递来象征流动的曲水。传花过程中以鼓为击点，鼓声停则传花也停，花停在谁手中谁就被罚酒。

4. 现代应用

在现代社会，酒令仍然被广泛应用于各种酒席和聚会中。尽管形式可能有所变化和创新，但其核心目的罚酒和娱乐助兴，仍然保持不变。同时，酒令也成为了一种展示个人才华和幽默感的方式，深受人们喜爱。

中国酒令是一种具有悠久历史和深厚文化底蕴的饮酒游戏。它不仅是中国酒文化的重要组成部分，更是中华文化的精髓之一。通过行酒令，人们可以在饮酒的同时增进友谊、活跃气氛、展示才情和幽默感。

思考题

1. 简述五粮液的特点。
2. 如何品鉴浓香型白酒？
3. 简述斟酒顺序的内容。

项目九　酒吧与酒吧管理

 学习重点

1. 了解酒具的准备。
2. 理解酒水成本的定义与售价。
3. 掌握酒水销售计划的制订及市场推广方法。

学习难点

1. 掌握酒具的保管方法。
2. 学会酒水的成本控制。
3. 能够制订酒水销售计划。

项目导入

　　酒吧,原本静默无声的建筑空间,唯有注入鲜活的服务灵魂与深邃的精神内涵,方能焕发生机,彰显其存在的独特价值与非凡意义。当服务团队以满腔热情与专业技艺,赋予酒吧以生命的气息,消费者方能在此找到归属感,体验到物超所值的愉悦,从而频繁造访,成为酒吧最忠实的拥趸。

　　优质的服务如同春风化雨,让顾客的每一次消费体验都充满满足与欢愉。仿佛置身于温馨的家园,感受到"宾至如归"的温馨与惬意。这种超越物质层面的心灵触动,正是酒吧吸引并留住顾客的关键所在。

　　酒水管理无疑是基石中的基石。一套科学、高效的酒水管理体系,不仅能够确保酒品的质量与供应的稳定性,更为酒吧服务的每一个环节提供了坚实的支撑。

任务一　酒吧概述

一、酒吧的多元诠释

酒吧融合了 bar、pub 与 tavern 多元概念的词汇,承载着丰富的文化意蕴与地域特色。bar 往往令人联想到美式风情中那些充满个性主题元素的休闲空间;而 pub 与 tavern,则更多勾起英式传统酒文化。它们以酒为核心,构筑起独特的社交天地。

酒吧起初仅是客栈与餐馆内的一个简单酒水销售角落,为过往的旅人、水手、牛仔及商贾提供片刻的休憩与放松。然而,随着时代的变迁与社会经济的蓬勃发展,人们的消费观念悄然转变。酒吧逐渐从餐饮中分离出来,成为了一个独立且充满活力的社交与娱乐场所。

时至今日,酒吧已不仅仅是酒类的销售点,它更是城市中不可或缺的文化符号与休闲地标。作为酒店餐饮服务设施的重要组成部分,酒吧致力于为顾客提供多样化的酒水与饮料选择,同时营造一个集休闲、娱乐、聚会于一体的综合性体验空间。在我国,自 20 世纪八九十年代起,酒吧业迎来了真正的繁荣与兴盛。

酒吧是集酒水服务、休闲娱乐、社交聚会于一体的经济实体。它以盈利为目标,通过精心策划与高效管理,不仅满足顾客对品质生活的追求,更在无形中传递着独特的文化价值与生活方式。

二、酒吧的分类与特色

随着社会经济的飞速发展与文化潮流的不断更迭,酒吧行业亦展现出其新颖、独特与多元化的面貌。消费者的需求日益多样化,促使酒吧的类型与特点持续更新升级,形成了各具特色的细分市场。以下根据服务方式与经营特点分类。

(1)主酒吧(main bar、pub)　是经典与雅致的代名词,往往以浓郁的欧洲或美洲风情为基调,装饰华丽而不失品味,营造出一种高端而温馨的社交氛围。这里不仅配备了先进的视听设备,还设有舒适的靠柜吧凳,以及琳琅满目的酒水、精致的载杯和专业的调酒用具。主酒吧的核心在于其独特的主题设计与特色服务,让顾客在品味美酒的同时,沉浸于一场视觉与心灵的盛宴。

(2)音乐酒吧(music bar)　是音乐与酒精的完美融合体。通常邀请风格各异的乐队现场表演,或是提供如飞镖游戏等互动性强的娱乐活动,营造出一种充满动感与激情的氛围。此类酒吧已成为都市夜生活的热门地标,吸引着追求音乐、美酒与自由交流的年轻人群。音乐酒吧对调酒师的业务技术与文化素养提出了更高要求,他们不仅是技艺高超的调酒师,更是氛围营造的艺术家。

(3)酒廊(lounge)　尤其是酒店大堂酒廊与行政酒廊,以其独特的咖啡厅式装修风格与轻松愉悦的氛围而受到青睐。这里不仅提供各类软饮料与少量酒精饮品,还供应精美的餐点小吃与果盘,是商务洽谈、休闲小憩的理想之地。酒廊的优雅环境与贴心服务,让顾客在繁忙的都市生活中找到一片宁静。

（4）服务酒吧（service bar）　是中、西餐厅不可或缺的一部分，根据餐厅的定位与顾客需求，提供相应的酒水服务。中餐厅的服务酒吧相对简单，以国产酒水为主，满足顾客的用餐需求；而西餐厅的服务酒吧则更为复杂，需备齐各类洋酒，并对调酒师的餐酒搭配与服务管理能力提出较高要求，以确保顾客能够享受到专业而贴心的服务体验。

（5）宴会酒吧（banquet bar）　又称为临时酒吧，是专为各类宴会活动而设。根据宴会的规格、形式、人数、场地布局及客人要求，灵活布置与调整，展现出极强的临时性与机动性。宴会酒吧的出现，为宴会活动增添了更多的趣味性与互动性。让客人在享受美食的同时，也能感受到酒吧文化的独特魅力。

（6）外卖酒吧（catering bar）　酒吧服务的一种特殊形式，专为满足各类外卖酒会的需求而设立。不仅提供丰富多样的酒水选择，还负责将酒水及所有必要的器具、设备，根据客人的要求，精准无误地送达指定地点，如大使馆、私人公寓、风景区等。这种服务模式使得酒吧的灵活性与便利性得到了极致的展现，让客人在任何地点都能享受到高品质的酒水服务。作为宴会酒吧的一种延伸形式，其高效专业的服务赢得了广泛的认可与好评（图9-1）。

图9-1　外卖酒吧

（7）多功能酒吧（grand bar）　作为现代娱乐文化的新宠儿，通常坐落于综合性娱乐场所之中，是集休闲、娱乐、餐饮于一体的综合性空间。它不仅继承了主酒吧的优雅氛围与精致服务，还融合了酒廊的轻松惬意与服务酒吧的细致周到。无论是午晚餐的用餐时光，还是赏乐、蹦迪、练歌、健身等多元娱乐需求，都能得到全方位的满足。多功能酒吧以其种类繁多的酒水、风格各异的服务，以及灵活多变的空间布局，成为了都市人休闲娱乐的首选之地。它打破了传统酒吧的单一功能界限，让每一位顾客都能在这里找到属于自己的精彩世界。

三、酒吧经营的独特特征与挑战

（1）高客流量与差异化服务并重　作为都市夜生活的热点，酒吧每日迎来送往大量顾客,对服务质量提出了双重要求,酒水服务人员的专业性与灵活性成为了提升顾客人均消费、增强顾客满意度的关键。差异化服务策略,通过个性化推荐、细致入微的关怀,让每位顾客感受到独一无二的消费体验,成为酒吧经营的一大亮点。

（2）精致空间,高标准服务　酒吧虽体量小巧,却处处透露着精致与讲究。吧台作为酒吧的心脏地带,通常仅配备一至两名资深酒水服务人员,以确保服务的专注与高效。然而,这并不意味着服务的简化,相反,酒吧服务标准严苛至极,从操作规范到卫生标准,从饮品调配到服务礼仪,均需达到行业顶尖水平。调酒师更是集艺术与技术于一身,他们以优雅的姿态、娴熟的手法,为顾客呈现一场场视觉与味觉的双重盛宴。

（3）高额投资,高效回报　在筹备阶段,往往需要投入巨资于音响、灯光等先进设备的购置与安装,以营造出独一无二的氛围与体验。得益于酒吧的高客流量与相对较低的酒水和人工成本,资金回笼速度迅速,为经营者带来了可观的收益。通过精准定位目标客户群体,合理选择酒水经营品种,酒吧能够在满足顾客需求的同时,最大化经济效益。

（4）高利润伴随高管理难度　酒水的毛利率普遍较高,是酒吧盈利的重要来源。然而,高利润也伴随着高风险,如酒水浪费、丢失等现象时有发生,无形中增加了运营成本。这些问题往往源于内部管理的疏漏或员工的不当行为。因此,需加强对服务人员的培训与监督,建立健全的酒水管理制度,确保每一滴酒水的价值都能得到充分发挥。通过优化管理流程、提升运营效率,酒吧能够在保持高利润的同时,有效降低管理难度与风险。

任务二　酒吧布局设计与氛围营造

一、酒吧结构的精妙布局

酒吧这一融合了休闲、娱乐与社交的多元空间,其结构设计巧妙地将空间划分为 3 大核心区域:客用区、酒水出品区及吧台贮藏区。每一区域都承载着独特的功能与氛围,共同编织出酒吧独有的魅力画卷。

1. 客用区:惬意时光的温馨港湾

客用区是顾客享受休闲时光的核心地带。其布局不仅关乎舒适度,更在于营造一种宾至如归的温馨氛围。座椅与吧桌的巧妙设置,为不同需求的顾客提供了多样化的选择。

（1）卡座　采用半包围式设计,宛如一个个精致的小包厢,分布于大厅两侧,为结伴而来的顾客群体提供了私密而舒适的交流空间。沙发与台几的搭配,既满足了休息的需求,又增添了几分雅致与格调。

（2）高台　紧邻吧台前沿或四周,是高调展现个人魅力与享受热闹氛围的理想之地。单身顾客或喜好热闹的群体,常选择在此落座。边品味美酒,边欣赏调酒师精湛的表演,感受酒吧独有的活力与激情。

（3）散台　灵活分布于大厅各处,或隐匿于静谧角落,或环绕于舞池边缘,为 2～5 人的小型聚会提供了恰到好处的空间。这些散台以其灵活性与便捷性,成为了酒吧中不可或缺的社交节点。

在规划客用区时,还需充分考虑酒吧的整体形状、进出口位置以及活动设施的布局,以确保空间的高效利用与顾客体验的最优化。

2. 酒水出品区:艺术与功能的完美融合

酒水出品区是酒吧的心脏地带。其设计不仅关乎酒品的呈现与制作,更是酒吧氛围营造的关键。这一区域由吧台内操作区与酒品展示区两大核心部分组成,共同演绎着酒吧的独特魅力。

(1)操作区　融合了客用互动与调酒师的专业操作空间,既保障了调酒过程的流畅与高效,又为顾客提供了近距离观赏调酒艺术的绝佳视角。在这里,每一次摇晃、每一次倾倒都蕴含着调酒师对美的追求与对酒的尊重。

(2)酒品展示区　通过酒品陈列架与酒吧贮藏柜的精心布置,将各式各样的美酒佳酿有序呈现于顾客眼前。这一区域不仅是酒品的展示窗口,更是酒吧文化与品味的象征。精致的灯光、雅致的装饰,共同营造出一种令人陶醉的品酒氛围。

酒水出品区的设计追求的是艺术与功能的完美融合,旨在通过每一个细节的精心雕琢,为顾客带来一场视觉与味觉的双重盛宴(图9-2)。

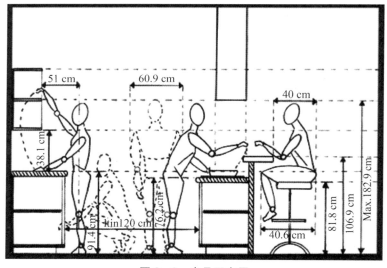

图9-2　出品区布局

二、酒吧装饰与陈设的艺术匠心

酒吧的室内装饰与陈设是塑造酒吧独特形象与氛围不可或缺的一环,不仅深刻影响着顾客的第一印象,更在无形中传递着酒吧的文化底蕴与艺术品位。通过精心设计的装饰与陈设,酒吧能够创造出既合理又完美的室内环境,满足顾客物质与精神层面的双重需求。

1. 装饰与陈设的双重分类

酒吧的装饰与陈设可细分为两大类:一类是基于物质功能需求的必要元素,如家具、窗帘、灯具等,它们不仅是酒吧运营的基础设施,也是营造舒适环境的关键;另一类则是满足精神审美需求的艺术品与文化装饰,如壁画、盆景、工艺品摆件等,它们以独特的艺术语言,为酒吧空间增添一抹文化韵味与个性色彩。

2. 主题统领下的装饰选择

酒吧装饰与陈设设计应始终围绕既定的设计主题展开。无论是复古风情、现代简约,还是异域风情,都应选择与之相契合的装饰物,以确保整体风格的统一与和谐。避免随意堆砌不同风格的元素,导致空间显得杂乱无章。

3. 材质与质感的考究

材质与质感的选择对于酒吧的装饰效果至关重要。低劣的材质不仅无法彰显酒吧的格调,反而可能引发顾客的反感。因此,在挑选装饰与陈设品时,应注重其材质的质感与档次,确保能够给人以视觉与触觉的双重享受。巧妙地运用不同材料的特性,如木材的温润、金属的冷峻、玻璃的通透等,可以创造出丰富多变的室内装饰效果。

4. 精神享受与风格并重

高级的装饰材料并非简单堆砌就能成就高水平的装饰艺术。真正的装饰艺术在于如何巧妙地运用这些材料,以体现酒吧的独特风格与主题思想。在追求物质美感的同时,更应注重精神层面的享受与满足。通过精心设计的装饰与陈设,让顾客在品味美酒的同时,也能感受到酒吧所传递的文化氛围与艺术魅力。

综上所述,酒吧的装饰与陈设是展现其独特魅力与个性的重要手段。只有在设计过程中全面考虑不同材料的特征、巧妙运用材料的特性,并始终围绕设计主题展开装饰选择,才能创造出既符合物质功能需求又满足精神审美需求的完美酒吧空间。

三、酒吧设计与布局的艺术与策略

(一)酒吧内部空间设计的魅力探索

酒吧内部空间的设计是吸引顾客的首要元素,其创意与匠心至关重要。巧妙运用空间结构、材料与灯饰的组合,不仅能塑造独特的空间格局,更在光影交错间彰显了酒吧的主题与格调。设计师需深刻理解不同空间形态所能传达的情感与氛围,创造出既符合酒吧经营特色,又能触动顾客心灵的空间环境。

1. 规则空间设计的稳重与典雅

方、圆等规则形状的空间设计,以其简洁明快的线条,传递出平稳、庄重的氛围。这种设计不仅符合大众审美,也易于营造出一种高雅而不失亲和力的环境,适合追求品质与格调的顾客群体。

2. 不规则空间的创意与自由

相比之下,不规则空间设计则更具挑战性与创新性。它打破了传统空间的束缚,给人以无限的想象空间与自由感。这种设计适合追求个性、喜欢尝试新鲜事物的年轻顾客群体,能够激发他们的好奇心与探索欲。

3. 封闭空间的私密与安全

封闭式空间设计以其独特的私密性,为需要静谧空间的顾客提供了理想的选择。在这里,顾客可以远离喧嚣,享受片刻的宁静与自我放松。这种设计也传递出一种安全、可靠的信息,让顾客感受到被尊重与保护。

4. 空旷与高耸的肃穆与神秘

空旷、高耸的空间设计则营造出一种庄严而神秘的氛围。高耸的天花板与开阔的视野相结合,让顾客感受到一种超脱世俗的震撼与敬畏。这种设计适合那些追求精神层面满足,喜欢沉浸在独特氛围中的顾客。

5. 低矮空间的温馨与亲近

低矮的空间设计则以其独特的亲切感与温暖感赢得了顾客的喜爱。这种设计通过拉近人与人之间的距离,营造出一种温馨、和谐的氛围。在这里,顾客可以轻松地与朋友交流、分享快乐,感受到家的温暖与舒适。

6. 混合式搭配设计的无限可能

在实际设计中,酒吧往往采用混合式搭配的方式,将不同风格的空间元素巧妙融合。这种设计既能够打破单一风格的局限性,又能够创造出更加丰富多样、层次分明的空间感受。通过合理的布局与规划,设计师可以巧妙地将各个功能区域串联起来,形成一个既独立又相互联系的整体空间,为顾客带来独特的娱乐视听享受。

酒吧设计与布局的核心在于围绕经营特点、中心意图及目标客人特点进行有主题、个性化的设计。通过精心策划与创意实施,设计师可以打造出既满足顾客物质需求又满足其精神需求的完美空间。空间设计的魅力不仅在于其外在的美观与实用性,更在于其能够激发顾客情感共鸣、创造独特体验的内在价值。

(二) 吧台设计的艺术性与实用性

吧台是酒吧空间的核心与灵魂,其设计不仅关乎美观,更直接影响到顾客体验与服务效率。一个精心设计的吧台,能够成为酒吧内一道亮丽的风景线,同时也是提升酒吧整体氛围与品质的关键。

1. 吧台的基本形式与设计考量

吧台的设计形式多样,每种形式都有其独特的魅力与适用性。

(1)直线型吧台　简约而实用,适合空间布局较为规整。两端封闭的设计,既可以是空间的延伸,也可以是房间的嵌入,灵活多变。吧台的长度需根据服务人员的控制能力合理规划,一般认为最长不超过 3 m,以确保服务的及时与高效。

(2)马蹄形吧台(U 形吧台)　富有层次感,能够伸入室内空间,增加互动性与趣味性。通常设置 3 个或更多操作点,两端抵墙,中间可设置岛形储藏室,便于存放酒水与用品。这种设计不仅提高了空间利用率,还便于服务人员与顾客的交流。

(3)环形吧台　以其独特的环形结构,成为酒吧中的视觉焦点。中部设置的中岛不仅用于展示酒类与储存物品,还为顾客提供了宽敞的交流空间。这种设计对服务人员的技能要求较高,需同时照看多个区域。因此,需合理配置服务人员数量,以确保服务质量。

2. 吧台设计的核心原则

(1)快捷服务　需确保对酒吧内任何一个角落的顾客都能提供快捷、高效的服务。这要求吧台的布局合理、操作流程顺畅,减少服务人员的行走距离与时间成本。

(2)视觉显著　作为酒吧的中心与标志,吧台位置应显著且易于识别。顾客进入酒吧后,应能迅速找到吧台的位置,感受到吧台的存在与魅力。这有助于提升顾客的归属感与参与感。

(3)空间预留　吧台周围应预留足够的空间,以便服务人员操作并与顾客互动。避免空间过于拥挤可能导致服务不便或安全隐患。合理的空间布局也能提升顾客的舒适度与满意度。

（4）注意事项　在充分考虑酒吧的实际经营情况与目标顾客群体的需求,以确保设计的合理性与实用性。吧台的材质、色彩与灯光等细节设计也需与酒吧的整体风格相协调,共同营造出独特的氛围与格调。定期对吧台进行清洁与维护,保持其整洁与美观,为顾客提供愉悦的用餐体验。

3. 灯饰和灯光布局设计的艺术

夜晚,酒吧灯光是灵魂。它不仅是照明的工具,更是情感的载体。通过不同灯型、光度、色系以及数量的精心搭配,设计师能够创造出千变万化的光影效果,营造出独特的氛围与格调。红色带来热情与奔放,蓝色则让人沉静与思索,而黑色则增添了几分神秘与庄重。灯光布局的艺术性,在于它能够引导顾客的情绪,让他们在与酒吧主题的共鸣中享受每一个瞬间。

4. 酒吧壁饰设计的独特魅力

壁饰是酒吧空间的重要组成部分,其风格与内容往往直接反映了酒吧的主题与特色。设计师选择具有代表性的壁饰,如装饰壁画、艺术品等,不仅美化了空间,更深化了酒吧的文化内涵。壁饰的变换与调整,也为酒吧注入了新的活力与新鲜感,让顾客在每一次光顾时都能有新的发现与体验。壁饰的色彩、形状与质感等元素,也能够有效改善空间感觉,营造出更加舒适与和谐的氛围。

5. 个性化设计的灵魂所在

个性化的设计美学,无疑是酒吧在众多娱乐场所中脱颖而出的核心驱动力。它超越了单纯的视觉盛宴,升华为一场文化与情感的深度对话,让每一次踏入都成为一次心灵的触动。设计师们匠心独运,细腻地捕捉顾客群体的独特品味与心灵寄托,将无限的创意与深邃的想象力相融合,为酒吧量身打造专属的个性化主题空间。

主题犹如一扇扇通往不同世界的窗口,有的引领顾客穿梭于自然的壮丽景观之中,感受大自然的鬼斧神工;有的则穿越时空,让顾客沉浸于历史的厚重与辉煌,体验文化的沉淀与传承;还有的则聚焦于艺术的殿堂,让每一面墙、每一件装饰都讲述着美的故事,激发无限的灵感与想象。

在这样的环境中,美酒与音乐成为了连接顾客与空间情感的桥梁,它们共同编织出一幅幅动人心弦的画面,让顾客在品味与聆听之间,不仅满足了味蕾与听觉的享受,更在心灵深处找到了一种归属感与共鸣。因此,酒吧不再仅仅是一个饮酒作乐的场所,而是一个充满故事、情感与梦想的文化地标,让每一位到访者都能留下难忘的记忆,期待下一次重逢。

酒吧的硬件设施与软件搭配相得益彰,共同构成了一个完整而富有生命力的空间。设计师的思想与创意起到了至关重要的作用。他们通过空间设计的手段,创造出特定氛围与情感共鸣,最大限度地满足顾客的各种心理需求。一流的空间设计是精神与技术的完美结合,它用理性的技术来阐述感性的情绪,用独到的见解来感染大众的审美。因此,酒吧设计不仅是一门艺术,更是一种文化的传承与创新。

四、酒吧氛围的精心营造

酒吧是城市夜生活的重要组成部分,不仅是满足消费者物质需求的场所,更是精神文化交流的殿堂。设计师通过巧妙的主题设计与氛围营造,将独特的文化观念和生活方式融入空间之中,创造出令人沉醉的环境,让每一位踏入其中的顾客都能找到心灵的共鸣。

1. 空间设计的巧妙布局,营造独特氛围

酒吧的空间设计是氛围营造的基础。设计师需从多角度出发,深入挖掘社会风俗、风土人情、自然历史、文化传统等素材,将这些元素巧妙地融入空间布局中。通过独特的空间划分、家具摆放和装饰细节,营造出与顾客心理和情感特征相契合的环境,让顾客在享受美酒佳肴的同时,也能感受到文化的熏陶和心灵的慰藉。

2. 特定情景的精心打造,触动人心

在酒吧内部环境设计中,特定情景的营造至关重要。设计师可运用现代材料和技术,创造出富有自然情趣的室内景观,如模拟海洋、森林、星空等自然场景,让顾客在享受美酒的同时,也能仿佛置身于大自然之中,触景生情,产生无限的联想和遐想。这种情景交融的设计手法,能够极大地提升顾客的体验感和满意度。

3. 灯光与灯饰的艺术运用,点亮氛围

灯光与灯饰是酒吧氛围营造的重要工具。设计师需充分利用光的变化和组合,通过光的色彩、调子、层次和造型等手段,创造出富有情感和韵律的光影效果。不同的灯光和灯饰搭配,能够营造出不同的氛围和情调,如浪漫温馨、神秘幽静、活力四射等,满足顾客多样化的需求。

4. 色彩搭配的巧妙运用,激发情感

色彩是情感表达的重要载体。在酒吧氛围营造中,设计师需运用色彩搭配的艺术手法,通过不同色彩的组合和对比,创造出鲜明直观的视觉效果。色彩不仅能够直接影响顾客的心理感受,还能引发顾客的联想和回忆,从而达到唤起情感、增强体验的目的。例如,温暖的色调能够营造出舒适放松的氛围,而冷色调则能带来清新宁静的感觉。

5. 线条设计的独特魅力,塑造空间美感

线条是构成空间的基本元素之一。在酒吧内部设计中,线条的设计和运用同样重要。设计师需利用实体材料所架构的不同线条,创造出具有美感和动感的视觉效果。通过线条的流畅、曲折、交错等变化,可以突出酒吧的主题和特色,营造出独特的氛围和风格。线条的设计还能引导顾客的视线流动,增强空间的层次感和深度感。

酒吧氛围的营造是一个综合性的设计过程,需要设计师从空间设计、特定情景、灯光与灯饰、色彩搭配以及线条设计等多个方面入手,通过巧妙的构思和精心的布局,创造出令人难以忘怀的酒吧环境。

任务三　酒吧设备设施配置

一、吧台布设的精细规划

1. 吧台设计的科学与人性化

吧台的设计不仅关乎美观,更需注重实用性与人体工程学的结合。一般来说,吧台的高度设定为 110～120 cm,是一个普遍范围,但最佳的高度应依据调酒师的平均身高调整,采用黄金分割比例 0.618 来计算,即吧台高度＝调酒师平均身高×0.618,这样的设计能确保调酒师在操作时既舒适又高效。吧台的宽度标准在 60～70 cm 之间,充分考虑到顾客坐在吧台前时的舒适度,特别是手臂的放置空间。吧台的厚度则控制在 4～8 cm 之间,既稳固又不过于笨重。表面材料应优先考虑坚固耐用且易于清洁的材质,以确保吧台的长期使用和卫生标准。

2. 前吧操作台的定制化设计

前吧下方的操作台是调酒师工作的核心区域,其设计需充分考虑调酒师的操作习惯和身体舒适度。操作台的高度一般设定在调酒师手腕处,大约为 70 cm,但需根据调酒师的实际身高调整。操作台的宽度为 40 cm,采用不锈钢材质制造,便于清洗消毒,确保食品安全。操作台上配备的设备齐全,包括双格洗涤槽带沥水功能(或自动洗杯机)、水池、储冰槽、酒瓶架、杯架及饮料机或啤酒机等,满足调酒师快速、高效地制作各种饮品的需求。

3. 后吧的高效储藏与展示

后吧的设计注重储藏与陈列的便捷性。其高度通常为 170 cm,但顶部需保持在调酒师伸手可及的范围内,确保取物方便。后吧分为上下两层,上层橱柜用于陈列酒具、酒杯及各种瓶装酒,特别是配制混合饮料所需的烈性酒,展示效果佳且易于取用。下层橱柜则存放红葡萄酒及其他酒吧用品。而安装在下层的冷藏柜则用于冷藏白葡萄酒、啤酒及水果原料,确保食材的新鲜度。这样的分层设计既提高了储藏效率,又增强了酒吧的整体美观度。

4. 工作走道的合理布局

前吧至后吧的距离,即服务员的工作走道,是酒吧运营中不可或缺的部分。一般宽度设定为 1 m 左右,确保服务员能够顺畅地穿梭于吧台与储藏区之间,同时避免其他设备向走道突出造成阻碍。走道的地面铺设防滑塑料或木头条架,不仅提高了安全性,还能有效缓解服务员长时间站立带来的疲劳感。在服务酒吧中,由于可能举办宴会等活动,饮料和酒水的供应量会有较大变化。因此,服务员走道应相应增宽,有的可达 3 m 左右,以便在供应量大时能够堆放各种酒类、饮料及原料,确保服务的顺畅。

二、吧台布置的艺术与实用性

作为酒吧内部环境的重要组成部分,吧台布置不仅关乎美观与氛围的营造,更直接影响到顾客的直观感受和调酒师的工作效率。合理的瓶装酒陈列与酒杯摆放,是展现酒吧专业性与主题特色的关键。

1. 瓶装酒的精致陈列

(1) 分类清晰,层次分明　遵循酒水分类原则,将不同品种的酒按类别分展柜依次摆放,既便于顾客快速识别,也体现了酒吧的专业素养。这种分类方式也有助于调酒师在调制饮品时迅速找到所需材料。

(2) 价值导向,吸引眼球　将价值昂贵的酒置于高而显眼的位置,利用其独特的包装和高端的定位吸引顾客注意,达到宣传推广的效果。这种布局也提升了酒吧的整体档次感。

(3) 合作宣传,互利共赢　对于酒水生产销售公司买断的展示酒柜,酒吧应充分利用这一资源,精心陈列该公司的酒水,不仅为公司做了宣传,也丰富了酒吧的酒水种类,增加了顾客的选择。

（4）实用为主，便捷高效　在追求美观的同时，也要考虑实用性。常用酒应放置在操作台前伸手可及的位置，确保调酒师在忙碌时能够迅速取用，提高工作效率。而陈列酒则放在展示柜的高处，既不影响日常操作，又能起到良好的展示效果。

2. 酒杯的巧妙摆设

（1）悬挂装饰，别具一格　悬挂式摆放酒杯不仅节省了操作台空间，还赋予了吧台独特的装饰风格。这些酒杯虽不常用，但其精致的外观和独特的摆放方式，足以成为吧台上一道亮丽的风景线。

（2）分类摆放，井然有序　将常用酒杯分类、整齐地码放在操作台上，便于调酒师在工作时迅速找到并取用。这种摆放方式体现了酒吧的专业性和对细节的关注。

（3）以人为本，灵活调整　酒水和酒杯的摆设并非一成不变，调酒师可以根据自己的操作习惯和需求灵活调整。例如，将常用的酒水和酒杯放置在更加顺手的位置，以提高工作效率和舒适度。

总之，吧台布置需要兼顾美观与实用，既要营造出独特的酒吧氛围，又要确保调酒师的工作效率和顾客的满意度。通过精心策划和布置，吧台将成为酒吧中最具吸引力和活力的区域之一。

三、酒吧设施设备

1. 酒吧主要设施

（1）吧台　酒吧的核心，不仅是提供酒水服务的区域，也是酒吧文化和氛围的集中体现。它由前吧（面向顾客的服务区）、后吧（储藏区和准备区）以及中心吧（操作台）组成，各部分的布局和大小根据酒吧的具体条件灵活调整。

（2）灯光与音响控制室　负责整个酒吧的视听效果调控，通过灯光的变化和音乐的播放来营造不同的氛围，满足不同顾客的需求。它通常位于舞台一侧或吧台内，以便实时控制。

（3）舞台　多功能酒吧中不可或缺的部分，用于提供演艺服务，增强娱乐性和互动性。舞台面积根据酒吧规模和功能需求确定，并可能附带小舞池供客人使用。

（4）座位区　为客人提供休息和交流的场所，其布置和风格与酒吧的整体氛围相协调，旨在创造舒适的社交环境。

（5）包房　提供更为私密和个性化的空间，适合小型聚会或商务洽谈。包房内通常配备沙发、茶几和卡拉OK等设施，满足客人的多样化需求。

（6）卫生间　酒吧的基本设施之一，其卫生状况和设施档次直接影响顾客对酒吧的整体印象。因此，卫生间应定期清洁消毒，确保符合卫生标准。

（7）娱乐活动区　为了丰富客人的休闲体验，酒吧通常会设置一定的娱乐活动区域。这些区域虽然面积有限，但通过巧妙的设计和规划，可以提供飞镖、棋牌游戏等多种娱乐项目，吸引更多客源。

2. 酒吧主要设备

（1）冰槽　用于储存冰块和碎冰，通常由不锈钢制成，分为两个槽体以满足不同需求。

（2）酒瓶陈放槽　专门用于储存需要冰镇的酒水,如葡萄酒和瓶装啤酒等,以保持其最佳口感。

（3）瓶架　将常用酒水放置在便于操作的位置,以便调酒师快速取用,提高工作效率。

（4）搅拌器　用于混合鸡蛋、奶等原料制作饮品,是调酒过程中常用的工具之一。

（5）果汁机　通过电动机驱动玻璃缸旋转,将水果切成小块后榨取果汁,是制作果汁类饮品的关键设备。

（6）洗手槽　专为酒水操作人员设置,用于手部清洁和消毒,确保饮品制作过程中的卫生安全。

（7）冰杯机　用于快速冷却酒杯至适宜温度,提升饮品品质,适用于净饮、鸡尾酒等多种饮品服务。

（8）洗杯槽　具备清洗、冲洗、消毒和烘干等多种功能,确保酒杯的清洁和卫生。

（9）沥水槽　与洗杯槽配合使用,可以控干洗干净杯子上的水分,避免水滴残留影响饮品口感。

（10）制冰机　酒吧必备设备之一,用于快速制作调酒用的冰块,确保饮品口感和品质的稳定。

（11）储藏设备　包括储藏柜等用于存放毛巾、餐巾、吸管、装饰物等酒吧日常用品的设备,确保酒吧运营流程顺畅。

（12）其他设备　如咖啡机、保温炉等,根据酒吧的具体需求和经营特色配置,以提供更加全面和多样化的服务。

任务四　酒吧服务

一、酒具的准备与保管

（一）酒具的准备

1. 酒具使用前清洗与消毒

（1）清洗　酒具包括酒杯、碟、咖啡杯等。清洗酒具通常分为 3 个程序:冲洗、浸泡、漂洗。

① 冲洗:用自来水将用过的酒具上的污物冲掉。这道程序必须注意要冲洗干净,不能留任何点状、块状的污物(见图 9-3)。

② 浸泡:将未能冲洗干净的酒具(带有油渍或其他不易冲洗的污物)放入洗洁精溶剂中浸泡,然后擦洗,直到没有任何污物。

③ 漂洗:把浸泡后的酒具用自来水漂洗,使之不带有洗洁精的味道。

（2）消毒　常用的消毒方法有高温消毒法和化学消毒法。凡有条件的地方都要采用高温消毒法,其次才考虑化学消毒法。

① 煮沸消毒法:简单而又可靠的消毒方法。将酒具放入水中后,将水煮沸并持续 2～5 min 就可以达到消毒的目的。注意要将酒具全部浸没于水中,消毒时间从水沸腾后开始计

图9-3　酒具的冲洗

算;水沸腾后中间不能降温。

② 蒸汽消毒法:消毒柜上插入蒸汽管,管中的流动蒸汽是过饱和蒸汽,一般在 90℃ 左右。消毒时间为 10 min。消毒时要尽量避免消毒柜漏气。酒具之间要留有一定的空间,以利于蒸汽的穿透畅通。

③ 远红外线消毒法:属于热消毒。使用远红外线消毒柜,在 120～150℃ 高温下持续 15 min,基本可达到消毒的目的。

一般情况下,不提倡化学消毒法。但在没有高温消毒的条件时,可考虑采用化学消毒法。常用的药物有氯制剂(种类很多,使用时用其千分之一的溶液浸泡酒具 3～5 min)和酸制剂(如过氧乙酸,使用时用 0.2%～0.5% 溶液浸泡酒具 3～5 min)。

2. 其他用具的清洗与消毒

其他用具指酒吧常用工具,如吧匙、量酒器、调酒壶、电动搅拌机、果刀等。用具通常只接触酒水,不接触客人,所以只需直接用自来水冲洗干净即可。但要注意,吧匙、量酒器不用时一定要浸泡在干净的水中,要经常换水。调酒壶、电动搅拌机每使用一次要清洗一次。也采用高温消毒法和化学消毒法。

常用的洗杯机是将浸泡、漂洗、消毒 3 个程序结合起来的,使用时先将酒具用自来水洗干净,然后放入筛中推入洗杯机中就行了。但要注意经常更换洗杯机内部缸体中的水。旋转式洗杯机由一个刷子和喷嘴电动机组成,把杯子倒扣在刷子上,开机就有水冲洗。注意不要用力把杯子压在刷子上,只需轻轻接触即可,否则杯子很容易被压破。

(二)酒具的保管、擦拭和摆设

1. 酒具的保管

(1)玻璃酒具的保管

① 搬运:玻璃酒具应轻拿轻放,整箱搬运时应注意外包装上的向上标记。在拿平底无

脚杯和带把的啤酒杯摆台时,应该倒扣在托盘上运送。在服务过程中,所有的杯都必须用托盘搬运。

② 测定耐温性能:餐厅可以对新进的玻璃酒具进行一次耐温急变测定。测定时,可抽出几个酒具放置在 1~5℃ 的水中约 5 min,取出后用沸水冲洗。质量稍差者可放置在锅内加入凉水和少许食盐逐渐加热煮沸,提高耐温性。

③ 检查:认真做好检查,酒杯不能有丝毫破损。

④ 清洗:使用过的酒杯先用冷水浸泡除去酒味,然后再用洗洁精洗涤,冲洗后消毒,保持酒具的透明光亮。高档酒杯以手洗为宜。

⑤ 保管:洗涤过的酒具要分类存放,经常不用的器皿要用软性材料隔开,以免直接接触发生摩擦和碰撞,造成破损。避免将彩绘酒具与油类、酸碱类物品放在一起,禁止与氧化物、硫化物接触。

（2）陶瓷酒具的保管

① 检查破损:在陶瓷酒具上桌前,应检查。最简单的是敲击法,将两个酒具轻微地碰撞一下,声音清脆说明质量完好,声音沙哑说明带有暗损。

② 及时清洗:用后的酒具要及时清洗,不得残留油污和食物。清洗时可用温水浸泡冲洗,而不要用去污粉、洗衣粉等化学物品。因为这些物品残留在酒具上会对人体产生危害。高档酒具应以手洗为主,以防损伤瓷器表面的光洁度及描金。洗净的酒具要经过消毒才可以使用。

③ 分类存放:应在洗涤后立即分类清点管理,经常不用的陶瓷酒具应用纸包好,并留一个样品在上面以便认取。保存时谨防潮湿,保管陶瓷酒具的库房要通风、干燥。虽然陶瓷酒具本身不会因潮湿而发生霉烂,但它的包装材料如稻草、纸等怕潮。受潮后,稻草中的碱性物质浸到陶瓷酒具表面,会使金、银边变得灰暗无光,粉彩变色或产生裂纹,降低酒具质量。

2. 酒杯的擦拭和摆设

（1）酒杯的擦拭　步骤如下:

步骤 1　打开口布,将拇指放于里面,拿住两端。

步骤 2　左手持布,手心朝上,右手离开。

步骤 3　右手取杯,杯底部放入左手手心,握住。

步骤 4　右手将口布的另一端(对角部分)夹起,放入杯中。

步骤 5　右手拇指插入杯中,其他 4 指握住杯子外部,左右手交替转动擦拭杯子。

步骤 6　一边擦拭一边观察是否擦净;擦干净后,右手握住杯子的下部。

步骤 7　拿杯子时,有杯脚的拿杯脚,没杯脚的拿底部,放置于指定的地方备用。手指不能再碰杯子内部或上部,以免留下痕迹。另外,擦杯时不可太用力,防止扭碎酒杯。

步骤 8　擦完的酒具应光亮、洁净、无水渍、无破损,按种类整齐倒扣并摆放在洁净的托盘或杯筐内。

（2）酒杯的摆设　酒杯的摆设方式可分悬挂与摆放两种。悬挂酒杯(图 9-4)主要是装点酒吧气氛,一般不使用,因为拿取不方便,必要时,取下后要擦净再使用;摆放在工作台位置的酒杯要方便操作,加冰块的酒杯(柯林杯、平底杯)放在靠近冰桶的地方,不加冰块的酒杯放在其他空位,啤酒杯、鸡尾酒杯可放在冰柜冷冻。

图 9-4 酒杯的摆设

二、酒吧工作程序与服务技巧

(一)酒吧工作程序与待客服务程序

1. 营业前的工作程序

酒吧每天营业前的工作准备,俗称开吧,主要有酒吧内清洁工作、领货、酒水补充、酒吧摆设和调酒准备工作等。

(1)酒吧内清洁工作 主要包括:

① 吧台与工作台的清洁:吧台通常由大理石及硬木制成,表面光滑。由于客人喝酒水时会弄脏或倒翻少量的酒水,在其光滑表面易形成点状或块状污迹,隔一个晚上后会硬结。清洁时先用湿毛巾擦拭,再用清洁剂喷在表面擦抹,至污迹完全消失为止。清洁后要在吧台表面喷上蜡光剂以保护光滑面;工作台是不锈钢材料,可直接用清洁剂或肥皂粉擦洗,清洁后用干毛巾擦干即可。

② 冰箱清洁:冰箱内常由于堆放罐装饮料和食物,底部形成油滑的尘积块,网隔层也会由于果汁和食物的翻倒而黏上点滴状污迹。大约每 3 天必须对冰箱彻底清洁一次。从底部、壁到网隔层,先用湿布和清洁剂将污迹擦洗干净,再用清水抹干净。

③ 地面清洁:吧台内的地面多用大理石或瓷砖铺砌,每日要多次用拖把擦洗。

④ 保持酒瓶与罐装饮料表面清洁:在散卖或调酒时,瓶上残留的酒液会使酒瓶变得黏

滑。特别是甜食酒,酒中含糖多,残留酒液会在瓶口结成硬颗粒状;瓶装和罐装的汽水啤酒饮料,由于长途运输、仓储而表面积满灰尘。要用湿毛巾每日将瓶、罐的表面擦干净,使之符合食品卫生标准。

⑤ 酒杯和工具清洁:各类酒杯和工具的清洁与消毒要按照规程完成,即使没有使用过的酒杯每天也要重新消毒。

⑥ 吧台外:每日按照酒吧的清洁方法去完成清洁工作。

(2)领货工作　主要包括:

① 领酒水:每天(参照酒吧存货标准)填写酒水领货单,送酒吧经理签名(规模较小的酒店由餐饮部经理签名),拿到仓库交仓管员取酒发货。在领酒水时,认真清点数量以及核对名称,以免造成差错。领货后要在领货单上收货人一栏上签名以便核实查对。食品(水果、果汁、牛奶、香料等)领货程序大致与酒水领货相同,还要经行政总厨或厨师长签名。

② 领酒杯:酒杯容易损坏,领用和补充是日常要做的工作。需要领用酒杯时,要按用量规格填写领货单,再到仓库交仓管员发货。领回酒吧后要先清洗消毒才能使用。

③ 领百货:百货包括各种表格(酒水供应单、领货单、调拨单等)、笔、记录本和棉织品等用品。一般每星期领用1~2次。领用百货时须填好百货领料单,交酒吧经理、饮食部经理和成本会计签名后才能拿到仓库交仓管员发货。

(3)补充酒水　将领回来的酒水分类堆好,需要冷藏的如啤酒和果汁等放进冷柜。补充酒水一定要遵循先进先出的原则,即先领用的酒水先销售使用,先存放进冷柜中的酒水先卖给客人,以免酒水存放过期而造成浪费。特别是果汁及水果食品更是如此。纸包装的鲜牛奶的存放期只有几天,稍微疏忽都会引起浪费,调酒师要认真对待。

(4)酒水记录　为便于进行成本检查以及防止失窃现象,需要设立酒水记录簿,清楚地记录酒吧每日的存货、领用酒水、售出数量和结存的具体数字。调酒师取出酒水记录簿,就可一目了然地知道酒吧各种酒水的数量。值班的调酒师要准确地清点数目,记录在案,以便上级检查。

(5)酒吧摆设　主要是瓶装酒的摆设和酒杯的摆设。摆设的原则就是美观大方、有吸引力、方便工作和专业性强,酒吧的气氛和吸引力往往集中在瓶装酒和酒杯的摆设上。瓶装酒一是要分类摆,如开胃酒、烈酒、甜食酒分开摆放;二是价钱最贵的与便宜的分开摆,如干邑白兰地,便宜的几十块钱一瓶,贵重的几千块钱一瓶,两种不能并排陈列。瓶与瓶之间要有间隙,可放进合适的酒杯以增加气氛。经常用的酒吧专用散卖酒与陈列酒要分开,散卖酒要放在工作台前伸手可及的位置,以方便工作。不常用的酒放在酒架的高处,以减少从高处拿取酒的麻烦。

(6)调酒准备工作　准备工作包括:

① 取放冰块:用桶从制冰机中取出冰块,放进工作台上的冰块池中,把冰块放满。

② 配料:将辣椒油、胡椒粉、盐、糖和豆蔻粉等放在工作台前面,以备调制时取用。鲜牛奶、淡奶、菠萝汁和番茄汁等,打开罐装入玻璃容器中(开罐后不能在罐中存放,因为开罐后内壁有水分,很容易生锈引起果料变质),并放入冰箱。橙汁和柠檬汁要先稀释后倒入瓶中备用(放入冰箱)。其他调酒用的汽水也要放在伸手拿得到的位置。

③ 水果装饰物:橙角预先切好,与樱桃串在一起,排放在碟子里备用,表面封上保鲜纸。

从瓶中取出少量咸橄榄放在杯中备用;红樱桃从瓶中取出,用清水冲洗后放入杯中(因樱桃是用糖水浸泡,表面太黏)备用。柠檬片和柠檬角也要切好,排放在碟子里,用保鲜纸封好备用。以上几种装饰物都放在工作台上。

④ 酒杯:在清洗间消毒后按需要放好。用餐巾垫底,排放在工作台上。量杯、酒吧匙、冰夹要浸泡在干净水中。杯垫、吸管、调酒棒和鸡尾酒签也放在工作台前(吸管、调酒棒和鸡尾酒签可用杯子盛放)。

(7)更换棉织品　酒吧使用的棉织品有两种:餐巾和毛巾。毛巾用来清洁吧台,要打湿;餐巾主要用于擦杯,要干用。棉织品使用一次清洗一次,不能连续使用而不清洗。每日要将脏的棉织品送到洗衣房并更换干净的棉织品。

(8)工程维修　在营业前,要仔细检查各类电器、灯光、空调、音响、冰箱、制冰机、咖啡机等,所有家具、吧台、桌椅、墙纸及装修有无损坏。如有任何不符合标准要求,要马上填写工程维修单,并交酒吧经理签名后送工程部,由工程部派人及时维修。

(9)单据表格　检查所需单据表格是否齐全够用,特别是酒水供应单与调拨单一定要准备好,以免影响营业。

2. 营业中的工作程序

(1)酒水供应程序　步骤如下:

步骤1　客人点酒水时,调酒师耐心细致介绍。有些客人会询问酒水品种的质量产地和鸡尾酒的配方内容,调酒师要简单明了地介绍,千万不要表现出不耐烦的样子。还有些无主见的客人请调酒师介绍酒水品种,调酒师应先询问客人所喜欢的口味,再介绍品种。如果一张台有若干客人,务必对每一个客人点的酒水做出记号,以便正确地将客人点的酒水送上。

步骤2　调酒师或服务员开单。调酒师或服务员在填写酒水供应单时要重复客人所点的酒水名称和数目,以避免出差错。有时会由于客人发音不清楚或调酒师精神不集中而调错饮品。应特别注意听清楚客人的要求。酒水供应单一式三联,要清楚地写上日期、经手人、酒水品种、数量、客人的特征或位置及客人所提的特别要求,填好后交收款员。

步骤3　收款员拿到供应单后须马上写账单,将第一联供应单与账单钉在一起,第二联盖章后交还调酒师(当日收酒后送交成本会计),第三联由调酒师自己保存备查。

步骤4　调酒师凭收款员盖章后的第二联供应单,配制酒水。凡在操作过程中因调错或翻倒浪费的酒水需填写损耗单,列明项目、规格和数量后送交酒吧经理签名认可,再送成本会计处核实入账。配制好酒水后,按服务标准送给客人。

(2)结账程序　当客人打招呼要求结账时,调酒师或服务员要立即有所反应,不能让客人久等。许多客人的投诉原因都是结账时间长。调酒师或服务员需仔细检查一遍账单,核对酒水数量品种有无错漏,核对完后将账单拿给客人。客人认可后,收取现金(信用卡结账按银行所提供的机器滚压填单办理),然后交收款员结账,结账后将账单的副本和零钱交给客人。

(3)酒水调拨程序　特殊情况,如某个品种的酒水已卖完了,需要马上从别的酒吧调拨所需酒水品种。发出酒水的酒吧要填写一式三份的酒水调拨单,写明调拨酒水的数量、品种以及从什么酒吧拨到什么酒吧,经手人与领取人签名后交酒吧经理签名。第一联送成本会计处,第二联由发出酒水的酒吧保存备查,第三联由接受酒水的酒吧留底。

（4）酒杯的清洗与补充 要及时收集客人使用过的空杯,立即送清洗间清洗消毒。决不能等一群客人一起喝完后再收杯。清洗消毒后的酒杯要马上取回吧台备用。要有专人不停地运送并补充酒杯。

（5）清理台面,处理垃圾 调酒师要注意经常清理台面,将吧台上用过的空杯、吸管、杯垫等收下来。一次性使用的吸管、杯垫扔到垃圾桶中,空杯送去清洗。要经常用湿毛巾抹台面,不能留有脏水痕迹。垃圾要轻轻放进垃圾桶内,并及时送至垃圾间,以免产生异味。客人用的烟灰缸要经常更换,换下后清洗干净。严格来说,烟灰缸里的烟头不能超过两个。

（6）其他 除调酒取物品外,调酒师要保持正立姿势,两腿分开站立。不准坐或靠墙或靠台。要主动与客人交谈,聊天有利于增进调酒师与客人间的友谊。要多留心观察装饰品是否用完并及时补充;酒杯是否干净够用,若有污点,应及时替换。

3. 营业后的工作程序

（1）清理酒吧 营业结束后,要等客人全部离开才能动手收拾酒吧,决不允许赶客人出去。先把脏的酒杯全部收起,并送清洗间。必须等清洗消毒后全部取回吧台,才算完成一天的任务。垃圾桶要送垃圾间倒空,清洗干净,否则酒吧会因垃圾发酵而充满异味。把所有陈列的酒水小心取下放入柜中,散卖和调酒用过的酒要用湿毛巾把瓶口擦干净再放入柜中。水果装饰物要用保鲜纸封好放回冰箱保存。

凡是开罐的汽水、啤酒和其他易拉罐饮料(果汁除外)要全部处理掉,不能放到第二天再用。酒水收拾好后,酒水存放柜要上锁,防止失窃。吧台、工作台和水池要清洗一遍。吧台和工作台要用湿毛巾擦抹,水池用洗洁精清洗,单据表格夹好后放入柜中。

（2）每日工作报告 包括当日营业额、客人人数、平均消费、特别事件和客人投诉。每日工作报告主要供上级掌握各酒吧的营业详细状况和服务情况。

（3）清点酒水 把当天所销售出的酒水,按第二联供应单数目及酒吧现存的酒水,核实数字后填写到酒水记录簿上。这项工作要细心,不准弄虚作假,否则会造成很大麻烦。

（4）检查火灾隐患 把整个酒吧检查一遍,检查有无火灾的隐患,特别是掉落在地毯上的烟头。消除火灾隐患在酒吧中是一项非常重要的工作,每个员工都应该承担起责任。

（5）关闭电器开关 除冰箱外,所有的电器开关都要关闭,包括照明、咖啡机、咖啡炉、生啤酒机、电动搅拌机、空调和音响等。

（6）锁好所有的门窗 离开酒吧前,应锁好所有门窗并检查。

4. 服务员和调酒师的待客服务程序

（1）接听电话 拿起电话,先讲礼貌用语,如"您好"(切忌用"喂"来称呼客人),然后报上酒吧名称,需要时记下客人的要求。例如,订座时,记下用餐人数、时间、客人姓名和公司名称等。要简单准确地回答客人的询问。

（2）迎接客人 要主动招呼客人,面带微笑向客人问好,如"您好""早上好""晚上好""请进"及"欢迎"等,并用手势请客人进入酒吧。若是熟悉的客人,可以直接称呼客人的姓氏,使客人觉得有亲切感。客人存放衣物时,提醒客人将贵重物品、现金及钱包拿出,然后将记号牌交给客人保管。

（3）领客人入座 单人喜欢到吧台前的吧椅就座,两个及以上客人可领到沙发或小台。帮客人拉椅子,让客人入座。按女士优先的原则,然后是老人。酒吧一般不允许接待未满18

岁的青少年。如果客人等人,可选择能够看到门口的座位。

(4) 递上酒水单　客人入座后可立即递上酒水单,要直接递到客人手中,不要放在台面上。如果几批客人同时到达,要先一一招呼客人坐下后再递酒水单;如果客人在交谈,可以稍等几秒,或者说"对不起,先生(小姐),请看酒水单",然后递给客人。要特别留意酒水单是否干净平整,千万不要把肮脏的或模糊不清的酒水单递给客人。有的酒水单是放在小台上的,可以从台上拿起再递给客人。

(5) 请客人点酒水　递上酒水单后稍等一会儿,可以微笑地询问客人:"对不起,先生(女士),我能为您写单吗?""请问您要喝点什么?"如果客人还没有作出决定,服务员(调酒师)可以为客人提建议或解释酒水单。要清楚酒吧中供应的酒水品种,并要记清楚每种酒水的价格,以回答客人的询问。如果客人在谈话或仔细看酒水单,可以再等一会儿。

(6) 开酒水单　拿好酒水单和笔,客人点酒水后要重复一次客人所点的酒水名称,等客人确认。为了减少差错,酒单上要写清楚座号、台号、服务员姓名、酒水饮料品种、数量及特别要求。未写完的空格要用笔画掉。

(7) 酒水供应服务　调制好酒水后可先将饮品、纸巾、杯垫和小食(酒吧常免费为客人提供花生、薯片等小食)放在托盘中,用左手端起走近客人并说:"打扰了,这是您要的饮料。"上完酒水后可说:"您的酒水。还需要点什么吗?"在吧椅上就座的客人可直接将酒水、杯垫、纸巾拿到吧台上而不必用托盘,使用托盘时要注意将大杯的饮料放在靠近自己的位置。要先看清托盘是否肮脏有水迹,如托盘不洁,要擦干净后再使用。给客人上酒水时要从客人的右手边端上。几个客人同坐一台时,如果记不清每位客人要的酒水,要问清楚每位客人所点的饮料后再端上去。

(8) 更换烟灰缸　取干净的烟灰缸放在托盘上,拿到客人的台前,用右手拿起一个干净的烟灰缸,盖在台面上有烟头的烟灰缸上,两个烟灰缸一起拿到托盘上,再把干净的烟灰缸放到客人的桌子上。若客人把没抽完的香烟或雪茄架在烟灰缸上,可以把一个干净的烟灰缸并排摆放在用过的烟灰缸旁边,把架在烟灰缸上的香烟或雪茄移到干净的烟灰缸上,然后再拿出另一个干净的烟灰缸盖在用过的烟灰缸上,一起取走。

(9) 斟酒或饮料　当客人喝了大约半杯时,要为客人斟酒水。要右手拿起酒水瓶或酒水罐为客人斟满酒水,注意不要斟到杯口,一般斟至杯子容量的 80% 就可以了。在酒吧中,还要及时注意客人饮用茶水的情况。要及时添水,可以续杯的咖啡也要及时为客人续杯。

(10) 撤空杯或空瓶罐　注意观察客人的饮料是不是快要喝完了。如杯子只剩一点饮料,而台上已经没有饮料瓶罐,就可以走到客人身边,问客人是否再来一杯酒水。如果客人就点饮料同杯子里的饮料相同,可以不换杯;如果不同,应给上一个杯子。当杯子已经喝空后,可以拿着托盘走到客人身边问:"我可以收去您的空杯子吗?"客人点头允许后,再把杯子撤到托盘上收走。只要发现台面上有空瓶或空罐都要马上撤下来。客人把易拉罐捏扁,就是暗示这个罐的酒水已经倒空,服务员或调酒师应马上把空罐撤掉。

(11) 为客人点烟　看到客人取出香烟或雪茄时,可以马上掏出打火机或擦着火柴为客人点烟。在正规的服务性场所为客人点烟时多用火柴。点烟时,应注意点着后马上关掉打火机或挪开火柴吹灭。燃烧的打火机或火柴不可以离客人过近,一般举至离客人的香烟

10 cm左右,让客人自己靠近火源点烟。

（12）结账　客人要求结账时,服务员或调酒师要立即到收款员处取账单,拿到账单后要检查台号、酒水的品种和数量是否准确,再用账单夹夹好,拿到客人面前,并礼貌地说:"这是您的账单,××元,多谢。"因为有些客人不希望他的朋友知道账单上的数额,所以不可以大声地读出账单上的消费额。如果客人认为账单有误,绝对不能同客人争辩,应立即到收款处重新把供应单和账单核对一遍,有错马上改,并向客人致歉;没有错,可以向客人解释清楚每一项目的价格,并取得客人的谅解。

（13）送客　确定客人准备离开时,可以帮助客人移开椅子。如客人有存放衣物,要根据客人交回的记号牌,帮客人取回衣物,并询问客人有没有拿错和少拿了,然后送客人到门口,说"多谢光临"或"欢迎您再来"等礼貌用语。注意说话时要朝向客人,面带微笑。

（14）清理台面　客人离开后,要用托盘将台面上所有的杯、瓶、烟灰缸等都收掉,再用湿毛巾将台面擦干净,重新摆上干净的烟灰缸和用具。

（15）送餐巾纸　拿给客人用的餐巾纸,要事先检查是否有破损、带污点或不平整,有破损和有污点的餐巾纸不能使用。

（16）准备小食　酒吧免费提供给客人的配酒小吃,如花生米、炸薯片等,通常由厨房做好后取回酒吧,并用干净的小玻璃碗装好。注意量要备足。

（17）端托盘要领　用左手端托盘,5指分开,手指与手掌边缘接触托盘,手心不碰托盘;酒杯饮料不要放得太多,以免把持不稳,高杯或大杯的饮料要放在靠近自己身体一边;走动时要保持平衡,酒水多时可用右手扶住托盘;端起时要拿稳后再走,端到客人前要停稳后再取酒水。

（二）酒吧服务技巧

服务操作是整个酒品服务技术中最引人注意的工作,许多操作需要面对顾客。凡从事酒品服务工作的人,都十分注重操作技术,以求动作正确、迅速、简便和优美。服务操作的好坏,常常给人留下深刻的印象。服务技巧高超而又体贴入微的服务员,常运用娴熟的操作技术来创造热烈的气氛,以求顾客精神上的满足。服务操作不仅需要一定的技术功底,而且需要相当的表演天赋。在许多国家里,酒品服务是由专人来掌管的,人们出于尊重和敬佩,将有一定水平的酒品服务员称为调酒师。在顾客眼里,调酒师的魅力并不亚于文艺界中的明星,酒品的服务操作是一项具有浓厚艺术色彩的专门技术。在酒品的服务中,通常包括以下基本技巧。

1. 示瓶

顾客常点整瓶酒。凡顾客点用的酒品,在开启之前都应首先让顾客过目,一是表示对顾客的尊重;二是核实有无差错;三是证明酒的可靠性。基本操作方法是:服务员站立于主客（大多数为点酒人或是男主人）的右侧,左手托瓶底,右手扶瓶颈,酒标面向客人,让其辨认。客人认可后,方能进行下一步的工作。示瓶往往标志着服务操作的开始。

2. 冰镇

许多酒品的饮用温度大大低于室温,这就要求对酒液进行降温处理,比较名贵的瓶装酒大多采用冰镇的方法处理。冰镇瓶装酒需用冰桶。用托盘托住桶底,以防凝结水滴落,弄脏台布。桶中放入冰块（不宜过大或过碎）,将酒瓶放入冰块内,酒标向上。之后,再用一块毛巾搭在瓶身上,连桶送至客人的餐桌上。一般说来,20 min 以后即可达到冰镇的效果。从冰桶取酒时,应以一块折叠的餐巾护住瓶身,以防止冰水滴落,弄脏台布或客人的衣服。

3. 溜杯

溜杯是另一种降温方法。服务员手持杯脚,杯中放一块冰,然后摇杯,使冰块在杯壁上溜滑,以降低杯子的温度。有些酒品的溜杯要求很严,直至杯壁溜滑凝附一层薄霜为止。也有用冰箱冷藏杯具的处理方法,但不适用于高雅场合。

4. 温烫

温烫饮酒不仅用于中国的某些酒品,有的洋酒也需要温烫以后再饮用。温烫有 4 种常见的方法:

(1)水烫　将饮用的酒倒入烫酒器,然后置入热水中升温。此法常需即席操作。

(2)火烤　将饮用的酒装入耐热器皿,置于火上升温。

(3)燃烧　将饮用的酒盛入杯盏内,点燃酒液升温。此法常需即席操作。

(4)冲泡　将滚沸的饮料(水、茶、咖啡)冲入饮用的酒,或将酒液注入热饮料中。

5. 开瓶

酒品的包装方式多种多样,以瓶装酒和罐装酒最为常见。开启瓶塞瓶盖、打开罐口时应注意动作的正确和优美。

(1)使用正确的开瓶器　开瓶器有两大类:一是专开葡萄酒瓶塞的螺纹钻刀,二是专开啤酒、汽水等瓶盖的起子。螺纹钻刀的螺旋部分要长(有的软木塞长达 8~9cm),头部要尖。另外,螺纹钻刀上最好装有起拔杠杆,以利于瓶塞拔起。

(2)尽量减少瓶体的晃动　避免汽酒冲冒和陈酒沉淀物窜腾。一般将酒瓶放在桌上开启,动作要准确、敏捷、果断。万一软木塞有断裂危险,可将酒瓶倒置,用内部酒液的压力顶住断塞,再旋进螺纹钻刀。

(3)开瓶声越轻越好　开任何瓶罐都应如此,包括香槟酒。在高雅严肃的场合中,呼呼作响的嘈杂声与环境显然是不协调的。

(4)检查拔出的瓶塞。看是否病酒或坏酒,原汁酒的开瓶检查尤为重要。检查的方法主要是嗅辨,以瓶塞插入瓶内的那一部分为主。

(5)仔细擦拭瓶口　将积垢脏物擦去。擦拭时,切忌使污垢落入瓶内。

(6)开启后的酒瓶、酒罐留在餐桌上　一般放在主客的右手一侧,底下垫瓶垫,以防弄脏台布;或是放在客人右后侧茶几的冰桶里。使用酒篮的陈酒,连同篮子一起放在餐桌上,但需注意酒瓶颈背下应衬垫一块餐巾或纸巾,以防斟酒时酒液滴出。空瓶、空罐应一律撤掉。

(7)开启后的封皮、木塞、盖子等物不要直接放在桌上　一般放在小盆里,在离开餐桌时一起带走,切不可留在客人面前。

(8)开口不对客人　开启带汽或者冷藏过的酒罐时,常会有水汽喷射出来。因此,当着客人的面开口时,应将开口一方对着自己,并用手握住,以示礼貌。

6. 滗酒

许多陈酒有一些沉淀物,为了避免斟酒时产生浑浊现象,需事先剔除沉渣以确保酒液的纯净。使用滗酒器滗酒去渣。没有滗酒器时，可以用大水杯代替。首先，将酒瓶竖立若干小时，使沉渣积于瓶底，再横置酒瓶，动作要轻；接着，准备光源，置于瓶子和水杯的一端，操作者位于另一端，慢慢将酒液灌入水杯中。当接近含有沉渣的酒液时，需要沉着果断，争取流出尽可能多的酒液，剔除浑浊物。滗好的酒可直接用于服务。

7．斟酒

在非正式场合中，斟酒由客人自己做；在正式场合，斟酒则是服务人员的服务工作。斟酒有多种方式，主要的有两种，即桌斟和捧斟。

（1）桌斟　将酒杯留在桌上，斟酒者立于饮者的右边，侧身，用右手握酒瓶向杯中倾倒酒液。瓶口与杯沿保持一定的距离，大约在1～2 cm。切忌将瓶口搁在杯沿上或高溅注酒，每斟一杯，都需要换一下位置，站到下一位客人的右侧。左右开弓、手臂横越客人的视线等，都是不礼貌的做法。掌握好满斟的程度。有些酒需少斟，有些酒需多斟，过多过少都不好。斟毕，持瓶手应向内旋转90°，同时离开杯具上方，使最后一滴挂在酒瓶上而不落在桌上或客人身上。然后，左手用餐巾拭一下瓶颈和瓶口，再给下一位客人斟酒。

（2）捧斟　服务员一手握瓶，一手将酒杯捧在手中，站立于饮者的右方，然后再向杯内斟酒。斟酒动作应在台面以外进行，然后将斟毕的酒杯放在客人的右手处。捧斟主要适用于非冰镇处理的酒品。

手握酒瓶的姿势，各国不尽相同，有的主张手握在标签上（以西欧诸国多见），有的则主张手握在酒标相对的另一方（以中国多见），各有其理由。服务员应根据当地习惯及酒吧要求去做。

8．饮仪

我国饮宴席间的礼仪与其他国家有所不同，与通用的国际礼仪也有所区别。在我国，人们通常认为，席间最受尊重的是上级、客人、长者，尤其是在正式场合，上级和客人处于绝对优先地位。服务顺序一般先为首席主宾、首席主人、主宾、重要陪客斟酒，再为其他人员斟酒。客人围坐时，采用顺时针方向依次服务。国际上比较流行的服务顺序是，先为女宾斟酒，后为女主人斟酒；先女士，后先生；先长后幼，妇女处于绝对的优先地位。

9．添酒

正式饮宴上，服务员要不断向客人杯内添加酒液，直至客人示意不要为止。当客人喝完杯中的酒时，服务人员袖手旁观是严重的失职表现。在斟酒时，有些客人以手掩杯、倒扣酒杯或横置酒杯，都是谢绝斟酒的表示，服务员切忌强行劝酒，使客人难以下台。凡需要增添新的饮品，服务员应主动更换用过的杯具，连用同一杯具显然是不合适的。至于散卖酒，每当客人添酒时，一定要换用另一杯具，切不可斟入原杯具中。在任何情况下，各种杯具应留在客人餐桌上，直至饮宴结束为止，当着客人的面撤收空杯是不礼貌的行为。如果客人示意收去一部分空杯，则另当别论。当客人祝酒时，服务员应回避。祝酒完毕，方可重新回到服务场所添酒。在客人游动祝酒时，服务员可持瓶跟随主要祝酒人，随时添酒。

酒水管理

一、酒水成本管理

(一) 酒水成本的定义与售价

1. 酒水成本

酒水成本是指酒水在销售过程中的直接成本。用酒水的进货价与销售价来确定,成本率可以按百分比来表示。例如,可口可乐的进货价为每罐人民币2元,售价是10元的话,酒水的成本为2元,成本率为20%。成本率为成本与售价的比值。瓶装的酒水也可以用每瓶的进价与售价来计算成本率。

2. 酒水售价

酒水售价是在酒吧定出成本计划后确定的。每一个酒吧都要按照本身装修格调和人员素质来定出成本率,然后再计算酒水的售价。计算时不能单一地计算,要分组计算,低价的酒水成本率可以低些,名贵的酒水成本率可以高些。

实例 酒吧常用的果汁有5种:橙汁、柠檬汁、菠萝汁、西柚汁和番茄汁。在确定成本率为25%以后,进价与售价如表9-1所示。

表9-1 酒吧常用的5种果汁进价与售价一览表

项目	进价	售价
橙汁(每杯)	1.50元	6.00元
柠檬汁(每杯)	1.50元	6.00元
菠萝汁(每杯)	1.50元	6.00元
西柚汁(每杯)	1.50元	6.00元
番茄汁(每杯)	1.50元	6.00元
合计	7.50元	30.00元

先将5种果汁的每杯成本价相加得7.50元,是果汁类的一组进价成本,按25%成本率计,应卖7.50÷0.25=30(元)。30元为5杯果汁的总销售额,所以每杯果汁的价格为30÷5=6(元),这样制订价格既方便计算,又有利于营业,而且方便调酒员记忆。

其他酒水的计算方法也相同。可将酒水单分为几类:流行名酒(包括一般牌子的烈酒)、世界名牌(包括各种名牌威士忌)、美国威士忌、干邑白兰地、雅文邑白兰地、开胃酒、甜食酒、鸡尾酒、长饮酒、餐酒、啤酒、果汁、矿泉水和软饮;然后,再分组计算售价。

总而言之,酒水的成本是指酒水的进货价。酒水的成本率是各酒吧自行确定的,而售价则根据酒水的成本和成本率计算得出。

（二）酒水的成本控制

酒水的成本控制主要在两个方面：一是控制酒吧的存货量，既不能过多存货造成积压资金，又不能太少存货导致营业困难；二是减少浪费和损耗。酒吧需设立成本分析表，主要是每日成本和累积成本的核算。每日成本说明了酒吧当日的领货与营业状况。累积成本反映当月的酒吧成本实况。

酒水成本的百分比计算公式是：酒水成本百分比＝当月酒水成本/当月营业额×100％。在实际计算时，当月营业额还应减去食物的营业额。计算得出的数字不能超出确定成本率的±0.5％。如果超出了0.5％，则说明浪费和损耗太多，要查清原因；如果低于0.5％，则说明出品质量有问题，没有按标准出品。成本控制要求调酒师分析酒水的成本率，调节和指导酒吧实际出品和营业，以保持领用酒水与销售的平衡，并按照预定的计划，减少浪费、积压和损耗，达到更高的效益。

二、酒吧的前台管理

酒吧的前台管理主要包括酒水的配制管理和酒水的销售管理，酒水销售管理将在后面介绍，此处重点介绍酒水的配制管理。在消费之前，顾客对某种酒水的味道通常已有所了解。例如点威士忌酸酒的顾客，根据经验，已经知道由熟练的酒吧调酒师用威士忌、柠檬汁和糖水调配的威士忌酸酒的味道和颜色。如果这种混合酒不符合顾客的期望，顾客就会不满、投诉，甚至不再来消费。因此，酒吧必须承认和接受顾客的某些期望标准和饮料调配标准，并制订程序，保证符合这些标准。酒吧管理人员必须掌握饮料配制过程中各种成分的用量和比率控制，并确定每杯酒水的容量标准。使每杯酒水的配制生产都符合顾客的期望，这就是标准化配制管理。

标准化配置管理包括配方、用量、酒牌、载杯、操作程序、成本、售价的标准化。酒吧经理必须制定行之有效的管理制度。

（一）配方的标准化

建立标准配方的目的，是使每一种酒水都有统一的质量。顾客们要求酒吧提供的饮料在口味、酒精含量和调制方法上要有一致性。标准配方应是经多次试验并经顾客与专家品尝评价后，以文字方法记录下来的配方表。一旦确定，便不能随意更改。调酒师有一定的权力对配方做一些小的变更，以满足不同客人的要求，但这种变化不应太大。

即使是同一种饮料（例如金汤力），因为用量比例不同，每杯成本也就不同。

实例　金酒进价60元，容量33.8盎司，允许溢损量为1盎司，汤力水进价4.5元，容量375 mL。则金汤力计算过程如下：

① 2盎司金酒：[60÷(33.8－1)]×2＝3.6(元)；

6盎司汤力水：[4.5÷(375÷30)]×6＝2.16(元)；

每杯成本5.76元。

② 1盎司金酒：[60÷(33.8－1)]×1＝1.83(元)；

7盎司汤力水：(4.5÷12.7)×7＝2.48(元)；

每杯成本4.31元。

每杯饮料都是8盎司。但是，由于两种成分用量不同，每杯饮料的成本就有明显差别。

假定这种混合饮料的每杯售价为20元,在甲、乙两种情况下,饮料成本率也就有很大差别:

① 饮料成本率 = 5.79/20×100% = 28.95%,

② 饮料成本率 = 4.31/20×100% = 21.55%。

显然,要控制饮料成本,必须使用标准配方,规定各种饮料在配制时各种成分的用量标准。

对于混合酒,一种酒可能会有多种配方,这就要求酒吧经理确定所有混合酒的标准配方。最常见的做法是挑选一份配方,供酒吧使用。也有许多酒吧,特别是连锁公司,会专门编印一本配方指南。无论是哪种做法,标准配方不仅包括酒水的用量,而且包括所有其他成分的用量、冰的形状和大小,以及调制鸡尾酒的方法和服务方法说明。

从控制的角度说,标准配方是极为有用的,是成本控制的基础,可以有效地避免浪费。

(二)用量的标准化

酒吧经理应首先确定各种饮料中成本最高的成分——酒水的用量标准。酒水用量控制包括确定酒水用量及提供量酒工具两方面。

(1)确定酒水用量　配制大部分饮料,需使用一种烈酒和其他辅料。必须根据酒吧的特点确定烈酒这一高价成分的用量标准。每个酒吧的用量不同,有的酒吧烈酒的用量标准只有3/4盎司,而有的酒吧却高达2盎司。

(2)提供量酒工具　在确定烈酒用量标准之后,应为调酒师提供量酒工具。如量杯、倒酒器和饮料自动分配系统,以使调酒师能精确地测量酒水用量。

(三)酒牌的标准化

酒吧使用标准牌号的酒,是控制存货和向客人提供质量稳定的饮料的最好方法之一。假如客人指定某一品牌的威士忌配制饮料,而酒吧使用了低质量的酒代替。也许当时只有这种低质量的酒供应,但顾客是不会满意的。标准配方是满足客人的要求和产生利润的重要方法。但无标准牌号,也就没有标准配方。

目前,有许多酒精饮料和软饮料生产商和经销商都想进入酒吧销售渠道,这就要求管理层在采购时做出正确的选择。要根据顾客的需要安排进货,但进货量不应太大,可以根据市场变化及时调整订购计划。

(四)载杯的标准化

使用标准化酒杯可简化容量控制工作。酒吧经理应确定每杯饮料的容量,并为调酒师提供适当的酒杯。

酒杯的形状和大小多种多样,酒吧经理应具体规定各种饮料应使用的酒杯。例如,所有鸡尾酒都可使用2.5盎司的高脚鸡尾酒杯,每杯鸡尾酒不可能超过2.5盎司。这样,酒吧经理就能有效地控制每杯饮料的容量。

要搞好容量控制,必须采购适当大小的酒杯。管理人员须根据目前或预期的顾客的爱好,确定需要酒杯类型,然后再确定每杯饮料的容量。采购人员必须根据管理人员规定的容量标准购置酒杯。低档酒吧可能只需要4～5种不同类型和不同大小的酒杯,但高档酒吧可能需要10～15种。调酒师必须了解斟哪一种酒应该使用哪一种酒杯。

(五)操作程序的标准化

操作程序标准化是系统管理餐饮业的一种手段,可以保证服务与产品质量的一致性。

员工必须了解酒吧是如何经营的,为什么要这样经营,而后根据统一操作程序培训。服务有统一的企业标准,使所有的顾客在所有的时间内都能得到统一的服务。

(六)成本的标准化

确定标准配方和每杯标准容量之后,就可以计算任何一杯酒水的标准成本了。

1. 纯酒的标准成本

(1)方法一　步骤如下:

先求出:每瓶酒实际所斟杯数 = 瓶酒容量/(每杯纯酒标准容量 − 允许溢损量);

再求出:每杯纯酒标准成本 = 瓶酒成本(购进价)/杯数。

不可能将酒瓶中的每一滴酒倒尽,而且,酒水总会有一些蒸发。服务过程中也会造成一些浪费。所以,酒吧经理应规定每瓶酒可允许的溢出量,但不应让服务员知晓。

实例　某酒吧规定,每杯通用牌号苏格兰威士忌酒的标准容量为 1.5 盎司,每瓶苏格兰威士忌酒的容量为 750 mL,购进价假定为 90 元人民币,求每杯苏格兰威士忌酒的成本(750 mL = 25.4 盎司,每瓶酒允许溢损量为 0.3 杯)。计算如下:

每瓶酒实际所斟杯数 = 25.4/1.5 − 0.3 = 16.6(杯);

每杯纯酒标准成本 = 90/16.6 = 5.42(元/杯)。

(2)方法二　步骤如下:

先求出:每盎司成本 = 瓶酒成本(购进价)/(瓶酒盎司数 − 允许溢损量);

再求出:每杯纯酒标准成本 = 每盎司成本 × 每杯纯酒标准用量。

实例　某酒吧购进通用牌号金酒,进价为 60 元,容量为 1 L(相当于 33.8 盎司),允许溢损量为 1 盎司(每杯标准用量为 1.5 盎司),求每杯标准成本。

每盎司金酒成本 = 60 ÷ (31.8 − 1) = 1.83(元),

每杯纯酒标准成本 = 1.83 × 1.5 = 2.75(元)。

在确定每杯纯酒标准成本之后,应填写标准成本记录表。酒水购进价变化后,应重新计算每杯纯酒标准成本。这样,酒吧经理就能够始终了解每杯纯酒最新的标准成本数额。

2. 混合饮料的标准成本

混合饮料通常需要使用几种成分的酒水,每杯混合饮料的成本一般高于纯酒。只有了解每杯混合饮料的标准成本之后,酒吧经理才能确定合理的售价。混合饮料的标准成本是标准配方中每一种成分的标准成本之和,现以干马天尼为例说明。

实例　干马天尼的标准配方:2 盎司金酒,0.5 盎司干味美思,1 颗水橄榄。确定金酒的成本:

一瓶金酒的容量:33.8 盎司;

金酒实际用量:33.8 − 1(溢损量) = 32.8(盎司);

一瓶金酒的成本(进价):60 元;

每盎司金酒的成本:60 ÷ 32.8 = 1.83(元/盎司);

配方上金酒的成本:1.83 × 2 = 3.66(元)。

确定味美思的成本:

一瓶味美思的容量:25.4 盎司;

实际用量:25.4 − 0.45 = 24.95(盎司);

每瓶味美思的成本:24元;

每盎司味美思的成本:24÷24.95＝0.96(元/盎司);

配方上味美思的成本:0.96×0.5＝0.48(元)。

确定水橄榄的成本

每罐水橄榄的容量:80个;

每罐水橄榄的成本:15元;

每颗水橄榄的成本:15÷80＝0.19(元/颗)。

干马天尼的总成本:

总成本＝3.66＋0.48＋0.19＝4.33(元)。

酒吧经理计算出混合酒的标准成本,并汇成混合酒的标准配方细目和成本计算表,以便管理人员随时查阅。

(七)售价的标准化

确定并列出每杯标准容量饮料的标准成本之后,酒吧经理需要列出各种饮料的每杯售价,饮料会计师应保存完整的价目表。饮料价目表的形式多种多样,最简单、最好的做法是在混合酒的标准配方细目和成本计算表、售价记录表上,再增加"每杯售价"一栏即可。

酒吧必须制订每杯饮料的标准售价,以便服务员正确报价,防止顾客与服务员产生争议。当然,售价不是一成不变的,要随着饮料成本的改变、顾客需求的变化等因素调整。确定每杯饮料标准售价的最重要原因,是保证酒吧所售出的每杯饮料的成本率都和计划成本率一致。例如,某种饮料按标准配方调制,假定每杯成本为4.33元,售价为21.65元,其成本率为20%。每出售一杯这种饮料,酒吧营业收入应增加21.65元,饮料成本增加4.33元,毛利增加17.32元。这样,酒吧经理就能够在工作计划中确定每增售一杯饮料对酒吧毛利的影响。

有时,特别是在饭店客房供膳服务中,顾客会从酒吧购买整瓶酒,整瓶酒的售价通常低于一瓶酒按杯出售时的售价。管理人员最好单独记录每瓶酒的销售额和成本。

许多酒吧供应的饮料品种繁多,服务员应有一份价目表,以便正确地向顾客收费。

酒吧经理在制订价格的同时,还需考虑价格对销量的影响,这是定价的依据。如果提高现有饮料的价格,成本不变,那么每销售一份饮品,毛利便随之增加。销量对价格的变化是很敏感的。通常情况下,价格上升,每份饮品的毛利上升,但是销量就会减少。

需求不仅受价格影响,而且与酒的质量、服务水平、装饰环境等因素关系密切。要考虑顾客可以接受的最低价格,知道多高的价格会失掉顾客。在需求对价格变化很敏感的竞争环境中,酒吧管理者须了解竞争形势,做出需求与价格灵敏度的预测,并且观察销售情况,适当调整价格。

三、酒吧的后台管理

(一)酒水的采购和验收管理

1.酒水的采购管理

酒水采购管理的目的是保证酒水供应并保持适量的存货,同时以合理的价格购入酒水。具体说来,应做好以下几个方面的控制工作:

（1）采购人员管理　必须指定专人负责酒水的采购工作。为了便于控制,酒水采购人员不能同时从事酒水的销售工作。另外,餐饮企业最好定期更换采购人员,以避免私拿回扣等情况。

（2）采购数量管理　酒水的采购数量控制与干货类食品原料的采购数量控制一样,可采用定期订货法或定量订货法,以保持餐饮企业各种酒水的存货数量。

（3）采购质量管理　酒水可分为指定牌号和通用牌号两大类。当顾客说明需要某种牌子的酒水时,供应指定牌号的酒水;如顾客没具体说明,则供应通用牌号。牌号应根据顾客的喜好来确定,餐饮企业一般选择价格较低或适中的酒水牌子作为通用牌号,其他各种品牌则作为指定牌号。

（4）采购价格管理　采购餐饮原材料时,必须考虑价格因素,通常做法是:企业将酒水品种和需求量等信息传递给 3 家以上的供应商,取得报价,然后选择其中价格最低的供应商。

2. 酒水的验收管理

货物运到后,常会出现数量、品种、质量和价格上的出入。为了防止这类情况,杜绝采购人员的徇私舞弊,管理者应另派人员验收。验收员的主要任务如下:

（1）核对到货数量是否与订单、发货票上的数量一致　应根据订单核对发货票上的数量、牌号和价格。必须仔细清点瓶数、桶数或箱数。如按箱进货,验收员应开箱检查瓶数是否正确。若了解整箱饮料的重量,也可称重检查;如果瓶子密封,验收员应根据管理者的要求做好记录,或上报经理,由经理解决或根据酒店规定自行处理。

（2）检查饮料质量　检查烈酒的度数、酿酒年份、啤酒颜色等来检查酒水的质量是否符合要求。如果运来的酒水不是订购的牌号,或出现到货数量不齐、瓶破碎等问题,应填写通知单。如果没有发货票,验收员应根据实际收货数量和订单上的单价,填写无购货发票的收货单。

验收之后,验收员应在每张发货票上盖验收章并签名;然后,立即将酒水送到储藏室。验收员还应根据发货票填写验收日报表,送财会部,以便在进货日记账中入账。验收日报表清楚地列明企业收到的各种酒水,酒水会计师和酒水管理员能很容易地将验收日报表上的信息抄到存货记录表上。

要保证控制体系的效率和精确性,验收员必须在每天工作结束之前填写好酒水验收日报表。

在某些小型企业里,每周只进货一次或两次。验收员不必每天填写酒水验收日报表,所有进货成本信息可直接填入酒水验收汇总表。然后在某一控制期（1 周、10 天、1 个月）期末,再计算总成本。

（二）酒水的贮存和发放管理

1. 酒水的贮存管理

高级的酒类价格昂贵,须从数量管理上防止损耗。因酒类极易被空气与细菌侵入,所以买进的酒如放置不妥或保存不当,可导致变质。有条件的酒吧须建立酒窖。

（1）建立酒窖　酒窖是贮存酒品的地方,酒窖的设计和安排应讲究科学性,这是由酒品的特殊性质决定的。理想的酒窖应符合下述几个基本要求:

① 有足够的贮存空间和活动空间：贮存空间应与企业的规模相称。地方过小，会影响酒品贮存的品种和数量。长存酒品和暂存酒品应分别收藏，贮存空间要与之相适应。

② 通气性良好：通风换气的目的在于保持酒窖空气质量。酒精挥发过多而空气不流畅，会使易燃气体聚积，产生危险。

③ 保持干燥环境：干燥环境可以防止软木塞的霉变和腐烂，防止酒瓶商标的脱落和质变。但是，过分干燥会引起酒塞干裂，造成酒液过量挥发和腐败。

④ 隔绝自然采光：自然光线，尤其是直射日光容易造成病酒。自然光线还可能使酒的氧化过程加剧，造成酒味寡淡、酒液浑浊、变色等现象。酒窖最好采用灯具照明，强度应适当控制。

⑤ 防振动和干扰：振动干扰容易造成酒品的早熟，有许多娇贵的酒品在长期受振后（如运输振动）常需"休息"两个星期，方可恢复原来的风格。

⑥ 恒温：酒品对温度的要求是苛刻的。葡萄酒的正常贮存温度在 10～14℃ 之间，最高不要超过 24℃，否则名贵葡萄酒的风格将会遭到破坏。啤酒的最佳贮存温度是 5～10℃，温度过低，酒液浑浊；温度过高，则酒花香将会逐渐消失。利口酒中的修道院酒、茴香酒和草类酒宜低温贮存。除伏特加、金酒需低温贮存外，蒸馏酒对温度的要求相对低一些，但切不可完全暴露在温度大起大落的冲击之下，否则酒品的色、香、味将会受到干扰。

香槟酒是葡萄酒的贵族，通常有特制的梯形保存架。其摆置方法不仅是卧置，而且是近乎倒置，这是因为其制法与众不同。酒品的堆放方式也有一定的讲究。软木塞瓶子应横置，因为横放的酒瓶中酒液浸润软木塞，起着隔绝空气的作用，它是葡萄酒的主要堆放方式。凡蒸馏酒，大多数要竖立，以便酒液挥发，降低酒精含量。在有条件的情况下，陈放 25 年以上的高级名贵酒应采取换塞等措施，否则将会前功尽弃。

另外，贮藏区域的排列方法非常重要。同类饮料应存放在一起，以便于取酒。储藏室的门上可贴一张平面布置图，以便快速找到瓶酒。要保证能在某一个地方找到同一种饮料，储藏室可使用存料卡。有的酒吧还规定了各种饮料的代号，并用字码机将代号打印到存料卡上，存料卡一般贴在搁料架上。使用存料卡便于酒水管理员了解现有存货数量。如果酒水管理员能在收入或发出各种饮料的时候仔细地记录瓶数，就不必清点实际库存瓶数，便能从存料卡上了解各种饮料的现有存货数量；此外，酒水管理员还能及时发现缺少的瓶数，应尽早报告，引起管理人员的重视。

（2）存货控制　酒水存货记录一般由酒水会计师保管，不能由酒水管理员或酒吧服务员保管。酒水会计师应在每次进货或发料时做好记录，反映存货增减情况。这种记录称作永续盘存记录，它是酒水存货控制体系中的一个不可缺少的部分。企业可使用卡片或用永续盘存表，也可使用装订成册的永续盘存记录簿。

存货中的每种饮料都应有一张永续盘存表。如果使用代号，永续盘存表应按代号数字顺序排列。收入单位数据根据验收日报表或贴在验收日报表上的发货票填写。发出单位数则根据领料填写。如果一个酒店拥有几个酒吧，则只需在此表基础上扩大即可。每个酒吧领料时，要填写领料单。可保存给每个酒吧发料数量的记录，以便查明瓶酒短缺等问题。

每月末，酒水会计师应在酒水管理员的协助下，实地盘点存货。比较实地盘存结果与永续盘存表中的记录，有助于发现差异。如果差异不是由于盘点错误引起的，则很可能是偷盗造成的。酒水会计师应立即报告管理人员，以便及时采取适当的措施。

2. 酒水的发放管理

（1）酒水领发程序　步骤如下：

步骤1　下班前，酒吧服务人员将空瓶放在吧台上面。

步骤2　酒吧服务人员填写饮料领料单，在第一栏记入需领用的酒水名称，在第二栏记入空瓶数，在第三栏记入每瓶酒的容量。

步骤3　酒吧经理根据饮料单，核对酒吧的空瓶数和牌号。如果两者相符，应在"审批人"一行签名，表示同意领料。

步骤4　酒吧服务人员将空瓶和领料单送到储藏室，酒水管理员根据空瓶核对领料单上的数据，并逐瓶用瓶酒替换空瓶，然后在"发料人"一行签名；服务人员在"领料人"一行上签名。

步骤5　为了防止职工用退回的空瓶再次领料，酒水管理员应按规定处理空瓶。

（2）酒瓶标记　在发料之前，酒瓶上应做好标记。单一酒吧，可在瓶酒存入储藏室时做好标记；而拥有许多酒吧的酒店，只在发料时才做酒瓶标记。每个酒吧可采用不同的标记。

通常情况下，酒瓶标记是一种背面有胶黏剂的标签或不易擦去的油墨标记。标记上有不易仿制的标识、代号或符号，可以防止服务人员将自己的酒带入酒吧出售；酒瓶标记可标明发放日期，如果某一销量很好的品种在酒吧滞留的时间很长，管理人员可以据此检查，及时发现问题，堵住漏洞。如果酒店有若干酒吧，并且独立核算成本，标记还可以区别出是发往哪一个酒吧的，可减少酒品发放的混乱。

（3）酒吧标准存货　为了便于了解每天应领用多少材料，每个酒吧应备有一份标准存货表。假设某种牌号的苏格兰威士忌的标准存货为4瓶，那么，酒吧在开业前就应有4瓶这种威士忌。规定酒吧标准存货数量，可保证酒吧各种材料存货数量固定不变，便于控制供应量。

酒吧标准存货与储藏室（酒窖）标准存货不同。前者应列明各种酒水的精确数量和每瓶酒水的容量。不同类型酒吧的标准存货数量相差很大，但无论哪种酒吧，都应根据使用量来确定标准存货数量，并随顾客需求量的变化，改变标准存货数量。顾客饮酒习惯的变化、季节的变化，或者特殊事件，都会引起需求量的变化。确定酒吧标准库存数量，既要保证满足需求，又不能存货过多。

特殊用途酒吧（如宴会酒吧）应备有足够的饮料，以满足整个宴会的需要。一般来说，储藏室发给特殊用途酒吧的饮料数量高于需求用量。宴会结束后，再将剩余酒水退回储藏室。为防止差错，在领（发）料工作中，常使用宴会领料单。

宴会领料单通常由宴会经理填写。宴会经理将领料单交给酒水管理员之后。酒水管理员在宴会酒吧布置好后，将酒水发给酒吧服务员。宴会领料单上还应有"增发数量"一栏，记录酒吧增领酒水数量。宴会结束后，最好由另一人核对所有整瓶饮料、剩余部分饮料的瓶子和空瓶，并计算实际使用量，计入饮料成本。

有的酒吧主要销售瓶装酒，应采用其他控制程序。保存一定数量销路最广的酒水，酒吧服务员就不必在顾客每次点酒之后去酒窖领酒。服务员从酒吧取酒，送给顾客之后，便无法回收空瓶换新酒，第二天酒吧存货无法恢复标准数量。因此，许多酒吧对瓶酒销售采用了一些其他控制措施，例如，要求每售出一瓶酒，都要在瓶酒销售记录单上做好记录。

任务六　　酒水销售管理

一、制订销售计划

（一）酒水销售计划

1. 酒水销售计划的含义

酒水销售计划是企业为取得销售收入而进行的一系列销售工作的安排，包括确定销售目标、销售预测、分配销售配额和编制销售预算等。

2. 酒水销售计划的分类

（1）根据时间长短分类　可以分为周销售计划、月度销售计划、季度销售计划和年度销售计划等。

（2）根据范围大小分类　可以分为企业总体销售计划、分公司（部门）销售计划和个人销售计划等。

（3）根据市场区域分类　可以分为整体销售计划和区域销售计划。区域可按大区或省区、地市、县市和乡镇等行政区域来划分，也可按公司的实际销售范围和统计区域来划分。

（4）根据企业类型分类　可以分为生产企业销售计划、流通企业销售计划和零售企业销售计划等。各类企业由于经营性质和销售产品的不同，其市场销售计划的制订方法和模式也完全不一样。

（二）酒水销售计划制订及市场推广方法

1. 销售计划制订依据

销售计划的制订，必须有所依据，要根据实际情况，制订销售计划。凭空想象、闭门造车、不切实际的销售计划，不但于销售无益，还会对销售活动和生产活动带来负面影响。制订销售计划，必须要有理有据、有的放矢，必须遵循以下基本原则：结合本公司的生产情况、结合市场的需求情况、结合市场的竞争情况、结合上个销售计划的实现情况、结合销售队伍的建设情况、结合竞争对手的销售情况。

2. 销售计划编制程序

销售计划一般都按如下程序编制：分析营销现状→确定销售目标→制订销售策略→评价和选定销售策略→综合编制销售计划→对计划加以具体说明→执行计划→检查效率，调整。

决定销售计划的方式有两种：分配方式与上行方式。分配方式是一种由上往下的方式，即自经营最高阶层起，往下一层层分配销售计划值。此种方式属于演绎式。上行方式是先由第一线的销售人员估计销售计划值，然后再一层层往上呈报。此种方式属于归纳式。

宜采用分配方式的情况是：①高阶层对第一线了如指掌，而位处组织末梢的销售人员也深深信赖高阶层者；②第一线负责者信赖拟订计划者，且唯命是从。宜采用上行方式的情况是：①第一线负责者能站在全公司的立场上，分析自己所属区域；②预估值在企业的许可范围内。

3. 销售计划的撰写

以某红酒某省销售主管的工作计划书为例。

（1）业务员的配备 细分4个区域，招收4名本地员工进行业务拓展，结合当地薪酬标准、业绩和所辖市场的概况，与公司协商，确定薪酬。选择经销商的总体原则，应是态度决定合作；适合企业的客户，不是看表面上的大与小，在具备了基本条件后，关键看其对我方品牌的真正态度，即是否理解并认同我公司的整体战略、企业理念和文化与品牌建设等，看其是否将主要精力和资源用在我方品牌，或抽出多少资源用于我方品牌运作（配合力度）。基本条件主要看其：

① 有一定的资金实力和稳健程度，财务收支的平衡与稳定；

② 有无自己的营销队伍，并保持一定的素质和稳定性；

③ 有无自己的销售渠道和网点，并保持发展规划布局的稳定性；

④ 决策者的人品和能力。

（2）通路终端建设 公司营销政策是不设省级代理商，将全省分为两大区4小区。主要目的是市场区域划分及管理。

第一，在全省每个区、市，基本上以设一家经销商为原则。

第二，在重点区域市场，经销商实力或销售网络有限，经协商，在所属市、县找数家分销商，以扩大终端网点。

第三，终端网点建设，初步以有影响的酒店、饭店和大卖场为主，根据具体市场确定合理的布点数量。

第四，在初步布点完成后，再对各类红酒专卖店和中小商超铺货。

第五，在重点区域市场精耕细作，给予小饭店和居民住宅区的小食杂店适当优惠。

（3）广告宣传 简单和适用，应从宣传方式、媒体选择、方案策划、广告创意等方面整合一切资源，以最小的投入获得最大的宣传效应。

第一，以某红酒的市场定位、目标市场为切入点，针对目标消费群宣传，有的放矢，不浪费资源。

第二，根据红酒市场的特征，在宣传上以"某红酒是精酿的酒，是餐桌上的调养酒，是一种科学、健康、自然和时尚的酒，以消费新概念"等为基本方向。

第三，根据某地域、气候特征及当地居民的日常饮食习惯，在枸杞特性"味甘、性平、无毒"及"某红酒喝了不上火，去火解毒"方面宣传。

第四，在市场导入期，为了扩大酒品影响，与经销商协商后，选择合适电视媒体，适当时段做广告宣传。

第五，在报纸宣传上把握两点：①先以"硬"性广告为主，重点宣传某红酒是一种创新的酒，让受众知晓某红酒；②随着市场的推进，组织一系列"软"广告文案，以介绍红酒的由来传说、特性等酒文化方面知识为切入点，做系列宣传。为了扩大报纸宣传的效果，可以举行"看报纸广告，回答问题，礼品奉送"活动。

第六，在电视、报刊媒体上投放广告成本较高，只能适当短期的投放。而宣传应重点放在酒店和大卖场等占据消费量较大份额的人流较多的销售终端。

在终端宣传应以提高注目率为基点，即将终端顾客的目光先吸引过来，买不买是另外一回事,先让其看一眼红酒。如在卖场酒类专卖区陈列架前,要吸引顾客的目光,除了现场促销员的解说外,另外一条途径就是在终端陈列上做文章。设计精巧的、能体现出某红酒品牌形象的陈列架,陈列架不求大,但须与众不同。在一些酒楼和饭店,条件允许的情况下也可运用陈列架。

在终端通过其他方式宣传,吸引注目率,如张贴POP,发送饮酒常识小册子,设置形象展示牌,设置大型喷绘灯箱等。

(4) 日常管理　省级主管的日常的管理主要应从 3 方面着手:

第一,业务拓展和管理工作。亲自参与并指导业务员协同经销商做好通路终端工作,扩大某红酒在某市场的知名度,提升其市场销量。

第二,业务员的管理工作。作为一名业务主管,在具备一定的业务拓展、管理技能的同时,还应起到"为人之君,为人之亲,为人之师"的表率作用,组织加强业务员的学习工作,共同学习公司的战略规划、企业文化、品牌建设等方面的知识,组织学习业务知识,提高每个人的个人素质及业务能力,充分发挥每个人的主观能动性,并形成一个团结、亲和、互助、上进的团队。

第三,充当公司与经销商的沟通桥梁作用。业务员最基本的要求就是勤。要勤于与经销商沟通,要有创新的思维观念,在日常工作、学习中勤于思考,并有敏锐的洞察力,善于发现问题,及时解决问题,不能解决的上报公司,尽早协调处理。

4. 白酒市场推广策划方案

以某品牌白酒为例。

1. 前言

川南重镇宜宾古称戎州,号称万里长江第一城。戎州之地环境宜人。这里气候温和,空气湿润,土壤最适宜酿酒所需的微生物生长。

俗话说:好水产好酒。打入地下 90 多米深,通过 400 m 隧道,垂直深入岷江河道,抽取富含矿物质的古河道水。此水"赋存在侏罗系泥岩发育的溶孔溶隙之中",区域地质无污染。水质清澈透明,甘美可口,含有丰富的对人体有利的 20 多种微量元素,先后通过 14 个国家科研机构鉴定,具有纯天然品质。某酒发展的历史,就犹如一部人类社会发展史的缩影。

"万事如意"是人们对美好生活的期盼、祝福。中国自古为礼仪之邦。百礼之会,非酒不行。几千年来,美酒琼浆一直是人们表达祝福、庆祝美好生活的最佳载体。

某股份有限公司精心打造的优质产品"万事如意"系列酒,将人们对美好生活的向往和祝福很好地融入中国传统的酒文化,以其精良的工艺、完美的包装,成为人们赠送亲友、祝福美好生活的最佳礼品。

"万事如意"酒,是浓香型大曲酒的典型代表,它集天、地、人之灵气,精选高粱、大米、糯米、小麦、玉米酿造而成。具有"香气悠久、滋味醇厚、入口甘美、入喉净爽、恰到好处"的独特风味,是当今酒类产品中出类拔萃的精品。

"万事如意"酒以其优异的酒质、精美的包装和带有深厚祝福的品牌名称,被第七届西部国际博览会组委会指定为唯一接待专用白酒。

"万事如意"酒是给世人的礼赠,更是一部千百年来华夏酒文化的演变史。它脱俗出尘、返璞归真,融合了五千年中华灿烂文明。它是一瓶酒,也是一部历史,更是一种美好生活的象征。

2. 目标市场分析

(1) 白酒市场发展趋势　目前白酒市场的发展趋势有以下几个特点:

① 名牌白酒继续走俏:随着人民生活水平的不断提高,高品质的名白酒已经成为人们追求的目标。与前几年相比,人们对白酒的消费受价格的影响程度有所下降,而对白酒的品质更为看重。

② 名白酒销势趋旺:名牌白酒已成为消费者的身份象征。随着生活水平的逐步提高,名牌白酒消费主体的群体正在逐步扩大。由于在消费者消费心理上占据优势,名牌白酒的销售趋势将继续看好。

③ 低度白酒销势看好:食品、医疗卫生等权威人士和新闻界人士引导舆论,不断向公众宣传饮用高度白酒、过量饮酒的危害,导致消费者对白酒需求的降低。随着人们消费观念的更新,以及消费者保健意识的逐步加强,其白酒消费正向低度酒转移,且呈逐步上升的态势。

④ 礼品酒与婚宴酒:白酒历来是走亲访友、礼尚往来的情谊载体,中高档酒在礼品性消费中占有一定比重;目前婚宴中白酒也逐渐占据市场。

面对众多的白酒品牌充斥市场,消费者在选购时变得盲目和迷茫。许多人也渐渐地开始只追逐一种品牌,而不在意产品本身能够提供什么。因此,注重品牌经营是白酒生产企业今后发展的战略重点。

(2) 我国白酒市场分析　由于我国酿制白酒的历史悠久,而且不同地域酿酒的方式不尽相同,因此演变至今,白酒就有很多的种类。其中80%为浓香型白酒,占据了市场主导地位。随着消费偏好的变化和市场的发展,中高档白酒、高档白酒及低度白酒销售比例上升,低档酒和高度白酒市场逐渐萎缩。

(3) 白酒主力消费群分析　白酒主力消费群集中在25～44岁,收入越高的阶层饮用白酒的消费者比例越大;他们善于交际,注重人际关系的和谐。主力消费群白酒送礼市场大于自饮市场,自饮市场主要集中在中低档,送礼市场主要集中在中高档,两者都有向上拓展的空间;消费者购买考虑的因素主要是口味、价格、品牌等,其中口味和品牌越来越受消费者的关注,尤其是浓香型白酒。

3. 产品优势分析

(1) 优势　位于宜宾市的某集团经过多年的发展,已在广大目标消费群中有一定的品牌信誉度。特别是近年来,集团为适应市场发展,针对广大消费者口味开发了系列酒水。该产品除了高品质的酒质外,在包装上也有了更大的改进创新。据了解,该产品消费者接受能力强。

产品定价合理,符合高端消费者的消费需求。纯粮酿造,品质优异,呈现出浓香型,口感接受度高,饮后不上头。

(2) 机会　白酒消费旺季已经到来。目前,在省内的白酒市场中,某酒已具有多年的品牌影响力,也给豪华产品创造了最佳推广契机。本地化生产,有质量保证,口碑流传频率高,有利于市场氛围的营造。系列白酒在市场上定位为高端礼品酒水,为此建议要向高档酒、礼品酒延伸,通过我们共同的努力逐步扩大市场占有份额。

4. 目标

为了达到公司既定的年销售目标,根据目前白酒市场形势,结合公司产品、某酒产品的实际情况,针对本款产品销售,特作建议性方案如下:

(1) 完善销售机构　建立健全销售机构,有利于公司销售工作的开展。根据公司产品结构制订相应营销方案,达到公司销售目标。为此,建议公司为销售部健全人员编制,具体如下:

① 公司设销售总监1名:负责机构的组建、人员的考核;制订公司全年销售计划,安排各区销售经理工作;划分各区域经理目标任务;根据公司产品在不同阶段的销售情况,制订不同的销售方案;努力达到年度销售目标任务,向公司总经理负责。

② 公司设销售经理3名:随着公司发展,产品结构的不断丰富,3名销售经理可分别为3个部门销售部经理、3家分公司负责人,为公司发展壮大储备骨干力量。销售经理职责为:协助销售总监制订公司全年各片区销售任务;根据销售计划开拓完善经销网络,直接推行公司的各项销售模式,并向公司积极反馈意见,并不断调整与完善;根据网络发展规划合理配备人员,直接招聘销售部下属人员,带领销售团队积极完成公司下达的销售任务;协助销售总监对下属人员进行销售任务及日常考核;负责公司各种销售政策和促销活动的执行;汇总市场信息,提报产品改善或客户管理建议;参与重大销售谈判和签订合同;直接管理大客户,并协助市场部对客户进行销售培训,组织建立和健全客户档案。指导销售人员在本区域内积极开发新客户,并协助当地客户开展产品分销与销售培训活动;经出差各地,督促检查,指导提高各区域销售员销售水平,提出改进方案;每周定期组织例会,并组织本部销售团队业务及培训会议。

③ 销售代表9名:建议公司为每位销售经理配3名销售代表,合计9名。销售代表的职责为:对销售经理负责,负责公司在规定所辖区域市场的全面拓展,并组织实施营销推广计划,以确保完成区域的销售目标;管理销售渠道和客户,并认真执行公司的各项规章制度,根据制订的区域年度销售目标制订相应的实施方案;负责本区域内商务洽谈,签订合同/协议;根据销售合同、协议的内容及执行情况,及时回收货款;预估产品的市场需求并制订计划;协助客户开展产品培训,开展公司各种促销活动;积极开展各项市场调查活动,能对公司的销售模式和销售政策提出意见和建议。

(2) 市场定位　本产品的网络销售价格为358元/瓶(12瓶起订),而目前我国白酒消费市场状况是:白酒每瓶100元以下,为生活饮用型;100~300元/瓶,为中低档宴请型;每瓶300元以上,为中高档宴请型。建议公司将产品定位于中高档宴请型用酒。将客户群体定位在高档的餐厅和酒楼、星级宾馆的餐厅、政府机关食堂、公司宴请用酒、婚宴用酒、礼品用酒、大企业宴请用酒。

(3) 营销战略　针对不同的客户群体,采用不同的销售方法,占领市场,达到销售公司产品的目的。

① 针对高档的餐厅、酒楼:采取常用的酒类酒楼销售方法,与酒楼达成合作协议(可能要交进店费,费用在5000元左右)。通过给酒楼提取开瓶费的方法,激发酒楼人员对产品的销售热情,达到提高公司产品销量的目的。如果无进店费,则可与酒楼营销部人员合作,通过给营销部人员回佣的办法,吸引酒楼营销部人员在接待(比如婚宴、公司宴请、会议用酒)

的时候,推荐公司产品,达到销售公司产品的目的。

②针对星级宾馆的餐厅:也可以采取上述的方法,达到提高销量的目的。

③针对政府机关食堂:可以通过采购推荐,或给政府的某项目活动的宴用提供酒品赞助,与客户对接,达到长期销售公司产品的目的。

④针对公司宴请用酒:选择效益好的公司,与该公司营销部合作,在该公司宴请客户的时候,使用我公司产品;也可通过销售折扣等方式,达到销售公司产品的目的。

⑤针对婚宴用酒:与酒楼宴会部合作,或者与婚庆公司、影楼等合作,获取信息,向客户推荐公司产品;结合实际情况,通过销售折扣等方式,达到销售公司产品的目的。

⑥针对礼品用酒:在不同的节日如中秋、端午、春节等开展营销活动;在已形成的客户网中,或通过当地的报纸、杂志等传媒,在当地推广,达到礼品销售的目的。

⑦针对大企业宴请用酒:业务人员与企业采购、办公室洽谈,用回佣或折扣的方式,在企业宴请客户的时候合作,为企业提供公司产品,达到销售公司产品的目的。

5. 推广活动主题

每一个新产品投入市场之前,都要设计一个可执行的推广策划方案,酒水也是同样。

(1)目的和方式

①目的:迅速提高品牌知名度,增加新品试用机会。

②方式:广告宣传、产品上市发布会、买赠促销、公关活动。

(2)导入期策略　集中资源,主推当地城市,全力塑造样板城市。除报纸软性广告和电视品牌广告外,以平面终端广告、大型路牌为主,电视广告为辅,注重终端售卖点的形象表现。如启动期组织大型产品上市会,媒体造势,带动分销商的积极性,开展通路促销,加快分销网络铺货率。其他地区以终端试饮、买赠(瓶盖兑换)等常规促销活动为主。

(3)发展期策略　媒体集中投放,选择报纸做促销平面广告,路牌继续增加,电视广告集中在黄金时段,重点城市主要路线车身广告,重点终端做店招广告的组合媒体方式。在终端建设上,加强样板终端的品牌形象包装。举办大型消费者促销系列活动。

(4)巩固期策略　适当举行系列公关活动,如文艺演出与社会关注的其他活动相结合等。

(5)公关造势　举办新产品上市发布酒会,以酒会方式组织媒体、分销商及主要餐饮店了解品牌。预估方式、内容、费用预算和效果。

(6)促销活动　以下是推广活动的提纲,具体执行方案请以实际方案为准:

第一,通路促销。

第二,消费者主题促销(手机电脑欧洲行,春夏秋冬奖不停)。在5～12月,开展终端消费买赠活动,通过抽奖、买酒送礼品等方式带动消费重点市场,从而提高本品牌在消费者中的知名度。

第三,常规性的消费者促销。5～12月,促销员工资以样板终端奖励为主,有效提高推介人员的积极性。

第四,公关。无论是在政治还是在经济方面,都需要政治公关策略。在产品推广方面公关是不可缺少的推广元素。

二、酒水销售渠道与销售技巧

（一）酒水销售渠道

1. 直接分销渠道模式

直接分销渠道模式是酒水生产企业采用产销合一的经营方式,酒水商品从生产领域转移到消费领域时不经过任何中间环节的销售渠道模式。其特点是没有中间商参与。

2. 间接分销渠道模式

间接分销渠道模式是酒水生产企业借助于中间商,将酒水商品传递给消费者,是采用得最多的一种酒水产品销售渠道模式。

3. 日用酒水消费品的分销渠道模式

（1）多家代理模式 酒水生产企业选择多家酒水经销商或代理商来构建分销渠道,以建立庞大的酒水销售网络。此种模式主要适用于大众化酒水产品,适用于农村和中小城市市场。

（2）厂家直供模式 生产企业不通过中间批发环节,直接向酒水零售商供货。适合于城市运作或公司力量能直达的地区。此种模式销售力度大,对价格和物流的控制力较强。

（3）独家代理模式 生产企业在某个区域只选择一个酒水代理商,使用该代理商的渠道、网络销售。

（4）平台式销售渠道模式 生产企业以酒水产品的分装厂为核心,由分装厂负责建立经营部,负责向各个零售点供应酒水商品,从而建立以企业为中心的分销网络。

4. 网络销售渠道

通过互联网销售酒水产品。

（二）酒水销售控制

在酒吧经营中,常见的酒水销售类型有 3 种,即零杯销售、整瓶销售和混合销售。这 3 种销售类型各有特点。因此,管理和控制的方法也各不相同。

1. 零杯销售

零杯销售的销售量较大,主要用于一些烈性酒如白兰地、威士忌等,葡萄酒偶然也会采用零杯销售的方式。销售时机一般在餐前或餐后,特别是餐后。客人用完餐,喝杯白兰地或甜食酒,一方面相聚闲谈,消磨时间;另一方面饮酒帮助消化。零杯销售的控制,首先必须计算每瓶酒的销售份额,然后统计出每段时期的总销售数,采用还原管制法控制酒水成本。

由于各酒吧采用的计量标准不同,各种酒的容量不同,在计算酒水销售份额时,首先必须确定酒水销售标准计量。目前,酒吧经常使用的计量单位有每份 30 mL、45 mL 和 60 mL 三种。同一饭店的酒吧,标准计量单位必须统一。标准计量确定以后,即可计算出每瓶酒的销售份额。例如,人头马 VSOP 每瓶的容量为 700 mL,每份计量设定为 1 盎司(约 30 mL),计算方法如下:

$$销售份额 = \frac{每瓶酒容量 - 溢损量}{每份计量} = \frac{700 - 30}{30} \approx 22.3（份）。$$

溢损量是指酒水在售卖过程中的自然蒸发消耗和服务过程中的自然滴漏消耗。根据国际惯例,这部分消耗控制在每瓶酒 1 盎司左右,均视为正常。根据计算结果可以得出每瓶人头马 VSOP 可销售 22 份。核算时,可以分别算出每份或每瓶酒的理论成本,并将之与实际成本比较,从而发现并及时纠正销售的缺失。

零杯销售的关键在于平常的控制。平常控制一般通过酒吧酒水盘存表来完成。每一个班次的当班调酒师必须按要求对比酒水的实际盘存情况,认真填写。

（1）酒吧酒水盘存表的内容

① 编号:酒水编号与酒水库中的酒水编号一致。该编号也适用于酒水领货单中酒水编号的填写。一般来说,在饭店内所有涉及酒水编号的内容基本都是一致的,即全饭店使用统一编号。

② 品名:酒吧所使用的酒水品种的名称。

③ 基数:开吧基数或晚班接班时酒水的基数。

④ 领进:领货的数量,一般每天领一次酒水,故根据领货时间在相应的班次中填写该栏目。

⑤ 调进、调出:在酒吧经营过程中,常因经营需要,在酒吧之间临时调拨酒水,每个班次都可能发生酒水进出酒吧的情况。

⑥ 售出:当班售出的酒水数量。

⑦ 实际盘存:每个班次结束时统计出的酒水的实际库存情况。

（2）酒吧酒水盘存表的填写方法

① 编号和品名:一般都根据饭店、酒吧的经营预先编制好,在印制表格时一并印上了,所以基本不需填写。但在表的最下方都会留出一两行空白,为的是调整或增加酒水的品种。

② 基数:依据是前一天或上一班次营业结束时的实际盘存数。只需参照实际盘存数如实填写即可。但为了减少交接班工作中的差错,在填写时应该核对实际盘存数与酒吧实际存货数。如果发现差错应立即报告,及时处理。

③ 调进、调出:以调拨单上的数字为依据,若没有调拨则无须填写。

④ 领进:酒水领进酒吧后要建账入库。所谓建账,就是在酒吧酒水盘存表的"领进"一栏,将领用的酒水数量如实填上,以确保每天酒水盘存数量准确无误。

⑤ 售出:售出数的依据是酒吧账单的销售数。每个班次结束前,由调酒师统计账单的"酒吧"联,然后将各类酒水饮料的销售数填写在盘存表"售出"一栏中。

⑥ 实际盘存:在填写完上述各项数目后,用"基数 + 领进 + 调进 - 调出 - 售出 = 实际盘存"的公式计算出各项酒水最后的实际库存数量,计算出的数量与酒吧实际库存数核对无误后,将该栏填上即可。

⑦ 调酒师:每个调酒师在完成酒水盘存表的各项数据填写后,需进一步确认,核对无误后,在"制表人"一栏填写自己的姓名,并完成盘存表的填写工作。

（3）酒吧酒水盘存表填写注意事项

① 字迹清楚,数字准确。凡有涂改,需当事人签字。

② 开吧基数和实际盘存的数量须与酒吧实际库存数量核对。

③ 调进、调出数量须与酒吧调拨单所填数量相同。

④ 领货数须与酒水领货单实际发放数量相符合。

⑤ 售出数据必须与账单统计的结果相符合。

⑥ 所有相关的表单须附在盘存表后,以便于管理人员审核。

⑦ 不同的酒水使用不同的计量单位。一般情况下,烈性酒以盎司为单位,听装饮料以听为单位,瓶装啤酒、饮料以瓶为单位,桶装饮料以桶为单位,中国白酒、葡萄酒以瓶为单位。

⑧ 盘存表各栏必须全部填满,不留空白;若无数据可填,则画上斜杠。

2. 整瓶销售

整瓶销售是指酒水以瓶为单位对外销售,在一些大饭店、营业状态比较好的酒吧较为多见,而在普通档次的饭店和酒吧则较为少见。为了鼓励客人消费,一些饭店和酒吧通常采用低于零杯销售10%～20%的价格对外销售整瓶酒水,从而进一步提高经济效益。但是,由于差价,常常也会诱使觉悟不高的调酒师和服务员勾结,把零杯销售的酒水以整瓶酒的售价进账,中饱私囊。为了避免此类作弊行为,减少酒水销售的损失,整瓶销售可以通过整瓶销售日报表严格控制,即每天按整瓶销售的酒水品种和数目填进日报表中,由主管签字后附上订单,一联交财务部,一联由酒吧保存。

此外,国产名酒和葡萄酒的销售量较大,而且以整瓶销售居多,对这类酒水的控制也可以通过整瓶销售日报表或酒水盘存表来实现。

3. 混合销售

混合销售通常又称为配制销售或调制销售,主要指鸡尾酒和混合饮料的销售。鸡尾酒和混合饮料在酒水销售中所占比例较大,涉及的酒水品种也较多。因此,销售控制的难度也较大。

酒水混合销售的控制比较复杂,有效的手段是建立标准配方。标准配方的内容一般包括酒名、各种调酒材料及用量、配制方法、载杯和装饰物等。建立标准配方的目的是使每种混合饮料都有统一的质量,同时确定各种调配材料的标准用量,以利于加强成本核算。酒吧经理则可以根据鸡尾酒的配方,采用还原控制法实施酒水的控制。先根据鸡尾酒的配方,计算出某一酒品在某段时期的使用数目,然后再按标准计量还原成整瓶数。计算方法是:

酒水消耗量＝配方中该酒水的用量×实际销售量。

实例 干马天尼配方是金酒2盎司,干味美思0.5盎司。假定某一时期共销售干马天尼150份,根据配方可算出金酒的实际用量为:

$2 \times 150 = 300$(盎司)。

每瓶金酒的标准份额为25盎司,则实际耗用整瓶金酒数为:

$300 \div 25 = 12$(瓶)。

混合销售完全可以将调制的酒水分解还原成各种酒水的整瓶耗用量来核算成本。

在日常管理中,为了正确计算每种酒水的销售数目,可以采用鸡尾酒销售日报表控制。每天将销售的鸡尾酒或混合饮料登记在日报表中,并将使用的各类酒品数目按照还原法记录在酒吧酒水盘点表上。酒吧经理核对两表中酒品的用量,并与实际储存数比较,检查是否有误差。

(三)酒水销售技巧

1. 基本要求

牢记酒水的价格、产地、香型及口感等内容,为回答客人的问题打下扎实的基本功。

在推销时切忌使用模棱两可的语言,如"差不多""也许""好像"等不确定词语。可以使用称赞的语言如"先生，您真的很有眼光，该酒品是我们店目前销售最好的酒水之一"。

2. 察言观色

在与客人短暂的接触之后，应能准确地判断出客人的消费水平，只有这样才能有针对性地为客人推销满意的酒水；通过客人之间的沟通聊天，了解到消费性质，并通过客人看菜单的眼神，辨别出客人的意图。

3. 推销的各种技巧

基本推销技巧是，在给客人推荐酒水饮料的时候，多使用选择疑问句。当客人确定了其中一种酒水时，再主动报出该类酒水的更多品种让客人选择。

（1）餐前推销技巧　当客人点完菜后可直接点酒水，结合自己收集到的信息（客人菜品的消费及通过聊天时收集到的信息），做合理的推销。

例如，先生，您好！今晚我们是喝点白酒、红酒还是来点其他的呢?"如果客人自带白酒，应说："先生，您好！今晚我们是喝点酸奶、果醋、鲜榨果汁还是来点其他饮料?"如果客人犹豫，则趁机说："今晚您喝的是白酒，要不来点无糖酸奶吧? 这样能保护胃。"

（2）餐中推销技巧　如果餐前推销失败，在"酒过三巡"后，宴席会进入高潮，服务员不失时机地推销酒店的菜品和酒水往往都能够获得成功。

（3）餐后推销技巧　餐后客人都有醉意了，可以提醒："先生，要不给各位来点蜂蜜水或者果醋、酸枣汁醒酒，好吗?"

（4）对小朋友的推销技巧　不经常光顾餐厅的小朋友来对餐厅的一切都会感到新鲜。问小朋友喜欢吃什么菜，他们一般都说不上来，但在挑选饮料上却恰恰相反。由于电视广告的作用，小朋友对品种繁多的饮料如数家珍。在接待小朋友时，要考虑推销哪种饮料才能让他喜欢。同时也要考虑父母的意见，建议推销健康饮料。

（5）对老年人的推销技巧　注意营养结构，重点推荐含糖量低、健康的饮品。例如，"您老不如品尝一下我们店的特色饮品，含糖低、营养丰富，还价廉物美，您不妨试一试!"

（6）对情侣的推销技巧　情侣去酒店用餐，往往比较注重餐厅的环境和氛围。浪漫的就餐氛围会吸引更多的情侣光顾。服务员在工作中要留心观察，如果确定就餐客人是情侣关系，可以针对男士要面子、愿意在女士面前显示自己的实力与大方的特点，适当推销一些价格稍高的饮品。

（7）对爱挑剔客人的推销技巧　对于爱挑毛病的客人，服务员首先要以最大的耐心和热情来服务，对客人所提意见要做到"有则改之，无则加勉，不卑不亢，恰当解答"。要尽可能顺着客人的意思去回答问题。在推销酒水时，要多征求客人的意见，例如，"先生，不知道您喜欢什么口味的饮料，您提示一下好吗，要不我给您推荐几款现在销售不错的饮品?"切记，无论客人如何挑剔，都要保持微笑。

（8）对犹豫不决的客人的推销技巧　有些客人在点饮品时经常犹豫不决。这种客人大多属于随波逐流型的，没有主见，容易受别人观点的左右。服务员要把握现场气氛，准确地为客人推荐出想销售的饮品，并讲解所推荐的饮品。一般这类客人很容易接受推荐的饮品。

（9）对消费水平不高的客人的推销技巧　一般来说，工薪阶层的客人消费能力相对较弱。他们更注重饭菜的实惠，要求酒水价廉物美。在向这些客人推销时，一定要掌握好度，要学会尊重他们，过多地推销高档菜品会使他们觉得窘迫，很没面子，甚至会刺伤客人的自尊心,容易使客人产生店大欺客的心理。所以在推销高档菜品或酒水时,要采取试探性的推销方法,如果客人坚持不接受,就需要在中、低档菜品或酒水上做文章。切记,消费水平不高的客人同样是酒店尊贵的客人,厚此薄彼会使这些客人永不回头。

思政链接

中国酒文化之酒肆

1. 古代酒肆:千年酒香,醉梦人间

在历史的长河中,酒肆是古代社会生活的缩影,见证了无数繁华与沧桑。从商代的初现端倪,到唐代的鼎盛辉煌,再到宋元的精细奢华,直至明清的延续创新,酒肆不仅承载着古代酒文化的深厚底蕴,更映照出古代社会生活的多彩多姿。

2. 商周初现,酒香初溢

当青铜器的光芒照耀着古老的土地,酒肆便悄然出现在市井之中。那时的酒肆规模虽小,却已具备商业交易的基本功能,成为商人们交流信息、放松身心的场所。随着周人筑城立市,酒肆逐渐融入城市的血脉,成为市井生活不可或缺的一部分。

2. 春秋战国,酒肆渐兴

春秋战国时期,百家争鸣,士人阶层崛起,酒肆也随之迎来了新的发展机遇。孔夫子等游说家常常在酒肆中交流思想,探讨治国之道,而专业的酒女也开始出现,她们以优雅的姿态和精湛的技艺,为酒肆增添了几分风情与雅致。

3. 汉代普及,酒肆遍地

到了汉代,酒肆已经遍布城乡,成为社会各阶层人士休闲娱乐的重要场所。无论是繁华的都市还是偏远的乡村,都能见到酒肆的身影。私营酒肆成为主流,小酒楼、大酒楼各具特色,满足了不同消费者的需求。同时,美女营业的风尚也愈发盛行,异域风情的姑娘沿街叫卖美酒,成为一道独特的风景线。

4. 唐代鼎盛,酒肆繁华

唐代是中国古代酒肆发展的鼎盛时期。随着酿酒技术的进步和城市经济的繁荣,酒肆行业迎来了前所未有的发展机遇。长安、洛阳等大城市中,酒楼林立,装修豪华,服务周到。酒肆内常常设有歌舞表演,增添了饮酒的乐趣。文人墨客、达官贵人在这里聚会交流,留下了许多脍炙人口的诗篇和故事。

5. 宋元精细,奢华再现

宋代酒肆在继承唐代繁华的基础上,更加注重细节和品质。官营与民营并存,大酒肆与小酒肆各具特色。东京的酒楼装修气派非凡,酒单和菜谱齐全,为消费者提供了高质量和多样化的饮食服务。

元代酒肆继续保持着繁荣的局面,尤其是杭州等大城市中的豪华酒楼更是引人注目。酒肆老板们纷纷采用各种营销手段吸引顾客,其中酒伎招客成为一大特色。这些酒伎不仅容貌出众,还具备各种才艺,为酒肆增添了几分文化气息。

6. 明清延续,创新不断

明清时期,酒肆文化在继承前代的基础上不断创新发展。随着大中城市数量的增加和商业的繁荣,酒肆行业得到了进一步发展。此时首次出现了"酒店"的称呼,标志着酒肆行业向更加规范化、专业化方向发展。清代酒肆文化依然繁荣不衰,各地出现了许多具有地方特色的酒楼和酒店,满足了不同消费者的需求。

清代酒肆的经营类目也更加多样化,除了提供传统的酒水服务外,还引入了歌舞、戏剧、曲艺、杂技等民间艺术表演形式。在北京等大城市中,小酒店虽然店面简朴但内容丰富多样,成为市民休闲娱乐的重要场所。同时,酒肆还成为文人雅士聚会交流的重要场所,许多著名的诗词歌赋都在这里诞生并流传千古。

作为古代社会生活的缩影和酒文化的重要载体,古代酒肆见证了无数繁华与沧桑。从商代的初现端倪到明清的延续创新,酒肆不仅承载着古代酒文化的深厚底蕴,更映照出古代社会生活的多姿多彩。今天,当我们再次走进那些古老的酒肆遗址,或是品尝着传承千年的美酒时,仿佛还能感受到那份穿越时空而来的醉人酒香和浓厚文化底蕴。

国赛真题演练

营销活动方案设计题

选手(每队2人)进入综合能力测评比赛现场。根据抽取的赛题,在电脑上完成酒水营销活动方案设计及推广海报制作,并将作品保存在电脑桌面上,由工作人员打印后提交。

竞赛任务场景:春节即将到来,请你作为悦来中餐厅的酒水销售主管,为本次春节酒水活动推广撰写销售活动方案。餐厅推出的春节主打菜品为北京烤鸭(此餐厅的酒单为模块一酒水品鉴中提供的葡萄酒酒单)。

答题要求:针对以上任务场景提供的信息,请选手完成以下任务:

1. 从餐厅酒单中选择一款适合搭配主打菜品的葡萄酒并说明原因。
2. 撰写1份要素完整的酒水营销活动方案(不少于800字)。
3. 制作此款葡萄酒的营销活动海报1份。

项目十　酒单的策划与定价

⊞ 学习重点

1. 了解酒单的作用。
2. 理解酒单定价的整体观念。
3. 知道酒单制定依据。
4. 能根据原料设计鸡尾酒并完成酒谱填写。

⊟ 学习难点

1. 理解酒单定价的战略观念。
2. 创意鸡尾酒酒谱的填写。

⊡ 项目导入

　　作为酒吧核心服务与产品的精炼展现,酒单不仅是顾客探索美味与佳酿的指南,更是酒吧品牌形象与经营策略的缩影。它精心策划了各式饮品、精致小吃、缤纷果盘及特色美食的丰富组合,通过巧妙的编排与设计,跃然纸上,为每一位踏入酒吧的顾客开启一场味蕾的盛宴。在酒单的制定过程中,定价策略扮演着至关重要的角色。合理的定价不仅能够准确传达出每款产品的独特价值,还能有效平衡成本与市场接受度,进而促进销售增长,巩固酒吧在竞争激烈的市场中的优势地位。

任务一　酒单概述

　　设计一份精致的酒单,犹如绘制一幅艺术品,外观的吸引力与内容的丰富性并重。酒单旨在以视觉盛宴为开端,引领顾客步入一个充满温馨与愉悦的品酒之旅。酒单上应琳琅满目地展示特色酒品,每款酒都附有详尽而生动的描述,从酒的诱人形态到其深远产地,从酒庄的历史韵味到等级的权威认证,乃至年份的珍贵印记与价格的合理定位。

一、酒单的作用

酒单,作为酒吧日常运营的基石,不仅是酒吧经营计划的执行核心,更是连接顾客与经营者之间的桥梁,对酒吧的整体运营与盈利能力具有深远影响。

1. 酒吧经营计划的重要导引

在酒吧错综复杂的运营体系中,酒单是服务循环的起点,更是整个系统高效运转的驱动力。相较于传统观念中原料采购的先行地位,现代酒吧管理愈发重视酒单设计的先导性,视其为组织计划酒吧服务的首要任务。酒单不仅明确了采购清单,更以其独特的设计理念和内容布局,影响着酒吧服务的每一个环节,确保整个系统和谐共生,高效运转。

2. 酒吧经营实施的坚实基础

作为酒吧经营计划实施的基础,酒单在多个维度上发挥着关键作用。它不仅是原料采购与储存的指南,决定着采购的品种、数量及储存条件,确保原料的充足与新鲜;同时,它还引导着酒吧厨房设备与用品的选购,确保设备规格、数量与饮品需求相匹配。此外,酒单还深刻影响着调酒师与服务员的选用及培训方向,要求他们具备与酒吧风格相契合的专业技能与服务理念。更重要的是,酒单是成本控制的关键工具,通过合理设定饮品成本率与利润率,优化饮品结构,为酒吧盈利奠定坚实基础。

3. 顾客与经营者沟通的桥梁

酒单不仅是信息的载体,更是顾客与经营者之间情感交流的桥梁。它承载着酒吧的产品信息、价格策略及经营理念,向顾客展示着酒吧的独特魅力与特色。顾客通过酒单了解饮品选择,表达个人喜好与需求;而经营者则通过酒单向顾客传递服务信息,推荐特色饮品,实现双方的良性互动与沟通。这种基于酒单的交流,不仅促进了饮品的销售,更加深了顾客对酒吧品牌的认知与忠诚度。

4. 饮品销售的控制中枢

作为饮品销售的控制工具,酒单为管理人员提供了宝贵的销售数据与分析依据。通过对酒单上各项饮品的销售情况、顾客反馈及价格敏感度进行定期分析,管理人员能够及时发现饮品生产计划、调制技术、定价策略及选择范围等方面的问题,并据此进行针对性改进。这种基于数据的精细化管理,有助于提升饮品质量与服务水平,进而推动酒吧盈利能力的持续增长。

5. 酒吧促销的艺术舞台

酒单(图 10-1)不仅是饮品信息的展示窗口,更是酒吧促销的创意舞台。通过精美的艺术设计、生动的图画图案以及富有文化气息的文字描述,酒单能够激发顾客的购买欲望与品尝兴趣。同时,酒吧还可以将酒单制作成精美的宣传品,在扉页上印制酒吧简介、地址、服务内容等信息,进一步提升品牌形象与知名度。这种集实用性与艺术性于一体的酒单设计,无疑为酒吧的促销活动增添了无限魅力与可能。

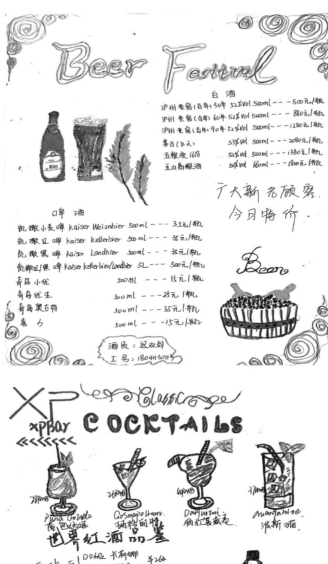

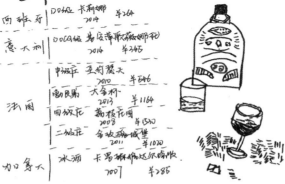

图 10-1　酒单

二、酒吧饮品的分类

1. 分类

饮品的选择是制订酒单最关键的一项工作。酒单首先要明确谁是饮料的消费群,即明确不同酒吧消费者的需要各是什么。尽管在市场上销售量最大的前4种饮料是软饮料、果汁饮料、牛奶和啤酒,但具体到某类或某个酒吧就会有很大的差异。酒吧选择的饮品种类没有固定的模式,要依酒吧的经营类型来选择适合顾客口味的各档次的酒品,同时确定其配送方式。根据习惯,下面我们介绍两种常见的酒水分类方法。

（1）国外酒吧对饮料的习惯分类　分为餐前酒（开胃酒）、雪利酒和波特酒、鸡尾酒、无酒精鸡尾酒、长饮（冷饮）、威士忌、朗姆酒、金酒、伏特加、烈酒、干邑、利口酒（餐后甜酒）、啤酒、特选葡萄酒、软饮料、矿泉水、热饮、果汁、小吃果盘。不同类型和档次的酒吧,根据以上所列酒品类别和目标市场、当地市场的供应情况,选择具体不同品牌的酒水。

（2）国内对酒吧经营品种的习惯分类　分为烈性酒类、鸡尾酒及混合饮料、葡萄酒和果酒类、啤酒、软饮料、热饮、水果拼盘、佐酒小吃、食品。这种分类方法适合中国人偏好国产酒和要求在饮酒过程中配备一些小食品的饮酒习惯。但这种分类方法并非一成不变,如有的酒吧根据顾客的需求及消费特将"茶水"单列一类或将"咖啡"单列一类。而有的项目在原料不能供应或顾客不感兴趣的情况下就删去了。酒吧为了突出自己的主题特色,必须根据目标顾客的需求及消费特点进行适当的调整。

2. 酒吧饮品的选择

根据上述酒单的分类,酒吧要选择具体的酒水品牌。一般来说,选择名酒有助于提升酒吧的名声。这是由于名酒是厂家用了几十年甚至更久的时间,投入了巨额的广告宣传费用促成的。顾客知道哪些是威士忌、杜松子酒、葡萄酒或啤酒中的名品,哪些是世界著名的白兰地。将名酒列在酒单上,大多数顾客到酒吧就会按品牌买自己爱喝、习惯喝的酒。这样,酒吧就可以充分利用名酒的市场影响力来进行销售。

（1）雪利酒与波特酒　通常做开胃酒用,有的酒单不另归一类,而是列在开胃酒类,以"雪利酒与波特酒"做标题。干口味的仅供餐前饮用,甜口味的还可以餐后饮用。

（2）软饮料　酒单中常用的软饮料品种有可口可乐、雪碧、苏打水、汤力水、矿泉水等。

（3）热饮料　通常包括咖啡、牛奶、茶、可可等。讲究的酒吧常配备名牌咖啡和茶。热饮料和软饮料通常是酒吧酒单上价格比较低的饮料。

（4）小食品　酒吧一般都提供一些简单的食品供顾客下酒。酒吧供应的小食品无论是哪一类都应当是当地比较受欢迎的名牌产品。常见的小食品有三明治、馅饼类,饼干、面包类,油炸小食品,坚果类,蜜饯类,肉干类,干鱼片、干鱿鱼丝,水果拼盘类。

三、酒单的分类及式样

1. 酒单的分类

酒单是酒吧酒水产品的目录表。随着酒吧经营和市场需求的多样化,各酒吧都在根据自己的经营特色来策划酒单。因此,按照酒吧的经营特色,酒单可分为主酒吧酒单、大堂酒吧酒单、西餐厅酒单、中餐厅酒单、客房小酒吧酒单。

2. 酒单的式样

酒单形式、颜色等都要和酒吧的等级、气氛相适应,所以酒单的式样不拘一格。可采用桌单、手单及悬挂式酒单3种,以前两种形式最为常见。酒单可以折叠成不同的形状,常见的有正方形或长方形;还可以制作成各种特殊的形状,如圆形,或类似圆形的心形、椭圆形等式样。

3. 常用酒单介绍

各种类型的酒吧因经营的方式和内容不同,提供的酒水差异很大。酒单的式样也就各异,下面介绍几种常见的酒单式样。

(1)主酒吧酒单 主酒吧是提供酒水服务的场所,因而酒品的品种比较齐全。各种主酒吧酒单上酒品的类别出入不大,但规模大、档次高的酒吧,酒水较名贵些,品种也多些;档次低的酒吧,供应酒水的档次低,品种亦少一些。有些酒吧还提供一些简单的快餐、点心和小吃,这些也要反映在酒单上。

(2)西餐厅的餐酒单 餐酒单(图10-2)主要用于西餐厅,酒单上列有种类较齐全的各种葡萄酒。这类酒单所列酒品或以产地分类,或以酒水特征分类。

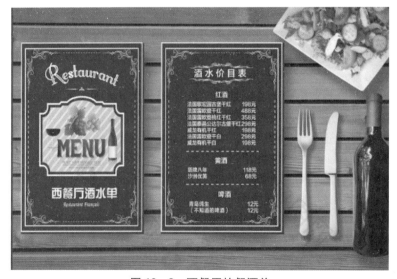

图10-2 西餐厅的餐酒单

(3)餐厅酒单 要反映顾客用酒水的顺序以及与所点菜品的搭配。餐厅根据经营方式和类型的不同,有些将酒单附在菜单上,有些则单独开列。餐厅顾客一般在餐前、餐间和餐后喝不同的酒水。餐前酒主要有鸡尾酒(马天尼、曼哈顿、各种酸酒等)、开胃酒、啤酒和葡萄酒;佐餐酒主要有各种葡萄酒、啤酒和软饮料;餐后酒主要有各种葡萄酒、利口酒和干邑白兰地等;之后可以排列各式冷热饮料。

(4)娱乐厅酒单 卡拉OK、舞厅、迪厅等娱乐场所的酒水单。这些娱乐厅所供应的酒水不能影响整个酒吧的经营活动,所以酒单要针对顾客娱乐活动的特点,多提供一些低酒精或无酒精的碳酸饮料、矿泉水、果汁等软饮料,以及一些餐前、餐后的混合酒。对于KTV包间,因不影响他人,可适当增设一些酒精饮料。

任务二　酒单定价

一、酒单定价观念

1. 酒单定价的整体观念

价格不是一个独立的因素,它是酒单计划的一部分,与酒吧营销的其他因素互相影响,相辅相成。一方面,酒吧既定的营销目标、促销手段都要求相应的价格与之相协调;另一方面,酒吧的上述决策、方案又以一定的价格水平作为条件。价格方案的变化及其实施,对整个营销方案产生深刻的影响,引起其组合的变动。因此,酒单定价必须从整体出发,既要适应企业外部环境因素,特别是消费者需求和市场竞争因素的要求,又要服从酒吧制订的经营目标。也就是说,酒吧的定价决策,必须纵观全局,由整体营销观念指导。

2. 酒单定价的策略观念

酒吧在定价时,首先必须明确目标市场,即选定为哪一类顾客服务。确定了具体的服务对象,才能根据其实际情况和要求制定价格策略。其次是产品定位,即提供何种饮品及该饮品在同类酒吧市场所处的地位。当明确了酒吧及市场位置后,可以采用相应的定价策略。酒吧常用的定价策略有市场暴利价格策略、市场渗透价格策略及短期优惠价格策略。

(1)市场暴利价格策略　酒吧开发新产品时,会将价格定得很高,以牟取暴利。当别的酒吧也推出同样产品而顾客开始拒绝高价时再降价。市场暴利价格往往在经历一段时间后会逐步降价。这项策略运用于酒吧开发的新产品,产品独特性大,竞争者难以模仿,产品的目标顾客一般对价格敏感度小。采取这种策略能在短期内获取尽可能大的利润,尽快回收投资。但是,由于这种价格政策能使酒吧获取暴利,因而会很快吸引竞争者,引起激烈的竞争,从而导致价格下降。

(2)市场渗透价格策略　市场有同类饮品的情况下可将产品价格定得很低,目的是为使产品迅速地被消费者接受,使酒吧能迅速打开和扩大市场,尽早在市场上取得领先地位。由于获利低而能有效地防止竞争者挤入市场,使自己能长期占领市场。市场渗透政策用于产品竞争性大、容易模仿且符合目标顾客需求的价格弹性较大的新产品。

(3)短期优惠价格策略　许多酒吧在新开张时或开发新产品时,暂时降低价格使酒吧或新产品迅速进入市场,为顾客所了解。短期优惠价格与上述市场渗透价格策略不同,在产品的引进阶段完成后就可提高价格。

3. 酒单定价的目标观念

酒吧定价必须选择一定的目标为定价的出发点。

(1)以取得满意的投资报酬率为目标　主要考虑酒吧的投资回收及期望利润来制定价格。

(2)以保持或扩大市场占有率为目标　以价格手段来调节酒吧产品在市场中的销售量。一般地,价格较低容易吸引更多顾客,使酒吧市场占有率上升。

（3）以应对或避免竞争为目标　价格是竞争的重要手段之一。在酒吧业迅速发展的今天，酒单定价必须考虑竞争因素。

（4）以追求最佳利润为目标　立足酒吧的长期最大利润来定价。实现这一目标，不能只顾眼前利益，盲目地以高价追求短期最高利润，而应根据不同的市场情况和营销组合因素，灵活定价，使其总体上长远发展并达到利润最大。

二、影响酒单定价的因素

为使酒吧在竞争中立于不败之地，在制定价格时，要仔细地研究影响定价的多方面因素。在众多的因素中，成本和费用是最根本的因素。确定产品的价格时首先要确保酒吧能够保本并且能获得一定的利润；同时还要考虑顾客的需求、产品的竞争状况以及对产品价格有影响的其他因素。

（一）成本和费用因素

成本和费用是确定价格的重要因素。要掌握饮料成本和费用的特点，密切注意影响成本费用变动的因素，采取相应的价格措施降低成本和费用，使酒单价格具有竞争力。

1. 酒水成本和费用的构成

（1）酒水成本　饮料原料成本是酒吧产品价格的最主要组成之一，主要指酒水的购进价，占价格的比例很大。一般而言，档次越高的酒吧原材料成本率越低，通常是售价的30％。低档次的酒吧原料成本占售价比例较高，有的超过70％。饮料中零杯酒和混合饮料的成本率要低于整瓶酒。掌握酒吧产品中原材料的成本以及各类产品的成本应占售价比例的大小，是酒单产品定价的最主要的基础之一。

（2）营业费用　需要考虑的第二项重大开支就是营业费用。营业费用是酒吧经营所需要的一切费用，包括人工费、折旧费、水电燃料费、维修费、经营用品费等。

2. 饮料成本和费用的特点

（1）变动成本较高，固定成本较低　变动成本是其总额随着产品销售数量的增加而按正比例增加的成本。饮料的原料成本以及营业费用中的燃料、经营用品（如餐巾纸、火柴等）、水电、人工费用等中有一部分随销售数量变动而变动；而固定成本是不随产品销售数量的变动而变动的。在饮料产品中，折旧费、大修费、大部分人工费等不随销售数量的变动而变动。低档酒吧变动成本比例高，而高档酒吧固定成本比例略高些。掌握饮品中哪些是变动成本、哪些是固定成本及各自所占比例，对于价格的优惠政策的确定具有十分重要的意义。如果饮料及其他变动成本占价格的70％，那么价格折扣率最大不能超过30％。否则，每多销售一份饮料会减少一份酒吧的利润。

（2）可控制成本高，不可控制成本低　除了企业不能完全控制市场进价之外，饮料成本的高低还取决于对采购、加工、调制和销售各个环节的控制。在营业费用中除了折旧费和大修费用之外，其他各项费用均可以通过严格的管理来控制并设法减少。在定价时要掌握哪些成本费用是可以控制的，并控制其影响，它有利于价格水平的确定。

3. 影响成本费用变动的市场因素

在成本和费用中有好多因素是管理人员无法控制的，如原料成本和营业费用中，大部分受物价指数和通货膨胀率变动的影响。物价上涨，各种饮料的原料价格、水电费、燃料费、经营用品、职工的工资都相应提高。人们口味变化也会导致饮料原料价格的变动。近年来,人们开始喜欢天然的果汁和矿泉水,致使其价格上升;而人们对高度酒的冷淡也造成了高度酒价格的下降。管理人员要注意这些影响因素,摸清市场行情,并制订相应的价格策略,以灵活的价格来适应这些变化,使企业不受损失。

(二) 顾客因素

仅考虑成本和费用因素是不够的,因为这种价格往往不一定能被顾客接受,因此,酒吧产品的定价还要考虑顾客因素。

1. 顾客对产品价值的评估

酒吧产品的成本高并不说明顾客认为它的价格就高。酒吧产品的价格也取决于顾客对产品价值的评估。顾客认为价值高的产品,价格可以定得高一些;反之,应定得低一些。一般来说,顾客对酒吧产品的价值是根据以下几点评估的:

(1) 饮品的质量　饮品的色、香、味、形等。一杯精心调制和装饰的饮品,给客人在色、香、味、形上感觉好,或者是名品酒,如人头马 XO 等,顾客就认为其价值高,就愿意多花钱。

(2) 服务质量　对需要较复杂服务的饮品,如彩虹鸡尾酒,顾客认为其价值高,愿意付高一点的价钱。

(3) 环境和气氛　酒吧设施高档,气氛高雅,酒吧饮品被认为价值高。

(4) 酒吧的地理位置　酒吧位于优越的地段,其产品被认为价值高。

2. 考虑顾客对产品的支付能力

不同类别的顾客对饮品的支付能力不同,要研究酒吧不同目标顾客群体对产品的支付能力。例如,收入高、经济条件好的顾客,支付能力强;学生及经济条件差的人其支付能力就差。管理人员应制订相应的价格策略来适应顾客的支付能力。

3. 研究顾客光顾酒吧的目的

顾客光顾酒吧的目的不同,愿意支付的饮品价格也各不同。顾客光顾酒吧的动机主要有同朋友叙旧、娱乐消遣、发泄放松、慕名光顾、感受环境、品尝饮品等。

管理人员研究顾客光顾酒吧不同动机的价格心理,采取不同的产品和价格对策去迎合顾客的需要,这样的产品和价格政策就会成功。

4. 其他因素

还有许多其他因素影响顾客对价格的承受程度。例如,顾客光顾酒吧的频率、结账方式、酒吧竞争对手、同种饮品价格等。

总之,管理人员要研究各种顾客因素对价格的影响,以采取相应的价格对策。

(三) 竞争因素

市场竞争非常激烈,而价格往往是影响竞争能力的重要因素。只有认真地研究酒吧的竞争状况和相对的竞争地位,采取相应的价格政策,才能使酒吧的饮品在竞争中生存下去并战胜竞争对手。

1. 研究酒单产品的竞争形势

管理人员要分析酒单产品所处的竞争形势,竞争程度越激烈,价格的需求弹性越大。只要价格稍有变动,需求量就变化很大。如果酒单产品处于十分激烈的竞争形势下,企业通常只能接受市场的价格。

2. 分析酒单产品所处的竞争地位

酒吧产品的竞争来自两个方面。

（1）同一地区同类酒吧产品间的竞争　酒吧经营项目越相似，档次越接近，竞争就越激烈。只依照成本费用定价是不适宜的，应把竞争状况考虑进去，既可以采用略低一点的价格竞争原则争取顾客，也可以在保持原来价格不变的基础上提高服务质量，提高声誉，吸引顾客。

（2）同一地区内不同类酒吧的竞争　顾客一般会受新的娱乐方式的吸引，追求新的享受和乐趣。这就有必要对价格做全面的调整，稳住原来的老顾客，争取新顾客。

3. 分析竞争对手对本酒吧价格政策的反应

在制订价格政策、调整价格之前，要分析竞争对手对酒单价格的反映。如果为增加销售数量而想降低饮品价格，先要研究和注意竞争对手采取什么对应措施，分析它们是否也会降价而引起价格战。如果原料进价上涨，拟对酒单价格做大调整，也要分析竞争对手会采取什么措施。如果它们保持原价格不变，对本店销售会有什么影响？因此，酒吧产品的竞争状况是影响价格制定的重要因素。

三、酒单定价方法

（一）以成本为基础的定价方法

1. 原料成本系数定价法

原料成本系数定价法是基于每份饮品的原料成本以及预设的成本率来确定售价。基本步骤如下：

（1）计算原料成本　准确计算出每份饮品所需的原料成本。数据通常来源于实际调制使用汇总，并在标准酒谱或配方中以每份饮料的标准成本列出。

（2）确定成本率　成本率是餐饮企业为了覆盖成本并获取一定利润而设定的一个比例。例如，若经营者计划成本率为 40%，则售价中 40% 用于覆盖原料成本，剩余的 60% 则作为其他费用（如人工、租金、税费等）和利润。

（3）计算成本系数　成本系数是成本率的倒数，用于将原料成本转换为售价。成本率为 40%，则成本系数为 $1/0.4 = 2.5$，即售价将是原料成本的 2.5 倍。原料成本系数定价法的公式为

$$售价 = 原料成本额 \times 成本系数。$$

例如，根据鸡尾酒的配方，分别计算出各成分的标准成本，加总得到鸡尾酒的总原料成本。将总原料成本乘以成本系数（如 2.5），即可得出鸡尾酒的售价。

对于酒吧中按杯或按盎司出售的同类酒水，为了简化计算和提高效率，通常设定相同的价格。以软饮料为例，具体方法如下：将雪碧、可乐等软饮料的购进价（或单位成本）进行汇总。使用预设的成本率（如 40%）来计算总成本需要被放大的倍数，即成本系数的倒数（在这个例子中是 2.5）。

这里有一个误解需要纠正。由于要求的是每种软饮料的单独售价，而不是总售价再平均分配到每种饮料上。实际上，应将每种软饮料的购进价分别乘以成本系数（2.5），而不是先汇总再除以种类数。这样，每种软饮料都会根据其购进价和成本系数得到独立的售价。

原料成本系数定价法为餐饮企业提供了一个简单而有效的定价工具,准确计算原料成本和合理设定成本率,可以确保企业在覆盖成本的同时实现盈利。

2. 毛利率法

$$销售价格 = 成本 /(1 - 毛利率)。$$

毛利率是根据经验或经营要求确定的,故亦称计划毛利率。

3. 全部成本定价法

销售价格 =（每份饮品的原料成本 + 每份饮品的人工费 + 每份饮品的其他经营费用）/（1 - 要达到的利润率）。

每份饮品的原料成本可直接根据饮用量计算;人工费用(服务人员费用)可由人工总费用除以饮品份数得出,也可由此办法计算出每份的经营费用。

4. 量、本、利综合分析定价法

量、本、利综合分析定价法是根据饮品的成本、销售情况和盈利要求综合定价。其方法是将酒单上所有的饮品根据销售量及其成本分类,每一饮品总能被列入下面4类中的一类:①高销售量,高成本;②高销售量,低成本;③低销售量,高成本;④低销售量,低成本。虽然②类饮品是最容易使酒吧受益的,但实际上,酒吧出售的饮品4类都有。这样,在考虑毛利的时候,把①、④类的毛利定得适中一些,而把第③类加较高的毛利,第②类加较低的毛利,然后根据毛利率法计算酒单上的酒品价格。

这一方法综合考虑了顾客的需求(表现为销售量)和酒吧成本、利润之间的关系,并根据成本越大,毛利率应该越大;销售量越大,毛利率可能越小这一规则定价。

酒单价格还取决于市场均衡价格,价格高于市场价格,就把客人推给了别人;但若大大低于市场价格,酒吧盈利就会减少,甚至会亏损。因此,在定价时,可以经过调查分析或估计,综合以上各因素,把酒单上的酒品分类,加上适当的毛利。有的取较低的毛利率,如20%;有的取较高的毛利率,如80%;还有的取适中的毛利率。这种高、低毛利率也不是固定不变的,在经营中可随机适当调整。

量、本、利综合分析定价法看上去比较复杂,有一定难度,但经过经营者的一些调查分析,综合考虑多种因素之后,定价必定是比较合理并能使酒吧经营得益的。而且,这些市场调查分析的结果,能使酒吧经营服务得到不断改进。

(二) 以竞争为中心的定价方法

价格是酒吧增强竞争能力、扩大市场销售率的有效手段,以竞争为中心的定价方法就是密切注视和追随竞争对手的价格,以达到维持和扩大酒吧市场占有率和扩大销售量的目的。

1. 随行就市法

这是一种最简单的定价方法,即使用同行的酒单价格。使用这种方法要注意以成功的酒单为依据,避免不成功的定价。这种定价方法有很多优点,如定价简单,容易被一部分顾客接受;方法稳妥风险小;易于与同行协调关系等。

2. 竞争定价法

这是以竞争对手的售价为定价依据制订的酒单价格。

(1) 最高价格法　在同行业的竞争对手当中,同类产品总是高出竞争对手的价格。该定价法要求酒吧具有一定的实力,即尽可能地提供良好的酒吧环境氛围,提供一流的服务和一流的饮品,以质量取胜。

(2)同质低价法 对同样质量的同类饮品和服务定出低于竞争者的价格。该方法一方面,用低价争取竞争对手的客源,来扩大和占领市场;另一方面,加强成本控制,尽可能降低成本,提高经营效率,薄利多销,既最大限度地满足消费者的需要,又使企业有利可图。

(三)考虑需求特征的定价方法

在一般情况下,市场对酒吧产品的需求量同价格高低成反比,即价格高则需求量小,价格低则需求量大。然而,酒吧类型与产品的不同使其需求特征也不相同。下面是不同需求特征的几种定价方法。

(1)声誉定价法 以注重社会地位、身份的目标顾客的需求特征为基础。这类顾客要求酒吧的环境好、档次高、服务质量好、饮料品牌好。酒单的价格是反映饮品质量和个人地位的标志。针对这类服务,酒单价格应定得高一些。这种定价方法常用于高档酒吧。

(2)抑制需求定价法 某些大众饮品成本低,需求大。它的定价会影响到其他饮品的消费。对这类饮品一般采用抑制需求的方法,即把价格定得非常高。如有的酒单上,一壶茶定价200元左右。

(3)诱饵定价法 一些对其他饮品能起连带需求作用的饮品和小吃,采用低价定价法来吸引顾客光顾,起到诱饵作用。

(4)需求反向定价法 首先调查顾客愿意接受的价格,作为出发点,反过来调节饮品的配料数量和品种,调节成本,使酒吧获利。

任务三 酒单设计

一、酒单设计依据

(1)目标人群定位 明确酒吧的目标群体,如年轻人、商务人士或文化爱好者等,并根据其喜好和消费习惯设计酒单。例如,面向年轻人的酒吧可能会突出啤酒、鸡尾酒等低度酒,而面向商务人士的酒吧则可能更注重葡萄酒和高端烈酒的选择。

(2)顾客群体差异 考虑不同顾客群体的消费习惯和需求,设计多样化的酒单选项。例如,为女性顾客提供低度酒、香槟和果味鸡尾酒,为男性顾客提供烈酒和精酿啤酒等。

(3)特殊群体关注 确保酒单中有适合不同消费水平顾客的酒水选择。既要有价格亲民的普通酒水,也要有高端名贵的精品酒水,以满足不同顾客的消费需求。

(4)时尚潮流变化 定期更新酒单内容,紧跟酒水时尚潮流和顾客口味变化。例如,随着健康意识的提升,可以增加低糖、无酒精或有机酒水的选项。

二、酒单设计要求

(1)图文结合 酒单封面和内页应设计精美,图文并茂。使用高清实物图片展示酒水外观,配以中英文对照的详细描述和价格信息。字体印刷清晰可读,确保顾客在酒吧光线下也能轻松辨认。

（2）材质耐用　选择耐久性强、易于清洁的材质制作酒单,如重磅铜版纸或防水防污的特种纸。确保酒单在频繁使用过程中仍能保持美观和整洁。

（3）色彩搭配　根据酒吧整体风格和氛围选择合适的色彩搭配方案。色彩应鲜明而不刺眼,能够突出酒吧的特色和品牌形象。随着文化潮流的变化适时调整色彩元素以保持新鲜感。

（4）注意事项

① 排列有序:将热门酒水或重点推销的酒水放在酒单显眼位置,便于顾客快速找到并下单。

② 及时更新:避免随意涂改酒单内容,确保信息的准确性和时效性。如需调整酒水种类或价格等信息,应及时更换整体酒单或采用活页设计以便灵活调整。

③ 表里如一:确保酒单上的信息与酒吧实际提供的酒水完全一致,避免给顾客造成误解和不满。

三、酒单制作技巧

酒单的制作是一项技巧与艺术相结合的工作,应综合考虑以下因素。

1. 酒单的样式应多样化

一个好的酒单设计,要给人秀外慧中的感觉。酒单形式、颜色等都要和酒吧的水准、气氛相适应。所以,酒单的形式应不拘一格。酒单的形式可采用桌单、手单及悬挂式 3 种。可采用长方形、圆形、或类似圆形的心形、椭圆形等样式。

（1）桌单　具有画面、照片等的酒单折成三角或立体形,立于桌面,每桌固定一份,客人一坐下便可自由阅览。这种酒单多用于以娱乐为主及吧台小、品种少的酒吧,简明扼要,立意突出。

（2）手单　最常见,常用于经营品种多、大吧台的酒吧,客人入座后再递上印制精美的酒单。手单中,活页式酒单便于更换。如果调整品种、价格、撤换活页等,用活页酒单就方便多了。也可将季节性品种采用活页,定活结合,给人以方便灵活的感觉。

（3）悬挂式酒单　一般在门庭处吊挂或张贴,配以醒目的彩色线条、花边,具有美化及广告宣传的双重效果。

2. 酒单的广告和推销效果

酒单不仅是酒吧与客人间沟通的工具,还应具有广告宣传效果。满意的客人不仅是酒吧的服务对象,也是义务推销员。有的酒吧在其酒单扉页上除印制精美的色彩及图案外,还配以辞藻优美的小诗或特殊的祝福语,以加深酒吧的经营立意,并拉近与客人间的心理距离。同时,酒单上也应印有酒吧的简介、地址、电话号码、服务内容、营业时间、业务联系人等,以增加客人对酒吧的了解,发挥广告宣传作用。

四、酒单制作艺术

（1）创意命名　酒单的名称是吸引顾客的第一步,应兼具创意与亲和力。可以采用直观命名法,如"经典玛格丽特"直接体现原料;也可采用形态描绘,如"蓝色夏威夷"以色彩诱人;更可融入幽默元素,如"微醺猫步",让人会心一笑。针对追求新奇体验的顾客,则可通过夸张命名如"火山爆发"来激发好奇心,确保每个名字都能成为吸引顾客的点睛之笔。

（2）精准计量　在酒单上清晰标注每款酒水的容量,无论是传统的盎司单位还是国际通用的毫升,都应准确无误,让顾客在点单时就能对分量有直观了解,避免误解,提升满意度。

（3）透明定价　价格是顾客决策的重要因素之一。酒单上应明确、无歧义地列出每款酒水的价格,让顾客能够轻松比较,自由选择。同时,合理的定价策略也能体现酒吧的档次与诚信,促进销售与口碑双赢。

（4）生动描述与视觉诱惑　对于新推出的特色饮品或经典之作,一段精心撰写的描述文字不可或缺。这不仅是对酒品的详细介绍,更是情感的传递和故事的讲述。描述中可融入酒品的口感特色、调制背后的故事或推荐饮用场景,增强顾客的代入感和期待感。此外,搭配高清彩图,让酒品色彩、层次、质感跃然纸上,进一步刺激顾客的视觉与味觉联想,提升购买欲望。

（5）润色与排版　酒单的整体设计同样重要,它是酒吧品牌形象的一部分。采用舒适易读的字体,合理布局信息,确保顾客在浏览时既不会感到拥挤,又能迅速找到所需信息。同时,通过色彩搭配、图案点缀等设计元素,营造出与酒吧氛围相契合的视觉风格,让酒单本身也成为一件艺术品,为顾客的用餐体验加分。

酒单的设计,传统的方法就是按照酒水的分类次序来排列。随着竞争越来越激烈,酒单设计也越来越费心思。经营者不仅在酒单上加上瓶装酒的价格,啤酒的项目增加半打或者一打的价格,以推动整瓶或大酒水量的销售,而且还为酒吧推出的特色鸡尾酒配上图片,以增加视觉效果,促进推销。

一般的酒吧并不设计葡萄酒单,除非是一些兼做餐厅的较大型的酒吧,需要准备一定数量的葡萄酒给客人佐餐,才会另行设计一个葡萄酒单。由于没有星级饭店分得细,所以酒吧一般把葡萄酒的项目也一并排在酒单里面。

任务四　鸡尾酒酒谱

一、鸡尾酒酒谱

作为调酒艺术的蓝本,鸡尾酒酒谱详尽地记录了每一款鸡尾酒独特魅力的诞生秘籍。它不仅仅是一份材料清单,更是融合了材料名称、精确用量及独特调制手法的全方位指南,为调酒师们开启了一扇通往创意与经典并存的鸡尾酒世界的大门。

二、鸡尾酒酒谱的意义

（1）标准化之美　酒谱如同一把精准的标尺,确保了每一杯鸡尾酒从口感到外观都能达到统一的高标准;无论是新手尝试还是大师之作,都能轻松复制那份经典与纯粹。

（2）品质控制的基石　遵循酒谱,意味着对品质的严格把控。每一滴基酒的精准配比,每一份辅料的细腻添加,都是对顾客味蕾的尊重与承诺,助力提升顾客满意度与忠诚度。

（3）成本管理的智慧　酒谱也是成本控制的高手。通过精细计算每种材料的用量，有效避免浪费，优化库存管理，为酒吧经营带来更高的经济效益。

（4）文化传承的桥梁　经典的鸡尾酒配方承载着历史的记忆与文化的精髓。酒谱的保留与分享，不仅让这份文化遗产得以延续，更让世界各地的鸡尾酒爱好者有机会领略其独特魅力，促进文化的交流与融合。

三、鸡尾酒酒谱的核心要素

（1）详尽的材料清单　从基酒到辅料，从新鲜果汁到特制糖浆，每一款鸡尾酒的材料都需精心挑选并准确列出，确保风味的纯正与独特。

（2）精确的用量说明　采用盎司（OZ）、份（parts）、毫升（mL）等国际通用单位，精确标注每种材料的用量，为调酒过程提供严谨的数据支持。

（3）细致的调制步骤　从准备工作到最终呈现，每一步调制过程都需详细描述，包括搅拌的力度、摇匀的次数、过滤的时机等，确保每一杯鸡尾酒都能达到最佳状态。

（4）创意的装饰建议　作为视觉艺术的延伸，鸡尾酒的装饰同样重要。酒谱中常包含创意的装饰建议，如利用柠檬片、樱桃、薄荷叶等自然元素增添色彩与趣味，让鸡尾酒成为视觉与味觉的双重享受。

鸡尾酒酒谱不仅是调酒师手中的宝典，更是鸡尾酒文化传承与创新的源泉。在遵循传统与发挥创意之间找到平衡，每一位调酒师都能在自己的舞台上，用一杯杯精心调制的鸡尾酒，讲述属于自己的故事，传递鸡尾酒文化的独特魅力。

课堂练习

2023 年全国职业院校技能大赛酒水服务赛项鸡尾酒调制与服务模块

鸡尾酒调制与服务　竞赛时间：30 分钟

竞赛任务：本模块要求选手根据材料清单完成两杯自创鸡尾酒的制作及服务，自创鸡尾酒材料清单见附件 2。比赛开始前，选手将提前准备好的鸡尾酒配方交给裁判组长，配方参考模板见附件 3。评分按照就餐形式 2 人入座餐桌。选手需完成迎接客人、点酒、两款自创鸡尾酒的制作（每款出品 2 杯）、鸡尾酒呈现、鸡尾酒介绍和鸡尾酒服务 6 个部分。要求全程用英文服务，鸡尾酒配方用英文书写。

附件 2：

创意鸡尾酒调制材料清单
List of cocktail ingredients

spirit	liqueurs	juice/soft/drinks	syrup	others
Tequila	amaretto	orange juice	cherry syrup	cream
Rum	chocolate	grapefruit juice	sugar syrup	coconut milk
Vodka	strawberry	granberry juice	grenadine syrup	lemon
Gin	cherry	mango juice	violet syrup	lime

spirit	liqueurs	juice/soft/drinks	syrup	others
Brandy	banana	pineapple juice	stawberry syrup	orange
Whisky	green mint	yellow lemon juice	green mint syrup	apple
Chinese Baijiu	blue curacao	lime juice		mint leaves
	drambuie	pure milk		cherries
	baileys	sprite		sugar
	grand marnier	tonic water		salt
	malibu	cola		pepper
		soda water		green tea powder
				cinnamon powder
				cocoa Powder

附件3：

鸡尾酒调制配方参考模版
Recipe template of cocktail

鸡尾酒名称 cocktail name	日期 date
份量 amoumt	配方 ingredients

装饰物 carnish

杯子 glasses

创意鸡尾酒描述 description of the cocktail

鸡尾酒名称 cocktail name	日期 date

创意设计参考见图 10 - 3。

Competitor　Name　Number
　　　　　　　Date
Recipe for 2 persons Signature Cocktail
Spring

amount　　ingredients
90ml　　Brandy
30ml　　Syrup
30ml　　Lime juicy
Garnish/Glasses
Mint leaves　Cocktail glass
Orange peel

Description of the preparation

　　Shake all the ingredients, then pour them into chilled cocktail glass,Twist orange peel and garnish the orange peel with mint leaves.
　　This cocktail's inspiration comes from this season-spring.The light yellow color like sunshine makes the whole body is full of energy.Aromas of grape,wood smoke, mint lèaves and orange fill the nose .it tastes fruity with rich oak and gives off fragrance like the blooming flowers and grass.It makes feeling refreshing and cheerful like warm spring breeze is blowing gently.

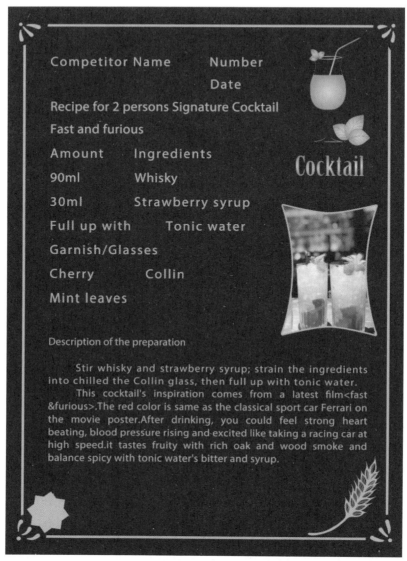

图 10-3　创意鸡尾酒酒谱设计

思政链接

中国酒文化之节日饮酒习俗

　　中国古代节日与酒的关系,不仅是一种物质享受,更是一种深刻的文化传承和精神寄托。从春节的屠苏酒、椒花酒,到中和节的宜春酒,再到清明、端午、中秋、重阳等节日中各具特色的酒俗,每一种酒都承载着丰富的文化内涵和人民对美好生活的向往。

　　1. 春节的屠苏酒与椒花酒

　　春节,作为一年之始,饮屠苏酒和椒花酒寓意着辞旧迎新、吉祥安康。屠苏酒源自东汉,其饮用顺序的独特性——由幼及长,体现了尊老爱幼的传统美德和对未来生活的美好祝愿。

椒花酒则以椒花的芬芳与酒的醇厚相结合,为节日增添了一份清新与雅致。

2. 中和节的宜春酒

中和节,即春社日,是祈求丰收的节日。宜春酒的酿造与饮用,不仅是对春神的祭拜,也是百姓对美好生活的期盼和庆祝。皇帝亲自参与的耕种仪式和赐酒活动,更将这一节日的庄重与喜庆推向高潮。

3. 清明节的清明酒

清明时节,扫墓祭祖。一杯清明酒,寄托了对先人的无限哀思与怀念。同时,清明赏花饮酒,也是人们对生命循环不息、自然美景的热爱与享受。

4. 端午节的菖蒲酒

端午节饮菖蒲酒,源于古人驱邪避毒、祈求健康的习俗。菖蒲的清香与酒的醇厚相结合,不仅增添了节日的氛围,也寓意着家庭平安、身体健康。

5. 中秋节的桂花酒

中秋之夜,月圆人团圆。饮桂花酒赏明月,成为了一种雅致的习俗。桂花酒的香醇与中秋的团圆氛围相得益彰,寄托了人们对美好生活的向往和追求。

6. 重阳节的菊花酒

重阳节饮菊花酒,寓意着长寿与吉祥。菊花作为高洁之花,其酒也被视为珍品。重阳佳节,亲朋好友相聚一堂,共饮菊花酒,畅谈人生,既是对生命的珍视,也是对未来的美好期许。

中国古代节日与酒的关系源远流长、紧密相连。酒不仅是节日中不可或缺的饮品,更是文化传承和精神寄托的重要载体。每一种节日酒俗都蕴含着丰富的文化内涵和深厚的情感价值,值得我们细细品味和传承。

思考题

1. 简述酒单的分类。

2. 影响酒单定价的因素有哪些?

3. 根据2023年全国职业院校技能大赛酒水服务赛项中给定的鸡尾酒原料,设计一款鸡尾酒,并照例填写酒谱。

图书在版编目(CIP)数据

酒水知识与调制/郭建飞,苏伦高娃,马丽敏主编.
上海：复旦大学出版社,2025.3. -- ISBN 978-7-309-
17692-6

Ⅰ. TS971；TS972. 19

中国国家版本馆 CIP 数据核字第 2024MN2783 号

酒水知识与调制

郭建飞　苏伦高娃　马丽敏　主编

责任编辑/张志军

复旦大学出版社有限公司出版发行

上海市国权路 579 号　邮编：200433

网址：fupnet@ fudanpress. com　http://www.fudanpress. com
门市零售：86-21-65102580　团体订购：86-21-65104505
出版部电话：86-21-65642845
上海华业装璜印刷厂有限公司

开本 787 毫米×1092 毫米　1/16　印张 17.5　字数 415 千字
2025 年 3 月第 1 版第 1 次印刷

ISBN 978-7-309-17692-6/T・766
定价：58. 00 元